Springer-Lehrbuch

Springer

Berlin
Heidelberg
New York
Barcelona
Budapest
Hong Kong
London
Mailand
Paris
Santa Clara
Singapur
Tokio

Hans J. Trampisch • Jürgen Windeler (Hrsg.)
Bernhard Ehle • Stefan Lange

Medizinische Statistik

Mit 102 Abbildungen
und 89 Tabellen

Redaktion: Monika Scheuten

 Springer

Professor
Dr. Hans J. Trampisch
Medizinische Informatik,
Biometrie und Epidemiologie
Ruhr-Universität Bochum

D 44780 Bochum

Hochschuldozent
Dr. Jürgen Windeler
Abt. Medizinische Biometrie
Ruprecht-Karls-Universität

Im Neuenheimer Feld 305
D 69120 Heidelberg

1. Ex.

ISBN 3-540-62218-7 Springer-Verlag Berlin Heidelberg New York

Die Deutsche Bibliothek - CIP Einheitsaufnahme
Trampisch, Hans Joachim:
Medizinische Statistik : mit 89 Tabellen / Hans J. Trampisch ; Jürgen Windeler. Unter Mitarb. von S. Lange und B. Ehle. - Berlin ; Heidelberg ; New York ; Barcelona ; Budapest ; Hong Kong ; London ; Mailand ; Paris ; Santa Clara ; Singapur ; Tokio : Springer , 1997
(Springer Lehrbuch)
ISBN 3-540-62218-8
NE: Windeler, Jürgen:

Die Wiedergabe von Gebrauchsnamen, Handelsnamen, Warenbezeichnungen usw. in diesem Werk berechtigt auch ohne besondere Kennzeichnung nicht zu der Annahme, daß solche Namen im Sinne der Warenzeichen- und Markenschutz-Gesetzgebung als frei zu betrachten wären und daher von jedermann benutzt werden dürften.

Produkthaftung: Für Angaben über Dosierungsanweisungen und Applikationsformen kann vom Verlag keine Gewähr übernommen werden. Derartige Angaben müssen von dem jeweiligen Anwender im Einzelfall auf ihre Richtigkeit überprüft werden.

Umschlaggestaltung: Design & Production, Heidelberg
Satz: Reproduktionsfertige Vorlage von den Autoren
Druck: Beltz, Hemsbach
SPIN: 10561032 15/3135 – 5 4 3 2 1 0 – Gedruckt auf säurefreiem Papier

Inhaltsverzeichnis

1 Einleitung

„Statistiken sind merkwürdige Dinge. Sie stellen eines der wenigen Beispiele dar, in denen der Gebrauch oder Mißbrauch mathematischer Methoden eine starke emotionale Reaktion bei Nichtmathematikern hervorruft. Der Grund hierfür ist, daß Statistiker für Probleme, die uns interessieren, Techniken anwenden, die wir nicht verstehen. Es ist furchtbar zu erleben, daß Ergebnisse, die wir in Jahren harter Arbeit zusammengetragen haben, von jemandem in Frage gestellt oder sogar zurückgewiesen werden, der nicht in der Lage gewesen wäre, diese Beobachtungen selbst zu machen. Es erfordert mehr Einsicht, als die meisten von uns besitzen, zuzugeben, daß der Fehler bei uns selbst liegt.
Bei den meisten von uns treffen Zahlen ausbildungsmäßig auf einen blinden Fleck. Wir haben nicht gelernt, ihren Stellenwert richtig einzuschätzen. Dies ist ein Unglück, da einfache statistische Methoden uns weit mehr betreffen als viele Dinge, die wir in sechs langen Jahren medizinischer Ausbildung gezwungen waren zu lernen. Viele unserer Probleme sind statistisch, und es gibt keinen anderen Weg, mit Ihnen umzugehen."
Diese sicher auch noch auf die heutige Situation zutreffenden Bemerkungen sind die einleitenden Worte eines Editorials der renommierten Medizinerzeitschrift „The Lancet" aus dem Jahr 1937. Mit diesem Editorial unter dem Titel „Mathematics in Medicine" wird eine Serie von (heute: Sir) Arthur Bradford Hill eingeleitet, einem der ganz bedeutenden Pioniere der Medizinischen Biometrie. Das Editorial endet mit den Worten:
„Wir hoffen, daß diese Artikelserie für jene hilfreich sein wird, die den Wunsch haben, Einsicht in die Anwendung einfacher statistischer Methoden für die Bearbeitung von Problemen zu gewinnen, denen sie in ihrer täglichen Arbeit begegnen."
Dieser letzte Satz war Leitfaden für die Konzeption des vorliegenden Buches. Es soll die statistischen Methoden der Medizinischen Biometrie vorstellen. Die Biometrie selbst umfaßt weit mehr Methoden. Leider wurde bei der Einführung dieses Faches in die Ausbildung von Medizinstudenten der Begriff „Biomathematik" gewählt. Diese Bezeichnung ist unglücklich, da sie die Bedeutung der Mathematik für diese Thematik überbetont. Im Bereitstellen von Rechenmethoden liegt jedoch nicht der eigentliche Beitrag der Medizinischen Biometrie. Sie stellt vielmehr die Verbindung zwischen Medizin und Statistik bzw. Mathematik her. Sie setzt die Werkzeuge der Statistik und Mathematik für die Lösung medizinischer Fragestellungen oder die Beschreibung medizinischer Phänomene ein.
Statistik und Medizinische Biometrie gestalten die Schnittstelle zwischen Medizin und Mathematik, indem sie biologische Vorgänge durch Modelle (meist mathematische) beschreiben. Typischerweise können solche Modelle die Komplexität biologischer Zusammenhänge nur sehr vereinfacht darstellen. Ein gutes Modell zeichnet sich aber dadurch aus, daß es trotz Vereinfachung die Wirklichkeit zufriedenstellend beschreibt, so daß Schlußfolgerungen für die Praxis damit möglich sind. Die Formalisierung des biologischen oder medizinischen Problems ermöglicht es, interessierende Einflüsse mit Hilfe des Modells zu untersuchen. Mit den Ergebnissen eines guten Modells lassen sich dann Aussagen über die Wirklichkeit machen.

Im täglichen Leben verwenden wir häufig Modelle, z. B. eine Autokarte. Diese ist ein – sehr eingeschränktes – Modell der Wirklichkeit und kann nur für die Lösung weniger Probleme eingesetzt werden. Auf der Karte läßt sich z. B. die Lage von Ortschaften und der Verlauf von Straßen einzeichnen. Durch Einzeichnen von Höhenlinien kann eine dritte Dimension einbezogen werden. Eine solche Landkarte wird für viele praktische Zwecke ausreichen, obwohl sie die Wirklichkeit in fast allen Aspekten unvollkommen beschreibt: Höhenlinien geben nur ein sehr eingeschränktes Bild von den tatsächlichen Verhältnissen; Entfernungen zwischen Orten, d. h. die tatsächliche Länge des Weges zwischen ihnen, können auf der Landkarte nur approximativ bestimmt werden, da z. B. bestehende Höhenunterschiede nicht berücksichtigt werden. Straßenkarten geben auch in der Regel keine Auskunft darüber, wie hoch die Häuser in den Städten sind, wie hoch die Arbeitslosigkeit ist, wie der Gesundheitszustand der Bevölkerung ist oder auf welchen Wiesen Kühe weiden und auf welchen Feldern Raps blüht.

Eine der wichtigsten Aufgaben der Medizinischen Biometrie ist es, mathematische Modelle auf ihre Anwendbarkeit für medizinische Fragestellungen zu prüfen und, soweit nötig und möglich, für diese Anwendungen zu adaptieren. Die mathematischen Modellen zugrunde liegenden theoretischen Voraussetzungen sind allerdings meist nicht erfüllt und können nicht sicher überprüft werden. Es ist deshalb einerseits ein wichtiges Forschungsgebiet der Biometrie, welche Abweichungen von den theoretischen Modellvoraussetzungen noch toleriert werden können, ohne die Aussagekraft des Modells einzuschränken.

Andererseits wird der interdisziplinäre Charakter der Medizinischen Biometrie darin deutlich, daß sie sich um die praktische Aussagekraft der Modelle kümmern muß. Alle Teile eines Modells müssen inhaltlich etwas bedeuten, müssen „interpretierbar" sein. Der Sinn, medizinische Probleme zu formalisieren, liegt gerade darin, diese so zu beschreiben, daß sie in möglichst vielen Details transparent werden und über sie ohne vermeidbare Mißverständnisse kommuniziert werden kann. Der praktische Bezug zum medizinischen Anwendungsproblem ist für die Medizinische Biometrie daher von höchster Bedeutung. Dieses Fach stellt in einem sowohl auf den Naturwissenschaften als auch auf Erfahrung aufbauenden Bereich wie der Medizin Instrumente zur Verfügung, mit denen Erkenntnisse gewonnen werden können. Sie liefert der Medizin damit auch Möglichkeiten, sich als wissenschaftlich begründet zu etablieren und von unwissenschaftlichen Denkmodellen abzugrenzen.

In seiner berühmten Abhandlung „Das autistisch-undisziplinierte Denken in der Medizin und seine Überwindung", die Pflichtlektüre jedes Medizinstudenten sein sollte, hat der Schweizer Psychiater Eugen Bleuler das undisziplinierte Denken so charakterisiert:

„Ein Denken, das keine Rücksicht nimmt auf die Grenzen der Erfahrung und das auf eine Kontrolle der Resultate an der Wirklichkeit und eine logische Kritik verzichtet. Es ist deshalb das autistische Denken genannt worden. Dieses hat seine besonderen, von der (realistischen) Logik abweichenden Gesetze, es sucht nicht Wahrheit, sondern Erfüllung von Wünschen; zufällige Ideenverbindungen, vage Analogien, vor allem aber affektive Bedürfnisse ersetzen ihm an vielen Orten die im strengen realistisch-logischen Denken zu verwendenden Erfahrungsassoziationen, und wo diese zugezogen werden, geschieht es doch in ungenügender, nachlässiger Weise."

Die Entwicklung des disziplinierten Denkens in der Medizin zu fördern, ist Aufgabe der Medizinischen Biometrie, und das entsprechende Handwerkszeug zu vermitteln, Ziel dieses Lehrbuches.

2 Vergleichsgruppen in der Medizin

2.1 Was ist der Behandlungseffekt?

William Withering (1741 - 1799), der die nützlichen Wirkungen von Digitalis entdeckte, schrieb 1785 in seinem „Bericht über den Fingerhut und seine medizinische Anwendung – mit praktischen Bemerkungen über Wassersucht und andere Krankheiten" [Withering]:
„Es wäre leicht gewesen, ausgewählte Fälle zu geben, deren erfolgreiche Behandlung stark zu Gunsten des Medikaments gesprochen und vielleicht auch meinem eigenen Ruf genützt hätte. Aber das wäre nicht im Sinne wahrer Wissenschaft gewesen. Ich habe daher jeden Fall angeführt, in dem ich den Fingerhut verschrieben habe, ob er nun angebracht war oder nicht, ob er Erfolg hat oder keinen. Das wird mich dem Tadel aller derjenigen preisgeben, die gerne zu tadeln pflegen, wird mir andererseits die Billigung derer eintragen, die am besten zu urteilen berufen sind."
Das Vorgehen, für dessen Begründung Withering hier Wahrheitsliebe und Ehrlichkeit anführt, betrifft die Grundlage der meisten Aussagen über medizinische Sachverhalte. Eine Aussage über eine neue Therapie könnte ja zum Beispiel folgendermaßen aussehen:
„Ich habe letzte Woche einen Grippepatienten mit dem Medikament A behandelt, und heute kommt der Patient wieder zu mir und seine Grippe ist verschwunden."
Oder auch:
„Herr X hat seit 20 Jahren geraucht und ißt auch viel zu ungesund. Da muß man sich nicht wundern, daß er gestern einen Herzinfarkt erlitten hat."
Jeder Arzt kennt aus Gesprächen mit Kollegen ähnliche, in der Regel weniger triviale Beispiele.
Die Frage, mit der sich die medizinische Biometrie u. a. beschäftigt, ist, welche Bedeutung über die zweifellos sachlich richtige Beschreibung von Einzelfällen hinaus solchen Aussagen zukommt. Ist es also gerechtfertigt, daß ein praktisch tätiger Arzt, der die erste Äußerung hört, ab sofort alle seine Grippepatienten mit dem Medikament A behandelt?
Die allermeisten Ärzte würden und werden eine solche Frage verneinen. Und sie würden sich oder ihrem Gegenüber mindestens die folgenden drei Fragen stellen (Abbildung 2.1):
Ist der beschriebene Sachverhalt bei mehr als diesem einen Patienten beobachtet worden (Wiederholbarkeit, Reproduzierbarkeit)?
Ist dieser Patient den von mir behandelten Patienten ähnlich? Ist also die Beobachtung bei diesem Patienten auf meine Patienten übertragbar?
Ist das Medikament A (das Rauchen, das Übergewicht) tatsächlich ein wesentlicher oder entscheidender Einflußfaktor bei dieser Beobachtung? Was wäre ohne die Gabe von A geschehen (Kausalität)?
Die Beantwortung der ersten Frage wird häufig als vorrangig angesehen, tatsächlich ist sie jedoch nur von verhältnismäßig geringer Bedeutung:
Eine einzelne Beobachtung kann außerordentlich weitreichende Konsequenzen haben, und bei einer besonderen Situation (schwere Erkrankung, bisher immer unheilbar gewesen, jetzt erstmalig Heilung beobachtet) kann diese auch unmittelbare Auswirkungen auf

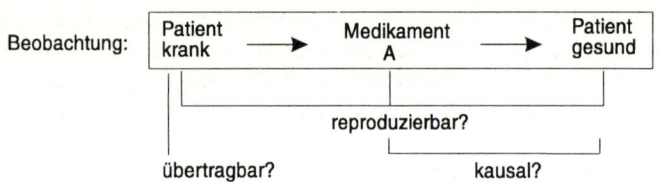

Abb. 2.1. Drei Fragen an eine klinische Beobachtung.

die weitere praktische Vorgehensweise haben. Solche Gegebenheiten sind allerdings sehr selten. Andererseits garantieren auch große Anzahlen beobachteter Patienten keineswegs die Richtigkeit der mit ihnen unterstützten Behauptungen. So besagen eben die angeblich Zehntausende von mongoloiden Kindern, denen angeblich durch die Zelltherapie geholfen worden sein soll, nichts über die Sinnhaftigkeit dieser äußerst umstrittenen Maßnahme. Man hat in diesem Bereich sogar den Begriff „Zahlenwaffe" für das unangemessene Argumentieren mit riesigen Zahlenangaben geprägt [Oepen]. Auch die zahlreichen Feld- und Praxisstudien, in denen z. B. Fischöl in 500 Praxen bei 10 000 Patienten eingesetzt wurde [Künzel], sind allein wegen der großen Zahlen nicht aussagefähiger als eine Beobachtung von 10 Patienten (siehe Kapitel 3).

Die Beantwortung der zweiten Frage ist da schon wesentlich bedeutsamer:

Wenn es sich bei dem beschriebenen Patienten um einen 80jährigen Herrn handelt, werden sich Pädiater vermutlich desinteressiert abwenden, weil sie – durchaus zu Recht – der Meinung sind, daß die Beobachtung an Senioren ihnen keine relevanten Informationen für die Behandlung ihrer Patienten vermittelt, selbst wenn es sich um die gleiche Infektionskrankheit handelt. Bei dieser Frage der Übertragbarkeit von Beobachtungen an einzelnen oder mehreren Patienten spielen in einer weniger extremen Situation außerdem Unterschiede in der Krankheitsdefinition (was ist „Grippe"?), Unterschiede in der Anwendbarkeit einer Therapie (eine aufwendige Bewegungstherapie bei rheumatischen Erkrankungen wird in bestimmten Praxen nicht durchführbar sein) oder andere Kontraindikationen eine Rolle. Die Aussage, daß Aspirin bei Patienten nach Herzinfarkt nützlich ist, hat nur eingeschränkte Bedeutung, wenn man einen Patienten mit chronischer Ulcusanamnese vor sich hat. Die Frage der Übertragbarkeit von Aussagen ist genau genommen nur teilweise eine biometrische, primär ist sie eine medizinische. Sie wird im Kapitel 3 noch einmal aufgegriffen.

Die dritte Frage ist jedoch von ganz vorrangiger Bedeutung:

Sie ist die Frage nach dem aussagefähigen Vergleich. Genau genommen ist in der ersten zitierten Aussage bereits ein Vergleich enthalten, und die Sinnhaftigkeit dieses Vergleichs wird unmittelbar deutlich, wenn man diese erste Aussage auf den Satz reduziert:

„Ich habe dem Patienten Medikament A gegeben, und heute geht es ihm gut."

Die naheliegende Frage, was denn diese Aussage zu bedeuten habe, wird durch die Angabe, daß der Patient vorher an einer Grippe gelitten hat, beantwortet. Um der Aussage über die Wirkung einer Therapie überhaupt Bedeutung zu verleihen, wird also offensichtlich der Vergleich zwischen dem Zustand des Patienten *vor* Therapie und dem Zustand des Patienten *nach* der Therapie für notwendig gehalten. Die Frage, die mit dieser vergleichenden Aussage beantwortet wird, ist die, ob sich bei einem Patienten eine Veränderung ergeben hat. Diese Aussage beschreibt jedoch nur den zeitlichen Zusammenhang, daß sich nämlich *nach* der Applikation des Medikaments A eine Verbesserung der Grippe-Symptomatik eines Patienten ergeben hat (post hoc). Die Frage, die nicht beantwortet wird, ist, ob diese Veränderung *durch* die applizierte Medikation hervorgerufen worden ist (propter hoc).

Die dritte oben gestellte Frage bleibt also bestehen:

Was wäre ohne Medikation – allgemeiner: Intervention – geschehen? Wäre überhaupt eine Veränderung zu beobachten gewesen, und wäre diese Veränderung in einer Größenordnung ähnlich der jetzt beobachteten?

Die Beantwortung dieser Fragen stößt an ein schwieriges Problem, denn

,,Was wäre, wenn ...?"

läßt sich für den individuellen Fall prinzipiell nicht beantworten. Die Grippe ist ja nun verschwunden und der Zustand *vorher* läßt sich nicht wieder herstellen. Für die Beantwortung der dritten Frage, für den Vergleich, müssen daher andere Erfahrungen – am gleichen Patienten oder an anderen Patienten – herangezogen werden. Hierfür gibt es verschiedene, mehr oder weniger aussagekräftige Möglichkeiten.

2.2 Historischer Vergleich

Bleiben wir bei dem anfangs beschriebenen Grippebeispiel und nehmen wir an, daß wir inzwischen 20 Patienten beobachtet haben, bei denen das neue Medikament A eingesetzt wurde. Um Informationen darüber zu bekommen, was ohne Einsatz dieses Medikaments geschehen wäre, werden aus unserer Patientenkartei 20 Patienten ausgewählt, deren Grippe vor einem halben Jahr aufgetreten war, zu einem Zeitpunkt also, zu dem das geprüfte Medikament noch nicht zur Verfügung stand. Bei einem Vergleich dieser beiden Patientengruppen wird festgestellt, daß von den vor einem halben Jahr behandelten Patienten nach einer Woche 10 symptomfrei waren, bei den Patienten, die jetzt mit dem neuen Medikament A therapiert worden sind, jedoch 18 Patienten. Der Anteil von Erfolgen ist also deutlich unterschiedlich. Spricht dieser Unterschied für die Nützlichkeit des neuen Medikaments?

Ohne an dieser Stelle auf die Abgrenzung des beobachteten Unterschieds von zufälligen Schwankungen eingehen zu wollen (Stichwort ,,Signifikanz"; siehe Kapitel 12.13), wird die Beantwortung der gestellten Frage zweifellos davon abhängen, ob der behandelnde Arzt die beobachteten Unterschiede zwischen den beiden verglichenen Situationen als bedeutsam ansieht oder nicht (Stichwort ,,Relevanz"). Die entscheidende Frage lautet aber:

Gibt es andere Erklärungsmöglichkeiten als die Applikation des neuen Medikaments für den beobachteten Unterschied?

Wenn solche Erklärungsmöglichkeiten bestehen, dann ist nicht mehr ohne weiteres festzustellen, auf welche der verschiedenen Faktoren – inklusive des verabreichten Medikaments – der Unterschied in den Erfolgsraten zurückzuführen ist. Man spricht in diesem Zusammenhang von ,,vermengten Effekten".

Falls der Einfluß einiger Faktoren tatsächlich „nachgewiesen" werden kann (d. h. also, daß entsprechende Daten vorliegen müssen), so kann mit geeigneten statistischen Methoden dieser Einflußfaktor bei der Aussage über den Effekt eines Medikaments zwar berücksichtigt werden. Der typische Fall ist jedoch, daß bestimmte Erklärungsmöglichkeiten als plausibel oder auch nur vorstellbar angesehen werden, daß jedoch keine Daten vorliegen. Es ist dann unmöglich, den Medikamenteneffekt von den übrigen Einflußfaktoren zu trennen und damit eine Aussage zu treffen, die nur den Medikamenteneffekt beschreibt.

Einige Erklärungsmöglichkeiten für den oben beschriebenen Unterschied, wobei der Phantasie des Lesers, sich weitere zu überlegen, keine Grenzen gesetzt sind, könnten sein:

- Die Grippeerreger waren unterschiedlich, diese haben per se zu unterschiedlich lang dauernden Symptomen geführt.
- Die saisonalen Unterschiede (die erste Gruppe von Patienten könnte im Sommer, die zweite im Winter krank geworden sein) haben die Symptomendauer verlängert bzw. verkürzt.
- Während der Behandlung der ersten 20 Patienten (ohne Medikament A) war ein Vertreter in der Praxis, der die Diagnose „Grippe" anders gestellt hat als der Praxisinhaber.
- Aus dem gleichen Grund wurde bei den ersten 20 Patienten eine inadäquate zusätzliche Therapie (Antibiotika) verabreicht, die den Heilungsprozeß eher verzögert hat.
- Die ersten 20 Patienten waren Männer, die zweiten 20 Frauen.
- Die ersten 20 Patienten waren höheren Alters (z. B. Bewohner eines Altenheims), die zweiten 20 medikamentös behandelten Patienten waren alle mittleren Alters.
- Da bei den ersten Patienten noch der routinemäßige Ablauf, also ohne neues Medikament, stattfand, erfolgte die Befragung der Patienten weniger sorgfältig und z. T. auch nicht nach sieben, sondern erst nach zehn Tagen, so daß mit ungenauen bzw. unzuverlässigen Angaben gerechnet werden muß.

Ein besonderes Problem ergibt sich, wenn zwischen dem Zeitpunkt der Behandlung der Kontrollgruppe und dem Zeitpunkt der Behandlung mit einer neuen Therapie andere wesentliche Weiterentwicklungen, z. B. von Begleittherapien, stattfinden (historische Kontrolle). Bei einem Vergleich der Erfolgsraten einer adjuvanten Immun-Therapie des malignen Melanoms mit BCG (Bacille-Calmette-Guérin) wurde festgestellt [Pinsky], daß sich über einen Zeitraum von 15 Jahren die Qualität der operativen Therapie so sehr verbessert hatte, daß hieraus ein deutlicher Unterschied in den Überlebenszeiten resultierte. Zur „modernen" operativen Therapie zeigte die zusätzliche Immuntherapie keinen Vorteil. Hätte man im Sinne einer historischen Kontrolle die BCG-Therapie mit der „Standard"-Therapie (Operation) vor 15 Jahren verglichen, hätte man die BCG-Therapie gegenüber der Standard-Therapie für überlegen gehalten. Diese Interpretation ist jedoch im Vergleich zur modernen operativen Therapie nicht haltbar.

Ein ähnliches Beispiel wurde bezüglich der Therapie der Leberzirrhose durch Pfortader-Shunt-Operation beschrieben [Sacks]. Etwa 60 % der Shunt-operierten Patienten lebten 5 Jahre nach der Operation, bei den nicht-operierten Patienten betrug dieser Anteil dagegen 30 %. Ein wesentliches Problem solcher Vergleiche besteht darin, daß die Entscheidung, einen Patienten nicht zu operieren, ja nicht ohne Grund getroffen worden ist. Vielleicht war eine Operation nicht mehr indiziert (weit fortgeschrittene, dekompensierte Erkrankung), nicht möglich (Verwachsungen nach Voroperation), oder es bestand wegen kardialer oder pulmonaler Begleiterkrankungen ein zu hohes Operationsrisiko. Alle diese Faktoren trafen naturgemäß für die operierte Gruppe nicht oder nicht in gleichem Maße zu. Damit ist zu erwarten, daß die Überlebenszeiten solcher Patienten von vornherein unterschiedlich sind, und ein Vergleich entsprechender Patientengruppen läßt keine Aussage mehr über die Effektivität der Operation zu.

Nach dieser Beschreibung scheint sich eine Lösung insofern anzubieten, als man ja nicht sämtliche Störfaktoren dem Zufall überlassen muß. Damit also in einer Studie nicht die Möglichkeit in Erwägung gezogen werden muß, daß Geschlechtsunterschiede einen beobachteten Unterschied beeinflußt haben, könnten diese Geschlechtsunterschiede von vornherein verhindert werden. Man würde z. B. 20 Männer mit 20 anderen Männern, 20 Frauen mit 20 anderen Frauen oder eine Gruppe von 20 Grippepatienten mit 20 anderen Grippepatienten vergleichen, deren Geschlechtszusammensetzung der 1. Gruppe entspricht. Ähnlich könnte man mit dem Alter der Patienten verfahren, indem man sich z. B. zu einem 49-jährigen Patienten einen anderen gleichaltrigen Patienten zum Vergleich sucht. Den Störeinflüssen der langen zeitlichen Entwicklung (siehe Melanom-Beispiel) oder der saisonalen Unterschiede (Grippebeispiel) könnte man dadurch begegnen, daß die Kontrollpatienten in engem zeitlichen Zusammenhang mit den medikamentös behandelten Patienten beobachtet werden. Ein solches Vorgehen, in dem zwei Gruppen bezüglich bestimmter Merkmale vergleichbar gemacht werden, so daß die Verteilung dieser Merkmale nicht mehr als Störfaktor wirken kann, bezeichnet man als „Matching" (siehe Kapitel 3.5). Der Versuch, die verglichenen Patientengruppen in ihrer Struktur ähnlich werden zu lassen, stößt jedoch schnell an unüberwindliche Grenzen:

- Die Zahl der möglichen Einflußfaktoren ist unüberschaubar groß, so daß ein vollständiges Matchen unmöglich ist. Man kann sich hier auch nicht auf bekanntermaßen „wichtige" Einflußfaktoren beschränken, da damit dem gerechtfertigten Einwand, ein beobachteter Unterschied zwischen zwei Gruppen sei auf einen nicht erhobenen Einflußfaktor zurückzuführen, nicht begegnet werden kann.
- Einige bekannte Faktoren sind nicht beeinflußbar. Dies trifft z. B. auf das Grippebeispiel zu. Wenn die 20 Kontrollpatienten die einzigen Grippepatienten mit einem noch akzeptablen zeitlichen Zusammenhang zu den 20 medikamentös behandelten Patienten sind, dann kann der Umstand, daß diese durch einen Vertreter therapiert worden sind, nicht mehr geändert werden. Eine Korrektur dieser Einflußfaktoren ist unmöglich.
- Viele Einflußfaktoren sind unbekannt. Vor 30 Jahren, als zwar die Messung des Cholesterins möglich war und dessen Bedeutung zunehmend bekannt wurde, war die Auftrennung in die Subfraktionen HDL und LDL noch unbekannt. Ein Matchen bezüglich des Cholesterins wäre zwar möglich gewesen, hätte jedoch die heute als prognostisch wichtig angesehene Unterscheidung in HDL und LDL außerachtlassen müssen.

Die Verwendung von historischen Kontrollen erlaubt keine aussagefähigen Vergleiche zu einer Therapie, die heute appliziert wird.

2.3 Entscheidung der Patienten

Um überhaupt aussagefähige Vergleiche anstellen zu können, muß also dafür gesorgt werden, daß keine relevanten zeitlichen Unterschiede zwischen der Behandlung verschiedener Patienten bestehen und daß die Bedingungen, unter denen die Patienten behandelt

werden, möglichst unter Kontrolle gehalten werden können (d. h., sich also nicht im
nachhinein das oben beschriebene ,,Vertreterproblem" stellt). Dieser Anforderung könnte
man z. B. dadurch gerecht werden, daß man Patienten in zwei verschiedenen Praxen
miteinander vergleicht (während einer Grippewelle), beide Praxen zu gleicher Therapie
und Sorgfalt bei der Beobachtung verpflichtet und bei einer der Praxen zusätzlich das neue
Medikament A einsetzt. Den gestellten Anforderungen würde man ebenfalls gerecht
werden, wenn man Patienten, die während einer Grippeepidemie die Praxis eines Arztes
aufsuchen, befragt, ob sie lieber mit einer Standardtherapie oder mit einem neuen Medikament behandelt werden wollen.

	Anwender : Nichtanwender
untere soziale Schichten	1 : 1.7
> 60 Jahre	1 : 1.7
geringe Schulbildung	1 : 2.3
unverheiratet	1 : 1.3
keine Kinder	1 : 1.3
≥ 4 Kinder	1 : 1.3
Übergewicht	1 : 1.9
hoher Blutdruck	1 : 1.5

Tabelle 2.1. Vergleich der Charakteristika von Frauen, die sich für oder gegen eine Hormonsubstitution entschieden [nach Hemminki et al.].

Falls in solchen Untersuchungen Erfolgsunterschiede beobachtet werden, stellt sich
jedoch wieder die Frage nach anderen Erklärungsmöglichkeiten. Auch bei diesen Verglei-
chen sind vermengte Effekte zu erwarten. So könnte z. B. die Praxis eines Arztes auf dem
Lande, die des anderen in der Stadt, die des einen in einer sozial ungünstigen Gegend mit
schlechten hygienischen Verhältnissen und die des anderen in einem ,,Schlafvorort" einer
Großstadt liegen. In beiden Fällen würde man plausibel annehmen können, daß sich die
Ausgangsbedingungen für die Behandlung einer Grippe unterscheiden und mögliche
Unterschiede in der Symptomdauer auf diese grundlegenden Unterschiede zurückzuführen sein könnten. In gleicher Weise ist aus vielfältigen Untersuchungen bekannt, daß
Patienten, die eine neue Therapie wählen, sich von denjenigen Patienten unterscheiden,
die dies nicht tun. Persönliche Entscheidungen fallen nicht zufällig! Es ist − und darauf
kommt es an! − auch vorstellbar, daß diese Unterschiede Einfluß auf die Symptomdauer
bei Grippe oder die Heilungsaussichten bei anderen Erkrankungen haben. Tabelle 2.1 zeigt
die Auswertung einer Erhebung, die Charakteristika bei Patientinnen, die sich für eine
Hormonsubstitution in der Postmenopause entschlossen hatten, mit solchen vergleicht,
die sich gegen eine Hormonsubstitution entschieden.
Die Ergebnisse zeigen, daß sich, wie zu erwarten, diese beiden Patientengruppen in
zahlreichen Variablen unterscheiden. Außerdem fand man heraus, daß diese Variablen
wiederum mit der Überlebenszeit und mit Erkrankungen der Patientinnen zusammenhängen. Beispiele für ähnliche Phänomene findet man in vielen Bereichen der Medizin. So
ist für das Screening nach Zervixkarzinom bekannt, daß die Teilnahmehäufigkeit mit dem
Sozialstatus der Frau zusammenhängt. Frauen mit hohem Sozialstatus nehmen häufiger

teil. Ein niedriger Sozialstatus ist jedoch gleichzeitig ein wesentlicher Risikofaktor für das Entstehen eines Zervixkarzinoms, was zur Folge hat, daß ein Vergleich der Nützlichkeit dieser Screeningmaßnahme zwischen Teilnehmerinnen und Nicht-Teilnehmerinnen zu einem falschen, nämlich überoptimistischen Eindruck führen muß.

2.4 Zuteilung durch Arzt

Wenn wegen der Entscheidung der Patienten kein aussagefähiger Vergleich vorgenommen werden kann, so könnte man überlegen, ob nicht der behandelnde Arzt als quasi „objektive" Entscheidungsinstanz diese Entscheidung treffen könnte. Diese Vorgehensweise löst das Problem jedoch nicht: Auch der behandelnde Arzt macht selbstverständlich seine Entscheidung, einer Patientin eine bewährte Therapie und einer anderen eine neue Therapie zu verabreichen bzw. einen Patienten zu behandeln und einen anderen nicht, von Charakteristika dieser Patienten abhängig. Täte er dies nicht, so würde man ihm zu Recht vorwerfen, seine Entscheidungen ohne Begründung und nicht nachvollziehbar, quasi „zufällig" zu treffen. Daß Ärzte Entscheidungen von bestimmten Patientencharakteristika abhängig machen, ohne daß dies immer offensichtlich ist – und sogar ohne daß es ihnen immer bewußt ist – läßt sich an dem folgenden Beispiel illustrieren.
In den Jahren 1927 bis 1944 wurde in New York eine Reihe von Studien durchgeführt, die die Effektivität der BCG-Impfung bei Tuberkulose prüfen sollte. In einer der ersten Studien (1927 - 1932) wurden Ärzte aufgefordert, die Hälfte ihrer Kinder zu impfen, wobei ihnen die Auswahl überlassen wurde. Diese Studie zeigte einen auffallend deutlichen Unterschied in dem Anteil an Todesfällen zugunsten der geimpften Kinder (Tabelle 2.2). Gleichzeitig ist jedoch auch erkennbar, daß der Auswahlprozeß der Ärzte zu einer bestimmten Selektion geführt hat, indem nämlich Kinder mit als kooperativ eingeschätzten Eltern vermehrt in die Impfgruppe einbezogen wurden (in Tabelle 2.2 erkennbar an der Anzahl der jährlichen Besuche sowie der Einschätzung der betreuenden Schwestern). In den Folgejahren wurde die Studie fortgesetzt, wobei diesmal den Ärzten die Entscheidung entzogen wurde und eine zentrale Zuweisung der Kinder zu Impf- und Kontrollgruppe durchgeführt wurde. Bei diesem Vorgehen ging der deutliche Unterschied in der Kooperativität verloren, gleichzeitig wurde jedoch auch kein auffälliger Unterschied in dem Anteil an Todesfällen zwischen den beiden Gruppen mehr beobachtet. Man mußte daher davon ausgehen, daß die in der ersten Phase beschriebene Verringerung der Todesfälle wesentlich durch die unterschiedliche Kooperationsbereitschaft der Eltern mitbestimmt wurde (es sei ausdrücklich darauf hingewiesen, daß aus diesem Beispiel keine endgültigen Schlüsse bezüglich der Effektivität der BCG-Impfung gezogen werden sollen!).

Studien-Zeitraum	Anzahl Kinder	Anzahl Todesfälle an Tuber- kulose	Anteil Todes- fälle [%]	Mittlere Anzahl von Kliniks- besuchen im 1. Jahr	Anteil [%] kooperativer Eltern (nach Urteil der Kranken- schwestern)
1927 - 32	**Therapiezuteilung durch Ärzte**				
BCG-Gruppe	445	3	0.67	3.6	43
Kontrollgruppe	545	18	3.30	1.7	24
1933-44	**Zentral vorgenommene Therapiezuteilung**				
BCG-Gruppe	566	8	1.41	2.8	40
Kontrollgruppe	528	8	1.52	2.4	34

Tabelle 2.2. Studienergebnisse von Impfungen mit BCG-Vakzinen in New York [Hill].

Bei genauer Betrachtung der bisherigen Darstellungen stellt man fest, daß allen genannten Beispielen und Bedingungen die Eigenschaft gemein ist, daß die Zuordnungen der Patienten zu zwei (oder mehreren) Gruppen *auf Eigenschaften der Patienten* beruhen. Diese bestehen darin, sich für die eine oder andere Therapie zu entscheiden, zu dem einen oder anderen Arzt zu gehen (gehen zu müssen) oder auch, sich in einer bestimmten Zeitperiode mit einem bestimmten Grippevirus angesteckt zu haben.
Solange die Zuordnung unter Einbezug von Eigenschaften des Patienten beibehalten wird, lassen sich vermengte Effekte nicht beseitigen, die entweder auf genau dieser Eigenschaft oder den mit ihr indirekt zusammenhängenden weiteren Störfaktoren beruhen.
Um aussagefähige Vergleiche anstellen zu können, muß also ein Zuordnungsverfahren gewählt werden, daß die Eigenschaften des Patienten nicht berücksichtigt. Ein solches Verfahren ist die zufällige Zuteilung.

2.5 Zufällige Zuteilung

Wenn Kinder aus einer Gruppe jemanden auswählen wollen oder wenn sie aus ihrer Gruppe zwei Mannschaften bilden wollen, so bedienen sie sich Abzählreimen:
,,...*Ene, mene, muh, raus bist Du...*"
(die erheblichen regionalen Unterschiede solcher Reime ändern an ihrer Zielsetzung nichts). Durch die Verwendung solcher Hilfsmittel wird gewährleistet, daß die Auswahl eines oder mehrerer Kinder aus einer Gruppe ohne Ansehen und Berücksichtigung der Eigenschaften dieser Kinder geschieht. Jedes Kind hat damit die gleiche Chance, als erstes, zweites usw. ausgewählt zu werden, und am Anfang eines solchen Auswahlprozesses ist es trotz genauer Kenntnis der Eigenschaften jedes Kindes nicht voraussagbar, welche Auswahl getroffen wird. Natürlich ist diese ,,Nichtvoraussagbarkeit" bei einem 8 Silben umfassenden Abzählreim nicht wirklich gewährleistet und Manipulationen sind leicht möglich − besonders, wenn einige Kinder den Mechanismus verstanden haben und die anderen noch nicht. Deshalb wird häufig eine weitere Sicherung verwendet, indem der

Abzählreim einerseits verlängert wird, und andererseits an seinem Ende eine nur noch eingeschränkt vorhersagbare Zahl steht:

,,...Raus bist Du noch lange nicht, sag mir erst, wie alt Du bist: 1, 2, 3 ...".

Dieser Prozeß leistet für Kinder auf einem Spielplatz genau das, was beabsichtigt war: Er teilt eine Gruppe von Personen in zum Beispiel zwei gleich große Teilgruppen. Die Aufteilung erfolgt dabei für die praktische Spielsituation unvorhersagbar, allerdings keineswegs wirklich zufällig. Die Aufteilung ist vielmehr nach Festlegung des Abzählbeginns und Beibehaltung der Reihenfolge der Kinder völlig deterministisch, und bei sorgfältiger Vorplanung der Aufstellung könnte ein geschickter Mitspieler jede gewünschte Aufteilung erzeugen (dies liegt natürlich daran, daß für die tatsächliche Länge jedes Abzählreims wiederum eine Eigenschaft eines Kindes, nämlich dessen Alter, verwendet wird). Ein Ausweg aus diesen Manipulationsmöglichkeiten bietet nur eine wirklich streng zufällige Zuteilung, die man als Randomisierung bezeichnet.

> Die Randomisierung bezieht keinerlei Eigenschaften eines Patienten in den Auswahlprozeß ein. Es wird allein auf der Basis eines vom Patienten völlig unabhängigen Mechanismus, z. B. durch einen Würfel- oder Münzwurf, eine Entscheidung über die Zuteilung eines Patienten zu einer von mehreren Teilgruppen gefällt.

Der Einfachheit halber wird die weitere Diskussion auf den – häufigen – Spezialfall von zwei Gruppen eingeschränkt.

Man muß sich das Ziel der Randomisierung tatsächlich so vorstellen, daß eine Patientengruppe in zwei gleiche Teilgruppen geteilt wird. Die Nichtberücksichtigung von Patienteneigenschaften gewährleistet dabei, daß nicht gewisse Störfaktoren in einer der beiden Gruppen systematisch häufiger auftreten als in der anderen. Die zufällige Zuordnung gewährleistet dabei zweierlei:

- Für jeden Patienten besteht die gleiche Chance, einer der beiden Teilgruppen zugeordnet zu werden.
- Jede Aufteilung der Gesamtgruppe, d. h. jede Zusammensetzung der Teilgruppen, hat die gleiche Chance.

Es ist von besonderer Bedeutung, darauf hinzuweisen, daß auch die Randomisierung für die einzelne Studie nicht *garantiert,* daß die beiden durch sie erzeugten Teilgruppen tatsächlich in allen Belangen gleich sind. Es ist vielmehr möglich, daß schwerwiegende Imbalancen auftreten, im Extremfall, daß alle 10 Männer einer Patientengruppe einer Therapie und alle 10 Frauen einer anderen Therapie zugeordnet werden – zufällig! Formal betrachtet, und dies soll hier nicht vertieft werden, sind solche extremen Abweichungen unproblematisch, da sie Bestandteil des statistischen ,,Rauschens" sind und damit in der sogenannten Irrtumswahrscheinlichkeit berücksichtigt werden (siehe Kapitel 11). Medizinisch fällt es jedoch schwer, diesem, im Prinzip richtigen, Purismus zu folgen. Man wird diese Imbalancen bei der Interpretation von Studienergebnissen berücksichtigen und sich damit trösten, daß ausgeprägte und folgenschwere Abweichungen von der Strukturgleichheit selten zu beobachten sind.

Die Randomisierung liefert aber als bisher einzige bekannte Methode *im Mittel* (aller durchgeführten Studien) vergleichbare Teilgruppen. Dies ist das Beste, was erreichbar ist.

Da sie sich auf keinerlei Patientencharakteristika stützt, bezieht sich diese Vergleichbarkeit auf

- die gemessenen Charakteristika
- die nicht gemessenen Charakteristika
- die unbekannten Charakteristika.

Die praktische Durchführung der Randomisierung könnte z. B. so erfolgen, daß im Rahmen der Prüfung eines neuen Grippemedikaments A ein Arzt in seiner Praxis einen Patienten sieht, den er für die Prüfung für geeignet hält. Er würde (nach Aufklärung und Einwilligung des Patienten, siehe Kapitel 4) in ein Nebenzimmer gehen, dort eine Münze werfen und, je nachdem ob Kopf oder Zahl geworfen wurde, dem Patienten Medikament A verschreiben oder nicht. Nur in Ausnahmefällen wird die Randomisierung tatsächlich so durchgeführt (es existiert die Anekdote eines Chirurgen, der bei geöffnetem Abdomen durch den Wurf einer sterilen Münze entscheiden ließ, welches Operationsverfahren er anwendete). Im allgemeinen wird jedoch der Münzwurf vor Beginn einer Prüfung durchgeführt, d. h., es wird eine Liste vorbereitet, auf der bereits die „Münzwürfe" aller in eine Studie einzuschließenden Patienten aufgelistet sind (Tabelle 2.3, linke Spalte).

Die Ungewißheit von Zufallsprozessen hat zwei Nachteile für die Randomisierung in einer klinischen Studie, einen neuen und einen bereits beschriebenen, für die besondere Lösungen für notwendig erachtet werden und entwickelt wurden.

(1) Wenn in eine klinische Prüfung eines neuen Arzneimittels 20 Patienten eingeschlossen werden sollen, so ist durch 20maligen Münzwurf keineswegs sichergestellt, daß beide Teilgruppen jeweils 10 Patienten umfassen. Die Wahrscheinlichkeit hierfür werden wir erst in Kapitel 10 berechnen. Sie beträgt 17.6 %.

(2) Es können zufällig in einer oder mehreren Einflußvariablen schwerwiegende Unterschiede zwischen den beiden Prüfgruppen auftreten. Wenn diese Unterschiede bekannte und einflußreiche Faktoren betreffen, so sind sie natürlich äußerst störend und unerwünscht.

Um beide Probleme zu vermeiden, kann eine *stratifizierte Randomisierung* vorgenommen werden. Sie bedeutet, daß nicht die gesamte Gruppe von Patienten in zwei Teilgruppen unterteilt wird, sondern daß dies getrennt für die Ausprägungen (Strata) eines wichtigen, bezüglich der Prognose der Patienten einflußreichen Faktors geschieht, wie in dem folgenden Beispiel illustriert wird:

Für die Überlebenszeit einer Tumorerkrankung ist das Stadium, in dem diese entdeckt und therapiert wird, eine wichtige Einflußgröße. Bei einer nicht stratifizierten Randomisierung im Rahmen der Prüfung eines neuen Chemotherapeutikums besteht das Risiko, daß den Therapiegruppen (zufällig!) unterschiedlich viele Patienten mit frühen bzw. späten Tumorstadien zugeordnet werden. Wegen der Bedeutung des Tumorstadiums für die Prognose kann dies sehr schwerwiegende Auswirkungen auf die Beurteilung der neuen Therapie haben: Falls in der Gruppe mit der neuen Therapie eine vergleichsweise große Zahl von Patienten mit späten Tumorstadien eingeschlossen wird, so kann sich diese bei Betrachtung der Überlebenszeiten möglicherweise einer Vergleichstherapie gegenüber als unterlegen erweisen, was jedoch nicht der Therapie selbst, sondern der Verteilung der Tumorstadien zuzuschreiben ist.

Randomisiert man jedoch nicht die gesamte Gruppe, sondern unterteilt die Gruppe zunächst nach frühen und späten Tumorstadien und randomisiert dann innerhalb der Strata, d. h., die Patienten mit frühen Stadien zu alter und neuer Chemotherapie und die Patienten mit späten Tumorstadien getrennt davon ebenfalls zu alter und neuer Chemotherapie, so kann man eher sicherstellen, daß Patienten mit frühen und späten Tumorstadien gleichmäßig auf die Gruppen mit alter und neuer Chemotherapie verteilt werden (Abbildung 2.2).

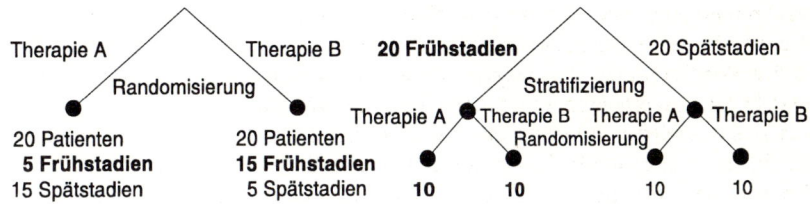

Abb. 2.2. Stratifizierte Randomisierung (rechts) mit - im Idealfall - gleicher Aufteilung der Tumorstadien auf die beiden Therapiearme im Vergleich zu einer möglichen ungleichen Aufteilung bei nicht-stratifizierter Randomisierung.

Die stratifizierte Randomisierung ist in bestimmten Indikationsgebieten, z. B. der Onkologie, relativ verbreitet. Man muß jedoch feststellen, daß dieses Vorgehen, insbesondere wenn man mehrere stratifizierende Variable verwendet, aufwendig ist und solche Studien dann insgesamt relativ große Patientenzahlen umfassen müssen. Häufig wird außerdem auch ohne Stratifizierung eine ausreichende Strukturähnlichkeit der zu vergleichenden Patientengruppen erreicht. Eine Stratifizierung sollte daher nur bei sehr bedeutenden Einflußfaktoren in Erwägung gezogen werden, wenn in solchen Fällen nicht ohnehin zwei getrennte Untersuchungen bei Patienten mit sehr unterschiedlicher Prognose vorzuziehen sind (z. B. Raucher und Nichtraucher bei der Therapie der arteriellen Verschlußkrankheit). Als eine besondere Art von Stratifizierung kann man sich die blockweise Randomisierung vorstellen, von der die oben beschriebene Bemühung, die beiden zu vergleichenden Patientengruppen gleich groß zu machen, im Grunde nur einen Spezialfall darstellt, nämlich eine Randomisierung in einem Block (siehe Tabelle 2.3, Spalte ,,balanciert''). Damit ist sichergestellt, daß in beiden Gruppen A und B nach Abschluß der Studie gleich viele Patienten behandelt wurden; in dem Beispiel in Tabelle 2.3 sind dies je Gruppe 16 Patienten. Eine unbalancierte Randomisierung (Spalte ,,unbalanciert'') sollte nur in begründeten Ausnahmefällen durchgeführt werden. Zur Bildung mehrerer Blöcke wird der Gesamtstichprobenumfang in mehrere, falls möglich gleich große, Gruppen (Blöcke) unterteilt, und innerhalb jedes Blockes wird dann die Randomisierung in zwei gleich große Teilgruppen vorgenommen (auch als Balancierung bzw. balancierte Randomisierung bezeichnet). Häufig benutzte Blockgrößen liegen zwischen 6 und 12.

Lfd. Nr.	unbalanciert	balanciert (1 Block à 32 Patienten)	balanciert (4 Blöcke à 8 Patienten)	
1	B	A	A	
2	B	B	A	
3	B	B	B	
4	A	A	A	
5	A	A	A	
6	B	B	B	
7	A	A	B	A und B ausgeglichen
8	B	B	B	(je 4 Patienten)
9	B	A	B	
10	B	A	A	
11	A	A	A	
12	B	B	A	
13	B	B	B	
14	A	A	B	
15	B	A	A	A und B ausgeglichen
16	B	A	B	(je 8 Patienten)
17	B	A	A	
18	B	B	B	
19	A	A	A	
20	A	B	B	
21	B	B	A	
22	A	B	A	
23	B	B	B	A und B ausgeglichen
24	B	A	B	(je 12 Patienten)
25	B	B	B	
26	A	B	A	
27	B	B	A	
28	B	A	A	
29	A	B	A	
30	B	A	B	
31	B	A	B	
32	A	B	B	
	A und B nicht ausgeglichen (A = 11, B = 21 Patienten)	A und B ausgeglichen (je 16 Patienten)	A und B ausgeglichen (je 16 Patienten)	

Tabelle 2.3. Randomisierungsliste für eine Studie mit 32 Patienten (unbalanciert, balanciert in einem Block und in vier 8er-Blöcken).

Eine blockweise Randomisierung hat folgende Vorteile:

- Vorausgesetzt, die Blöcke werden nacheinander in die Studie einbezogen, so sind auch innerhalb kürzerer Zeitintervalle die beiden Prüfgruppen von ihren Patientenzahlen her ausgeglichen. Dies ist z. B. bei einer Zwischenauswertung, etwa nach 16 Patienten bei 8er Blöcken, von Vorteil (Tabelle 2.3, Spalte „balanciert", 4 Blöcke).
- Die einzelnen Blöcke können auf verschiedene Praxen oder Krankenhäuser verteilt werden (multizentrische Studie), und so kann in jedem Zentrum eine getrennte Randomisierung vorgenommen werden (man kann dies auch als zentren-*stratifizierte* oder -balancierte Randomisierung bezeichnen). Ein solches Vorgehen ist bei multizentrischen Studien immer sinnvoll, weil das Zentrum typischerweise einen bedeutenden Einflußfaktor darstellt.

Die randomisierte Zuordnung der zu untersuchenden Therapien ist manchmal auf der Ebene einzelner Patienten nicht sinnvoll. Wenn z. B. die Auswirkung verschiedener Ernährungsweisen auf die kardiovaskuläre Mortalität untersucht werden soll (siehe Kapitel 3.9), so ist es praktisch unmöglich, einzelnen, im Arbeitsleben stehenden Personen durch Randomisierung vorzuschreiben, wie sie sich zu ernähren haben. In einem Projekt wurde daher so vorgegangen, daß europaweit 80 Firmen an der Studie teilnahmen und die Randomisierung firmenweise durchgeführt wurde, so daß die zu vergleichenden Ernährungsweisen in den Kantinen der Firmen zubereitet werden konnten [WHO]. In ähnlicher Weise kann man Patienten praxisweise bestimmten Vorgehensweisen zuordnen. In einer großen Studie zur Prüfung der Effektivität mammographischer Screeninguntersuchungen wurden sogar Bewohner ganzer Bezirke zu einer Gruppe mit regelmäßiger Mammographie und zu einer Kontrollgruppe randomisiert [Two County Trial, Tabar et al.]. In diesem Fall liegt die Begründung darin, daß sich Mitglieder der Mammographie- und der Kontrollgruppe durch intensive Kontakte gegenseitig beeinflussen können und so der Vergleich der beiden Gruppen dadurch erschwert werden könnte, daß Patientinnen der Kontrollgruppe freiwillig an solchen Untersuchungen teilnehmen.

2.6 Systematische Zuteilung

Methoden, die häufig als einer randomisierten Zuteilung ebenbürtig angesehen und daher mit Begriffen wie quasi-randomisiert oder pseudo-randomisiert bezeichnet werden, lassen sich in die folgenden drei Gruppen unterteilen:

- Deterministische Zuteilungsverfahren
- Verfahren, die, oberflächlich betrachtet, wie eine zufällige Zuteilung wirken, die jedoch durch in den Daten verborgene „Abhängigkeiten" tatsächlich eine systematische Zuteilung darstellen können.
- Methoden, die auf einem Zufallsprozeß beruhen, bei denen jedoch eine wichtige Eigenschaft der Zufallszuteilung, nämlich die Ungewißheit der Zuteilung des *nächsten Patienten* nicht gewährleistet ist.

> Deterministische Zuteilung

Zu dieser Kategorie gehören alle Formen der alternierenden Zuteilung. Hier gibt es eine patientenweise Alternierung (der erste Patient erhält Therapie A, der zweite Therapie B, der dritte wieder A usw.), eine tageweise Alternierung (Patienten, die montags in eine Klinik aufgenommen werden, erhalten Therapie A, die dienstags-Patienten Therapie B, mittwochs wieder A usw.) oder in ähnlicher Weise eine wochenweise Alternierung.

Alternierende Verfahren werden häufig eingesetzt, wenn eine zufällige Zuteilung einzelner Patienten zu bestimmten Therapieverfahren oder Vorgehensweisen zu schwierig erscheint oder tatsächlich undurchführbar ist. In einer Studie, in der der Nutzen und das Risiko zweier verschiedener Anästhesieverfahren untersucht werden sollte, hätten bei Randomisierung einzelner Patienten die Verdampfer an den Narkosegeräten häufig ausgetauscht werden müssen. Dies wurde für undurchführbar gehalten, und deshalb wurde der Wechsel zwischen den beiden Narkosegasen in wöchentlicher Alternierung vorgenommen [Inoue et al.]. Das bestehende Problem hätte jedoch durch eine Randomisierung auf Wochen- oder auch Tage-Basis besser gelöst werden können.

> Scheinbar zufällige Zuteilung

In Listen von Daten können Abhängigkeiten bestehen, die zu einer systematischen Zuteilung von Patienten zu verschiedenen Gruppen führen können, obwohl dies bei oberflächlicher Betrachtung nicht erkennbar war. Sortiert man etwa die Vornamen der Kinder eines Kindergartens alphabetisch und ordnet dann die erste Hälfte dieser Liste einer Gruppe und die zweite Hälfte einer anderen Gruppe zu, so können z. B. Mädchennamen bevorzugt mit Buchstaben beginnen, die im Alphabet vor oder nach Jungennamen stehen. Oder es könnte nationalitätenspezifisch unterschiedliche Anfangsbuchstaben der Vornamen geben. Selbst wenn man diese Namensliste nicht alphabetisch, sondern z. B. nach dem Anmeldedatum sortiert, könnten sich z. B. Kinder verschiedener Stadtteile jeweils in Gruppen angemeldet haben, was wiederum die Abfolge von Gruppen von Kindern aus ähnlicher sozialer Struktur zur Folge haben kann. Diese Form von Zuteilung beinhaltet also ein erhebliches Risiko für eine verborgene Abhängigkeit, obwohl sie – oberflächlich betrachtet – zufällig aussieht.

Oft wird so verfahren, daß Patienten zwei Gruppen zugeteilt werden, je nachdem, ob ihr Geburtstag oder ihre Krankenhaus-Aufnahmenummer gerade oder ungerade ist. Es wird dabei davon ausgegangen, daß dieses Charakteristikum selbst keine prognostische Bedeutung hat und nicht mit anderen prognostisch wichtigen Einflußfaktoren in Verbindung steht. Diese Annahme ist vermutlich zutreffend, jedenfalls solange die Aufnahmenummer tatsächlich eine laufende, chronologisch ansteigende Registriernummer darstellt und nicht in ihrer letzten Stelle Kodierungen, z. B. über die Herkunft aus bestimmten Stadtteilen, enthält. Die Verwendung dieses Zuteilungsmechanismus ist also tatsächlich „quasi-zufällig", ihm wohnt allerdings ein schwerwiegendes Problem inne, das im folgenden Abschnitt beschrieben wird.

> Problematische zufällige Zuteilungen

Nach Erstellung einer Randomisierungsliste, d. h. einem Plan für die tatsächlich zufällige Zuteilung der Patienten einer Studie, werden manchmal bei der Durchführung dieser Zuteilung Wege beschritten, die spezifische Probleme haben.

Es wird z. B. eine Randomisierungsliste mit den Bezeichnungen A und B für die zu vergleichenden Gruppen erstellt, wobei nicht bekanntgegeben wird, welche Medikation

A und welche B entspricht. In einem Schrank werden Medikamentenpackungen für die Prüfung aufbewahrt, die nur die Bezeichnung A oder B tragen, bei denen also ebenfalls nicht erkennbar ist, welches Medikament sie enthalten. Arzt und Patient wissen also bei dieser doppelblinden Studie (siehe Kapitel 3.8) nicht, welche Therapie verabreicht wird. Wenn ein Patient in die Prüfung eingeschlossen werden soll, entnimmt der Prüfarzt in der Abfolge der Randomisierungsliste dem Schrank eine Medikationspackung A oder B und führt damit die Behandlung des Patienten durch. Die Zuteilung der Patienten ist so zwar zufällig, das Vorgehen hat jedoch einen wesentlichen Nachteil: Wird durch irgendeinen Umstand (spezifische Nebenwirkung, Decodierung der Medikation durch Öffnen eines Notfallkuverts) die tatsächlich applizierte Medikation *eines einzigen* Patienten bekannt, was praktisch in jeder Prüfung vorkommt und sonst auch nicht problematisch ist, so ist wegen der globalen Zuordnung von A und B sofort die Medikationszuordnung für *alle* Patienten bekannt. Bei dem beschriebenen Vorgehen kann typischerweise die Verblindung nicht gewahrt werden.

Bei offenen Studien, d. h., Studien, bei denen die Medikationen nicht verblindet werden, also Arzt und Patient bekannt ist, mit welchen Verfahren therapiert wird, könnte die Randomisierung z. B. folgendermaßen umgesetzt werden:

• Die Randomisierungsliste wird in der Praxis oder der Ambulanz, in der die Patienten behandelt und ggf. in die Studie aufgenommen werden, ausgehängt.

• Es werden versiegelte Umschläge vorbereitet, die außen mit einer Patientennummer gekennzeichnet sind, und in denen − entsprechend der Randomisierungsliste − die vorgesehene Therapie für diesen Patienten enthalten ist. Bei Einschluß eines Patienten wird der Umschlag geöffnet und die vorgesehene Therapie verabreicht.

Diese beiden und alle ähnlichen Vorgehensweisen, wie auch die oben beschriebene Auswahl nach geraden und ungeraden Zahlen, haben den entscheidenden Mangel, daß die Zuteilung eines Patienten bereits *vor dessen Einschluß* in die Studie vorauszusehen ist. Da einem Prüfarzt, noch bevor er mit einem Patienten über den Einschluß in eine Studie gesprochen hat, dessen Aufnahmenummer, dessen Geburtsdatum oder, aufgrund einer ausgehängten Liste, dessen in der Studie zu verabreichende Therapie bekannt ist, hat er die Möglichkeit, den Einschluß des Patienten und damit seine Zuordnung zu einer bestimmten Therapiegruppe von dessen Eigenschaften abhängig zu machen, ein Umstand, der durch die Randomisierung ja gerade verhindert werden sollte. Die Randomisierung wird also durch ein solches Vorgehen geradezu unterlaufen. Das folgende Beispiel soll dies verdeutlichen:

In einer Studie soll eine operative Therapie mit einer konservativen Therapie verglichen werden. Ein Arzt wird mit einem Patienten, der für eine solche Therapieprüfung infrage kommt, die Situation besprechen und sich durch Anamnese, klinische Untersuchung usw. ein Bild von dem Patienten machen. Da er weiß (Geburtsdatum, Aufnahmenummer, ausgehängte Randomisierungsliste), welche Therapie der Patient erhalten *würde,* falls er in die Studie eingeschlossen *würde,* kann er anhand der Patientencharakteristika entscheiden, ob ihm diese Therapie für den Patienten geeignet erscheint. Falls ja, wird er ihn in die Studie einschließen, falls nein, nicht. Damit besteht die Möglichkeit, daß schwerwiegende Strukturungleichheiten zwischen den verglichenen Gruppen erzeugt werden. Man stelle sich nur vor, daß Patienten, die wegen kardialer oder bronchialer Begleiterkrankungen nur mit erhöhtem Risiko operiert werden könnten, zwar in die konservative Therapiegruppe, nicht jedoch in die operative Therapiegruppe eingeschlossen werden. Falls, was nicht unplausibel ist, diese Patienten quoad vitam eine ungünstigere Prognose haben, entsteht so schon von Beginn der Studie an ein entscheidendes Ungleichgewicht in der Verteilung prognostischer Faktoren zwischen den beiden geprüften Gruppen, in diesem Fall zuungunsten der konservativen Therapie (diese Situation entspricht exakt der bei den Shunt-Operationen (siehe Kapitel 2.1), obwohl hier „randomisiert" wurde). Diese Zuteilungsverfahren sind demnach ungeeignet. Bei Verwendung versiegelter Umschläge wird zwar ein zusätzliches Hindernis errichtet, dieses ist jedoch nicht ausreichend kontrollierbar:

- Umschläge sind häufig nicht ganz undurchsichtig.
- Es könnten alle Umschläge zu Beginn der Studie geöffnet werden.
- Es könnte bei einem einzuschließenden Patienten ein Umschlag geöffnet werden, der Patient jedoch, wenn der Umschlag die „falsche" Therapie enthält, nicht eingeschlossen werden und die Patientennummer dem nächsten geeigneten Patienten zugeordnet werden.

Bezüglich aller dieser Möglichkeiten wurden bereits einschlägige Erfahrungen gemacht. Das einzige zuverlässige Verfahren in dieser Situation besteht in einer externen Randomisierung (typischerweise Telefonrandomisierung). Nach Entscheidung, einen Patienten in eine Studie aufzunehmen und ohne vorheriges Wissen, welche Therapie dieser Patient erhalten würde, wird vom Prüfarzt in einer Randomisierungszentrale angerufen, die Daten dieses Patienten werden der Zentrale mitgeteilt und der Prüfarzt erhält von dort die dem Patienten aufgrund des Randomisierungsplans zu applizierende Therapie. Die Zuordnung zur Therapie erfolgt also ohne Ansehen von Patientencharakteristika, und die Verknüpfung einer Patientenidentität mit einer Patientennummer und damit einer zu applizierenden Therapie erfolgt, ohne daß dies rückgängig gemacht werden könnte.

3   Planung medizinischer Forschung

3.1   Der Lernprozeß in der medizinischen Forschung

Das primäre Ziel medizinischer Forschung ist, Fragen zu beantworten, um das Wissen über Krankheiten, ätiologische Zusammenhänge, Diagnoseverfahren oder Therapiemöglichkeiten zu vergrößern und damit die Versorgung von Patienten zu verbessern. Um zuverlässige Antworten auf solche Fragen zu erhalten, ist es notwendig, die Versuche in der klinischen Forschung so zu planen, daß sie zu aussagefähigen Ergebnissen führen.

Im Gegensatz zu Naturwissenschaften wie Physik und Chemie, wo es in weiten Bereichen um die Erforschung von *deterministischen*, also gesetzmäßigen Zusammenhängen geht, sind in einer Erfahrungswissenschaft wie der Medizin Ergebnisse mit Unsicherheit behaftet. Aussagen über Zusammenhänge sind daher nur in Verbindung mit Wahrscheinlichkeiten, als *probabilistische* Aussagen möglich. Die Aussage ,,das Medikament A ist wirksam'' ist kein Naturgesetz, da es selbst bei Vorliegen hoher Evidenz für die Wirksamkeit eines Präparates prinzipiell unsicher ist, ob eine Therapiemaßnahme im individuellen Fall Erfolg haben wird. Die Vorgänge, die zu einem Therapieerfolg führen, sind komplex und umfassen neben der applizierten Therapie noch zahlreiche andere Faktoren, so daß ein Erfolg nicht sicher vorhersagbar, eben nicht deterministisch ist. Umgekehrt läßt sich ein einmal eingetretener Erfolg ebensowenig sicher auf eine vorher durchgeführte Maßnahme zurückführen – ob die Besserung von Kopfschmerzen auf eine Tabletteneinnahme zurückzuführen ist, ist für den Einzelfall prinzipiell nicht zu entscheiden.

Für die Erforschung solcher probabilistischen Zusammenhänge ergeben sich besondere Anforderungen an die Forschungsmethodik. Sie dienen im wesentlichen zwei Zielen:

- Trotz Unsicherheit über die Zusammenhänge aussagefähige Antworten zu geben, und zwar dadurch, daß Individuen bezüglich der Therapie als ununterscheidbare Vertreter einer Gruppe angesehen werden.
- Die Irrtumsmöglichkeiten zu quantifizieren.

Die Vermehrung des Wissens in der Medizin erfolgt nach den gleichen Prinzipien wie in anderen Wissenschaften. Durch spontane oder systematische Beobachtung werden neue Informationen gewonnen, die als einzelne Bausteine in einem Lernprozeß zur Weiterentwicklung des Wissens beitragen. Typische historische Beispiele für solche Vorgänge sind die Entdeckung des Penicillins durch Alexander Fleming (spontane Beobachtung) oder die Entdeckung der Infektionsgenese des Kindbettfiebers durch Ignaz Philipp Semmelweis (systematische Beobachtung).

Im Laufe einer Entwicklung, die bis ins 17. Jahrhundert zurückreicht [Details bei Tröhler] wurde erkannt, daß verschiedene Arten der Beobachtung zu unterschiedlich aussagefähigen Bausteinen innerhalb dieses Lernprozesses führen. Dabei geht auf Francis Bacon die Erkenntnis zurück, daß die *geregelte* Beobachtung (experientia ordinata) für aussagekräftige Ergebnisse wesentlich brauchbarer ist als die ungeregelte Beobachtung. Das wesentliche Kriterium, das die Struktur einer Beobachtung vorgibt, ist die Formulierung einer klaren Fragestellung. Unter einer solchen konkreten Zielvorgabe würden im Idealfall Daten nur für diesen Zweck erhoben und die Beantwortung der zu untersuchenden Frage ermöglicht. Eine geregelte Erfahrung ließe sich dann wie folgt gliedern:

• Stelle das Problem dar
• Formuliere eine Hypothese
• Plane die Beobachtung oder das Experiment
• Führe die Versuche durch, beobachte
• Interpretiere die Ergebnisse
• Ziehe Schlußfolgerungen

• Stelle das Problem dar

Das zu untersuchende Problem muß so konkret wie möglich beschrieben werden. Dies bedeutet, daß die Formulierung eines wissenschaftlichen Problems nicht lauten sollte:
,,Kann die Versorgung von Diabetikern durch die HbA$_{1c}$-Messung verbessert werden?"
sondern:
,,Läßt sich durch eine vierteljährliche Bestimmung des HbA$_{1c}$ das Auftreten von Spät-
komplikationen bei insulinpflichtigen Diabetikern verhindern?"
Die letzte Frage läßt sich mit einer eindeutigen Aussage beantworten: ,,Ja" oder ,,Nein". Die erste Frage dagegen läßt viele Optionen zu: Ist z. B. unter ,,Versorgung" die Anzahl Komplikationen, Insulin-Injektionen, Arztbesuche oder das Wohlbefinden des Patienten zu verstehen? Wenn nur eines dieser vier Kriterien durch die (wie häufige?) HbA$_{1c}$-Messung verbessert wird, ist dann die Versorgung verbessert? Oder müssen alle vier Kriterien erfüllt sein? Da die erste Frage alle diese Interpretationsmöglichkeiten zuläßt und daher auch vollkommen unterschiedliche Ergebnisse als positive Beantwortung der Frage angesehen werden können, sind die Ergebnisse einer solchen Studie nicht eindeutig und nachvollziehbar zu interpretieren. Außerdem kann ohne konkrete Fragestellung nicht begründet und entschieden werden, welche Daten in einer Studie erhoben werden sollen.

> Das Fehlen einer klaren Frage macht die Planung, Durchführung und nachvollziehbare Interpretation einer Untersuchung unmöglich.

Es erscheint allerdings noch immer notwendig, darauf hinzuweisen, daß überhaupt eine Fragestellung formuliert werden muß. Dissertationsthemen etwa von der Art, daß Krankenakten von Patienten zwischen 1980 und 1985 durchgearbeitet werden sollen, ohne daß vorab die Fragestellung *im Detail* festgelegt wird, sollten der Vergangenheit angehören.

• Formuliere eine Hypothese

Die zu untersuchende Frage muß in die Formulierung einer Hypothese umgesetzt werden, deren Gültigkeit dann in der zu planenden Studie geprüft werden kann. Die wissenschaftliche Vorgehensweise ist dabei *deduktiv* (Abbildung 3.1). Der Unterschied zwischen einer *deduktiven* und einer *induktiven* Schlußweise kann an dem folgenden – klassischen – Beispiel erläutert werden.

Ein Beobachter, der auf einem See zehn weiße Schwäne sieht, könnte daraufhin zu der Schlußfolgerung gelangen, daß alle Schwäne weiß sind. Die Aussage wird als bestätigt angesehen, wann immer ein weiterer weißer Schwan beobachtet wird. Aus einzelnen Beobachtungen werden allgemeine Regeln abgeleitet. Diese Schlußweise heißt *induktiv*. Im Gegensatz zu dieser Vorgehensweise leitet eine *deduktive* Schlußweise aus allgemeinen Hypothesen Voraussagen über spezifische Fälle ab. Man spricht in diesem Zusammenhang davon, daß man versucht, eine wissenschaftliche Hypothese zu *falsifizieren* [Popper], d. h. die Hypothese zu widerlegen. Die *Bestätigung* bzw. der Beweis einer Hypothese ist grundsätzlich unmöglich, was zur Folge hat, daß einem wissenschaftlichen Vorgehen ein eher ,,destruktiver'' Charakter zukommt. Die Hypothese, daß Schwäne grundsätzlich weiß sind, würde z. B. zu der Aussage führen, daß sich niemals ein schwarzer (genauer: nicht-weißer) Schwan beobachten läßt. Findet man einen solchen dennoch, so widerlegt dies die Ausgangshypothese; findet man den schwarzen Schwan (das der Hypothese widersprechende Ereignis) trotz intensiver Suche nicht, so ist die Hypothese dennoch nicht bestätigt. In diesem Fall hat sich die zugrundeliegende Hypothese *bewährt*.

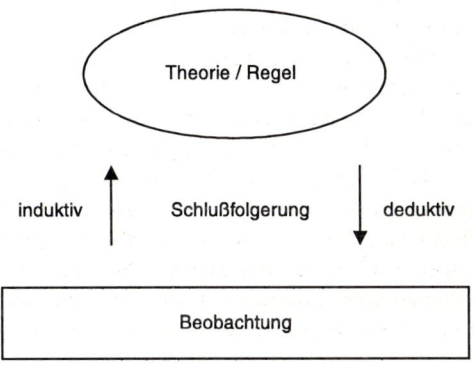

Abb. 3.1. Prinzip induktiver und deduktiver Schlußweise.

Übertragen auf die Medizin bedeutet dies, daß in aller Regel nur dann valide neue Erkenntnisse gewonnen werden können, wenn spezielle, geplante Versuche so angelegt werden, daß sie in der Lage sind, eine in Frage stehende Hypothese zu falsifizieren. Die Formulierung von Hypothesen für medizinische Fragestellungen zwingt zu einer deduktiven Schlußweise. Ist etwa die Frage zu beantworten, ob ein Medikament A einem Medikament B in bezug auf die Lebensqualität der therapierten Patienten überlegen ist, so ist im Sinne einer deduktiven Schlußweise die zu falsifizierende Hypothese aufzustellen, daß die beiden Medikamente sich in ihren Auswirkungen auf die Lebensqualität der Patienten nicht unterscheiden. Diese statistische Ausdrucksweise ist mit der von Popper formulierten Erkenntnistheorie konform. Die zu falsifizierende Hypothese wird häufig als *Nullhypothese* (siehe Kapitel 11) bezeichnet.

Das typische Beispiel einer induktiven Schlußweise in der Medizin sind Analysen von Datensammlungen, die ohne konkrete Hypothesen nach Auffälligkeiten durchsucht werden. Entdeckte Auffälligkeiten werden dann häufig als valide, verallgemeinerungsfähige Aussagen interpretiert. Dies wird jedoch erst dadurch sichergestellt, daß diese Auffälligkeiten in weiteren Studien geprüft werden.

● Plane die Beobachtung oder das Experiment

Nach der Formulierung von Fragestellung und Hypothese ist es notwendig, die entsprechende Studie so zu planen, daß ein Verwerfen der aufgestellten Hypothese, d. h. eine Beantwortung der zu untersuchenden Frage, möglich ist. Da im folgenden detailliert auf die verschiedenen Studiendesigns, ihre Eignung und Aussagekraft eingegangen wird, soll die Diskussion hier nicht vertieft werden.

● Führe die Versuche durch, beobachte

Die Durchführung einer Studie orientiert sich an einem vorab erstellten Plan. Ein solcher Plan sollte für alle Arten von medizinischen Studien, seien es Laborexperimente, Therapieprüfungen oder epidemiologische Beobachtungen, existieren. Eventuelle Probleme in der Durchführung von Studien, etwa die Sicherung der Beobachtungsgleichheit, der Umgang mit Störungen (einzelnen, fehlgeschlagenen Experimenten; Patienten, die die Prüftherapie abbrechen; Patienten, die in epidemiologischen Studien eine Befragung verweigern) sowie zahlreiche, von der individuellen Studiensituation abhängende Störfaktoren sind im Detail im Prüfplan zu berücksichtigen. Auch die geplante Auswertung ist genau zu beschreiben.

● Interpretiere die Ergebnisse

Die Auswertung der Daten wird von vielen als die eigentliche Aufgabe der medizinischen Statistik angesehen. Dies ist jedoch nur ein Teilbereich, da die entscheidende Bedeutung der Biometrie bei der Planung einer Studie, d. h. der Festlegung des Studiendesigns mit allen Details, liegt. Die Aussagefähigkeit einer mangelhaft geplanten oder durchgeführten Studie ist durch noch so aufwendigen statistischen Rechenaufwand nicht zu retten. Der Beitrag der Statistik bei der Auswertung einer medizinischen Studie liegt darin, Verfahren zur Verfügung zu stellen, die es erlauben, Irrtumsmöglichkeiten, die Aussagen einer empirischen Wissenschaft immer innewohnen, mit Hilfe von Methoden der Wahrscheinlichkeitstheorie zu quantifizieren. Die Vorgehensweise wird in Kapitel 11 im Detail beschrieben.

● Ziehe Schlußfolgerungen

Die Eingangsvoraussetzung für die Durchführung medizinischer Studien war, das Wissen zu vergrößern. Um dieses Wissen in die Verbesserung von Handlungsentscheidungen für viele Patienten umzusetzen, müssen aus dem Ergebnis einer klinischen Studie Schlußfolgerungen gezogen werden können, die über die Situation und die speziellen Patienten dieser Studie hinausgehen. Die Extrapolationsmöglichkeit der Statistik beschränkt sich jedoch auf eine *fiktive* Gruppe von Patienten, aus der die Studienpatienten eine repräsentative *Stichprobe* (siehe unten) darstellen. Man bezeichnet diese fiktive Population auch als *Grundgesamtheit*. Die Grundgesamtheit ist fiktiv, weil sie sich zwar theoretisch definieren läßt, jedoch praktisch nicht existiert. Patienten der Grundgesamtheit werden z. B. älter, ihre Erkrankungen schreiten fort, und damit verändert sich eine Population fortwährend. Patienten, die innerhalb eines Jahres in eine klinische Studie eingeschlossen werden, entstammen also verschiedenen Grundgesamtheiten. Außerdem werden die Objekte (Patienten, Versuchstiere, Blutproben) einer Studie in aller Regel nicht zufällig aus irgendwelchen größeren Populationen gezogen (Voraussetzung für Repräsentativität), sondern nach besonderer Eignung für eine Studie ausgewählt (Ausnahme: siehe Querschnittstudien).

In einer der großen Thrombolysestudien bei akutem Herzinfarkt [ISIS-2] wurde z. B. die Überlegenheit einer Lysetherapie mit Streptokinase gegenüber Plazebo gezeigt. Aussagen und Interpretationen derart, Patienten mit akutem Herzinfarkt zukünftig mit Streptokinase zu behandeln, basieren ausschließlich auf Analogieschlüssen zwischen der in der Studie behandelten Patientengruppe und den Patienten, die in einer Klinik oder Praxis behandelt werden sollen. So wird man die Altersbeschränkungen der klinischen Studie im wesentlichen auch in der klinischen Praxis beachten und die Wirksamkeit des Präparates für Schockpatienten als nicht ausreichend gesichert ansehen, wenn Schockpatienten in der klinischen Studie ausgeschlossen worden sind. Diese Interpretation beruht jedoch auf medizinisch relevanten Unterschieden zwischen Herzinfarktpatienten ohne und mit kardiogenem Schock. Die Statistik liefert für diese Entscheidungen keine Unterstützung.

Wie aus dieser Gliederung der Erfahrungsgewinnung hervorgeht, hängt nach der Formulierung einer Fragestellung in Form einer Hypothese die gesamte Aussagefähigkeit und damit die Möglichkeit, die zu untersuchende Frage tatsächlich beantworten zu können, von einer adäquaten Planung der Studie ab. Es ist in der biometrischen Beratungstätigkeit keine seltene Erfahrung, daß in einer Studie zwar viele, interessante und detaillierte Daten (zum Teil mit erheblichem Aufwand) erhoben worden sind, daß jedoch gerade die Daten fehlen, unvollständig oder von minderer Qualität sind, die für die Beantwortung der zentralen Frage der Studie notwendig sind. Insofern ist die mit einer konkreten Fragestellung geplante Datenerhebung eines der zentralen Erfordernisse an aussagefähige Studien.

3.2 Kategorisierung der Studienstrukturen

Studien in der Medizin können nach mindestens drei Kriterien unterteilt werden:
- Beobachtung oder Experiment
  Man kann diese auch als Studien mit und ohne zufällige Zuteilung zu den beobachteten Gruppen bezeichnen.
- Prospektiv oder retrospektiv
- Längsschnitt oder Querschnitt

> Beobachtung oder Experiment

In einer Beobachtungsstudie werden Merkmale von Personen erhoben, die ein bestimmtes Charakteristikum *aufweisen*. In einem Experiment werden dagegen Merkmale von Personen erhoben, denen ein bestimmtes Charakteristikum *zugewiesen* worden ist. In einer Beobachtungsstudie nimmt also der Wissenschaftler eine passive Rolle bezüglich der interessierenden Eigenschaften ein, in einer experimentellen Studie spielt er eine aktive Rolle, indem er diese Eigenschaften zuteilt. Die meisten epidemiologischen Studien oder sogenannte Surveys stellen Beobachtungsstudien dar, während experimentelle Studien im Labor oder z. B. bei klinischen Therapieprüfungen vorherrschen. Aus den Ergebnissen von experimentellen Studien kann auf den Einfluß der aktiv veränderten Eigenschaften geschlossen werden. *Nur aus den Ergebnissen solcher Studien sind daher Rückschlüsse auf kausale Zusammenhänge möglich.* Die Ergebnisse von Beobachtungsstudien haben, von speziellen Ausnahmesituationen abgesehen, eher beschreibenden Charakter.

> Prospektiv oder retrospektiv

In retrospektiven Studien wird auf Daten zurückgegriffen, die bei Beginn der Studie bereits vorliegen. Bei prospektiven Studien entstehen die Daten erst nach Studienbeginn. Da man jedoch auch in prospektiven Studien auf einige bereits vorliegende Daten nicht verzichten kann (Alter, Geschlecht, Vorerkrankungen, Beginn der jetzt zu untersuchenden Erkrankung), sind rein prospektive Studien ungewöhnlich (streng genommen müßte die Unterscheidung also zwischen *retrospektiv* und *überwiegend prospektiv* getroffen werden; zur Vereinfachung wird jedoch weiter das Wort prospektiv verwendet). Alle klinischen Studien (Therapieprüfungen, Interventionsstudien) und alle anderen Formen von Experimenten sind prinzipiell prospektiv. Beobachtungsstudien können prospektiv oder retrospektiv sein. Dies hängt mit speziellen Studienformen (siehe unten) zusammen, es ist jedoch auch denkbar, daß bei derselben Studienform einmal bereits bestehende Daten und einmal noch zu erhebende Daten verwendet werden. Die Unterscheidung ist deshalb wichtig, weil bei einer prospektiven Datenerhebung Kontrollmöglichkeiten bezüglich Datenqualität, -umfang und -vollständigkeit bestehen, die in retrospektiven Studien nicht gegeben sind.

> Längsschnitt oder Querschnitt

Als Längsschnitt- oder Longitudinalstudien bezeichnet man solche Studien, in denen man Merkmale über die Zeit mehrmals erhebt. Für jeden Teilnehmer an einer solchen Studie werden daher wiederholte Beobachtungen vorgenommen (mindestens 2). Damit können Veränderungen über die Zeit festgestellt werden. Experimente sind immer Längsschnittstudien. In Querschnitt- oder Transversalstudien werden dagegen die Eigenschaften eines Objektes nur einmal registriert. Hiermit sind z. B. Aussagen über die Mittelwerte oder die Häufigkeit bestimmter Merkmale möglich. Messungen des Blutzuckers könnten in solchen Studien z. B. zur Aufstellung von Referenzbereichen verwendet werden.

In besonderen Situationen werden Studienteilnehmer jeweils nur einmal untersucht (z. B. Kinder verschiedener Altersstufen) und trotzdem Aussagen über zeitliche Verläufe (Wachstumskurven) gemacht. Voraussetzung für solche Interpretationen ist, daß die Kinder der jeweiligen Altersstufe repräsentativ für alle Kinder dieses Alters sind und die Kinder verschiedenen Alters den Altersprozeß aller Kinder widerspiegeln (siehe dazu Kapitel 3.7). Diese Studien kann man als *pseudo-longitudinal* bezeichnen.

3.3 Querschnittstudien

Nach der oben angegebenen Kategorisierung kann man diesen Studientyp als Beobachtungsstudie bezeichnen, in der sowohl prospektiv als auch retrospektiv erhobene Daten verwendet werden können. Ziel solcher Studien ist eine Zustandsbeschreibung. Ihre Ergebnisse liefern z. B. Angaben über den Anteil von Frauen und Männern in einer Population, deren mittleres Alter, die Anzahl Kinder in einer Familie oder die Anzahl kindlicher Allergiker, die von einem Pädiater versorgt werden müssen. Bei all diesen Fragestellungen ist man primär nicht an zeitlichen Entwicklungen interessiert. Typische Beispiele solcher Querschnittstudien sind auch Wahlen oder Bevölkerungsbefragungen, z. B. die ,,Volkszählung''.

> Population (Grundgesamtheit)

Als Population oder Grundgesamtheit wird die Gruppe bezeichnet, über die eine Zustandsaussage gemacht werden soll, bei der Volkszählung also z. B. die gesamte Bevölkerung der damaligen Bundesrepublik Deutschland. Allgemein muß diese Population nicht aus Personen bestehen, sondern kann Versuchstiere, Bakterienkulturen, Blutproben oder auch größere Einheiten wie z. B. Krankenhäuser umfassen. Jede Gruppe von mehr oder weniger ähnlichen Objekten, über die, als Gruppe, Aussagen gemacht werden sollen, kann also eine Grundgesamtheit darstellen.
Der unmittelbare Weg, um die für die Zustandsbeschreibung erforderlichen Informationen zu sammeln, ist, diese Daten bei allen Objekten der Grundgesamtheit zu erheben. Dies wurde z. B. bei der Volkszählung versucht. So wenig problematisch vielleicht noch die Feststellung des Impfstatus aller Kinder eines Kindergartens, die Untersuchung aller Urinproben von Patienten eines Krankenhauses oder die Tuberkuloseuntersuchung aller Lehrer eines Schulbezirks ist, so schwierig wird die Erhebung von Daten bei noch größeren und unübersichtlicheren, z. B. sich laufend stark verändernden Populationen. Um diesen Schwierigkeiten zu begegnen, wird die Technik der *Stichprobenziehung* aus der Population verwendet. Die Zustandsbeschreibung dieser Stichprobe soll dann Aussagen über die Grundgesamtheit ermöglichen. Um solche Aussagen valide treffen zu können, muß die Stichprobe einigen Anforderungen genügen.

> Repräsentative Stichprobe

Eine Stichprobe muß einen Ausschnitt aus der Grundgesamtheit darstellen, der ein möglichst gutes, charakteristisches Bild der Grundgesamtheit liefert. Das bedeutet, daß die Stichprobe im Idealfall alle Charakteristika der Grundgesamtheit aufweisen muß. Um z. B. eine Aussage über die Häufigkeit des Rauchens in der Allgemeinbevölkerung zu machen, muß die befragte Stichprobe der Grundgesamtheit von der Geschlechts- und Altersstruktur gleichen; die Befragten dürfen nicht in speziellen Regionen wohnen, sie dürfen keinen speziellen Berufen nachgehen, dürfen nicht einen speziellen Familienstand haben (z. B. alle geschieden sein) usw.. In all diesen Fällen wäre es möglich, daß das Rauchen mit einem der erwähnten Charakteristika zusammenhängt, man also bei Befragung der Stichprobe eine falsche, *verzerrte Schätzung* über die Daten in der Grundgesamtheit erhält. Da z. B. der Anteil Raucher unter Männern höher ist als unter Frauen, würde die Ermittlung dieses Anteils in einer Gruppe, in der Männer im Vergleich zur Grundgesamtheit überrepräsentiert sind, zu einem zu hohen Ergebnis, verglichen mit der Grundgesamtheit, führen. Es ist schwierig, Verzerrungen in Querschnittuntersuchungen zu vermeiden, da man geneigt ist, Teile der Grundgesamtheit zu untersuchen, die leicht zugänglich sind. Man stelle sich etwa die Schwierigkeiten vor, aus der Gesamtzahl Prostituierter eine repräsentative Stichprobe zu ziehen, um die Häufigkeiten von HIV-Infektionen zu untersuchen. Verzerrungen, die in solchen oder ähnlichen Situationen wahrscheinlich auftreten werden, lassen sich auch nicht durch spezielle Überlegungen und Auswahlmechanismen vermeiden, da sehr häufig die Beziehungen zwischen zu untersuchenden Faktoren und Störgrößen nicht bekannt sind.

Wenn zur Ermittlung der Häufigkeit depressiver Verstimmungen in der Bevölkerung eine Fragebogenaktion durchgeführt wird, so ist zu erwarten, daß nur ein Teil der Angesprochenen die Fragen tatsächlich beantwortet bzw. einen Fragebogen zurückschickt. Natürlich ist man daran interessiert, aus den Antworten eine Aussage über die gesamte Population zu machen. Dem steht jedoch entgegen, daß die individuelle Eigenschaft eines Patienten, einen Fragebogen zu beantworten, möglicherweise mit seiner anderen Eigenschaft, der depressiven Verstimmung, in Zusammenhang steht. Dieser Zusammenhang ist in aller Regel nicht bekannt bzw. in seinen Auswirkungen nicht sicher abschätzbar. So wäre es z. B. vorstellbar, daß Patienten einen Fragebogen deshalb nicht zurücksenden, weil sie das infrage stehende Verhalten aufweisen, es jedoch nicht mitteilen möchten. Es könnte sich andererseits aber auch um Personen handeln, die an dem Problem nicht interessiert sind, weil sie das Verhalten nicht aufweisen. Oder interessierte bzw. betroffene Personen könnten den Fragebogen häufiger zurücksenden. Welcher dieser Effekte überwiegt oder ob sie sich die Waage halten, ist (mindestens in dieser Untersuchung) nicht feststellbar, da hierfür Informationen für die Non-responder-Gruppe verfügbar sein müßten, die eben definitionsgemäß nicht vorliegen. Die Verzerrung kann bei Respondern also nicht ausgeschlossen werden (und ist in den meisten Fällen als wahrscheinlich anzunehmen).

Die unverzerrte Schätzung eines Zustands in der Grundgesamtheit durch Untersuchung einer Stichprobe ist nur möglich, wenn die Stichprobe *repräsentativ* für die Grundgesamtheit ist. Dafür darf die Auswahl der Personen nicht auf Charakteristika der Personen selbst basieren (Geschlecht, Alter, Responder). Die einzige Möglichkeit, dies sicherzustellen, ist eine zufällige Auswahl (siehe Kapitel 2).

Ähnlich wie einzelne Personen aus einer großen Gruppe zufällig ausgewählt werden können, so können auch einzelne kleinere Gruppen aus einer größeren Anzahl solcher Gruppen ausgewählt werden (Cluster-Stichprobe). Um etwa die Fragestellung nach der Versorgung allergiekranker Kinder zu untersuchen, könnten zufällig pädiatrische Praxen aus der Gesamtzahl pädiatrischer Praxen in Deutschland ausgewählt werden, um dort die Anzahl und den Versorgungsgrad der Kinder festzustellen. Ergänzend soll auf folgendes hingewiesen werden:

• Quasi-zufällige Stichprobe

  Es gibt verschiedene Möglichkeiten der Stichprobenziehung, die so gut wie eine zufällige Auswahl erscheinen könnten. Man hat sie, etwas euphemistisch, als pseudo- oder quasi-zufällige Stichproben bezeichnet (siehe Kapitel 2). Als solche kann typischerweise eine Stichprobe gelten, in der jedes zweite, jedes fünfte oder jedes hundertste Mitglied der Grundgesamtheit ausgewählt wird. Es ist jedoch prinzipiell nie auszuschließen, daß es bestimmte Muster in der Aufstellung (Liste) der vorliegenden Grundgesamtheit gibt, so daß durch die Abbildung dieses Musters durch systematische Auswahl eine Verzerrung entstehen kann (siehe Kapitel 2). Liegt eine Liste erst einmal vor, ist eine zufällige Auswahl auch nur unwesentlich aufwendiger als eine systematisch alternierende.

- Größe (absolut)
  Größe ist nicht Repräsentativität. Eine Stichprobe wird nicht dadurch repräsentativ, daß sie eine große Anzahl Objekte umfaßt, wie an dem Beispiel der Wahlvorhersage für die amerikanische Präsidentenwahl von 1936 (Roosevelt gegen Landon) gezeigt werden kann (nach [Bland]): Von 10 Millionen zufällig ausgewählten Amerikanern sandten 2.3 Millionen ihre Fragebogen zurück, auf denen sie ihre Wahl – im voraus – angeben sollten: 40 % stimmten für Roosevelt, 60 % für Landon. Das tatsächliche Wahlergebnis war genau umgekehrt: 62 % stimmten für Roosevelt, 38 % für Landon.

- Größe (relativ)
  Die Stichprobe wird jedoch auch nicht automatisch dadurch repräsentativ, daß sie einen großen *Anteil* der Grundgesamtheit umfaßt! Möglicherweise weisen eben gerade die wenigen nicht Berücksichtigten ein besonders typisches Merkmal auf. Stellt man z. B. eine Umfrage zur Prävalenz psychiatrischer Erkrankungen an, und erhält dabei Informationen von 90 % der Bevölkerung, so ist es vorstellbar, daß gerade diejenigen, die an solchen Erkrankungen leiden, nicht antworten.

Wie bereits erwähnt, ist das Ziel von Querschnittstudien eine Zustandsbeschreibung. Diese Beschreibung erfolgt einerseits durch das Schätzen von Anteilen (siehe Kapitel 5) oder Lageparametern (Mittelwert, Median, siehe Kapitel 5) einzelner Variablen. Es können aber auch Zusammenhänge zwischen mehreren Variablen beschrieben werden. Bei der Beschreibung solcher Zusammenhänge sind zwei Probleme zu beachten:

(1) durch die spezielle Anlage der Studie sind keine Aussagen über zeitliche Zusammenhänge von eventuell korrelierenden Variablen möglich. Dies schränkt die Interpretation von solchen Zusammenhängen ein und kann sogar zu Fehlschlüssen führen:

Findet sich z. B. in einer Querschnittstudie ein Zusammenhang zwischen den systolischen Blutdruckwerten und dem Körpergewicht, so läßt dieser Zusammenhang mehrere Interpretationen zu:

- Erhöhtes Körpergewicht führt zu erhöhten Blutdruckwerten oder trägt zumindest zu erhöhten Blutdruckwerten bei.
- Hoher Blutdruck führt zu Übergewicht.
- Die medikamentöse Behandlung des Bluthochdrucks führt zu Übergewicht (sogenanntes Confounding).
- Hoher Blutdruck beeinflußt das Körpergewicht nicht, aber die Maßgabe, sich zu „schonen", führt zur Gewichtszunahme.
- Patienten mit hohem Körpergewicht und niedrigen Blutdruckwerten versterben vorzeitig.

Es besteht aufgrund von *inhaltlichen* Argumenten (auf der Basis pathophysiologischer Daten, Umfelddaten, usw.) die Möglichkeit, in einzelnen Studien die eine oder andere Erklärungsmöglichkeit auszuschließen bzw. unwahrscheinlich zu machen. Um z. B. die oben erwähnte dritte Möglichkeit auszuschließen, könnte man nachforschen, ob die

Hochdruckpatienten jetzt oder jemals vorher therapiert worden sind. Sehr häufig sind jedoch bestimmte Informationen – insbesondere im nachhinein – nicht zu erhalten oder der Ausschluß bestimmter Erklärungsmöglichkeiten führt nur zu neuen Problemen. Mit statistischen Methoden lassen sich aus einer Querschnittstudie keine Aussagen über zeitliche Abfolgen und Verläufe ableiten.

(2) Trotz des unter (1) dargestellten Problems und trotz des Umstands, daß Korrelationen grundsätzlich keine kausalen Schlüsse erlauben (Kapitel 6), findet man doch nicht selten Darstellungen, die solche Zusammenhänge nahelegen sollen. Ein typisches Beispiel sind Populationsvergleiche (Abbildung 3.2).

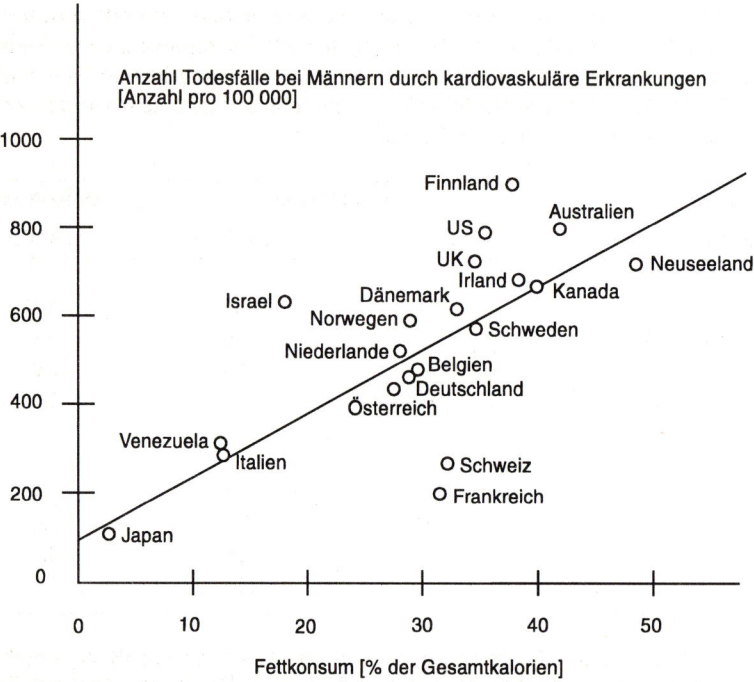

Abb. 3.2. Internationaler Vergleich zwischen Fettkonsum und Auftreten von Herzkrankheiten [nach Berger et al.].

Aus der Abbildung soll gefolgert werden, daß die Höhe des Fettkonsums bestimmend ist für die kardiovaskuläre Mortalität. Diese Interpretation läßt jedoch einerseits außer acht, daß die dargestellte Assoziation noch keine Kausalität bedeutet. Andererseits entsprechen solche Populationsvergleiche genaugenommen der Zusammenstellung mehrerer Querschnittstudien, aus denen mit statistischen Methoden eben keine zeitlichen Abfolgen beschrieben und damit keine Schlüsse über kausale Zusammenhänge gezogen werden können.

3.4 Längsschnittstudien

Nach der genannten Kategorisierung kann man diesen Studientyp als longitudinale Beobachtungsstudie bezeichnen, in der, wie bei Querschnittstudien, auf prospektiv und retrospektiv erhobene Daten zurückgegriffen werden kann. Die Fragen, die diesem Studiendesign zugrundeliegen, sind Fragen nach zeitlichen Abfolgen, wozu die Daten der untersuchten Population mindestens zweimal erhoben werden müssen. Dabei lassen sich die beiden folgenden Situationen unterscheiden:

• Man kann sich für die Veränderung eines Merkmals, z. B. des Körpergewichts oder der T-Helferzellen bei einer HIV-Infektion, über die Zeit interessieren. Dieses gleiche Merkmal müßte dann zu mehreren Zeitpunkten erhoben werden.

• Man kann sich für das Auftreten eines Ereignisses (z. B. Schlaganfall) in Abhängigkeit eines möglichen Einflußfaktors (z. B. Bluthochdruck) interessieren. Unter Berücksichtigung der zeitlichen (bzw. vermuteten kausalen) Beziehung ist hier zu einem ersten Zeitpunkt das Merkmal Bluthochdruck zu ermitteln und zu einem zweiten Zeitpunkt (z. B. 5 Jahre später) das Merkmal Schlaganfall.

Serumcholesterin	Anzahl Personen		Anteil Personen
[mg/100 ml]	mit KHK	ohne KHK	mit KHK [%]
Männer			
unter 210	16	438	3.52
zwischen 210 und 244	29	426	6.37
über 244	51	373	12.0
gesamt	96	1237	7.2
Frauen			
unter 210	8	437	1.8
zwischen 210 und 244	16	511	3.0
über 244	30	659	4.4
gesamt	54	1607	3.3

Tabelle 3.1. Häufigkeit des Auftretens einer koronaren Herzkrankheit (KHK) innerhalb von 6 Jahren nach der Bestimmung des Serumcholesterins. Alle Personen hatten zum Zeitpunkt der Cholesterinbestimmung keine KHK und waren zwischen 40 und 59 Jahre alt.

Als Beispiel einer solchen Longitudinalstudie kann die bekannte Untersuchung in Framingham, Massachusetts, angesehen werden. Hier wurden in den 50er Jahren Einwohner einer Kleinstadt einem Untersuchungsprogramm unterzogen, in dem z. B. Lipidwerte im Blut und der Blutdruck gemessen sowie Rauchgewohnheiten erhoben wurden. In regelmäßigen Abständen (inzwischen liegen Nachuntersuchungen nach 40 Jahren vor) wurden die gleichen Patienten bezüglich des Auftretens von Erkrankungen, speziell koronaren Herzerkrankungen, untersucht und Zusammenhänge zu den Ausgangsdaten der Patienten hergestellt. Tabelle 3.1 zeigt die Häufigkeit des Auftretens einer koronaren Herzkrankheit innerhalb von 6 Jahren nach der Bestimmung des Serumcholesterins [Kannel et al.].

Wie anfangs bereits erwähnt, kann in die Einflußfaktoren entweder aktiv eingegriffen werden (experimentelle Studie) oder der Einfluß von Faktoren, so wie sie bereits vorliegen, wird im Hinblick auf ein Zielereignis untersucht (Beobachtungsstudien). Die Beobachtungsstudien wiederum lassen sich einerseits so durchführen, daß ausgehend von der Erhebung eines vermuteten Einflußfaktors (Exposition) nach dem Auftreten von Zielereignissen gefragt wird. Diese *Kohortenstudien* können entweder prospektiv oder (mindestens teilweise) retrospektiv durchgeführt werden. Im letzteren Fall wird auf Daten zurückgegriffen, die bereits zu einem Zeitpunkt, bevor die Studie begonnen worden ist, erhoben wurden. Man bezeichnet solche Studien auch als *Kohortenstudien mit zurückverlegtem Anfangspunkt*. Gänzlich retrospektiv sind andererseits Fall-Kontroll-Studien, in denen ausgehend von einem aufgetretenen Zielereignis rückblickend nach einer Exposition gefragt wird.

3.5 Fall-Kontroll-Studien

Fall-Kontroll-Studien sind retrospektive Beobachtungsstudien. Die Exposition wird immer retrospektiv, das Zielereignis pro- oder retrospektiv erhoben. Der Unterschied zur Kohortenstudie besteht aber vor allem in der Blickrichtung.
In Kohortenstudien ist die zu untersuchende Gruppe nach ihrem Expositionsstatus unterteilt. Auf das Eintreten des Zielereignisses wird gewartet. In Fall-Kontroll-Studien ist die Gesamtgruppe nach dem Auftreten eines Zielereignisses unterteilt und es wird nach dem Vorliegen einer Exposition gefragt. Diese Studien wurden auch als „tro-hoc" bezeichnet („cohort" rückwärts gelesen). Unterschiedliche Anteile von exponierten Personen in der Gruppe mit Zielereignissen im Vergleich zu der Gruppe ohne Zielereignisse weisen auf einen Zusammenhang zwischen dem Zielereignis und der Exposition hin.

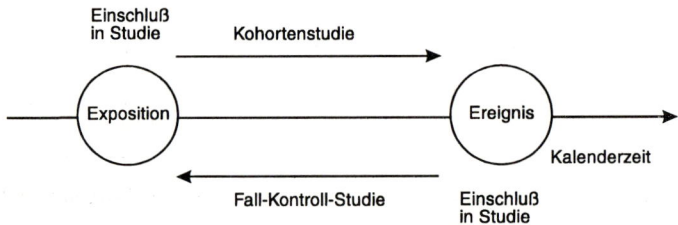

Abb. 3.3. Blickrichtung in Beobachtungsstudien.

Wegen des im allgemeinen einfachen Zugangs zu kranken Personen werden Fall-Kontroll-Studien häufig benutzt, um erste Anhaltspunkte für vermutete Zusammenhänge zu untersuchen. Ein besonders gutes Beispiel hierfür ist die erste Studie, die den Zusammenhang zwischen Rauchen und dem Auftreten von Lungenkrebs gezeigt hat. In dieser Studie [Doll und Hill 1950] wurden 709 Patienten mit Bronchialkarzinom (Fälle) einer Gruppe von 709 Patienten ohne Bronchialkarzinom (Kontrollen) gegenübergestellt. Für jeden Patienten mit Bronchialkarzinom wurde ein Kontrollpatient aus dem gleichen Krankenhaus, mit gleichem Geschlecht und innerhalb der gleichen 5-Jahresaltersgruppe ausgesucht. Eine Gegenüberstellung der Rauchgewohnheiten von Fällen und Kontrollen zeigte, daß Fälle einen höheren Zigarettenkonsum aufwiesen als die Patienten ohne Bronchialkarzinom (Tabelle 3.2).

Fall-Kontroll-Studien wurden ursprünglich für die Erforschung von Zusammenhängen zwischen seltenen Ereignissen und Expositionen konzipiert (nur ein kleiner Prozentsatz aller Raucher wird ein Bronchialkarzinom entwickeln). In dieser Situation sind ihre Vorteile auch unmittelbar einsichtig: Erkranken nur wenige Personen, etwa 0.1 % pro Jahr, so wären 10 000 Personen 10 Jahre lang zu beobachten, um (im Mittel) bei 100 Personen die Erkrankung registrieren zu können. Bei einer Fall-Kontroll-Studie dagegen reduziert sich die Erfassung auf die 100 Patienten mit Zielereignissen und wenigen (z. B. 100) ausgewählten Kontrollpersonen ohne diese Ereignisse. Die Fall-Kontroll-Struktur reduziert also die notwendige Untersuchung von Patienten erheblich. Diese Attraktivität der Fall-Kontroll-Studie, die noch dadurch gesteigert wird, daß auch bei der Erfassung der Zielereignisse auf schon bestehende Daten zurückgegriffen werden kann, also längere Beobachtungszeiten entfallen, hat zu ihrer weiten Verbreitung geführt. Dieser Studientyp wird daher zunehmend auch für Fragestellungen verwendet, für die die Situation *seltenes Zielereignis* nicht zutrifft.

	Nicht-raucher	Täglicher Zigarettenkonsum					Gesamt
		1 - 4	5 - 14	15 - 24	25 - 49	50 und mehr	
Männer							
Fallgruppe: Lungenkarzinom	2	33	250	196	136	32	649
Kontrollgruppe: kein Lungenkarzinom	27	55	293	190	71	13	649
Frauen							
Fallgruppe: Lungenkarzinom	19	7	19	9	6	0	60
Kontrollgruppe: kein Lungenkarzinom	32	12	10	6	0	0	60

Tabelle 3.2. Fall-Kontroll-Studie zum Zusammenhang zwischen Rauchen und Lungenkrebs [Doll und Hill 1950].

Die vordergründige Einfachheit von Fall-Kontroll-Studien wird jedoch durch gravierende Nachteile erkauft:
* Keine fiktive Grundgesamtheit
  Die Verallgemeinerbarkeit, die bei randomisierten Studien auf die fiktive Grundgesamtheit entsteht, ist bei Fall-Kontroll-Studien nicht vorhanden. Die Merkmale, die dazu führen, daß ein Fall zu einem Fall und eine Kontrolle zu einer Kontrolle wird, sind weder

zu beeinflussen noch zu überschauen. Damit ist der Bezug von Aussagen aus Fall-Kontroll-Studien schwierig zu definieren.

- Keine Strukturgleichheit

Die Kontrolle von Confoundern (siehe Kapitel 3.7) ist schwierig. Es werden z. B. benutzt:

Paarweises Matching

Für ein paarweises Matching wird zu jedem Patienten mit einem Zielereignis (Fall) ein oder mehrere Patient(en) oder gesunde Personen gesucht (Kontrollen), die in einigen als wesentlich erachteten Faktoren mit dem Fall übereinstimmen. Solche Faktoren sind etwa Geschlecht, Alter und Sozialstatus.

Häufigkeitsmatching

Beim Häufigkeitsmatching wird dagegen so vorgegangen, daß z. B. der Anteil von Frauen oder Männern, das mittlere Alter und evtl. weitere Variable in der gesamten Gruppe der Fälle erhoben werden und dann versucht wird, diese *Struktur* durch geeignete Zusammenstellung in der Kontrollgruppe nachzubilden.

Schließlich besteht die Möglichkeit, auf das Matching ganz zu verzichten und in der statistischen Analyse die Begleitmerkmale zu berücksichtigen (Adjustieren).

- Selektion von Fällen und Kontrollen

Die Identifizierung und Auswahl von Fällen und Kontrollen stellt das zentrale Problem dar. Die Fälle in den Studien müssen „repräsentativ" für viele Fälle sein. Dies ist aber häufig nicht so. Es besteht dann die Gefahr, daß speziell solche Fälle selektiert werden, für die ein Zusammenhang mit der gesuchten Exposition erzeugt wird. Wenn z. B. nach dem Zusammenhang zwischen der Einnahme hormoneller Kontrazeptiva und dem Auftreten von Brustkrebs gefragt wird, so besteht bei der Auswahl von Fall-Patientinnen die Gefahr, daß durch die regelmäßigen Arztbesuche von Patientinnen mit Kontrazeptiva (einem Begleitumstand der Exposition) die Entdeckung von Brustkrebsfällen gefördert wird.

Ähnlich problematisch ist die Auswahl von Kontroll-Personen. Das wesentliche Kriterium für deren Auswahl ist, daß diese das Zielereignis im Gegensatz zu den Fällen nicht aufweisen. Es muß jedoch die gleiche Chance bestehen, das Zielereignis bei ihnen zu erkennen, falls es aufgetreten wäre. Man könnte z. B. so vorgehen, daß man als Kontrollen Patienten verwendet, die in der gleichen Klinik wie die Fälle, jedoch wegen einer anderen Erkrankung, die auch nach allen Kenntnissen nicht im Zusammenhang mit der gesuchten Exposition steht, behandelt werden. Eine solche Kontrollgruppe läßt die Interpretation zu, daß die Exposition, statt zu einer Erkrankung, an der die Kontroll-Patienten leiden, zu einer anderen Erkrankung führt, daß die Exposition also damit zusammenhängt, *wie* und nicht, *ob* man erkrankt. Eine andere Möglichkeit ist, Personen aus der Allgemeinbevölkerung (repräsentativ) auszuwählen. Dies hat jedoch zur Folge, daß sich die Fall-Patienten von den Kontrollen nicht nur durch die spezifische Krankheit, sondern schon allgemein durch den Status, krank zu sein sowie z. B. durch einen evtl. Klinikaufenthalt, unterscheiden.

In einer Fall-Kontroll-Studie lauern vielfältige Probleme, die nicht nur technischer oder methodischer Natur sind, sondern – z. T. unbemerkt – zu einer Verfälschung der Ergebnisse solcher Studien führen können. Es ist große Erfahrung notwendig, sowohl mit diesem speziellen Studientyp als auch mit der speziellen klinischen Situation, in der eine solche Studie durchgeführt werden soll, um alle Fallen solcher Studien bei der Planung zu erkennen und dann auszuschalten. Es sind umfangreiche Regeln aufgestellt worden, die bei der Planung, Durchführung und Interpretation von Fall-Kontroll-Studien beachtet werden müssen [z. B. Feinstein]. Ohne eine angemessene Berücksichtigung dieser Probleme sind die Ergebnisse von Fall-Kontroll-Studien nicht brauchbar.

3.6 Kohortenstudie

Bei der Planung einer medizinischen Studie sollte die erste Frage sein:
„Kann die Studie mit Randomisierung durchgeführt werden?"
Wann immer dies möglich ist – und es ist häufiger möglich, als man gemeinhin denkt – sollte eine Studie in dieser Weise geplant werden, denn nur in einer solchen randomisierten Studie kann die Frage nach kausalen Zusammenhängen, die schließlich immer das eigentliche Interesse sind, zuverlässig beantwortet werden. Alle anderen Studientypen lassen hier nur eingeschränkte Schlußfolgerungen zu oder man benötigt mindestens umfangreiche zusätzliche Informationen und Annahmen, um ihre Ergebnisse in kausaler Weise und damit im Sinne von Handlungsanweisungen interpretieren zu können. Während aufgrund der Studienanlage die Zusammenhänge zwischen Intervention und Ergebnis in randomisierten Studien immer kausal sein *müssen* (in einer probabilistischen Interpretation), ist eine solche Interpretation aus Beobachtungsstudien prinzipiell nicht möglich. Beobachtungsstudien haben dennoch dort ihren Platz, wo randomisierte Studien nicht durchgeführt werden können oder sollen.

> Prospektive Kohortenstudie

Eine prospektive Kohortenstudie unterscheidet sich von einer experimentellen Studie nur durch die fehlende Randomisierung. Ebenso wie der Vergleich gegen eine Kontrollgruppe (Kapitel 2) stellt jedoch die Randomisierung einen außerordentlichen Qualitätssprung dar. In einer Kohortenstudie nimmt der Beobachter eine passive Rolle in bezug auf die Exposition ein. Raucher (Personen, *die sich selbst* entschieden haben, zu rauchen) werden in bezug auf später auftretende Erkrankungen mit Nichtrauchern (Personen, *die sich selbst* entschieden haben, nicht zu rauchen) verglichen. Patientinnen, die nach der Menopause Östrogene einnehmen (die sich selbst dazu entschieden haben oder diese von ihrem Arzt verordnet bekamen) werden mit Patientinnen verglichen, die keine Hormonsubstitution erhielten. In einer prospektiven Kohortenstudie wird dieser interessierende Faktor, die *Exposition*, zur Unterteilung einer Patienten- oder Personengruppe verwendet und z. B. alle Teilnehmer 5 Jahre lang beobachtet, um das Auftreten von bestimmten Erkrankungen (Zielereignissen) zu registrieren. Das wesentliche Problem solcher Studien stellt die lange Beobachtungszeit dar und die Schwierigkeit, im Laufe bzw. am Ende der Beobachtungszeit von allen Patienten Informationen über das Eintreten des Zielereignisses zu erhalten. Im Anschluß an die bereits beschriebene Fall-Kontroll-Studie wurden in den 50er Jahren Kohorten-Studien bei britischen Ärzten durchgeführt [Doll und Hill, 1956]. Alle Ärzte wurden angeschrieben, und mittels eines Fragebogens wurden ihre Rauchgewohnheiten erfaßt. Die Darstellung der Abhängigkeit zwischen der Exposition und dem Zielereignis „Tod an Krankheitsursache" erfolgt in Tabelle 3.3 mit Hilfe der „Todesrate" (siehe hierzu

Kapitel 7, speziell 7.7). Diese beschreibt die Anzahl Todesfälle pro Jahr, meist pro 1000 Personen, in einer Population mit einer vorgegebenen standardisierten Altersstruktur. Je niedriger die Todesrate, desto älter werden die Menschen. Die weitere Beobachtung der Teilnehmer zeigte, daß die Raucher eine höhere Todesrate aufwiesen als Nichtraucher, wobei der Unterschied besonders die Todesursache „Lungenkrebs" betraf. Der Effekt war bei den Rauchern zudem dosisabhängig (Tabelle 3.3). Demnach besteht eine Beziehung zwischen der untersuchten Exposition und dem Zielereignis. Daraus kann jedoch nicht gefolgert werden, daß Rauchen Lungenkrebs hervorruft oder begünstigt. Für eine solche Aussage benötigt man eine Studie mit Randomisierung oder zumindest zusätzliche Argumente (ein solches weiterführendes Argument ist hier z. B. die Dosisabhängigkeit). Es gibt Situationen, in denen eine randomisierte Studie, auch wenn man sie als Vermeidung von Exposition konzipiert, sicher unmöglich ist. Dies gilt vielleicht schon für das Rauchen, jedenfalls aber für berufliche oder kaum vermeidbare Exposition gegenüber Umwelteinflüssen. In solchen Fällen kann nur die Information aus Kohortenstudien herangezogen werden und zusammen mit möglichst vielfältigen Begleitinformationen als Anhaltspunkt für eine kausale Beziehung benutzt werden.

Todes-ursache	Anzahl Todesfälle	jährliche Todesrate pro 1000 Männer, die				
		nicht rauchen	rauchen	eine tägliche Durchschnittsmenge Tabak rauchen von		
				1 - 14 g	15 - 24 g	25 g und mehr
Lungenkrebs	84*	0.07	0.90	0.47	0.86	1.66
Anderer Krebs	220	2.04	2.02	2.01	1.56	2.63
Andere Lungen-krankheiten	126	0.81	1.13	1.00	1.11	1.41
KHK	508	4.22	4.87	4.64	4.60	5.99
Andere Gründe	779	6.11	6.89	6.82	6.38	7.19
insgesamt	1714	13.25	15.78	14.92	14.49	18.84

Tabelle 3.3. Anzahl Todesfälle an unterschiedlichen Zielereignissen insgesamt und pro Jahr pro 1000 Männer über 35 Jahre in Relation zur zuletzt gerauchten Tabakmenge [Doll und Hill, 1956]. *Drei Todesfälle, bei denen Lungenkrebs als mitverursachender, aber nicht direkter Grund registriert war, sind doppelt eingetragen.

Der Preis, den man in bezug auf Umfang und Dauer im Vergleich zu einer Fall-Kontroll-Studie bezahlen muß, lohnt sich für eine Kohortenstudie insofern, als daß die Beobachtungsbedingungen für das gesamte Kollektiv gleichmäßig kontrolliert werden können. Dies ist in einer Fall-Kontroll-Studie wegen der retrospektiven Erhebung nicht möglich. Die Auswahl von Fällen und Kontrollen, die in Fall-Kontroll-Studien zu verfälschenden Aussagen führen kann, entfällt in Kohortenstudien. Ein wesentlicher zusätzlicher Vorteil ist, daß Häufigkeitsaussagen über das Zielereignis in einer durch die Kohorte definierten Population gemacht werden können. Dies ist in Fall-Kontroll-Studien wegen des Fehlens einer Bezugsgröße unmöglich (siehe auch Kapitel 15). Ohne diese Informationen, also ohne Informationen über die absoluten Risiken einer Exposition, ist jedoch die Beurteilung ihrer Relevanz kaum möglich.

> Retrospektive Kohortenstudie

Statt in einer Kohortenstudie mit der Erfassung der Exposition zu beginnen und die Kohorte über einen längeren Zeitraum zu beobachten, kann zur Erfassung der Exposition auch auf bereits bestehende Daten zurückgegriffen werden. Das bedeutet also, daß z. B. versucht werden kann, den Expositionsstatus einer Population vor 10 Jahren zu ermitteln und in der definierten Kohorte die Zielereignisse prospektiv zu erheben oder auch hier auf bereits vorhandene Daten zurückzugreifen. Der Vorteil dieser Vorgehensweise liegt auf der Hand, denn die u. U. lange Expositionszeit muß bei diesem Studientyp nicht oder mindestens nicht komplett abgewartet werden, um zu Ergebnissen zu gelangen. Dieser Studientyp hat andererseits, wie alle retrospektiven Studien, einen entscheidenden Nachteil: zum Zeitpunkt der Datenerhebung war über die spätere Verwendung der Unterlagen zu Studienzwecken nichts bekannt. Dies hat zum einen Auswirkungen auf die Qualität des Dateninhalts, die für die zuverlässige Ermittlung einer Exposition nicht ausreichend sein kann. Es kann aber auch erhebliche Probleme bei der strukturellen Qualität dieser Daten geben, da eine selektionsfreie Erhebung der Kohorte nicht gewährleistet sein muß und auch im Nachhinein nicht mehr zu klären ist. Datenquellen, die hier noch am ehesten verwendbar sind, sind Register, also ohne spezielles Ziel und möglichst vollständig erhobene Daten, z. B. von Werksangehörigen einer Firma.

3.7 Zur Problematik nicht-experimenteller Studien

Nach dieser Darstellung der nicht-experimentellen Studientypen in der medizinischen Forschung können die wesentlichen Grundsätze noch einmal zusammengefaßt werden.

- Aus nicht-experimentellen Studien (Beobachtungsstudien) allein lassen sich prinzipiell keine Schlußfolgerungen über kausale Zusammenhänge ziehen, weil in aller Regel andere Erklärungsmöglichkeiten außer der geprüften Exposition nicht ausgeschlossen werden können.

- In nicht-experimentellen Studien besteht immer das Problem, daß eine Strukturgleichheit nicht sichergestellt ist, da eine Randomisierung fehlt. Patientengruppen, die in solchen Studien verglichen werden, unterscheiden sich daher in aller Regel nicht nur in der interessierenden Einflußvariablen, sondern auch in anderen als Störfaktoren anzusehenden Charakteristika. Es kann mit statistischen Verfahren versucht werden, diese Ungleichheit zu berücksichtigen. Dies muß jedoch immer unvollständig bleiben, und der Einfluß dieser Unvollständigkeit ist nicht zu kontrollieren.

- Die Beobachtungsgleichheit ist in nicht-experimentellen Studien nicht sichergestellt.

- Insbesondere Fall-Kontroll-Studien, in denen im Gegensatz zu Kohortenstudien nicht einmal mehr eine standardisierte Beobachtung erfolgen kann, werden durch zahlreiche Probleme bei der Erhebung und Interpretation der Daten beeinträchtigt. Aufgrund des speziellen Studiendesigns bestehen alle genannten Probleme in experimentellen Studien (Kohortenstudien mit Randomisierung) nicht. Wann immer möglich, ist dieser Studientyp zur Beantwortung medizinischer Fragen vorzuziehen.

Neben den bereits erwähnten, die Interpretationsmöglichkeiten einschränkenden Eigenschaften von nicht-experimentellen Studien soll auf zwei, sehr häufig anzutreffende, inhaltliche Schwierigkeiten eingegangen werden, stellvertretend für zahlreiche andere, ähnliche Probleme.

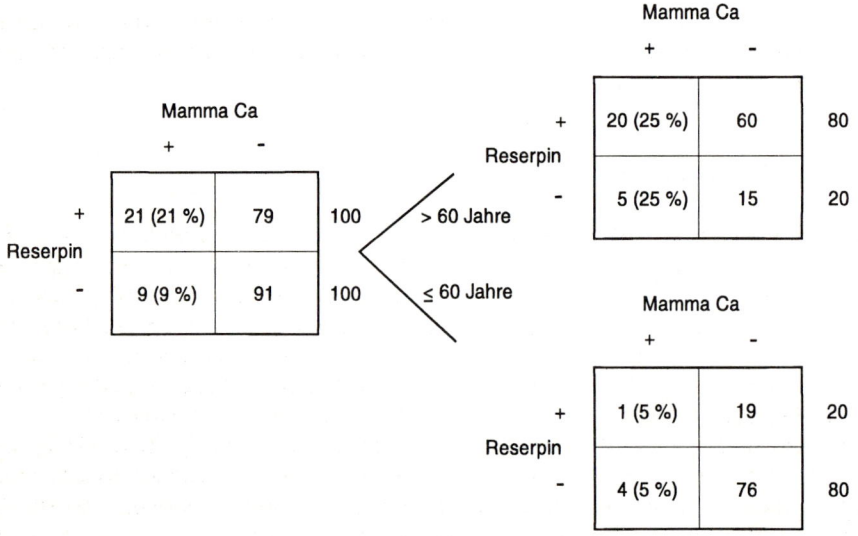

Abb. 3.4. Darstellung des Confoundings durch das Merkmal „Alter" am Beispiel der Einnahme von Reserpin und dem Befund eines Mammakarzinoms.

> Confounding

In Beobachtungsstudien kann der beobachtete Zusammenhang zwischen einer Exposition und einem Ereignis möglicherweise auf ein drittes Merkmal zurückzuführen sein. Diese dritte Variable, die als im Hintergrund wirkende Größe „Verwirrung" stiftet, wird als „Confounder" bezeichnet, der Prozeß, der außerhalb gut kontrollierter, randomisierter, doppelblinder Studien überall wirksam ist, als „Confounding". Ein einfaches und unmittelbar einsichtiges Confounding ist in dem folgenden Beispiel dargestellt.

Zu Beginn der 70er Jahre wurde in mehreren Studien ein Zusammenhang zwischen der Einnahme von Reserpin und der Entwicklung von Brustkrebs gezeigt. Die Daten einer solchen – hier hypothetischen – Studie sind in Abbildung 3.4 dargestellt.

Patientinnen, die Reserpin einnahmen, scheinen häufiger Brustkrebs zu entwickeln (21 %) als Patientinnen, die ein anderes Mittel zur Blutdrucksenkung verwendeten (9 %). Eine mögliche Erklärung für die Beobachtung könnte ein Altersunterschied zwischen Anwenderinnen und Nichtanwenderinnen sein. Teilt man das untersuchte Kollektiv in Patientinnen über und unter 60 Jahre, so zeigt sich, daß die älteren Patientinnen häufiger (in 25 % der Fälle) Brustkrebs hatten als die jüngeren (5 %). Zwischen Anwenderinnen von Reserpin und Nichtanwenderinnen besteht innerhalb der beiden Altersklassen kein Unterschied. Der beobachtete Zusammenhang in der ursprünglichen Auswertung, der zwar zutreffend war, jedoch keine, und schon gar keine kausale, Beziehung zwischen Reserpin und Brustkrebs bedeutete, war auf die Confounding-Variable „Alter" zurückzuführen: Patientinnen mit höherem Lebensalter nahmen häufiger Reserpin ein *und* hatten häufiger ein Mammakarzinom als jüngere Patientinnen.

> Kohorteneffekt

In Kapitel 3.2. wurde als Voraussetzung für die Interpretation pseudo-longitudinaler Studien angeführt, daß die in den Teil-Querschnittstudien untersuchten Personengruppen (Kinder verschiedener Altersstufen) repräsentativ für den gesamten Prozeß (Wachstum der Kinder) sein müssen. Trifft dies nicht zu, sind also Kinder verschiedener Altersstufen Ausschnitte *unterschiedlicher Wachstumskurven*, so liegt ein *Kohorteneffekt* vor, der zu einer falschen Aussage über den Gesamtzusammenhang führt. In der Abbildung 3.5 ist ein solcher Kohorteneffekt für das kindliche Wachstum schematisch dargestellt.

Der Effekt wird hier als (*säkulare*) *Akzeleration* bezeichnet, d. h. eine Entwicklungsbeschleunigung, die sich zum Beispiel auch in einem beschleunigten Größenwachstum und einer Zunahme der durchschnittlichen Größe des Erwachsenen auswirkt (wegen im Rahmen der allgemeinen Entwicklung ebenfalls vorverlegter Endpunkte des Längenwachstums beträgt die Zunahme der mittleren Größe bei Erwachsenen allerdings nur ca. 5 cm gegenüber der Größe vor 100 Jahren). Dieser Kohorteneffekt bedeutet, wenn auch nur in bescheidenem Ausmaß, daß die mittlere Größe eines heute 15jährigen kleiner ist als die mittlere Größe heute Neugeborener in 15 Jahren sein wird. Die Neugeborenen und die 15jährigen, deren Größen zum gleichen Zeitpunkt bestimmt werden (Querschnittstudie) sind also *nicht* Teil der gleichen Wachstumskurve, die, wegen der mit der Akzeleration verbundenen Größenzunahme, zu einer Unterschätzung von z. B. Normgrößen führen muß (Abbildung 3.5). Kohorteneffekte treten in allen Bereichen der Medizin auf und sind, wenn sie nicht selbst in Longitudinalstudien das Studienziel sind, äußerst störend. Ein wichtiges Beispiel sind dabei die bereits erwähnten historischen Kontrollen (siehe Kapitel 2.2), die vereinzelt noch in Therapieprüfungen verwendet werden, obwohl hier völlig unkontrollierbare Kohorteneffekte (und andere Störeinflüsse) vorliegen.

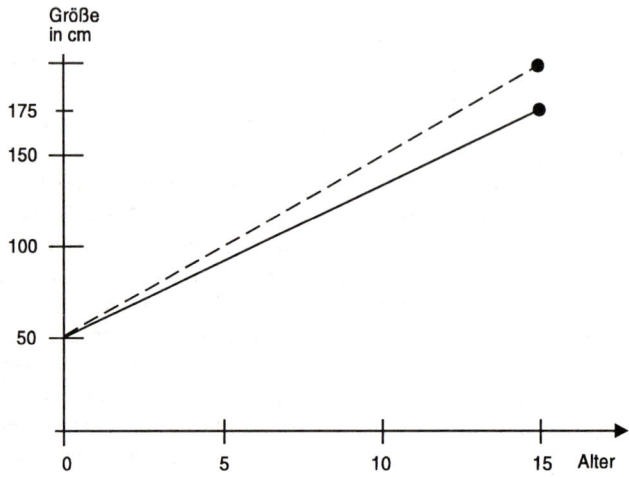

Abb. 3.5. Kohorteneffekt (schematisiert). Die aus Querschnittstudien ermittelte Wachstumskurve (durchgezogene Linie) unterschätzt die Größenentwicklung eines heute Neugeborenen (gestrichelte Linie).

3.8 Experimentelle Studie

Eine experimentelle Studie ist eine Kohortenstudie mit Randomisierung. Häufig wird diese als RCT: Randomised Clinical Trial (Randomisierte Klinische Studie), bezeichnet. Experimentelle Studien werden durchgeführt, um die Auswirkungen von Maßnahmen (typischerweise Therapien) zu ermitteln. Um hier zu aussagefähigen Ergebnissen zu kommen, muß das Prinzip ceteris paribus, d. h. alle Umstände sind gleich, beachtet werden. Neben der Sicherstellung der Strukturgleichheit durch Randomisierung (siehe Kapitel 2.5) muß dazu gewährleistet sein, daß auch nach der initialen Zuteilung der Patienten zu den Behandlungsgruppen die weiteren Bedingungen der Studie gleich sind. Wir gehen im folgenden davon aus, daß 2 Gruppen mit unterschiedlichen Therapien behandelt werden.

> Gleichheit der Versuchsbedingungen (Beobachtungsgleichheit)

Findet sich in einer Therapiestudie ein Ergebnis zugunsten einer neuen Therapie, so sollte dieses Ergebnis nur durch die Unterschiede bezüglich der Behandlungen entstanden sein können. Hierzu ist es notwendig, daß

- die Therapien unter gleichen Bedingungen appliziert werden, da sich sonst die Erwartungshaltung von Ärzten und Patienten in den beiden Gruppen unterscheiden könnte;
- die Beobachtung unter den Therapien (z. B. Nebenwirkungen) in gleicher Weise erfolgt, also von der durch die Kenntnis der Gruppenzugehörigkeit erzeugten Erwartungshaltung nicht beeinflußt werden kann;
- die Erhebung des Zielkriteriums unter gleichen Bedingungen und mit gleichen Methoden erfolgt.

Ohne den Beteiligten an klinischen Prüfungen irgendwelche bewußten Manipulationsabsichten unterstellen zu wollen, ist durch zahlreiche Beispiele belegt, daß die psychologischen Auswirkungen einer auch unbewußten Erwartungshaltung zu z. B. unterschiedlicher Intensität in der Beobachtung und unterschiedlicher Aufmerksamkeit bezüglich Veränderungen bei Patienten führen.

Es ist ohne weiteres einsichtig, daß diese psychologischen Effekte die Erhebung von Zielkriterien wesentlich beeinflussen können. Wird z. B. als Zielkriterium die Einschätzung des behandelnden Arztes verwendet, ob die Therapie erfolgreich war oder nicht, so ist es ganz natürlich, daß ein Arzt auf einer Bewertungsskala die von ihm favorisierte Therapie tendenziell besser einschätzt als die Vergleichsmedikation. Muß er über die Krankenhausentlassung eines Patienten entscheiden, so könnte er in Erwartung, daß eine neue Therapie noch nicht gut erprobt ist, dazu neigen, einen Patienten, der mit der neuen Therapie behandelt wurde, länger unter Beobachtung zu halten als einen Patienten der Vergleichsgruppe. Umgekehrt könnte er ebenso dazu tendieren, Patienten unter einer nach seinen Erwartungen erfolgreichen Therapie eher zu entlassen. Beide Verhaltensweisen führen zu einem nicht aussagefähigen Vergleich, wenn die Dauer der Krankenhausbehandlung – wie es durchaus möglich wäre – als Zielkriterium für eine Therapiestudie verwendet wird.

Man könnte sich vorstellen, daß bei der Verwendung von Laborwerten als Zielkriterium, insbesondere dann, wenn sie von automatischen Analysegeräten gemessen werden, keine Probleme mit der Beobachtungsgleichheit auftreten. Hier ist jedoch zum einen zu berücksichtigen, daß der Messung der Laborwerte häufig eine Interpretation (erniedrigt, normal, erhöht) folgt, die nur dann keinen Interpretationsspielräumen (d. h. Beeinflussungsmöglichkeiten) unterliegt, wenn die Grenzen der Bereiche vorab festgelegt worden sind. Wichtiger ist jedoch, daß die Beobachtungsgleichheit nicht nur die Erfassung des Zielkriteriums, sondern die gesamte Behandlung und Beobachtung der Patienten umfaßt, deren subjektive Einflußmöglichkeiten auch die Messung eines objektiven Laborwertes nicht behebt.

Die Beobachtungsgleichheit kann dadurch sichergestellt werden, daß weder Arzt noch Patient eine behandlungsspezifische Erwartungshaltung entwickeln können. Dies bedeutet, daß weder Arzt noch Patient wissen dürfen, mit welcher von zwei (oder mehreren) zu vergleichenden Therapien behandelt wird. Für diese Vorgehensweise hat sich der Begriff *doppelblind* eingebürgert.

Es ist ein häufig geäußerter Einwand gegen Bemühungen um Doppelblindheit, daß Ärzte oder Patienten leicht in der Lage seien, die verglichenen Therapieverfahren zu identifizieren. Dies trifft bei Medikamenten mit sehr typischen und fast regelhaft zu beobachtenden Nebenwirkungen zweifellos zu (Mundtrockenheit bei Psychopharmaka). In aller Regel reicht jedoch die Einführung der Doppelblindheit aus, um die Identifizierungsmöglichkeiten wesentlich einzuschränken, die dann nur unter erheblichem Aufwand möglich sind und – das ist das wichtigste – mit übrigens häufig unterschätzten Irrtumsmöglichkeiten behaftet sind.

Eine doppelblinde Studienführung ist für sehr viele Situationen möglich. Selbst dann, wenn etwa zwei Medikamente auf unterschiedliche Weise appliziert werden, ist diese durch die Double-Dummy-Technik (siehe Kapitel 4.3) zu erreichen. Erst dann, wenn die Ununterscheidbarkeit von Therapien nicht mehr hergestellt werden kann, muß auf eine doppelblinde Studienführung verzichtet werden. Studien, in denen nur die Patienten nicht wissen, zu welcher Therapiegruppe sie gehören, werden als *einfachblind* bezeichnet. Studien, in denen sowohl Arzt als auch Patient die Therapiezuordnung bekannt ist, bezeichnet man als *offen*. Für solche Studien müssen, um die Beobachtungsgleichheit sicherzustellen, spezielle Maßnahmen getroffen werden. Zum einen ist eine externe Randomisierung (Telefonrandomisierung, siehe Kapitel 2.6) vorzusehen. Desweiteren ist die Auswahl der möglichen Zielkriterien insofern beschränkt, als daß nur solche verwendet werden können, die nicht oder mindestens nur eingeschränkt von einer unterschiedlichen Beobachtung beeinflußt werden. Häufig kommt hier nur die Überlebenszeit oder andere eindeutig erkennbare und sich spontan äußernde klinische Ereignisse (Schlaganfall) in Frage.

Bei einigen Zielkriterien ist es auch möglich, die Bewertung durch Ärzte durchführen zu lassen, denen die Behandlungsgruppe der Patienten unbekannt ist. So kann z. B. der Film einer Koronaraniographie einem Arzt (oder einer Gruppe) zur Beurteilung, z. B. bezüglich eines verschlossenen Gefäßes vorgelegt werden. Bei multizentrischen Studien hat dies zudem den Vorteil, daß das Zielkriterium einheitlich von einem zentralen Komitee beurteilt werden kann. Hierdurch sind unterschiedliche Beurteilungen durch Ärzte verschiedener Zentren ausgeschlossen.

3.9 Interventionsstudie

In einer Arzneimittelprüfung (siehe Kapitel 4) wird die strukturell einfache Frage untersucht, ob die Anwendung (Verordnung) eines Medikaments für die Patienten einen größeren Nutzen hat als die Nichtanwendung (-verordnung). Die Konzentrierung der Diskussion auf solche Arten von experimentellen Studien läßt manchmal die Tatsache in den Hintergrund treten, daß solche Arzneimittelprüfungen nur einen Spezialfall von Prüfungen darstellen, die allgemein die Frage nach dem Nutzen eines *Eingriffs in natürliche Krankheitsverläufe (Intervention)* beantworten sollen. Noch weiter verallgemeinert geht es darum, die Auswirkungen von Entscheidungen zu untersuchen. Auch in Arzneimittelprüfungen sollen und können – streng genommen – nicht die Auswirkungen einer Medikamenten*gabe* geprüft werden, sondern die Auswirkungen der *Entscheidung, das Medikament zu geben*. Mit der gleichen Methodik wie für Arzneimittelprüfungen lassen sich jedoch auch andere Entscheidungen untersuchen:

- Bewertung nicht-medikamentöser Therapien
  Bedeutet die Entscheidung, Patienten mit stabiler Angina pectoris für eine Bypass-Operation vorzusehen, einen größeren Nutzen als die Durchführung einer konservativen Therapie?
- Bewertung des Nutzens einer Entscheidung, Verhaltensänderungen herbeizuführen
  Bedeutet die (möglicherweise wiederholte und kontrollierte) Empfehlung an Patienten,

Diät zu halten, sich mehr zu bewegen, das Rauchen aufzugeben, einen Nutzen gegenüber einer unveränderten Lebensweise?
- Bewertung des Nutzens einer Entscheidung, diagnostische Tests vorzunehmen
  Bedeutet es einen Nutzen (z. B. im Sinne einer Verlängerung der Lebenszeit), wenn durch Screening-Tests versucht wird, Krebs frühzeitig zu entdecken gegenüber einer Strategie, die klinische Auffälligkeit abzuwarten?

Studien-bezeichnung	Intervention	Kontrolle	Zielkriterium
European Coronary Surgery Study [Group]	Bypass-Operation	konservative Therapie	Überlebenszeit
Minnesota Coronary Survey [Frantz et al.]	Diät	normale Ernährung	kardiale Ereignisse / Überlebenszeit
Two County Trial [Tabar et al.]	regelmäßige Mammographie	keine Mammographie	Tod an Mamma-Karzinom
Sonographie in der Schwangerschaft [Saari-Kemppainen]	zusätzliche frühe Sonographie	übliche Sonographien in Schwangerschaft	perinatale Erkrankungen / Überlebensrate

Tabelle 3.4. Beispiele für Interventionsstudien.

Einige Beispiele solcher Studien zeigt die Tabelle 3.4. Alle Studien, in denen in der einen oder anderen Weise in natürliche (übliche) Abläufe eingegriffen wird, sind im Sinne des Wortes *Interventionsstudien*. Dieser Begriff hat sich jedoch für eine spezielle Art von Studien eingebürgert, nämlich für die Untersuchung von Verhaltensänderungen, hier insbesondere der Vermeidung von Risikoverhalten. Diese spezielle Definition hat folgenden Grund:
Risikofaktoren (besser Risiko*indikatoren*) werden in der Regel in Tierversuchen, spontanen Beobachtungen oder ungezielten Erhebungen identifiziert und in Beobachtungsstudien weiter untersucht. Aus dem Zusammenhang zwischen diesen Risikofaktoren und bestimmten Erkrankungen ist jedoch prinzipiell keine kausale Beziehung abzuleiten. Es ist also nicht zu entscheiden, ob ein bestimmtes Charakteristikum eines Patienten als *Faktor* (ursächlich, kausal) zum Entstehen einer Erkrankung beigetragen hat, oder als *Indikator* ein bisher nicht spezifiziertes Risiko anzeigt bzw. auf andere nicht identifizierte *Faktoren* hinweist. Aufschluß über eine kausale Beteiligung des Faktors an der Entstehung der Krankheit kann nur eine Studie mit Randomisierung geben. Hierfür müßte eine Patientengruppe, der der infrage stehende Risikofaktor zufällig zugewiesen wird, mit einer anderen Gruppe, der dieser Faktor nicht zugewiesen wird, gebildet werden. Eine solche Studie ist nicht durchführbar, da es aus ethischen und praktischen Gründen unmöglich ist, Patienten zur Durchführung potentiell risikoreicher Maßnahmen (z. B. Rauchen) zu verpflichten. Als Ausweg aus diesem Problem kann statt der Verabreichung des Risikofaktors die Vermeidung oder sogar aktive Bekämpfung des Risikofaktors geprüft werden. Um in diesem Kontext den Umstand des aktiven Eingreifens in die in Beobachtungsstu-

dien nicht beeinflußten Abläufe deutlich zu machen, wird der Begriff Interventionsstudie verwendet. Interventionsstudien können sich der Vermeidung einzelner Risikofaktoren (Verminderung des Übergewichtes, Aufgabe des Rauchens) widmen, sie können jedoch auch die gleichzeitige Intervention bezüglich mehrerer Risikofaktoren untersuchen, was die Möglichkeit deutlicherer Effekte bietet, jedoch andererseits auch bedeutet, daß mögliche Effekte nicht einzelnen Risikofaktoren zugeschrieben werden können.

Ein sehr bekanntes Beispiel ist die mit dem Acronym MRFIT bezeichnete „Multiple Risk Factor Intervention Trial" [Multiple Risk Factor Intervention Trial Research Group], in die über 12 000 Männer mittleren Alters eingeschlossen wurden. Diese Teilnehmer, die einen oder mehrere Risikofaktoren für eine koronare Herzkrankheit aufwiesen, wurden randomisiert einer Interventions- und einer Kontrollgruppe zugewiesen. In der Interventionsgruppe wurden intensive Anstrengungen unternommen, die drei wichtigsten Risikofaktoren (Rauchen, erhöhtes Serum-Cholesterin und erhöhter Blutdruck) zu beeinflussen, in der Kontrollgruppe wurde eine normale ärztliche Versorgung beibehalten. Nach 7 Jahren zeigten sich keine auffälligen Unterschiede in dem Anteil kardialer und nicht-kardialer Todesfälle zwischen den Gruppen.

Studie	Indikation	Patienten-zahl	Dauer	Anteil Todesfälle an Ziel-krankheit	Anteil Todesfälle insgesamt
MRFIT	koronare Herzkrank-heit	12866	7 Jahre	≈ 2 %	≈ 4 %
WHO-Collaborative	koronare Herzkrank-heit	57460	6 Jahre	≈ 1.4 %	≈ 4 %
Malmö-Studie [Andersson et al.]	Brustkrebs-Screening	42283	9 Jahre	≈ 0.3 %	≈ 8 %
Minnesota-Studie [Mandel et al.]	Darmkrebs-Screening	46551	13 Jahre	≈ 0.7 %	≈ 20 %

Tabelle 3.5. Beispiele für Interventionsstudien.

Die Methodik von Interventionsstudien oder sonstigen Entscheidungsevaluierungen entspricht vollständig derjenigen der Arzneimittelprüfungen. Aufgrund der besonderen Fragestellung und den besonderen Umständen von Interventionsstudien treten jedoch zwei Probleme hier besonders häufig auf:

• Die zu evaluierende Maßnahme (Durchführung von diagnostischen Tests, Diät-Anweisung, Rehabilitationsmaßnahme) kann nicht verblindet werden. Es gibt häufig nicht einmal ein Plazebo. Versuche in dieser Richtung, z. B. durch das Verteilen von unspezifischen Ernährungsanweisungen, sind durchgeführt worden. Es ist jedoch sehr schwierig abzuschätzen, ob solche Maßnahmen einerseits wirklich einen Plazeboeffekt haben und ob ihnen andererseits wirklich nicht mehr als ein Plazeboeffekt zukommt.

- Wegen der sehr kleinen Größenordnung der Effekte, nach denen in diesem Bereich gesucht wird (Screeningmaßnahmen, Präventionsmaßnahmen) sind große Patientenkollektive (besser: Personenkollektive) erforderlich (Tabelle 3.5). Stichprobenumfänge der einzelnen Therapiegruppen können leicht mehrere tausend Patienten umfassen. Aus organisatorischen als auch methodischen Gründen wird in solchen Fällen manchmal keine patientenweise Randomisierung durchgeführt, sondern es werden größere Einheiten zu der Interventions- und der Kontrollgruppe randomisiert. So ist z. B. in der Two-County-Trial zur Evaluierung der Mammographie in zwei schwedischen Bezirken verfahren worden. In der europäischen WHO-Studie zur Primärprävention der koronaren Herzkrankheit [WHO] wurden ganze Fabriken randomisiert, so daß alle Mitarbeiter einer solchen Fabrik der Interventions- oder Kontrollgruppe angehörten. Dies vereinfacht z. B. wesentlich die diätetische Intervention, die dann in einer Fabrikskantine durchgeführt werden kann und nicht auf die individuelle Randomisierung von Personen zugeschnitten werden muß.

4 Arzneimittelprüfung

4.1 Grundlagen

Eine Arzneimittelprüfung ist eine prospektive klinische Studie (standardmäßig mit Randomisierung), die mit dem Ziel durchgeführt wird, eine Aussage über die Wirksamkeit eines Medikaments zu machen. In Deutschland sind solche Arzneimittelprüfungen Voraussetzung für die Zulassung eines neuen Präparates. Der Begriff Prüfung in diesem Zusammenhang soll durchaus wörtlich verstanden werden: das neue Medikament kann die Prüfung bestehen oder es fällt durch.

Die Grundlagen und Voraussetzungen für die Durchführung von Arzneimittelprüfungen sind in mehreren Gesetzen und Verordnungen geregelt. Im wesentlichen sind hier zu nennen:

- Deklaration von Helsinki (letzte Revision in Hongkong 1989), die allgemeine Vorgaben für jedwede Versuche am Menschen enthält
- Arzneimittelgesetz (AMG; hier speziell die Paragraphen 40 und 41)
- Arzneimittelprüfrichtlinien
- Grundsätze zur ordnungsgemäßen Durchführung der klinischen Prüfung von Arzneimitteln
- Europäische Richtlinien des „Good Clinical Practice" (GCP)
- Europäische Richtlinien des „Committee for Proprietary Medicinal Products" (CPMP)

Die Voraussetzungen für klinische Arzneimittelprüfungen am Menschen werden im § 40 AMG (1.1) so formuliert:

„Die klinische Prüfung eines Arzneimittels darf bei Menschen nur durchgeführt werden, wenn und solange die Risiken, die mit ihr für die Person verbunden sind, bei der sie durchgeführt werden soll, gemessen an der voraussichtlichen Bedeutung des Arzneimittels für die Heilkunde ärztlich vertretbar sind".

Weitere Anforderungen sind u. a.:

- Das Einverständnis des Patienten
- Die Durchführung der Prüfung durch einen erfahrenen Arzt
- Das Vorliegen pharmakologisch-toxikologischer Daten
- Die Versicherung des Patienten gegen potentielle Schäden innerhalb der Arzneimittelprüfung
- Die Anhörung einer Ethikkommission
- Die Existenz eines Prüfplans, der „*dem jeweiligen Stand der wissenschaftlichen Erkenntnisse entsprechen muß*"

Insgesamt werden an Arzneimittelprüfungen heute außerordentlich hohe Anforderungen gestellt. Diese Anforderungen betreffen zum einen die methodischen Grundlagen, die seit der Veröffentlichung der „Grundsätze für die ordnungsgemäße Durchführung der klinischen Prüfung von Arzneimitteln" im Bundesanzeiger 1987 als allgemein akzeptiert angesehen werden können, obwohl sie natürlich dauernd weiterentwickelt werden. Da es zum anderen in der Vergangenheit (selten) zu Unkorrektheiten bei der Durchführung von solchen Prüfungen gekommen ist (teilweise wurden Patienten oder mindestens deren Daten „erfunden"), gibt es seit 1990 europäische Richtlinien des „Good Clinical Practice" (GCP), die in detaillierter Weise Qualitätsanforderungen an Therapieprüfungen enthalten. Diese reichen bis zur Überprüfung der Originaldaten durch externe Kontrolleure.

4.2 Struktur

Es hat sich zur Strukturierung der klinischen Arzneimittelforschung, d. h. Untersuchungen am Menschen, eine Einteilung in vier aufeinanderfolgende Phasen durchgesetzt. Manchmal werden diese vier Phasen noch weiter unterteilt. Eine strenge Trennung zwischen den verschiedenen Phasen ist bis auf die Abgrenzung der Phase IV nicht möglich. Insbesondere werden die Bezeichnungen Phase II und Phase III uneinheitlich verwendet. Zur Strukturierung der Arzneimittelforschung ist diese Phaseneinteilung jedoch hilfreich.

- **Phase I**
  In dieser Phase wird ein Medikament zum ersten Mal an Menschen eingesetzt, in der Regel bei gesunden Probanden. Ziel von Untersuchungen in dieser Phase sind Aussagen über die Verträglichkeit bei verschiedenen Dosierungen sowie Resultate über die Pharmakokinetik und Pharmakodynamik am Menschen.

- **Phase II**
  In dieser Phase wird ein Medikament zum ersten Mal an Patienten eingesetzt. Es soll geprüft werden, ob die erwarteten *Wirkungen* bei Patienten mit einer bestimmten Krankheit eintreten. Es werden erste Erfahrungen zur Arzneimittelsicherheit bei Patienten gewonnen. Die Ergebnisse von Phase-II-Studien sind insbesondere wichtig für die Planung von nachfolgenden Phase-III-Studien.

- **Phase III**
  In dieser Phase soll die *Wirksamkeit* an Patienten belegt werden. Erst der Beleg der Wirksamkeit ist eine ausreichende Rechtfertigung für die Zulassung eines Arzneimittels. Methodische Anforderungen sind ganz besonders für Prüfungen dieser Phase von Bedeutung. Neben Aussagen zur Wirksamkeit werden aus solchen Prüfungen ebenfalls Daten zur Arzneimittelsicherheit gewonnen, um eine Nutzen-Risiko-Abwägung zu ermöglichen.

- **Phase IV**
  In dieser Phase werden üblicherweise alle Untersuchungen zusammengefaßt, die nach der Zulassung eines Arzneimittels erfolgen. Im Vordergrund steht dabei einerseits die Erhebung von Daten zur Arzneimittelsicherheit in der breiten Anwendung sowie außerdem die Durchführung weiterer Studien zur Effektivität, möglicherweise auch als Vergleich verschiedener Therapien.

4.3 Methodik

Eine typische Phase-III-Studie zur Therapie des Apoplexes wurde 1990 publiziert [TRUST Study Group]: In dieser Studie sollte die Wirksamkeit eines neuen Kalziuman-tagonisten (Nimodipin), der bevorzugt zerebrale Gefäße beeinflußt, geprüft werden. Für die Studie wurden Patienten ausgewählt, die einen Schlaganfall mit Hemiparese vor nicht mehr als 48 Stunden erlitten hatten, die über 40 Jahre alt waren, vor dem Ereignis in der Lage waren, sich selbständig zu versorgen und die schließlich bei Bewußtsein waren und in der Lage, Medikamente einzunehmen (siehe Ein- und Ausschlußkriterien). Patienten oder Angehörige mußten vor Beginn der Studie ihre Einwilligung zum Einschluß gegeben haben. 1215 Patienten wurden nach einem vor Studienbeginn erstellten Plan zufällig der Behandlungsgruppe oder einer Plazebogruppe zugeteilt. Weder Arzt noch Patient war bekannt, ob Plazebo oder Verum verabreicht wurde. Die Therapie wurde über 21 Tage fortgeführt. Als Zielvariable wurde der Barthel-Index verwendet, ein international akzep-tiertes Erfassungsinstrument zur Einschätzung der Unabhängigkeit (wobei Behinderung und Tod mit berücksichtigt werden). Der für die Prüfung entscheidende Wert – das Zielkriterium – wurde 24 Wochen nach Behandlungsbeginn erhoben.
Es soll im folgenden auf einige wichtige methodische Aspekte von Arzneimittelprüfun-gen, speziell Phase-III-Studien eingegangen werden (der in der Homöopathie gebrauchte Begriff der ,,Arzneimittelprüfung am Gesunden" hat übrigens mit dem im AMG verwen-deten Begriff nichts zu tun).

> Strukturgleichheit

Bis auf seltene und dann speziell zu begründende Ausnahmefälle sind Arzneimittelprü-fungen prinzipiell mit einer zufälligen Zuteilung durchzuführen.

> Beobachtungsgleichheit

Eine zweite wesentliche Forderung ist die nach einem doppelblinden Studiendesign, welches bei Arzneimitteln in aller Regel realisiert werden kann.
Die Forderung nach Doppelblindheit bedeutet, daß das Prüfpräparat und das Kontrollprä-parat (häufig Plazebo) ununterscheidbar sein müssen. Dieses betrifft alle Charakteristika, die man sich bei Medikamenten vorstellen kann, wie Farbe, Größe, Aussehen, Geschmack oder Geruch. Es kann in Einzelfällen schwierig sein, Vergleichspräparate tatsächlich ununterscheidbar zu machen, obwohl dies in der Regel mit vertretbarem Aufwand gelingt. Falls z. B. bei Infusionslösungen diese Möglichkeit tatsächlich nicht besteht, kann versucht werden, z. B. durch undurchsichtige Infusionsflaschen und -systeme eine Verblindung der applizierten Medikation zu erreichen. Größere Schwierigkeiten ergeben sich dann, wenn die Applikationsarten der zu vergleichenden Verfahren unterschiedlich sind. Dies betrifft z. B. den Vergleich eines oral gegebenen und eines intravenös verabreichten Medikaments oder den Vergleich einer 2 x täglichen mit einer 4 x täglichen oralen Gabe. In solchen Fällen kann man sich zur Verblindung der Medikationen der sogenannten *Double-Dum-my-Technik* bedienen. Diese besteht darin, daß alle Patienten beide Applikationsarten,

entsprechend ihrer Gruppenzugehörigkeit die eine als Verum, die andere als Plazebo erhalten.

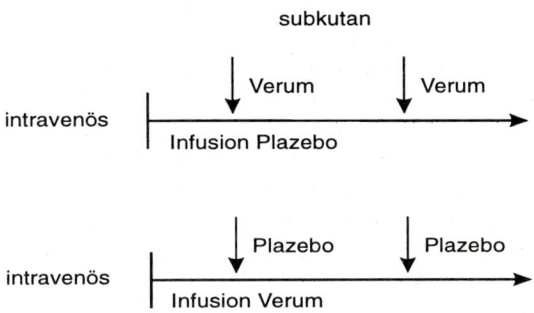

Abb. 4.1. Double-Dummy-Technik bei Vergleich von intravenöser mit subkutaner Heparin-therapie [Hull et al.].

In einer Studie, in der eine kontinuierliche intravenöse Heparin-Behandlung gegen eine täglich einmalige subkutane Gabe geprüft werden sollte, wurde folgendermaßen vorge-gangen (Abbildung 4.1). Die Patienten der subkutanen Gruppe erhielten zusätzlich eine intravenöse Kochsalzinfusion als Plazebo. Die Patienten der intravenösen Heparin-Grup-pe erhielten zusätzlich tägliche subkutane Plazebo-Injektionen. Eine solche Vorgehens-weise erlaubt auch bei komplexen Therapieschemata eine doppelblinde Studienführung.

> Zielkriterium

Neben der Sicherung der Struktur- und Beobachtungsgleichheit ist eine weitere Anforde-rung an Therapieprüfungen (und eine unverzichtbare Voraussetzung für die Durchführung statistischer Tests) die eindeutig formulierte und im Prüfplan niedergelegte Festlegung eines Zielkriteriums. Aufgrund dieses Kriteriums wird über die Wirksamkeit einer The-rapie entschieden.

Wird eine Zielvariable mehrfach erhoben, wie in der Schlaganfall-Studie geschehen (Barthel-Index), so ist festzulegen, was als Ziel*kriterium* herangezogen werden soll: die Erhebung zu einem bestimmten vorab festzulegenden Zeitpunkt (z. B. 24. Woche), die Differenz zwischen der letzten Erhebung und dem Ausgangswert oder der gesamte Verlauf. Weiterhin muß es sich bei der gewählten Zielvariablen um eine für die klinische Wirksamkeit des Präparates relevante Eigenschaft handeln. Dies bedeutet, daß die Ver-wendung von Laborwerten, EEG-Amplituden oder anderer sogenannter „harter" Daten nur dann sinnvoll ist, wenn ihr enger Zusammenhang mit dem klinischen Zustand des Patienten belegt ist, d. h. die genannten Variablen als *Surrogatkriterien* akzeptiert sind. Es ist ein weitverbreitetes Vorurteil, daß die Qualität einer Studie durch die Verwendung solcher harten Daten steigt. Entscheidend ist vielmehr die Relevanz der erhobenen Information für die Fragestellung, hier die Prüfung der Wirksamkeit eines Medikaments. Unter Umständen kann die Beantwortung der Frage

„Haben Sie in der letzten Nacht gut geschlafen?"

als Zielkriterium durchaus angemessen sein.

Es muß jedoch darauf hingewiesen werden, daß subjektive Befindensäußerungen der Patienten unter Umständen weniger das tatsächliche Befinden widerspiegeln, sondern eher eine Reaktion auf geäußerte oder vermutete Erwartungen der behandelnden Ärzte sein können. In dieser Hinsicht muß die Verwendung eines „weichen" Zielkriteriums abgewogen und ggf. durch die Erhebung relevanter „harter" Daten unterstützt werden.

> Ein- und Ausschlußkriterien

Die Patienten einer Studie werden anhand von Einschluß- und Ausschlußkriterien in eine Arzneimittelprüfung aufgenommen (in der oben beschriebenen Studie also die Einschlußkriterien: Schlaganfall mit Hemiparese vor nicht mehr als 48 Stunden, Alter, selbständige Versorgung vor dem Ereignis, Bewußtseinslage, Einverständniserklärung). Dies bedeutet, daß Teilnehmer einer klinischen Studie immer ein speziell ausgewähltes Kollektiv von Patienten darstellen und nicht zufällig aus einer Grundgesamtheit ausgewählt werden. Die Festsetzung von Ein- und Ausschlußkriterien dient bei Arzneimittelprüfungen im wesentlichen zwei Zielen:

• Der Sicherung der Therapieindikation und Verringerung eines Risikos für Patienten
• Der Verringerung der interindividuellen Variabilität

• Indikationsstellung und Risikominderung

Um aus den Ergebnissen einer Arzneimittelprüfung aussagefähige Interpretationen ableiten zu können, ist es notwendig, bestmöglich sicherzustellen, daß für die in eine Studie eingeschlossenen Patienten die Indikation für die Prüftherapie wirklich besteht. Diese Sicherstellung der Indikation (absichtlich wird hier nicht von Sicherstellung der *Diagnose* gesprochen) soll nach ähnlichen Kriterien erfolgen wie in der klinischen Routine. Wegen der Studiensituation der Patienten sind allerdings die Anforderungen in der Regel höher zu stellen.

Sowohl für das Eingehen eines vertretbaren Risikos als auch für eine angemessene Interpretation der Ergebnisse wäre es für Studien zur Therapie des akuten Herzinfarktes notwendig, nur Patienten mit gesichertem Herzinfarkt einzubeziehen. Dieses Ziel zu erreichen ist jedoch unmöglich, da für die Effektivität einer zu prüfenden thrombolytischen Therapie der Beginn der Behandlung so früh erfolgen muß, daß bis dahin keine endgültige Sicherung des Infarktes möglich ist (z. B. durch serielle Enzym-Bestimmung). Es ergibt sich daher die Notwendigkeit, durch die Formulierung geeigneter Kriterien die Indikation soweit einzugrenzen, daß möglichst wenige Patienten mit nicht infarkt-bedingter Angina pectoris oder mit Pericarditis in die Studie aufgenommen werden. Man kann dies dadurch erreichen, daß das Ausmaß der für den Studieneintritt notwendigen EKG-Veränderungen (z. B. 0.3 mV in mindestens zwei präkordialen Ableitungen) festgelegt und zusätzlich eine Mindestdauer (30 min) der Symptome und Therapieresistenz gegenüber Nitraten und Kalziumantagonisten gefordert wird. Die Indikationsstellung über solche Kriterien ohne

endgültige Diagnosesicherung erlaubt eine frühzeitige Therapie der Patienten. Erfahrungsgemäß beträgt in Studien mit solchen Einschlußkriterien der Anteil an Patienten, die keinen Myokardinfarkt haben, weniger als 5%.

Neben einer möglichst zuverlässigen, aber der Studiensituation angemessenen Indikationsstellung werden als weitere Einschlußkriterien für eine Therapieprüfung häufig Altersbegrenzungen und, wenn notwendig, die Einschränkung auf männliche oder weibliche Patienten festgelegt. Ein wesentliches Kriterium bildet das Einverständnis des Patienten zur Teilnahme an der Prüfung.

Die zusätzlich zu diesen Einschlußkriterien definierten Kriterien für den Ausschluß von Patienten aus einer Therapieprüfung werden deshalb formuliert, um Risiken für bestimmte, vorab definierbare Patientengruppen auszuschließen. Der Begriff „Ausschluß" bezeichnet – genau genommen – den „Nicht-Einschluß", nicht den *nachträglichen* Ausschluß von Patienten aus der Studie. Ausschlußkriterien sollen dazu führen, daß Patienten, für die unter der geprüften Therapie ein erhöhtes Risiko anzunehmen ist, nicht in die Studie eingeschlossen werden, obwohl sie die Einschlußkriterien erfüllen. Im wesentlichen kommen also als Ausschlußkriterien Merkmale in Betracht, für die ein erhöhtes Nebenwirkungsrisiko bekannt ist oder vermutet werden kann. In allen Arzneimittelprüfungen werden z. B. üblicherweise Patienten ausgeschlossen, bei denen eine Allergie gegen die geprüfte Substanz oder die verwendeten Begleitstoffe bekannt ist. Für eine Therapie, deren Wirkprinzip mindestens z. T. auf einer ausgeprägten Beeinflussung des Gerinnungssystems beruht, wird man Patienten ausschließen, die selbst schon eine Störung des Gerinnungssystems aufweisen, eine Blutungsneigung anderer Ursache haben oder Vorerkrankungen aufweisen, die das Risiko einer schweren Blutung erhöhen könnten (Schlaganfall oder Magengeschwür kurze Zeit vorher, schwerer Bluthochdruck).

Die Formulierung von Ein- und Ausschlußkriterien hat also ganz vorwiegend medizinische Gründe, und zwar dieselben, die auch die Auswahl einer Therapie in der klinischen Praxis beeinflussen würden.

● Verringerung der interindividuellen Variabilität

Die Definition solcher Eignungskriterien ist auch deshalb von Bedeutung, weil sie die Heterogenität eines Patientenkollektivs in bezug auf Struktur und Ausgangssituation vermindert. In einer Patientengruppe von Männern zwischen 40 und 50 Jahren unterscheiden sich die einzelnen Mitglieder untereinander wesentlich weniger als in einem Kollektiv von Männern und Frauen, das außerdem Patienten zwischen 20 und 90 Jahren umfaßt. Diese durch Eignungskriterien geförderte Homogenität führt dazu, daß ein Unterschied zwischen zwei (möglichen) Therapien leichter – und das heißt vor allem mit einer geringeren Anzahl Patienten – nachgewiesen werden kann als in einer sehr heterogenen Gruppe. Da es ein grundsätzliches Prinzip der Planung von insbesondere experimentellen Studien sein muß, eine Frage mit der geringstmöglichen Patientenzahl zu klären, ist der Homogenisierungseffekt durchaus erwünscht. Eine zu starke Einschränkung des untersuchten Patientenkollektivs kann andererseits die Übertragung der Ergebnisse auf die Praxis sehr problematisch machen.

Das Festlegen von Ein- und Ausschlußkriterien stellt also eine Abwägung zwischen dem Ziel einer Homogenisierung und dem Wunsch nach Übertragbarkeit in die breitere Anwendung dar.

Unter dem Aspekt der Übertragung von Studienergebnissen auf Patienten in einer Klinik oder Praxis wäre es von großem Interesse, Informationen über die Auswahlmechanismen zu erhalten, die zur Teilnahme von Patienten an klinischen Studien geführt haben. Dabei kann insbesondere die Frage beantwortet werden, wie groß der Anteil von Patienten ist, die, obwohl sie zunächst als so geeignet angesehen wurden, daß die Ein- und Ausschlußkriterien überhaupt überprüft wurden, schließlich die Einschlußkriterien nicht erfüllten bzw. Ausschlußkriterien aufwiesen. Weiterhin kann geklärt werden, welche Anteile von Patienten aufgrund welcher speziellen Ausschlußkriterien nicht in die Studie eingeschlossen werden konnten, bzw. wieviele Patienten die studienspezifischen Einschlußbedingungen nicht erfüllten. Hier könnte es z. B. wichtig sein, zu erfahren, welcher Anteil von Patienten mit klinisch-wahrscheinlichem Herzinfarkt die strengen EKG-Kriterien einer Studie nicht erfüllt. Schließlich kann festgestellt werden, warum Patienten nicht in die Studie aufgenommen wurden, obwohl sie nach Maßgabe der Ein- und Ausschlußkriterien als geeignet eingestuft werden mußten. In einigen neueren Therapieprüfungen wurde ein sogenanntes Logbuch geführt, in dem alle Patienten mit wenigen Basisdaten dokumentiert wurden, die, ohne möglicherweise die strengen Anforderungen der Einschlußkriterien zu erfüllen, die Indikation für die geprüfte Therapie aufwiesen. Solche Register führen z. B. zu dem Ergebnis, daß – stark abhängig von Indikation und geprüfter Therapie – die Verweigerung des Einverständnisses einen Anteil von unter 1 % bis über 30 % haben kann. Diese Register liefern u. U. außerdem wertvolle Information für die Planung weiterer Studien, insbesondere dann, wenn für die Patienten des Logbuchs ein relevantes Zielkriterium (z. B. Tod innerhalb von 2 Wochen nach Behandlungsbeginn) mit erfaßt wird. Aus solchen Daten können z. B. Gruppen identifiziert werden, die in der laufenden Studie nicht vertreten waren, die jedoch besonders stark von der Behandlung profitieren könnten (was dann in weiteren Studien geprüft werden müßte).

> Intention-to-Treat

Neben den dargestellten grundsätzlichen Prinzipien stellt die Anwendung des sogenannten *Intention-to-Treat-Prinzips* ein wichtiges methodisches Instrument dar. Nachdem man sich nämlich bei der Planung der Studie intensiv bemüht hat, die Vergleichbarkeit zweier (oder mehrerer) Therapiegruppen zu gewährleisten, kann diese während des Verlaufs der Studie gefährdet sein. Dies geschieht, indem Patienten aus der Studie ausscheiden, und zwar aus Gründen, die mit der geprüften Therapie zusammenhängen. Typische Beispiele hierfür sind Therapieabbrüche aufgrund eines Mißerfolgs, eines vollen Erfolgs (Heilung) oder aufgrund von Nebenwirkungen.

Es ist zwar nichts dagegen einzuwenden, vielmehr ist es sogar in der Einverständniserklärung für die Patienten ausdrücklich vorgesehen, daß Patienten eine Prüftherapie abbrechen oder ihr Einverständnis, an der Studie teilzunehmen, sogar zurückziehen können. Diese Patienten müssen jedoch trotzdem bei der Auswertung berücksichtigt werden. Sonst könnte z. B., wenn ein größerer Teil der Patienten unter der Prüftherapie aufgrund von Nebenwirkungen aus der Studie ausscheidet, dies sowohl zu einer zu günstigen Beurteilung der Prüftherapie (nur nebenwirkungsfreie Patienten und damit günstige Verläufe werden ausgewertet) als auch zu einer zu ungünstigen Bewertung (die Therapieerfolge, die mit den Nebenwirkungen in engem Zusammenhang stehen, werden aus der Studie ausgeschlossen) führen. Es ist deshalb notwendig, daß alle Patienten, die in eine Studie aufgenommen wurden, für die also die Absicht bestand, sie in der durch die Randomisierung vorgesehenen Weise zu behandeln, auch in die Auswertung gelangen (Intention-to-Treat). Für Patienten, die die Therapie abbrechen oder für die die Zielgröße nicht zu erheben ist, müssen schon im Studienplan Kriterien aufgestellt werden, wie diese Patienten in die Auswertung eingehen sollen.

	Propranolol	Atenolol	Plazebo
Abbruch (bei Betablocker wegen Nebenwirkungen)	15.9 %	17.6 %	12.5 %
kein Abbruch	3.4 %	2.6 %	11.2 %
insgesamt	7.6 %	8.7 %	11.6 %

Tabelle 4.1. Anteil verstorbener Patienten innerhalb eines Zeitraums von 6 Wochen nach einem vermuteten Infarkt [Wilcox et al.]. Die Beurteilung des Effektes der Betablocker wird durch das Weglassen von Patienten, die wegen Nebenwirkungen die Therapie abbrachen, erheblich verzerrt.

Tabelle 4.1 zeigt am Beispiel einer Studie zum Vergleich zweier Betablocker mit Plazebo die Gegenüberstellung einer Auswertung aller Patienten (untere Zeile) und einer Auswertung nur der Patienten, die die Therapie nicht abgebrochen haben (mittlere Zeile). Man sieht, daß durch die Auswahl dieser Patienten eine erhebliche Überschätzung eines positiven Effektes resultiert (Verminderung des Anteils Todesfälle von ca. 8 % bei der Berücksichtigung aller Patienten auf ca. 3 %). In den beiden Patientengruppen, die mit einem Betablocker behandelt wurden, ist der Anteil verstorbener Patienten besonders hoch (15.9 % bzw. 17.6 %), wenn sie die Behandlung abgebrochen haben. Der Abbruch der Therapie stand also mit einer ungünstigen Prognose in Zusammenhang. Ob dabei die Nebenwirkungen des Betablockers selbst zu dem ungünstigen Ergebnis beigetragen haben, oder ob die Nebenwirkungen nur Zeichen eines per se ungünstigen Verlaufes waren, läßt sich nicht entscheiden. Zweifellos ist jedoch der ungünstige Verlauf bei diesen Patienten ein wichtiges Ergebnis für die Patientengruppe, bei der Betablocker in der hier geprüften Indikation eingesetzt werden sollen. Diese Information darf nicht vernachlässigt werden, und insofern ist die in der letzten Zeile der Tabelle dargestellte Auswertung die einzig für die Praxis relevante.

Das Intention-to-Treat-Prinzip ist von großer Bedeutung bei allen Studien, die praktisch relevante Aussagen über Therapiemaßnahmen machen sollen. Es ist außerdem ein häufig sehr valides Kriterium für die Beurteilung einer Therapieprüfung, wie mit Studienabbrechern umgegangen wird, ob und wie sie beschrieben und ausgewertet werden.

5 Univariate Datenbeschreibung

5.1 Typen von Merkmalen

Neben der Beantwortung von Fragen durch Prüfen von Hypothesen mit Hilfe der schließenden Statistik, deren Verfahren wesentliche Teile dieses Lehrbuchs gewidmet sind, kommt der angemessenen Beschreibung von beobachteten Daten in der Biometrie eine ganz wesentliche Bedeutung zu. Die im folgenden beschriebenen Maßzahlen tauchen zudem (ab Kapitel 11) als Schätzer für Modellparameter wieder auf. Die Beschreibung der Daten soll Aufschluß geben über die

- Plausibilität der Daten (Ausreißer, andere Auffälligkeiten)
- Verteilung der Werte (z. B. Symmetrie).

Die Beschreibung von Ergebnissen soll eine möglichst erschöpfende Information über gesammelte Daten liefern. Dies bedeutet einerseits, daß Daten umfassend dargestellt werden und andererseits, daß nicht durch eine bestimmte Wahl der Darstellung unangemessene Interpretationen induziert werden. Es gilt, von wichtigen Informationen nicht zu wenige und von unwichtigem Ballast nicht zu viel mitzuteilen.

Bevor wir uns mit den Möglichkeiten der Datenbeschreibung befassen, müssen wir zunächst einige wichtige Begriffe klären:

- Ein *Merkmal* ist eine Eigenschaft, die durch eine Untersuchung festgestellt werden kann, z. B. das Geschlecht oder das Alter.

- *Merkmalsausprägungen* sind die Werte, die das Merkmal annehmen kann: beim Merkmal Geschlecht also (ohne Betrachtung besonderer Ausnahmefälle) die Ausprägungen „männlich" und „weiblich".

- An *Beobachtungseinheiten* oder auch *Merkmalsträgern* werden die Ausprägungen eines Merkmals erhoben: die Beobachtungseinheiten können z. B. Personen, Zellen, Blutproben usw. sein. Ist also die Beobachtungseinheit der Patient, so weist ein Junge die Ausprägung „männlich" des Merkmals Geschlecht auf.

Die Art der Beschreibung und die Auswertung von Daten richtet sich nach dem Typ des Merkmals. Verschiedene Typen von Merkmalen werden auf unterschiedlichen Skalen erhoben. Eine Skala ist der Wertebereich für Merkmalsausprägungen. Der Wertebereich kann aus unendlich vielen Zahlen (etwa den natürlichen oder den rationalen Zahlen) bestehen; er kann aber auch nur zwei Werte, etwa „männlich" und „weiblich" enthalten. Man unterscheidet *qualitative* und *quantitative* Merkmale.

In der Praxis gibt es allerdings wegen endlicher Meßgenauigkeit keine wirklich stetigen Merkmale. Das Alter wird eben typischerweise in Jahren angegeben, mit großen zeitlichen Zwischenräumen. Die Realität, daß Merkmale mit stetigen Skalen als diskrete Merkmale vorliegen, hat allerdings keine Auswirkungen auf Beschreibung und Auswertung der Beobachtungen.

- *Qualitativ* heißt ein Merkmal, wenn seine Ausprägungen keine zahlenmäßige Ordnung haben: hierzu gehören z. B. die Augenfarbe, das Geschlecht oder die Nationalität. Merkmale, die nur zwei Ausprägungen haben, z. B. *ja* und *nein* oder *lebt* und *tot*, werden auch als *binäre* oder *dichotome* Merkmale bezeichnet.

- *Quantitative* Merkmale besitzen eine zahlenmäßige Ordnung. Sie unterteilen sich wiederum in *diskrete* und *stetige* Merkmale.

- *Diskret* heißt ein Merkmal, wenn seine Ausprägungen durch Zählen entstehen, der Wertebereich also die natürlichen Zahlen sind (inklusive der Null): Anzahl Kinder einer Familie, Anzahl Leukozyten in einer Zählkammer usw.

- *Stetig* heißt ein Merkmal, dessen Ausprägungen auf einer kontinuierlichen Skala liegen, der Wertebereich also die reellen Zahlen sind: z. B. Größe, Gewicht, Alter oder Blutdruck.

Einen weiteren besonderen Merkmalstyp bilden ordinale Merkmale. Deren Ausprägungen sind meist Zahlen, die jedoch inhaltlich keine zahlenmäßige Bedeutung haben. Ein Beispiel sind Schulnoten und in der Medizin z. B. Tumorstadien. Noten werden zwar mit Ziffern von 1 bis 6 beschrieben, die Abstände zwischen den einzelnen Schulnoten sind jedoch weder gleich noch überhaupt klar festzulegen. Eine Note von 2 bedeutet eben nicht, daß jemand doppelt so schlau ist wie ein anderer Schüler, der eine 4 hat, und zwischen den Schulnoten 1 und 2 muß durchaus nicht der gleiche Leistungsabstand vorliegen wie zwischen den Schulnoten 4 und 5.

Ein besonderer Typ eines stetigen Merkmals sind zensierte Daten. Diese entstehen, wenn man sich für die Zeit bis zum Eintreten eines bestimmten Ereignisses (z. B. die Überlebenszeit nach einer Krebsdiagnose oder die Zeit bis zum Auftreten eines Rezidivs nach einer Tumoroperation) interessiert. In aller Regel können nicht alle Patienten bis zum Auftreten des Ereignisses beobachtet werden. Es ist für diese Patienten dann nur der Zeitpunkt, bis zu dem das Ereignis *noch nicht* eingetreten ist, bekannt, jedoch nicht die tatsächliche Zeit bis zum Ereignis. Bei diesen Beobachtungen ist die Zeit „abgeschnitten", man bezeichnet dies als *zensiert*. Dabei wird zwischen rechts-zensiert (der übliche Fall, wenn die Beobachtung *vor* Eintreten eines Ereignisses beendet werden muß) und links-zensiert (wenn die Beobachtung erst *nach* Eintreten eines Ereignisses einsetzt) unterschieden.

Abbildung 5.1 zeigt schematisch, wie zensierte Beobachtungen entstehen. 7 Patienten werden während einer sechsmonatigen Rekrutierungsphase in die Studie eingeschlossen. Danach wird die Beobachtung über weitere 12 Monate fortgesetzt. Bei den Patienten Nr. 1, 4 und 6 tritt das Ereignis ein, während bei den Patienten Nr. 2, 3, 5 und 7 bis zum Ende der Beobachtungszeit das Ereignis nicht eingetreten ist. Dabei wurde bei den Patienten Nr. 2 und 3 die Beobachtung vorzeitig beendet (die Patienten erschienen nicht zu den geplanten Nachuntersuchungsterminen), bei den Patienten 5 und 7 markierte das Studienende das Ende der Beobachtungsphase. Die Analyse von zensierten Daten ist in Kapitel 16 beschrieben.

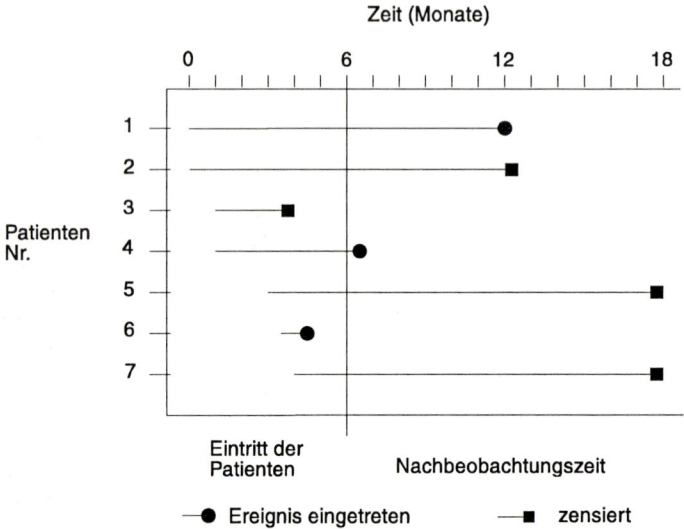

Abb. 5.1. Darstellung von Einschluß und Ende der Beobachtung bei 7 Patienten aus einer klinischen Studie.

5.2   Quantitative Merkmale

In einer in den Jahren 1986 - 1989 durchgeführten klinischen Studie sollte die Effektivität einer thrombolytischen Therapie bei akutem Herzinfarkt geprüft werden [PRIMI Study Group] . Dazu wurden Patienten, bei denen eine mindestens 30minütige Beschwerdedauer vorlag, und bei denen außerdem bei Krankenhauseinweisung die typischen EKG-Zeichen eines Infarktes festgestellt wurden, nach Einholung ihres Einverständnisses in die Studie eingeschlossen. Da der Effekt der thrombolytischen Therapie in Bezug auf die Wiedereröffnung des Infarktgefäßes u. a. von der Zeitdauer zwischen Beginn der Symptomatik und Lysebeginn abhängt, konnte für den Beginn der Studienbehandlung die Bestimmung der Kreatinkinase (CK) nicht abgewartet werden. Eine entsprechende Blutprobe wurde jedoch trotzdem bei allen Patienten abgenommen, um zu einem späteren Zeitpunkt Informationen darüber zu haben, ob bei den in die Studie eingeschlossenen Patienten ein Herzinfarkt tatsächlich vorlag. Die CK-Werte wurden auf strukturierte Erhebungsbögen übernommen (die z. B. auch genaue Vorgaben zur Maßeinheit enthielten). Aus dem größeren Datensatz wurde eine Stichprobe von 45 Patienten zufällig gezogen.

Urliste		Rangliste			Stem-and-leaf-Diagramm	
Lfd. Nr. (i)	CK-Wert x_i [U/l]	Rangzahl (j)	Lfd.Nr. der Urliste (i)	CK-Wert x_i [U/l]	Zehner	Einer
1	189	1	15	59	5	9
2	147	2	32	78	6	
3	288	3	22	109	7	8
4	121	4	11	111	8	
5	169	5	42	119	9	
6	151	6	4	121	10	9
7	247	7	13	129	11	19
8	158	8	2	147	12	19
9	201	9	6	151	13	
10	274	10	31	157	14	7
11	111	11	8	158	15	178
12	181	12	44	168	16	89
13	129	13	5	169	17	01
14	191	14	37	170	18	189
15	59	15	16	171	19	0111344
16	171	16	12	181	20	116
17	193	17	25	188	21	458
18	191	18	1	189	22	4
19	275	19	28	190	23	
20	248	20	14	191	24	78
21	201	21	18	191	25	29
22	109	22	24	191	26	
23	437	23	17	193	27	2458
24	191	24	26	194	28	8
25	188	25	33	194	29	47
26	194	26	9	201	30	
27	278	27	21	201	31	
28	190	28	38	206	32	
29	252	29	35	214	33	
30	218	30	41	215	34	
31	157	31	30	218	35	
32	78	32	34	224	36	
33	194	33	7	247	37	
34	22	34	20	248	38	
35	214	35	29	252	39	
36	259	36	36	259	40	9
37	170	37	43	272	41	
38	206	38	10	274	42	
39	409	39	19	275	43	7
40	297	40	27	278		
41	215	41	3	288		
42	119	42	45	294		
43	272	43	40	297		
44	168	44	39	409		
45	294	45	23	437		

Tabelle 5.1. Urliste, Rangliste und Stem-and-leaf-Diagramm der Werte der Kreatinkinase (CK) von 45 Patienten einer Herzinfarktstudie.

Tabelle 5.1 zeigt die Daten dieser 45 Patienten. In der ersten Spalte der Tabelle ist die Urliste der Daten aufgeführt. Hierbei erhält jeder Patient eine laufende Nummer (i). Der CK-Wert des i-ten Patienten ist mit x_i bezeichnet, der des fünften Patienten also mit x_5, der des 27. Patienten mit x_{27}... . Der sechste Patient hat demnach einen CK-Wert von $x_6 = 151$.

Mit einer solchen nach Patientennummern geordneten Liste kann man wenig anfangen. Es macht sogar Mühe, den kleinsten CK-Wert, das *Minimum,* oder den größten CK-Wert, das *Maximum,* herauszusuchen.

Eine für die Beschreibung der Daten geeignete Darstellung kann durch Sortieren der Beobachtungen der Größe nach erreicht werden. Die so sortierte Liste heißt Rangliste. Der erste Wert der Rangliste ist der kleinste CK-Wert, der des 15. Patienten der Urliste $x_{15} = 59$. Der erste Wert der Rangliste wird mit $x_{(1)}$ bezeichnet, d. h. $x_{(1)} = 59$. Allgemein wird der je kleinste Wert, der j-te Wert der Rangliste mit $x_{(j)}$ bezeichnet.

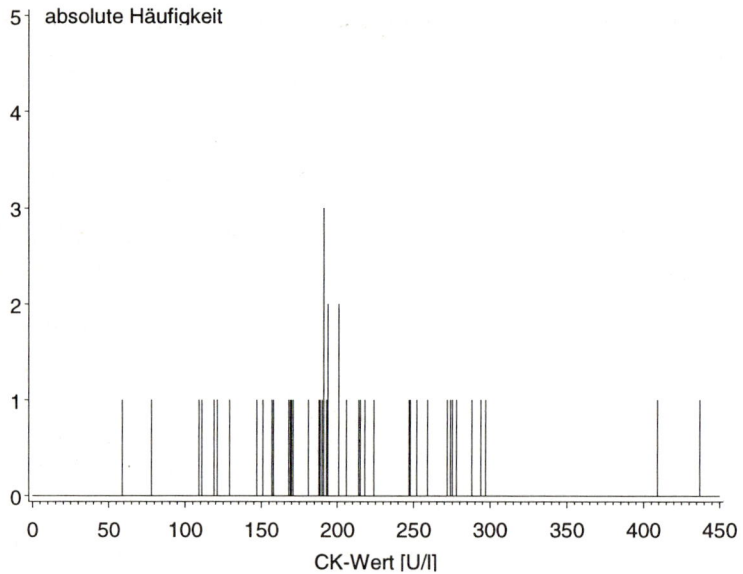

Abb. 5.2. Darstellung der Beobachtungen aus dem Beispiel der Herzinfarktstudie als Stab-diagramm .

Zur Durchführung dieser Sortierung kann ein Stem-and-leaf-Diagramm verwendet werden: die *Blätter* eines solchen Diagramms bestehen aus der letzten Stelle des Beobach-tungswertes. Der *Stamm* besteht aus den übrigen davor stehenden Ziffern (es gibt noch komplexere Verfahrensweisen, die hier aber nicht dargestellt werden sollen). Das Stem-and-leaf-Diagramm der CK-Werte der 45 Patienten ist in Spalte 6 der Tabelle 5.1 dargestellt. Ein Stem-and-leaf-Diagramm ist nicht nur eine geeignete Methode zur Erzeu-gung der Rangliste, es liefert zudem einen graphischen Eindruck von der Verteilung der

Daten über den Wertebereich. Es sind Häufungen in bestimmten Bereichen und auch größere Lücken, also unbesetzte Skalenbereiche, unmittelbar zu sehen (in unserem Beispiel der Bereich zwischen 300 und 400). Ein Problem ist allerdings, daß innerhalb der Blätter die Differenzierung schwerfällt. Um den optischen Eindruck einer verfeinerten Darstellung zu erhalten, kann die graphische Darstellung der Beobachtungswerte auf einer Zahlengeraden vorgenommen werden (Abbildung 5.2), wobei z. B. die Darstellung als Stabdiagramm gewählt werden kann. Von dieser Darstellung ist es nur noch ein kleiner weiterer Schritt zur empirischen Verteilungsfunktion.

5.3   Empirische Verteilungsfunktion

Die empirische Verteilungsfunktion ist die wichtigste, nicht aggregierende graphische Darstellung der Urdaten. Sie entsteht, in dem die auf der Zahlengeraden dargestellten Stäbe (Abbildung 5.2) zu einer Treppenfunktion „aufeinandergetürmt" werden. Die Höhe jeder Treppenstufe beträgt zunächst 1. Bei k gleichen Beobachtungen ($k = 3$ bei dem Meßwert 191) vergrößert sich die Stufenhöhe auf k. Zwischen den einzelnen Werten verläuft die Funktion parallel zur Abszisse.
Hiermit liegen die Werte der Funktion zwischen 0 und der Anzahl der Werte, üblicherweise mit n bezeichnet. Im Beispiel der CK-Werte ist $n = 45$. Verwendet man als Höhe der Treppenstufe nicht 1, sondern $1/n$ (im Beispiel $1/45$), so liegen die Werte der Funktion immer zwischen 0 und 1. Die so normierte Funktion heißt empirische Verteilungsfunktion. Wir bezeichnen sie im folgenden mit $H_n(x)$.
Die empirische Verteilungsfunktion $H_n(x)$ gibt zu jedem Wert x die relative Häufigkeit der Beobachtungen $H_n(x)$ an, die kleiner oder gleich x sind. Die Funktion läßt sich mit Hilfe der Rangliste $x_{(j)}$ beschreiben:

$$H_n(x) = 0 \quad \text{für} \quad x < x_{(1)}$$

$$H_n(x) = \frac{j}{n} \quad \text{für} \quad x_{(j)} \leq x < x_{(j+1)} \, \dots \, (j=1, \dots, n-1)$$

$$H_n(x) = 1 \quad \text{für} \quad x \geq x_{(n)}.$$

Die Funktion hat unterhalb (links) der kleinsten Beobachtung den Wert 0 und oberhalb (rechts) der größten Beobachtung den Wert 1. Abbildung 5.3 zeigt die empirische Verteilungsfunktion der CK-Werte der Patienten des Herzinfarktbeispiels. Da die Sprungstellen der Funktion gerade an den Stellen der einzelnen Meßwerte liegen, können aus dieser Abbildung immer noch alle einzelnen Patientenwerte abgelesen werden.

5.4   Empirische Quantile

Die empirische Verteilungsfunktion gibt für jeden Wert x an, welcher Anteil Werte der Stichprobe kleiner oder gleich diesem Wert x ist. Dieser Anteil kann (im Rahmen der Zeichengenauigkeit) aus dem Graphen der Funktion unmittelbar abgelesen werden. Wir wollen am Beispiel der Herzinfarktstudie den Anteil Patienten bestimmen, deren CK-Wert unter 120 U/l liegt (Anteil Patienten mit unsicherer Aufnahmediagnose). Das Vorgehen ist ebenfalls in Abbildung 5.3 dargestellt. Hierzu zeichnen wir durch den Wert 120 auf der x-Achse eine Parallele zur Ordinate. Vom Schnittpunkt der Parallelen mit der empirischen Verteilungsfunktion ziehen wir eine Parallele zur x-Achse. Der Schnittpunkt dieser Parallelen mit der Ordinate ist der gesuchte Anteil (0.11).

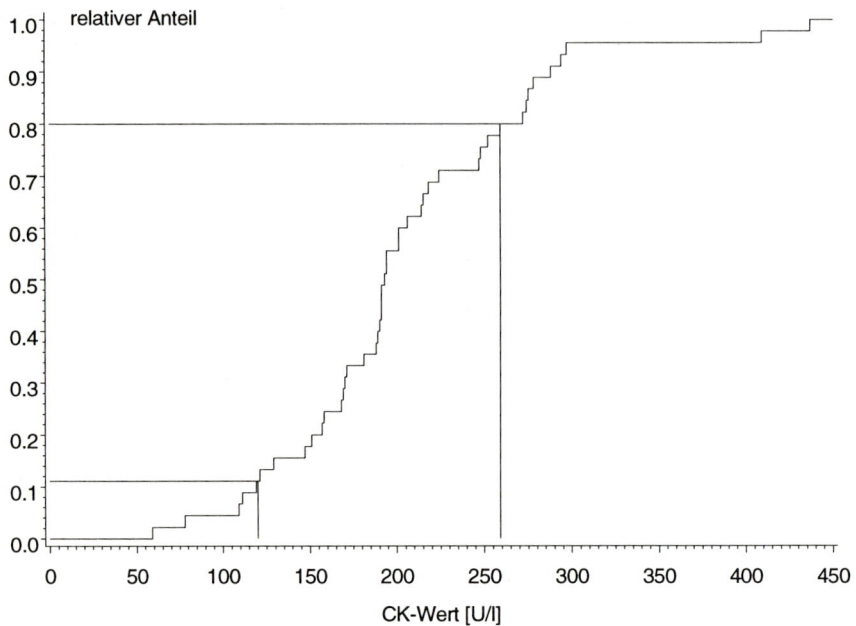

Abb. 5.3. Empirische Verteilungsfunktion der CK-Werte von 45 Patienten mit Herzinfarkt.

Umgekehrt kann man sich auf der Ordinate einen festen Wert q $(0 \leq q \leq 1)$ vorgeben und denjenigen Wert der Stichprobe, der mit x_q bezeichnet wird, ablesen, für den mindestens ein Anteil q der Werte der Stichprobe kleiner oder gleich diesem Wert x_q ist. x_q heißt *empirisches q-Quantil.* Die Bestimmung des 0.8-Quantils ist für das Beispiel der CK-Werte ebenfalls in Abbildung 5.3 dargestellt. Man startet nun mit einer Parallelen zur x-Achse durch den Ordinatenwert $H_n(x) = 0.8$ und fällt am (ersten) Schnittpunkt mit dem Graphen der empirischen Verteilungsfunktion das Lot auf die x-Achse. In unserem Beispiel ist $x_{0.8} = 259$. Formal läßt sich das x_q-Quantil folgendermaßen beschreiben:

$$x_q = \min \{x_i \ (i=1, ..., n) \mid H_n(x_i) \geq q\}.$$

Neben der angegebenen Definition der Quantile werden auch andere verwendet, bei der die Quantile nicht notwendig nur tatsächlich beobachtete Werte der Stichprobe sein können (z. B. durch Interpolation entstehen). Quantitativ sind die Unterschiede zwischen verschiedenen Definitionen im allgemeinen nicht bedeutend.

5.5   Box-and-whiskers-Plot

Empirische Quantile beschreiben in geeigneter Weise eine Stichprobe. Graphisch werden sie häufig in einem sogenannten *Box-and-whiskers-Plot* zusammengefaßt. Box-and-whis-kers-Plots bieten eine grobe Information über die Symmetrie der Verteilung bezüglich des Medians (siehe Kapitel 5.8). Eine näherungsweise symmetrische Verteilung ist Voraus-setzung sowohl für eine sinnvolle Interpretation der meisten Maßzahlen als auch für die Durchführung vieler statistischer Tests. Unsymmetrische Verteilungen lassen sich häufig z. B. durch Logarithmieren zu näherungsweise symmetrischen transformieren (siehe hierzu Kapitel 10.5).

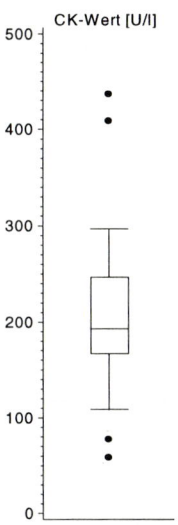

Abb. 5.4. Box- and-whiskers-Plot für die CK-Werte am Beispiel der Herzinfarktstudie. Die Whiskers kennzeichnen das 5 %- bzw. 95 %-Quantil.

Die Box im Box-and-whiskers-Plot wird durch das 25 %- und das 75 %-Quantil (auch als 1. und 3. Quartil bezeichnet) begrenzt. In die Mitte des Kastens wird der Median eingezeichnet. An das obere und untere Ende des Kastens schließen sich die sogenannten Whiskers („Schnurrhaare") an, deren Länge allerdings nicht in gleicher Weise standar-disiert ist wie der Kasten selbst. Üblicherweise werden die Whiskers bis zum 10 %- (90 %-) Quantil (auch als 10tes bzw. 90stes Perzentil bezeichnet) oder bis zum 5 %- (95 %-) Quantil gezeichnet. Sinnvoll ist es, jedoch ebenfalls nicht einheitlich verwendet, die außerhalb dieses Bereiches liegenden Extremwerte als separate Punkte in die graphische Darstellung aufzunehmen (Abbildung 5.4, Whiskers bis 5 % bzw. 95 %-Quantil). Ver-knüpft man schließlich die Darstellung des Box-and-whiskers-Plot mit der Darstellung aller Einzelpunkte, was allerdings nur für Stichprobenumfänge bis maximal 100 noch ausreichend übersichtlich ist, so erhält man auf einen Blick eine hervorragende Information über die gesamte Stichprobe.

5.6   Histogramm

Eine gute graphische Darstellung im Hinblick auf die Symmetrie der empirischen Verteilungsfunktion ist das Histogramm. Es liefert daher wichtige Informationen zur Sinnhaftigkeit der Anwendung statistischer Verfahren. Die Beobachtungen in einem Datensatz werden hierbei in Klassen zusammengefaßt. Für die Breite der Klassen und für die Wahl der Klassengrenzen gibt es grobe Empfehlungen. Die Anzahl der Klassen sollte zwischen 5 und 20 liegen (z. B. kann die Anzahl Klassen etwa durch $\sqrt{n}$ festgelegt werden). Viel wichtiger als solche Festlegungen ist jedoch, wie überall in der Biometrie, die inhaltliche Angemessenheit, was insbesondere für die Wahl der Klassengrenzen gilt.
Man sollte sich vergegenwärtigen, daß der Sinn der Deskription, insbesondere der graphischen Darstellung, in einer Erleichterung der Kommunikation liegt. Es ist deshalb eben kaum sinnvoll, die Altersverteilung einer Stichprobe mit Hilfe von 7.74 Jahre breiten Klassen zu beschreiben (was die „$\sqrt{n}$-Regel" für $n = 60$ ergibt), sondern 5- bzw. 10-Jahresklassen zu verwenden.

Nr. der Klasse	Intervall	Häufigkeit h_i [Anzahl]	relative Häufigkeit r_i [%]
1	[0, 100)	2	4.4
2	[100, 200)	23	51.1
3	[200, 300)	18	40.0
4	[300, 400)	0	0.0
5	[400, 500)	2	4.4
	Σ	45	100

Tabelle 5.2. Klassierung der CK-Werte mit Klassenbreite 100.

Die beobachteten CK-Werte können sinnvoll in Klassen mit einer Breite von 100 U/l zusammengefaßt werden. Die Klassierung für eine Einteilung in 5 Klassen sowie die absoluten und relativen Häufigkeiten innerhalb einer Klasse zeigt die Tabelle 5.2. Die eckige Klammer „[" bedeutet dabei, daß der Anfangswert zum jeweiligen Intervall gezählt wird, die runde Klammer „)", daß der angegebene Endwert nicht zum Intervall gehört. Die Anzahl Werte in der Klasse i bezeichnen wir mit h_i. Der Quotient aus h_i in der Klasse i zu insgesamt n Beobachtungen heißt relative Häufigkeit r_i in der Klasse i: $h_i/2$. Die relativen Häufigkeiten liegen zwischen 0 und 1, oft werden sie mit 100 multipliziert und in Prozent angegeben.

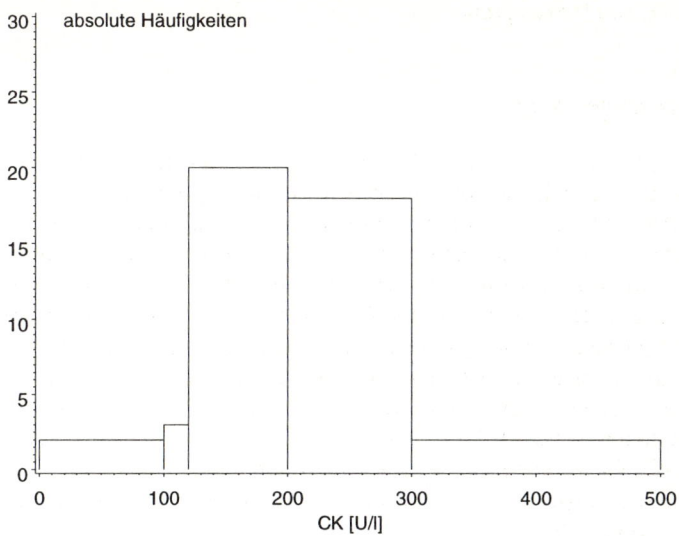

Abb. 5.5. Graphische Darstellung der klassierten CK-Werte als Balkendiagramm. Dadurch falsches Verhältnis der Flächen (und z. B. unzutreffender Eindruck von Bedeutung der rechten Klasse).

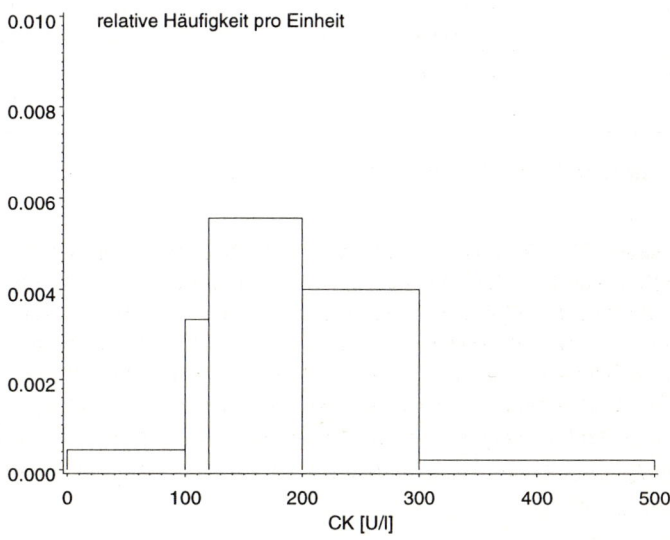

Abb. 5.6. Graphische Darstellung der klassierten CK-Werte als Histogramm.

Der Tabelle ist zu entnehmen, daß die 2. Klasse [100, 200) die am stärksten besetzte Klasse ist (h_2 = 23) und daß die 4. Klasse [300, 400) keine Beobachtungen enthält (h_4 = 0). Die so klassierten Daten können in einem *Histogramm* dargestellt werden, in dem die Flächen der Rechtecke proportional zu den relativen Häufigkeiten in den Klassen sind.

Bei gleicher Klassenbreite können die Höhen der Rechtecke als Klassenhäufigkeiten gewählt werden. In einem Histogramm müssen die Klassenbreiten jedoch nicht gleich sein. Man kann z. B. nicht oder schwach besetzte Klassen zusammenfassen und stark besetzte Klassen teilen. Teilt man etwa die 2. Klasse aus Tabelle 5.2 in zwei Klassen [100, 120) (Anzahl Werte in der Klasse: 3, aus Tabelle 5.1) und [120, 200) (20 Werte) und vereinigt Klasse 4 und 5 zu einer Klasse [300, 500) (2 Werte), so erhält man eine Klassierung mit *variabler* Klassenbreite. Zeichnet man nun die Anzahl Werte in einer Klasse als Höhen der Rechtecke (Abbildung 5.5), so sind die Flächen der Rechtecke nicht mehr proportional zu den Häufigkeiten. Um die richtigen Relationen wiederherzustellen, muß die Höhe jeder Klasse durch die Breite dieser Klasse geteilt werden. Normiert man die Gesamtfläche der 5 Klassen auf 1, so ist die Fläche gerade die relative Häufigkeit der Klasse *i* (Abbildung 5.6).

Bei Histogrammen ist die Fläche - die ,,Dichte" - der Klasse das Maß für den Anteil, die Höhe der einzelnen Rechtecke ist für die Beurteilung nicht von Bedeutung (diese hängen z. B. von der Maßeinheit der x-Skala ab). Nur bei durchgehend gleichen Klassenbreiten entspricht das Verhältnis der Höhen dem Verhältnis der Flächen.

5.7   Weitere graphische Darstellungen

Dem Einfallsreichtum bei der Entwicklung weiterer graphischer Darstellungsmöglichkeiten waren und sind keine Grenzen gesetzt. Dies beginnt bei Kuchendiagrammen (Piecharts) und endet noch lange nicht bei sogenannten Chernoff-Gesichtern, deren Konturen und Ausdruck Informationen über den Datensatz liefern. Eine detaillierte Darstellung kann hier nicht erfolgen. Graphiken halten nicht immer, was sie versprechen. Der Übergang von einer Tabelle auf eine graphische Darstellung geschieht häufig, um dem Konsumenten bestimmte Sachverhalte deutlicher ,,vor Augen zu führen". Diese Absicht sollte grundsätzlich zu einem aufmerksamen Studium von graphischen Darstellungen Anlaß geben. Die folgenden Beispiele sollen nur einen kurzen Einblick geben. Von ,,Manipulation" zu sprechen ist dabei übrigens kaum angemessen, da die Abbildungen (z. B. durch die Beschriftung der Skalen) immer alle Informationen für eine an den tatsächlichen Verhältnissen orientierte Beurteilung enthalten. Der optische Eindruck ist jedoch entscheidend!

Beispiel 1: Veränderung des Maßstabs der y-Achse (Abbildungen 5.7 und 5.8)
Beide Abbildungen beschreiben den gleichen Sachverhalt, nämlich den Rückgang der
Sterbefälle an Tuberkulose im Laufe der Zeit (nach [Bland]). Der Hersteller einer Therapie,
die ab dem Jahr 1940 zur Verfügung gestanden hat, wird aber sicher zur Unterstreichung
seiner Werbung Abbildung 5.8 verwenden.

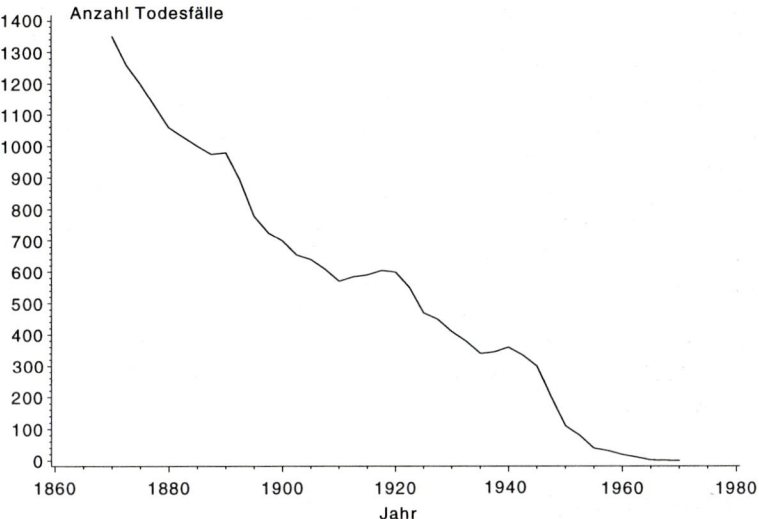

Abb. 5.7. Anzahl Todesfälle an Tuberkulose in England und Wales. Die y-Achse hat eine
dezimale Skala.

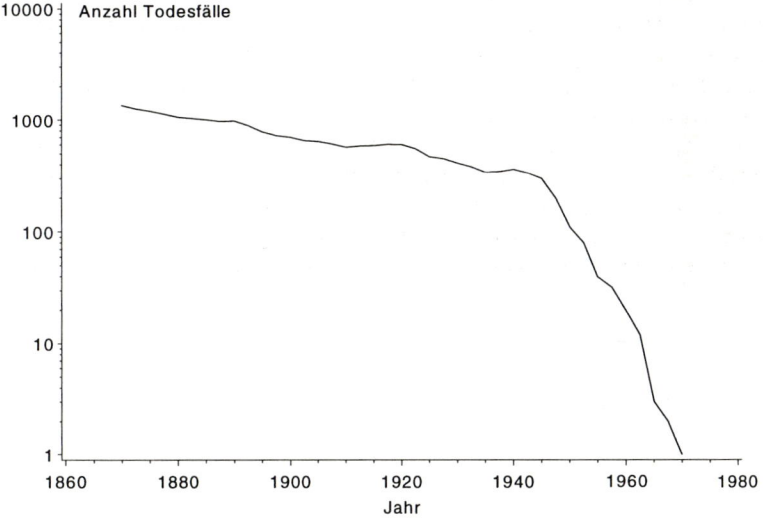

Abb. 5.8. Anzahl Todesfälle an Tuberkulose in England und Wales. Die y-Achse hat eine
logarithmische Skala.

Beispiel 2: Veränderung des Maßstabs der x- und y-Achse (Abbildungen 5.9 und 5.10)
Auch hier sind die tatsächlichen Verhältnisse durch die Zahlenangaben korrekt wiedergegeben. Durch Streckung der x- und y-Skala wird jedoch ein anderer optischer Eindruck
vermittelt.

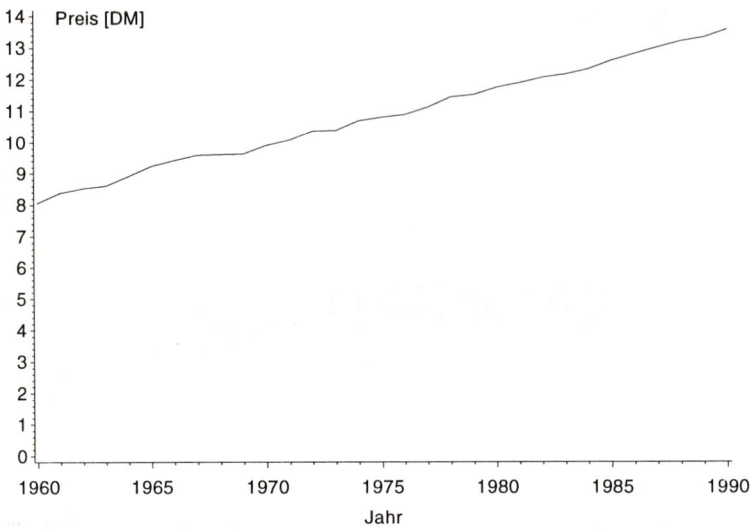

Abb. 5.9. Preisentwicklung eines Medikaments.

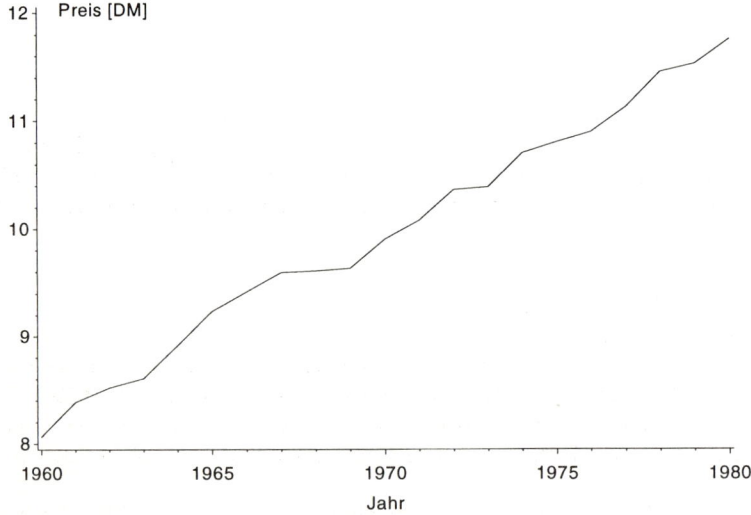

Abb. 5.10. Preisentwicklung eines Medikaments.

Beispiel 3: Änderung der Dimension (Abbildung 5.11)
Das Verhältnis der Höhen entspricht den tatsächlichen Zahlenverhältnissen (1:2:4). Die
dargestellten – und wegen des Bezugs zum Alltag auch gut vorstellbaren – Flächen zeigen
dagegen ein Verhältnis von 1:4:16. Bei der Verwendung von dreidimensionalen Objekten
(Kugeln, Kästen und alle anderen Gegenstände des täglichen Lebens) werden die Unterschiede noch stärker betont.

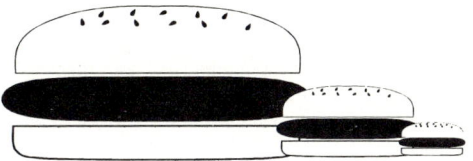

Abb. 5.11. Illustration einer optischen Verstärkung von Unterschieden beim Übergang von
einer eindimensionalen auf eine zweidimensionale Darstellung.

5.8   Lagemaße

Neben der Angabe der gesamten empirischen Verteilung einer Stichprobe ist es meist
sinnvoll, die vorliegende Information in wenigen Werten zu aggregieren. Hierzu werden
Lagemaße und *Streuungsmaße* verwendet. Mit einem Lagemaß wird die Position der
empirischen Verteilung auf der Merkmalsskala durch einen einzigen Wert beschrieben.
Die drei gebräuchlichsten Lagemaße sind:
• Modus
• Empirischer Median
• Arithmetischer Mittelwert
Der *Modus* beschreibt den am häufigsten vorkommenden Wert (die häufigste Ausprägung)
in der Stichprobe. Im Beispiel der Herzinfarktstudie ist dies der CK-Wert 191. Er tritt in
der Stichprobe dreimal auf (siehe Abbildung 5.2 und Tabelle 5.1). Dieser Wert ist für
stetige Merkmale in der Praxis meist wenig informativ und wird deshalb auch nur selten
verwendet.
Der *empirische Median* $\tilde{x}$ (sprich: x Schlange) beschreibt die ,,Mitte'' der sortierten
Stichprobe, d. h., sein Wert teilt die Stichprobe in zwei Hälften. Er entspricht im Prinzip
dem 50 %-Quantil (siehe Kapitel 5.4), er muß allerdings im Gegensatz zu den Quantilen
kein Wert der Stichprobe sein. Hierdurch wird erreicht, daß links und rechts des Medians

immer gleich viele Werte der Stichprobe liegen. Der Median ist für ungeraden und geraden Stichprobenumfang unterschiedlich festgelegt:

$$\tilde{x} = x_{(\frac{n+1}{2})} \qquad\qquad \text{für ungerades } n$$

$$\tilde{x} = \frac{1}{2}\left(x_{(\frac{n}{2})} + x_{(\frac{n+2}{2})}\right) \qquad \text{für gerades } n.$$

Der Median für die CK-Werte beträgt also (siehe Tabelle 5.1, Spalte Rangliste)

$$\tilde{x} = x_{(\frac{45+1}{2})} = x_{(23)} = 193.$$

Der *arithmetische Mittelwert* $\bar{x}$ (sprich: x quer) ist das gebräuchlichste Lagemaß für quantitative Merkmale:

$$\bar{x} = \frac{1}{n}\sum_{i=1}^{n} x_i \ .$$

Der große griechische Buchstabe Σ (sprich: sigma) bezeichnet die Summe $x_1 + x_2 + \ldots + x_n$. Die Grenzen für den ,,Laufindex'' i stehen unten ($i=1$) bzw. oben (n) am Buchstaben. Häufig ist klar, über welche Werte summiert werden soll, so daß auf die Indizierung am Summenzeichen verzichtet wird.

Der Mittelwert $\bar{x}$ der CK-Werte beträgt

$$\bar{x} = \frac{1}{45}\,(189 + 147 + 288 + \ldots + 272 + 168 + 294)$$

$$= \frac{1}{45}\cdot 9228 = 205.07.$$

5.9   Median oder Mittelwert?

Median und Mittelwert haben unterschiedliche Eigenschaften:
*   Der Median wird meist von Ausreißern weniger stark bzw. gar nicht beeinflußt. Zum Beispiel ist der Median der beiden Stichproben in Tabelle 5.3 gleich (40).
    Dies ist jedoch kein Qualitätskriterium, sondern eine Eigenschaft! Sie bedeutet einerseits, daß der Median von Ausreißern weniger ,,gestört'' wird, andererseits jedoch, daß auf Ausreißer weniger deutlich aufmerksam gemacht werden kann. Da bei jeder Anwendung ohnehin über Extremwerte gesondert nachgedacht werden muß und ihre Auswirkungen berücksichtigt werden müssen, ist diese Eigenschaft nicht von erheblicher Relevanz. Entweder führen solche Abwägungen zu dem Ergebnis, daß der Extremwert

ein plausibler Wert der Stichprobe ist, dann ist der Mittelwert unter Einbeziehung des Extremwertes eine sinnvolle Deskription. Oder die Überlegungen führen zu dem Ergebnis, daß der Extremwert unplausibel ist (Begründung erforderlich), dann kann der Mittelwert auch ohne diesen Extremwert berechnet werden.

1.	10	20	30	**40**	50	60	70
2.	10	20	30	**40**	50	1000	1650

Tabelle 5.3. Gleicher Median für Stichprobe 1 und 2 (der Mittelwert ist im ersten Fall 40, im zweiten Fall 400).

- Für schiefe Verteilungen ist der Median besser interpretierbar als der Mittelwert. Viele biologische Merkmale, z. B. Laborwerte, weisen eine schiefe Verteilung auf. Würde man etwa in einem Krankenhaus die CK-Werte aller Patienten bestimmen, so würden die meisten dieser Werte zwischen 0 und 50, der Rest (Infarktpatienten eingeschlossen) zwischen 50 und 1000 liegen. Ohne daß hier Ausreißer im eigentlichen Sinne vorliegen, läßt ein Mittelwert von 200 - 300 überhaupt keine sinnvolle Interpretation zu. Ein Median, z. B. von 25, behält seine Interpretation: die Hälfte der Meßwerte ist kleiner, die andere Hälfte größer (oder gleich) 25. Meist lassen sich die asymmetrischen empirischen Verteilungen in eine besser der Symmetrie angenäherte Form transformieren. Dann ist der arithmetische Mittelwert (der transformierten Werte) wieder ein geeignetes Lagemaß.
- In den Fällen, in denen die in einer Untersuchung zeitlich aufeinanderfolgenden Beobachtungswerte eine natürliche (z. B. chronologische) Ordnung aufweisen, kann der Median bereits nach der Hälfte der Anzahl geplanter Beobachtungen bestimmt werden. Für die Berechnung des Mittelwertes sind dagegen alle Beobachtungen erforderlich (es wäre sogar falsch, ihn nach der Hälfte zu berechnen). Dies ist von Bedeutung, wenn z. B. die mediane Überlebenszeit einer Gruppe von Patienten bestimmt werden soll. Diese kann bereits angegeben werden, nachdem die Hälfte der Patienten verstorben ist (alle anderen Patienten also eine längere Überlebenszeit haben). Für die Berechnung der mittleren Überlebenszeit muß abgewartet werden, bis alle Patienten dieser Gruppe verstorben sind.

5.10 Streuungsmaße

Neben einem Maß für die Lage der empirischen Verteilung wird für deren Beschreibung ein Maß für die Variabilität benötigt. Der Abstand zwischen dem größten und dem kleinsten Wert, die Spannweite oder Range R ist ein solches:

$$R = x_{(n)} - x_{(1)}.$$

In dem Beispiel der CK-Werte der Herzinfarktpatienten (siehe Tabelle 5.1) erhalten wir:

$$R = 437 - 59 = 378.$$

Die Spannweite ist stark vom Stichprobenumfang abhängig, im Gegensatz zum Quartils-Abstand

$$D = x_{0.75} - x_{0.25} \, ,$$

in unserem Beispiel

$$D = x_{(34)} - x_{(12)} = 248 - 168 = 80.$$

Beide Maße beschreiben die Variabilität innerhalb der beobachteten Stichprobe, wobei die Spannweite ebenso wie der bereits genannte Modus als Lagemaß nur eingeschränkte praktische Bedeutung besitzt.

Weitere sinnvolle Maße zur Beschreibung der Variabilität innerhalb der Stichprobe gehen vom Abstand jedes einzelnen Beobachtungswertes vom arithmetischen Mittelwert $\bar{x}$ aus. Es werden also die Differenzen $x_i - \bar{x}$ betrachtet. Der Mittelwert hat die Eigenschaft, daß die Summierung der Abweichungsdifferenzen

$$\sum (x_i - \bar{x})$$

Null ergibt, da sich positive und negative Abweichungen aufheben.

Da Variabilität sich sowohl in positiven wie negativen Abweichungen ausdrückt, muß sichergestellt sein, daß beide Vorzeichen zu der Summe beitragen. Dies könnte z. B. durch die Summierung der Absolutbeträge der Differenzen erreicht werden. Meist wird in der Statistik jedoch die Quadratfunktion verwendet, die ebenfalls zu ausschließlich positiven Werten führt. Die Summe der Abweichungsquadrate wird üblicherweise mit „SS" (Sum of Squares) bezeichnet. Sums of Squares werden in der Statistik häufig verwendet. Zur weiteren Kennzeichnung wird zusätzlich ein Index, in unserem Fall ein x, benutzt. SS_x bezeichnet also die Summe der Abweichungsquadrate der x-Werte vom Mittelwert $\bar{x}$:

$$SS_x = \sum (x_i - \bar{x})^2 .$$

SS_x hängt vom Stichprobenumfang ab. Es ist daher sinnvoll, analog zum arithmetischen Mittelwert die mittlere quadratische Abweichung als Streuungsmaß zu verwenden. Diese wird als *empirische Varianz* bezeichnet:

$$s^2 = \frac{1}{n-1} \cdot \sum (x_i - \bar{x})^2 .$$

Die Begründung, warum zur Ermittlung der mittleren quadratischen Abweichung durch $n-1$ dividiert wird (und nicht durch n), wird in Kapitel 10.6 geliefert.

Als empirische Varianz für die CK-Werte aus dem Herzinfarktbeispiel erhalten wir (siehe auch Tabelle 6.1):

$$s^2 = \frac{1}{44} \cdot (\, (189 - 205.07)^2 + (147 - 205.07)^2 + \ldots$$

$$+ (168 - 205.07)^2 + (294 - 205.07)^2)$$

$$= \frac{1}{44} \cdot (\, (\,-16.07)^2 + 58.07^{\,2} + \ldots + (-37.07)^2 + 88.93^{\,2})$$

$$= \frac{1}{44} \cdot (258.14 + 3371.74 + \ldots + 1373.94 + 7909.14\,)$$

$$= \frac{1}{44} \cdot 241558.80$$

$$= 5489.97.$$

Um zu vermeiden, daß für die Bestimmung der empirischen Varianz zunächst die Summe der Abweichungsquadrate berechnet werden muß, kann eine Rechenformel verwendet werden, die in einem Schritt die Berechnung der empirischen Varianz erlaubt:

$$s^2 = \frac{1}{n-1} \sum (x_i - \bar{x})^2$$

$$= \frac{1}{n-1} \sum (x_i^2 - 2 \cdot x_i \cdot \bar{x} + \bar{x}^2)$$

$$= \frac{1}{n-1} \left(\sum x_i^2 - 2\bar{x} \cdot \sum x_i + \sum \bar{x}^2 \right)$$

$$= \frac{1}{n-1} \left(\sum x_i^2 - 2\,n\,\bar{x}^2 + n\,\bar{x}^2 \right)$$

$$= \frac{1}{n-1} \left(\sum x_i^2 - n\,\bar{x}^2 \right).$$

Die 4. ergibt sich aus der 3. Zeile, da

$$\sum x_i = n \cdot \bar{x}.$$

Der Mittelwert $\bar{x}$ ist derjenige Wert, der die Summe der Abweichungsquadrate SS_x minimiert. Die Festlegung eines Wertes durch die Forderung, daß dieser Wert die kleinste Summe der Abweichungsquadrate besitzt, wird in der Statistik vielfach verwendet. Wir werden darauf in Kapitel 6.1 wieder zurückkommen.
Da die Varianz eine andere Dimension als der Mittelwert hat (Quadrierung), wird in Zusammenhang mit dem Mittelwert in der Regel die empirische Standardabweichung angegeben, die sich als Wurzel aus der empirischen Varianz berechnet:

$$s = \sqrt{\frac{1}{n-1} \cdot \sum (x_i - \bar{x})^2}\,.$$

Für die CK-Werte erhalten wir:

$$s = \sqrt{5489.97} = 74.1.$$

In diesem univariaten Beispiel ist es klar, daß s die Standardabweichung von x bezeichnet. Zur Verdeutlichung wird häufig die Merkmalsbezeichnung als Index an der Standardabweichung verwendet, also in unserem Beispiel s_x für Standardabweichung von x.

Es ist allgemein üblich, Daten aus medizinischen Untersuchungen mit $\bar{x} \pm s$, häufig in Form einer Graphik, zu beschreiben. Dies ist nicht sinnvoll. Zum einen gibt es mit dem Box-and-whiskers-Plot eine Darstellungsmöglichkeit mit mehr Information. Zum anderen wird durch das Abtragen der Standardabweichung zu beiden Seiten des Mittelwertes eine Symmetrie der Stichprobe suggeriert, die häufig nicht besteht. In jedem Fall ist die Datenbeschreibung mit Hilfe des Box-and-whiskers-Plot vorzuziehen. Die Standardabweichung hat in der schließenden, nicht in der deskriptiven, Statistik eine herausragende Bedeutung.

Ein weiteres Streuungsmaß ist der *Standard-Error-of-the-Mean* (*SEM*). Der *SEM* ist eine Standardabweichung, nämlich die des Mittelwertes aus Stichproben mit jeweils n Beobachtungen. Bereits aus dieser Darstellung wird deutlich, daß der ,,Standardfehler des Mittelwertes" zur Datenbeschreibung einer einzelnen Stichprobe mit einem Mittelwert nicht sinnvoll ist. Da der *SEM* sich als

$$SEM = \frac{s}{\sqrt{n}}$$

berechnet, ist er immer kleiner als die empirische Standardabweichung s. Dies hat zweifellos zu seiner Attraktivität beigetragen. Der *SEM* ist bei der Konstruktion statistischer Tests und der Berechnung von Konfidenzintervallen (Kapitel 12) von Bedeutung, jedoch nicht bei der Darstellung einer Stichprobe.

6   Bivariate Datenbeschreibung

6.1 Einleitung

Zusätzlich zur Beschreibung eines Merkmals ist man sehr häufig an der Beschreibung von Zusammenhängen zwischen zwei Merkmalen interessiert: Im Beispiel der Herzinfarktstudie könnten die CK-Werte eines Patienten bei Einlieferung ins Krankenhaus mit der Zeit (sog. Latenzzeit) zwischen Auftreten der Infarktsymptomatik und Krankenhauseinlieferung zusammenhängen.

Der erste Schritt bei der Beschreibung zweier Merkmale ist die Darstellung der einzelnen Beobachtungen als *Punktwolke* oder *Scatter-Diagramm*. In Tabelle 6.1 ist zusätzlich zu den CK-Werten (Spalte 3) der 45 Patienten aus Tabelle 5.1 deren Zeit nach Infarkt (Spalte 2) dargestellt, zu dem der CK-Wert gemessen wurde. Das zugehörige Scatter-Diagramm zeigt Abbildung 6.1.

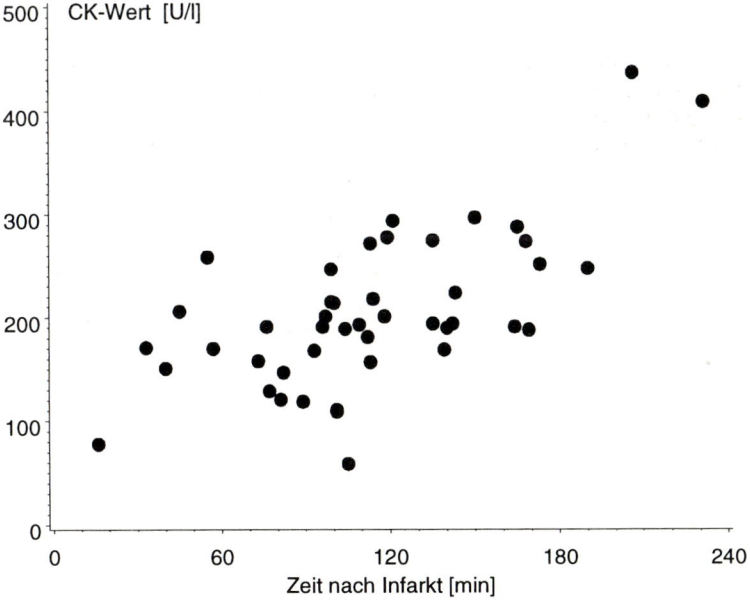

Abb. 6.1. Zeit und CK-Wert bei 45 Patienten nach Herzinfarkt.

Ähnlich wie bei der Beschreibung eines einzigen Merkmals gibt die graphische Darstellung eine gute Übersicht über die Daten. Neben der Identifikation von Extremwerten der einzelnen Meßwerte können zusätzlich unplausible Merkmalskombinationen erkannt werden. Ein CK-Wert von 400 U/l bei einer Zeit nach Infarkt von 15 Minuten würde in dieser Darstellung auffallen. Sieht man von der Möglichkeit eines stummen Infarktes ab, so wäre bei diesem Patienten vermutlich entweder der CK-Wert oder die Zeit nach Infarkt falsch angegeben. In der univariaten Darstellung würden beide Werte nicht auffallen.

6.2 Regression

Regressionsmethoden werden verwendet, um Werte eines Merkmals aus einem anderen Merkmal vorherzusagen. Diese Methoden werden im Kapitel 14 behandelt. Das Ergebnis der Berechnungen kann als Beschreibung der Lage der Wertekombinationen, im Beispiel der Herzinfarktstudie die der Kombination aus CK-Wert und Zeit nach Infarkt, aufgefaßt werden. In diesem Kapitel werden wir zur Beschreibung der Lage der Punktwolke eine Gerade verwenden. Eine Gerade ist ein mathematisches Modell. Sie legt eine Beziehung zwischen einer Variablen x und einer aus deren Wert abgeleiteten Variablen $y(x)$ fest.
Bereits im ersten Kapitel haben wir darauf hingewiesen, daß Modelle die Realität immer unvollkommen beschreiben. Ein gutes Modell zeichnet sich dadurch aus, daß es möglichst einfach und dennoch für praktische Anwendungen geeignet ist. Für viele medizinische Anwendungen hat sich das Modell der Geraden als hilfreich erwiesen.
Eine Gerade ist durch 2 Punkte eindeutig festgelegt. Meist wird sie mit Hilfe der Geradensteigung b_1 und dem Achsenabschnitt b_0 dargestellt:

$$y(x) = b_1 \cdot x + b_0.$$

Da es (unendlich) viele Möglichkeiten gibt, eine Gerade z. B. durch die in Abbildung 6.1 dargestellte Punktwolke zu legen, wird ein Kriterium für die Auswahl einer bestimmten Geraden benötigt. Ein solches Kriterium hatten wir bereits in Kapitel 5.9 eingeführt: Die Summe der Abweichungsquadrate (SS). In Kapitel 5.9 hatten wir auch bemerkt, daß der Mittelwert $\bar{x}$ einer Meßreihe $x_1,..., x_n$ die Summe der Abweichungsquadrate

$$SS_x = \Sigma(x_i - \bar{x})^2$$

minimiert. Anstelle der Meßwerte x_i treten nun die Meßwerte y_i und anstelle von $\bar{x}$ die durch die Gerade

$$y(x_i) = b_1 x_i + b_0$$

vorhergesagten Werte auf. Dies bedeutet, daß Werte b_1, b_0 zu finden sind, für die

$$SS_R = \Sigma(y_i - (b_1 x_i + b_0))^2$$

minimal ist. Die Gerade, die diese Bedingung erfüllt, heißt Regressionsgerade. Das Vorgehen ist in Abbildung 6.2 skizziert. Der Index R in SS_R soll die Summe der Abwei-

chungsquadrate von der Regressionsgeraden kennzeichnen. Die Lösung dieses Gleichungssystems ist in Kapitel 14.7 beschrieben.
Als Lösung erhält man für die Steigung b_1:

$$b_1 = \frac{\Sigma\,(y_i - \bar{y})\,(x_i - \bar{x})}{\Sigma\,(x_i - \bar{x})^2}.$$

Die Regressionsgerade verläuft immer durch den „Schwerpunkt" der Beobachtungen $(\bar{x}, \bar{y})$, so daß sich durch Einsetzen dieses Punktes sowie des errechneten b_1 in die Geradengleichung b_0 ermitteln läßt:

$$b_0 = \bar{y} - b_1 \cdot \bar{x}.$$

In unserem Beispiel erhalten wir

$$b_1 = 1.1 \quad \text{und} \quad b_2 = 84.4.$$

Tabelle 6.1 zeigt die einzelnen Rechenschritte. Die in Abbildung 6.2 eingezeichnete Gerade ist die damit berechnete Regressionsgerade.
Man kann statt der vertikalen quadratischen Abstände der Punkte zur Geraden auch andere Abstände minimieren, z. B. die horizontalen oder diejenigen, bei denen von den Punkten aus ein Lot senkrecht auf die Gerade gefällt wird. Verschiedene Minimierungsregeln haben im allgemeinen unterschiedliche Geraden zur Folge. Wir verzichten auf eine Diskussion des Für und Wider einer speziellen Regel, da die Ergebnisse bei praktischen Anwendungen meist zu ähnlichen Geraden führen.
Die Regressionsgerade minimiert die Summe der Abweichungsquadrate SS_R von dem „Lagemaß" der Punktwolke, der Regressionsgeraden. In Analogie zum Lagemaß Mittelwert für ein Merkmal kann SS_R zur Konstruktion eines Variabilitätsmaßes benutzt werden, um die Streuung um die Regressionsgerade anzugeben. Bei der univariaten Darstellung hatten wir die Varianz s^2 als mittlere Summe der Abweichungsquadrate $SS_x/(n-1)$ erhalten. In Analogie erhalten wir

$$s_R^2 = \frac{SS_R}{n-2} = \frac{1}{n-2} \cdot \sum (y_i - (b_1 x_i + b_0))^2$$

als mittlere quadratische Abweichung von der Regressionsgeraden. Auch hier dividieren wir nicht durch den Stichprobenumfang n, sondern durch $n-2$. In Kapitel 10.6 ist dies erläutert.

Pat. Nr. i	Zeit nach Infarkt x_i [min]	CK-Wert y_i [U/l]	$x_i - \bar{x}$	$(x_i - \bar{x})^2$	$y_i - \bar{y}$	$(y_i - \bar{y})^2$	$(x_i - \bar{x})(y_i - \bar{y})$
1	189	104	- 16.067	258.14	- 9.067	82.20	145.67
2	147	82	- 58.067	3371.74	- 31.067	965.14	1803.94
3	288	165	82.933	6877.94	51.933	2697.07	4307.00
4	121	81	- 84.067	7067.20	- 32.067	1028.27	2695.74
5	169	139	- 36.067	1300.80	25.933	672.54	- 935.33
6	151	40	- 54.067	2923.20	- 73.067	5338.74	3950.47
7	247	99	41.933	1758.40	- 14.067	197.87	- 589.86
8	158	73	- 47.067	2215.27	-4 0.067	1605.34	1885.80
9	201	97	- 4.067	16.54	- 16.067	258.14	65.34
10	274	168	68.933	4751.80	54.933	3017.67	3786.74
11	111	101	- 94.067	8848.54	- 12.067	145.60	1135.07
12	181	112	- 24.067	579.20	- 1.067	1.14	25.67
13	129	77	- 76.067	5786.14	- 36.067	1300.80	2743.47
14	191	76	- 14.067	197.87	- 37.067	1373.94	521.40
15	59	105	- 146.067	21335.47	- 8.067	65.07	1178.27
16	171	33	- 34.067	1160.54	- 80.067	6410.67	2727.60
17	193	109	- 12.067	145.60	- 4.067	16.54	49.07
18	191	96	- 14.067	197.87	- 17.067	291.27	240.07
19	275	135	69.933	4890.67	21.933	481.07	1533.87
20	248	190	42.933	1843.27	76.933	5918.74	3303.00
21	201	118	- 4.067	16.54	4.933	24.34	- 20.06
22	109	101	- 96.067	9228.80	- 12.067	145.60	1159.20
23	437	206	231.933	53793.07	92.933	8636.60	21554.34
24	191	164	- 14.067	197.87	50.933	2594.20	- 716.46
25	188	169	- 17.067	291.27	55.933	3128.54	- 954.60
26	194	135	- 11.067	122.47	21.933	481.07	- 242.73
27	278	119	72.933	5319.27	5.933	35.20	432.74
28	190	140	- 15.067	227.00	26.933	725.40	- 405.80
29	252	173	46.933	2202.74	59.933	3592.00	2812.87
30	218	114	12.933	167.27	0.933	0.87	12.07
31	157	113	- 48.067	2310.40	- 0.067	0.00	3.20
32	78	16	- 127.067	16145.94	- 97.067	9421.94	12333.94
33	194	142	-11.067	122.47	28.933	837.14	- 320.20
34	224	143	18.933	358.47	29.933	896.00	566.74
35	214	100	8.933	79.80	-13.067	170.74	- 116.73
36	259	55	53.933	2908.80	- 58.067	3371.74	- 3131.73
37	170	57	- 35.067	1229.67	- 56.067	3143.47	1966.07
38	206	45	0.933	0.87	- 68.067	4633.07	- 63.53
39	409	231	203.933	41588.80	117.933	13908.27	24050.54
40	297	150	91.933	8451.74	36.933	1364.07	3395.40
41	215	99	9.933	98.67	- 14.067	197.87	- 139.73
42	119	89	- 86.067	7407.47	- 24.067	579.20	2071.34
43	272	113	66.933	4480.07	- 0.067	0.00	- 4.46
44	168	93	- 37.067	1373.94	- 20.067	402.67	743.80
45	294	121	88.933	7909.14	7.933	62.94	705.54
Σ				241558.80		90220.80	96264.80

Tabelle 6.1. Rechentabelle zur Bestimmung der Regressionsgeraden. Zeit nach Infarkt (x_i) und Kreatinkinase (y_i) für 45 Patienten nach Herzinfarkt.

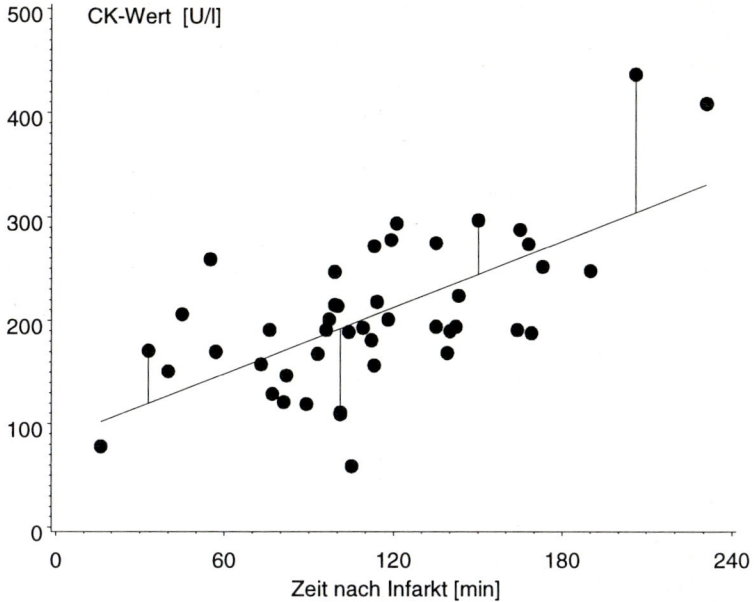

Abb. 6.2. Regressionsgerade zwischen Zeit nach Infarkt und CK-Wert bei 45 Patienten nach Herzinfarkt.

Ebenso wie im univariaten Fall wird

$$\sqrt{s_R^2} = s_R$$

als Streuungsmaß eingesetzt.

Es muß noch einmal betont werden, daß die Regressionsgerade hier nur zur Beschreibung der Punktwolke dient. Insbesondere ist daher auf folgendes hinzuweisen:

- Die Regressionsgerade beweist keinen linearen Zusammenhang. Die Bestimmung einer Regressionsgeraden ist immer möglich.

- Die Regressionsgerade gibt keinen Hinweis darauf, ob die y-Werte von den x-Werten kausal abhängen.

6.3 Residuen

In Abbildung 6.2 sind die Abstände einzelner Punkte zur Regressionsgeraden eingezeichnet. Für den i-ten Punkt (dessen Koordinaten x_i und y_i sind) beträgt dieser Abstand:

$$res_i = y_i - (b_1 x_i + b_0)$$

Ein solcher Abstand res_i heißt Residuum. Die Betrachtung der Residuen in Residuenplots läßt die Güte der Anpassung der y-Werte durch die Gerade erkennen. In Abbildung 6.3 sind die Residuen für das Beispiel der Patienten nach Herzinfarkt zusammen mit der Zeit nach Infarkt dargestellt. Es ist zu erkennen, daß die Werte um den Wert 0 auf der Ordinate recht gleichmäßig verteilt sind. Insbesondere nimmt die Streuung der Residuen mit wachsenden Werten der Zeit nach Infarkt nicht zu.
Ein weiterer Residuenplot entsteht, wenn wir auf der x-Achse die CK-Werte auftragen. Ausführlich wird auf Residuen in Kapitel 14.3 eingegangen.

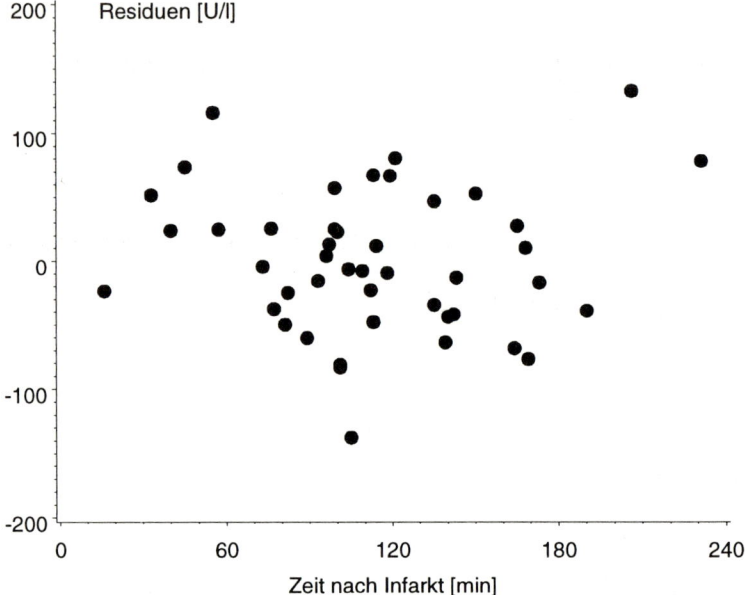

Abb. 6.3. Residuenplot für das Beispiel der Patienten nach Herzinfarkt.

6.4 Korrelation

Die Summe der Abweichungsquadrate von der Regressionsgeraden SS_R muß immer kleiner oder gleich sein der Summe der Abweichungsquadrate vom Mittelwert $\bar{y}$, da der Mittelwert eine spezielle Gerade $y(x) = \bar{y}$ darstellt. SS_R muß daher zwischen

$$SS_y = \sum (y_i - \bar{y})^2$$

und Null liegen. Der Anteil

$$r^2 = \frac{SS_y - SS_R}{SS_y}$$

ist also gerade der Anteil der Variabilität, der durch die Regressionsgerade erklärt wird. Dieser Ausdruck heißt lineares *Bestimmtheitsmaß*. Der Wert von r^2 muß zwischen 0 und 1 liegen. Die Wurzel aus r^2 (mit dem Vorzeichen des Regressionskoeffizienten b_1) ist der Korrelationskoeffizient $r = \sqrt{r^2}$, auch Pearsons-Korrelationskoeffizient genannt. Die Berechnung des Korrelationskoeffizienten geschieht üblicherweise nach folgender Formel:

$$r = \frac{\Sigma(y_i - \overline{y})\,(x_i - \overline{x})}{\sqrt{\Sigma(x_i - \overline{x})^2\,\Sigma(y_i - \overline{y})^2}}$$

Der Ausdruck im Zähler des Bruches, dividiert durch $n - 1$, heißt Kovarianz von x und y und wird häufig mit s_{xy} bezeichnet:

$$s_{xy} = \frac{1}{n-1}\sum (y_i - \overline{y})\,(x_i - \overline{x}).$$

Die Gleichheit der beiden Berechnungsarten für r^2 erhält man, indem man beachtet, daß

$$SS_y - SS_R = \sum ((b_1 x_i + b_0) - \overline{y})^2$$

und

$$b_1 x_i + b_0 - \overline{y} = b_1 x_i + \overline{y} - b_1 \overline{x} = b_1\,(x_i - \overline{x})$$

gilt. Damit erhält man:

$$r^2 = \frac{b_1^2 \cdot \Sigma(x_i - \overline{x})^2}{\Sigma(y_i - \overline{y})^2}$$

und durch Einsetzen von b_1 schließlich die Gleichheit.

Entsprechend dem Wertebereich von r^2 liegt der Wertebereich des Korrelationskoeffizienten zwischen -1 und 1. Der Korrelationskoeffizient ist ein Maß für die Güte der Anpassung der Regressionsgeraden an die Beobachtungen. Seine quantitative Bedeutung ist leicht einzusehen, wenn man ihn mit der Formel der Reduktion der Variabilität interpretiert.

Der Korrelationskoeffizient kann mit den in Tabelle 6.1 für das Beispiel der Patienten nach Herzinfarkt gegebenen Werten bestimmt werden. Wir erhalten:

$$r = \frac{96264.80}{\sqrt{241558.80 \cdot 90220.80}} = 0.652$$

Ein Anteil von 0.42 (0.65^2) der empirischen Varianz der CK-Werte wird also dadurch erklärt, daß die Patienten zu unterschiedlichen Zeitpunkten nach Infarktbeginn im Krankenhaus aufgenommen wurden.

- ■ Wird die Variabilität der abhängigen Variablen durch die Anpassung der Regressionsgeraden nicht oder nur wenig verändert, so ergibt sich ein r^2 von nahe 0. Dies bedeutet, daß der Zusammenhang zwischen X und Y durch die lineare Regression nur unzureichend beschrieben wird.

- ■ Ist dagegen r^2 gleich oder nahe 1, so entsteht die beobachtete Variabilität des Merkmals Y durch dessen linearen Zusammenhang mit dem Merkmal X.

Statt des Korrelationskoeffizienten nach Pearson kann auch der Rang-Korrelationskoeffizient nach Spearman berechnet werden. Dessen Berechnung erfolgt in analoger Weise, jedoch nicht mit den Meßwerten, sondern mit den Rangzahlen (siehe Kapitel 5.1). Hierzu werden die Ranglisten $x_{(1)}, x_{(2)}, ..., x_{(n)}$ und $y_{(1)}, y_{(2)}, ..., y_{(n)}$ sowohl für die x-Werte (im Beispiel die Zeit nach Infarkt) als auch die y-Werte (im Beispiel die CK-Werte) gebildet. Für jeden Patienten i wird dessen Rangwert i_x in der Rangliste der x-Werte und der Rangwert i_y in der Rangliste der y-Werte bestimmt und die Differenz $d_i = i_x - i_y$ berechnet. Hängen die x- und y-Werte stark voneinander ab, so wird der Rangwert eines Patienten in der x-Reihe etwa dem in der y-Reihe entsprechen, d_i wird also nahe bei Null sein. Mit Hilfe dieser Differenzen erfolgt die Bestimmung des Rang-Korrelationskoeffizienten r_R nach der Formel

$$r_R = 1 - \frac{6 \cdot \Sigma \, d_i^2}{n \, (n^2 - 1)}$$

Der Rang-Korrelationskoeffizient kann ebenfalls Werte zwischen -1 und +1 annehmen und ist in gleicher Weise zu interpretieren wie der lineare Korrelationskoeffizient. Er wird insbesondere bei Scores benutzt.

Der Korrelationskoeffizient ist eines der am häufigsten verwendeten Maße in der Medizin und gleichzeitig eines der am meisten mißbrauchten. Es soll auf folgende Punkte hingewiesen werden:

- Der Korrelationskoeffizient liefert, genauso wie die Regressionsgerade, keine Aussage über einen kausalen Zusammenhang.

- Der Wert des Korrelationskoeffizienten hängt sehr stark von Extremwerten ab. Berücksichtigt man etwa im Beispiel der 45 Patienten nach Herzinfarkt die beiden Patienten mit den höchsten CK-Werten nicht, so beträgt der Korrelationskoeffizient nur noch $r = 0.499$.

- **Der Korrelationskoeffizient ist kein Maß für Übereinstimmung**. Seine – sehr häufige – Verwendung beim Vergleich zweier Meßverfahren ist daher in aller Regel unangebracht. Ein Korrelationskoeffizient von nahe 1 wird auch dann erreicht, wenn

z. B. bei dem Vergleich zweier Verfahren zur Blutzuckermessung das eine Verfahren doppelt so hohe Werte liefert wie das andere. In Kapitel 15 wird hierauf ausführlicher eingegangen.

- Scheinkorrelation - zwei Gruppen
  Die gemeinsame Betrachtung zweier sehr unterschiedlicher Gruppen kann zu einer hohen Korrelation zwischen Merkmalen führen, obwohl innerhalb jeder Gruppe nur eine geringe oder gar keine Korrelation zwischen den Merkmalen besteht. Eine solche *Scheinkorrelation* wird z. B. bereits durch das obige Weglassen der beiden Extremwerte deutlich. Würde man stattdessen zu den hier untersuchten Patienten ein zweites Patientenkollektiv hinzufügen, deren CK-Werte z. B. erst nach 12 - 24 Stunden gemessen wurden, so könnte sich bei Berechnung eines gemeinsamen Korrelationskoeffizienten leicht ein Wert von mehr als 0.8 ergeben.

6.5 Qualitative Merkmale

Eine vollständige Darstellung zweier qualitativer Merkmale liefert eine Kontingenztafel. Die allgemeine Form einer $r \times c$-Kontingenztafel besteht aus r (engl.: row) Zeilen und c (engl.: column) Spalten. Diese entstehen dadurch, daß das eine qualitative Merkmal Y c Ausprägungen hat, bezeichnet mit $y_1, ..., y_c$, und das andere Merkmal X r Ausprägungen, bezeichnet mit $x_1, ..., x_r$. Hierdurch entstehen insgesamt $r \times c$ (innere) Zellen. Eine solche allgemeine $r \times c$-Kontingenztafel zeigt Tabelle 6.2.

Eine Zelle (i,j) ist durch den Schnittpunkt der i-ten Zeile mit der j-ten Spalte festgelegt. In der Zelle steht die Zellhäufigkeit n_{ij}. Die Zellhäufigkeit n_{ij} ist die Anzahl Individuen in der Stichprobe mit den Merkmalsausprägungen x_i und y_j für die Merkmale X bzw. Y. Die Summen für die Zeilen- und Spaltenkategorien sind am rechten bzw. unteren Ende der Tabelle eingetragen. Spalten- und Zeilensummen werden auch marginale (oder Rand-) Häufigkeiten genannt. Die Summe aller Häufigkeiten ist in der rechten unteren Ecke der Tabelle eingetragen.

In Tabelle 6.2 werden die Summen- und Spaltenhäufigkeiten mit der Index-Punkt-Notation bezeichnet. Der Punkt (.) gibt den Index an, über den summiert wurde. Es ist also:

$$n_{i.} = \sum_{u=1}^{c} n_{iu} \qquad \text{und}$$

$$n_{.j} = \sum_{v=1}^{r} n_{vj} \; .$$

Die Gesamtsumme ist demnach gegeben durch:

$$n_{..} = \sum_{v=1}^{r} \sum_{u=1}^{c} n_{vu} \; .$$

Merkmal X		Merkmal Y			Σ
	y_1	$\cdot$ $\cdot$	y_j	$\cdot$ $\cdot$	y_c
x_1	n_{11}	$\cdot$ $\cdot$	n_{1j}	$\cdot$ $\cdot$	n_{1c}	$n_{1.}$
$\cdot$	$\cdot$		$\cdot$		$\cdot$	$\cdot$
$\cdot$	$\cdot$		$\cdot$		$\cdot$	$\cdot$
x_i	n_{i1}	$\cdot$ $\cdot$	n_{ij}	$\cdot$ $\cdot$	n_{ic}	$n_{i.}$
$\cdot$	$\cdot$		$\cdot$		$\cdot$	$\cdot$
$\cdot$	$\cdot$		$\cdot$		$\cdot$	$\cdot$
x_r	n_{r1}	$\cdot$ $\cdot$	n_{rj}	$\cdot$ $\cdot$	n_{rc}	$n_{r.}$
Σ	$n_{.1}$		$n_{.j}$		$n_{.c}$	$n_{..}$

Tabelle 6.2. Allgemeine $r \times c$-Kontingenztafel mit Randhäufigkeiten.

Neben den absoluten Häufigkeiten n_{ij} ist es üblich, in einer Kontingenztafel relative Häufigkeiten mit anzugeben. Wird die absolute Zellhäufigkeit durch die Gesamthäufigkeit $n_{..}$ dividiert, so erhalten wir die relativen Zellhäufigkeiten r_{ij}:

$$r_{ij} = \frac{n_{ij}}{n_{..}} \, .$$

Die Summe der relativen Häufigkeiten ist 1:

$$\sum_{v=1}^{r} \sum_{u=1}^{c} r_{ij} = 1 \, .$$

Neben den relativen Häufigkeiten ist es sinnvoll, Spalten- oder Reihenanteile (column percent, row percent) anzugeben. Bei den Spaltenanteilen s_j wird eine Zellhäufigkeit n_{ij} durch die Spaltensumme $n_{.j}$ dividiert:

$$s_j = \frac{n_{ij}}{n_{.j}} \, .$$

Entsprechend erhält man Zeilenanteile z_i: Die Zellhäufigkeit n_{ij} wird durch die Zeilensumme $n_{i.}$ dividiert:

$$z_i = \frac{n_{ij}}{n_{i.}} \, .$$

	TIMI-Grad				
Tod	0	1	2	3	Σ
ja	3	1	3	13	20
(%)	(15.0)	(8.3)	(5.5)	(3.4)	(4.3)
nein	17	11	52	368	448
(%)	(85.0)	(91.7)	(94.5)	(96.6)	(95.7)
Σ	20	12	55	381	468

Tabelle 6.3. 4×2-Kontingenztafel mit Spaltenprozenten für die Merkmale TIMI-Grad und Tod von Patienten einer Herzinfarktstudie während des Krankenhausaufenthalts.

		Y		
		+	-	
X	+	a	b	$a + b$
	−	c	d	$c + d$
		$a + c$	$b + d$	$a + b + c + d$

Tabelle 6.4. Vier-Felder-Tafel mit Zeilen- und Spaltensummen zur Darstellung zweier binärer Merkmale.

		ausreichende Perfusion		
		nein	ja	
Tod	ja	4	16	20
	nein	28	420	448
		32	436	468

Tabelle 6.5. Vier-Felder-Tafel mit Zeilen- und Spaltenhäufigkeiten für das Beispiel aus Tabelle 6.3. Die TIMI-Grade 0 und 1 sowie 2 und 3 wurden zu jeweils einer Ausprägung des Merkmals *ausreichende Perfusion* zusammengefaßt.

Sowohl Spalten- als auch Zeilenanteile werden meist in Prozent angegeben. In Tabelle 6.3 ist eine 4×2-Kontingenztafel mit Spaltenanteilen (in Prozent) dargestellt. Die Daten wurden im Rahmen einer Studie zur Therapie des akuten Herzinfarktes erhoben. 60 bis 90 Minuten nach Beginn der Therapie (Thrombolyse) wurde eine Koronarangiographie durchgeführt. Das Y-Merkmal ist die TIMI-Klassifikation [Mueller et al.] mit den Ausprägungen 0 (Gefäß verschlossen, kein Durchfluß), 1 (Penetration ohne Perfusion), 2 (partielle Perfusion) und 3 (komplette Perfusion). Das X-Merkmal (Tod) gibt an, ob der Patient im Krankenhaus verstarb oder dieses lebend verlassen konnte.
Häufig werden in der Medizin Merkmale mit nur zwei Ausprägungen (binäre oder dichotome Merkmale) verwendet. Die Kontingenztafel für zwei binäre Merkmale wird als Vier-Felder-Tafel bezeichnet (Tabelle 6.4). Die vier Felder dieser Tafel werden oft mit *a*,

b, c und *d* benannt (Vorsicht! Die Zuordnung der Buchstaben zu den einzelnen Zellen ist nicht standardisiert, insbesondere *b* und *c* können vertauscht sein).

Im obigen Beispiel können die TIMI-Klassen 0 und 1 als *ungenügende Perfusion* und die TIMI-Klassen 2 und 3 als *ausreichende Perfusion* zusammengefaßt werden. Damit erhalten wir die in Tabelle 6.5 dargestellte Vier-Felder-Tafel.

Qualitative Merkmale werden im Rahmen dieses Lehrbuchs an vielen weiteren Stellen verwendet. In den Kapiteln 7, 13 und 15 werden wir in entsprechenden Abschnitten auf diese Merkmalstypen eingehen.

6.6 Übungsaufgaben

• Aufgabe 1

In einer Untersuchung sollte die medizinische Versorgung von Patienten mit Infektionskrankheiten überprüft werden [Rosner]. Tabelle 6.6 zeigt einen Teil der bei dieser Untersuchung erhobenen Daten.

Patienten-Nr.	Dauer des Krankenhaus- aufenthalts (Tage)	Alter	Geschlecht	Antibiotische Behandlung
1	5	30	w	n
2	10	73	w	n
3	6	40	w	n
4	11	47	w	n
5	5	25	w	n
6	14	82	m	j
7	30	60	m	j
8	11	56	w	n
9	17	43	w	n
10	3	50	m	n
11	9	59	w	n
12	3	4	m	n
13	8	22	w	j
14	8	33	w	j
15	5	20	w	n
16	5	32	m	n
17	7	36	m	j
18	4	69	m	n
19	3	47	m	j
20	7	22	m	n
21	9	11	m	n
22	11	19	m	j
23	11	67	w	n
24	9	43	w	n
25	4	41	w	n

Tabelle 6.6. Daten von Patienten mit Infektionskrankheiten.

1. Berechnen Sie Mittelwert und Median für die Dauer des Krankenhausaufenthalts sowie das Alter!

2. Berechnen Sie die Standardabweichung und den Range für die Dauer des Krankenhausaufenthalts sowie das Alter!

3. Beschreiben Sie die empirische Altersverteilung der Patienten durch einen Box-and-whiskers-Plot. Unterteilen Sie die Patienten dabei in solche mit und solche ohne antibiotische Behandlung!

4. Es ist weiterhin von Interesse, ob die Antibiotika-Gabe mit der Dauer des Krankenhaus-aufenthalts zusammenhängt. Stellen Sie diesen Zusammenhang geeignet dar!

5. Es ist von Interesse, ob ein Zusammenhang zwischen dem Alter und der Dauer des Krankenhausaufenthaltes besteht. Stellen Sie diesen Zusammenhang graphisch und rechnerisch dar!

6. Es ist außerdem von Interesse, ob männlichen und weiblichen Patienten gleich häufig Antibiotika verordnet werden. Wählen Sie eine geeignete Darstellung zur Beschreibung der Ergebnisse!

• Aufgabe 2

In einer Untersuchung wurde das Serumcholesterin bei 20 Krankenhausangestellten gemessen, vor und nachdem sie über einen Monat vegetarische Kost zu sich genommen hatten [Rosner]. Die Ergebnisse sind in Tabelle 6.7 dargestellt.

Patienten-Nr.	vor Diät	nach Diät	Differenz vorher - nachher
1	195	146	49
2	145	155	-10
3	205	178	27
4	159	146	13
5	244	208	36
6	166	147	19
7	250	202	48
8	236	215	21
9	192	184	8
10	224	208	16
11	238	206	32
12	197	169	28
13	169	182	-13
14	158	127	31
15	151	149	2
16	197	178	19
17	180	161	19
18	222	187	35
19	168	176	-8
20	168	145	23

Tabelle 6.7. Serumcholesterin [mg/dl] bei 20 Krankenhausangestellten.

1. Bestimmen Sie Mittelwert und Median der Veränderung!

2. Berechnen Sie die Standardabweichung der Veränderung!

3. Erstellen Sie ein Stem-and-leaf-Diagramm der Veränderungen!

4. Stellen Sie die Daten mit Hilfe eines Box-and-whiskers-Plot dar!

5. Es wird behauptet, daß der Effekt einer Diät umso deutlicher ausfällt, je höher die initialen Cholesterinwerte der Probanden waren. Kommentieren Sie diesen Punkt, indem Sie die Patientengruppe in Untergruppen mit „vorher"-Werten unter- und oberhalb des Medians unterteilen!

7 Maßzahlen für Krankheitshäufigkeiten

7.1 Was ist der Nenner?

Was können wir aus Aussagen wie „Die meisten Menschen mit Nierensteinen trinken weniger als 1 Liter Flüssigkeit pro Tag" oder „Die meisten Autounfälle geschehen innerhalb eines Umkreises von 10 km des Wohnortes des Unfallopfers" lernen? Die Antwort lautet: Nichts!

Obwohl diese Aussagen vollkommen richtig sein mögen, können sie leicht zu Fehlinterpretationen führen, da ihnen die Bezugsgröße, der Nenner fehlt. Womöglich trinken die meisten Menschen weniger als 1 l Flüssigkeit am Tag und fahren mehr Zeit in der Nähe ihres Wohnortes Auto als weiter weg. Dies bedeutet nicht, daß solche Aktivitäten risikoreicher sind als die Alternativen. Fehlerhafte Interpretationen können durch Wahl des geeigneten Nenners vermieden werden.

| Blutdruck-status | Anzahl Personen, bei denen innerhalb von 2 Jahren nach Blutdruckmessung Diabetes | | | Anteil mit Blutdruck-status | Odds Diabetes zu nicht Diabetes |
	auftrat	nicht auftrat	insgesamt		
Normotensiv	289	340	629	0.63	0.85
Borderline	125	88	213	0.21	1.42
Hypertensiv	88	65	153	0.15	1.35
Gesamt	502	493	995	1.00	

Tabelle 7.1. Verteilung des Blutdruckstatus von 502 Patienten 2 Jahre vor der Manifestation eines Diabetes gegenüber Kontrollpersonen, die im Verlaufe von 2 Jahren keinen Diabetes entwickelt haben.

Tabelle 7.1 zeigt das Ergebnis einer Studie zum Auftreten eines Diabetes [Pell und D'Alonzo]. In einer Fall-Kontroll-Studie wurde bei 502 Patienten mit Diabetes deren Blutdruckstatus 2 Jahre vor Beginn der Erkrankung retrospektiv erhoben. Zu dieser Gruppe von Patienten wurde eine Kontrollgruppe, die in den wesentlichen Merkmalen mit den Fällen übereinstimmte, ausgewählt und deren Blutdruckstatus auf dieselbe Weise wie bei den Patienten mit Diabetes festgestellt. Ziel der Untersuchung war es, festzustellen, ob erhöhter Blutdruck einen Risikofaktor für die Entwicklung eines Diabetes darstellt. Eine Aussage wie „Die meisten Patienten mit Diabetes hatten einen normalen Blutdruck" kann, obwohl richtig, leicht fehlinterpretiert werden. Meist interpretieren wir derartige Aussagen im Hinblick auf das Risiko, Diabetes zu bekommen. Hierzu müssen jedoch die insgesamt unter Risiko stehenden Personen bekannt sein. Offensichtlich haben in dieser Untersuchung die meisten Personen (629, entspricht 63 %) einen normalen Blutdruck.

Die Wahl eines geeigneten Nenners hat nicht nur im Bereich der medizinischen Biometrie und Epidemiologie entscheidende Bedeutung für die Interpretation der vorgelegten Daten. Scheinbar widersprüchliche Aussagen haben nicht selten in der Wahl eines unterschiedlichen Nenners ihre Erklärung. Die am häufigsten benutzten Nenner sind:

- Alle Personen: Die Gesamtzahl aller Personen, die sich zu einem bestimmten Zeitpunkt in der Studie befinden.

- Nicht kranke Personen (Personen unter Risiko): Die Anzahl Personen, die die interessierende Krankheit zu dem gegebenen Zeitpunkt nicht haben.

- Personenzeit: Die Anzahl nicht kranker Personen (unter Risiko) multipliziert mit der Zeit, die diese Personen nicht krank waren (sich unter Risiko befanden). Häufig wird für die Zeit als Einheit 1 Jahr gewählt, man spricht dann von Personenjahren.

Bevor wir die Maßzahlen für Krankheitshäufigkeiten angeben, wiederholen wir einige grundlegende Definitionen:

- Quotient (engl.: ratio)
Ein Quotient ist das Verhältnis aus zwei beliebigen Zahlen. Beispielsweise ist der Mädchen : Jungen-Quotient bei Geburt in den meisten Ländern < 1. In der Epidemiologie liegen Quotienten meist im Bereich zwischen 0 und $+\infty$.

- Anteil (engl.: proportion)
Der Anteil ist ein spezieller Quotiententyp, bei dem der Nenner den Zähler enthält. Beispielsweise haben 15 % der Personen im Diabetesbeispiel einen erhöhten Blutdruck. Ein Anteil liegt immer zwischen 0 und 1 (oder 0 % und 100 %, oder 0 ‰ und 1000 ‰).

- Odds
Odds ist die Anzahl von Personen mit einer Eigenschaft dividiert durch die Anzahl Personen ohne diese Eigenschaft. Odds werden bei Wetten eingesetzt, sie sind schwerer zu interpretieren als Anteile. Odds liegen zwischen 0 und $+\infty$, häufig werden sie ausgedrückt wie 1 : 2 (d. h. ein Fall pro zwei Nichtfälle). In dem Diabetesbeispiel ist bei den Personen mit Bluthochdruck das Odds von „Personen mit" zu „Personen ohne Diabetes" 88 : 65, also etwa 13 : 10. Auf 13 Personen mit Diabetes kommen 10 ohne Diabetes.

Unterschiedliche Typen epidemiologischer Studien erlauben die Berechnung unterschiedlicher Maße für die Krankheitshäufigkeit. Abbildung 7.1 beschreibt eine Gruppe von Personen in einer Studie. Zum Zeitpunkt t_0 haben a_0 Individuen bereits die interessierende

Krankheit, c_0 sind gesund, sie stehen unter Risiko. Von den zu Beginn gesunden Individuen c_0 entwickeln b_1 die Krankheit bis zum Zeitpunkt t_1, c_1 Individuen bleiben weiterhin
gesund. Am Ende der Studie (t_2) sind $a_0 + b_2$ Individuen krank und c_2 weiterhin gesund.
In diesem Schema setzten wir voraus, daß jedes Individuum die Krankheit nur einmal
bekommen kann und daß es keine „Losses-to-follow-up" gibt: Das sind Individuen, über
deren Schicksal zum Zeitpunkt t_2 keine Information vorliegt. Außerdem setzten wir
voraus, daß konkurrierende Krankheiten und Todesfälle während des betrachteten Zeitraums nicht auftreten. Hierauf werden wir später ausführlich eingehen.

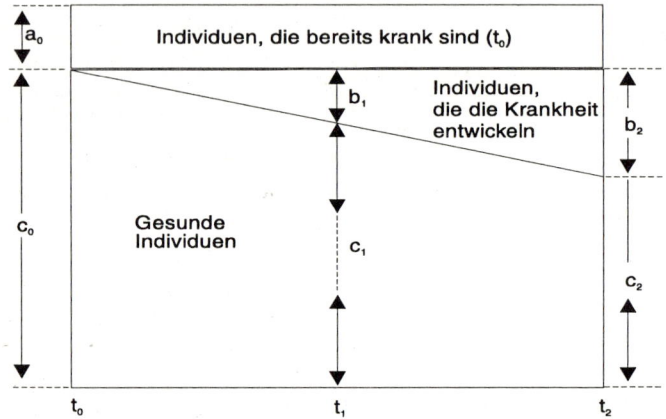

Abb. 7.1. Auftreten einer Krankheit in einer Population.

7.2 Populationsbezogene Maße

In Querschnittstudien (siehe Kapitel 3.3) werden die Personen nur einmal untersucht. Die
Anzahl der Fälle (Personen mit der Zielkrankheit) kann dividiert werden durch die
Gesamtzahl der Personen in der Studie (Nenner: „Alle Personen"). Diese Maßzahl heißt
Prävalenz. In Abbildung 7.1 erhalten wir zum Zeitpunkt t_0 eine Prävalenz der Krankheit
von

$$\frac{a_0}{(a_0 + c_0)}$$

und zum Zeitpunkt t_2 von

$$\frac{(a_0 + b_2)}{(a_0 + b_2 + c_2)}$$

Die Prävalenz ist ein Anteil. Der Begriff der Prävalenz ist nicht auf „Krankheitsprävalenz" beschränkt. Allgemein verwenden wir „Prävalenz" im Sinne eines Anteils von Personen mit einem Merkmal an der Gesamtzahl der Personen (siehe hierzu auch Kapitel 8.2). So ist beispielsweise im Diabetesbeispiel die Prävalenz für das Merkmal „normaler Blutdruck" 0.63 ($6291/995$).

Komplexer werden die Verhältnisse bei Inzidenzstudien. Diese sind Längsschnittstudien (siehe Kapitel 3.4), bei denen Personen über eine Zeit beobachtet werden. Bei Inzidenzstudien werden üblicherweise Individuen, die bereits zum Beginn der Studie von der Zielkrankheit betroffen sind (a_0), ausgeschlossen. Ebenso werden meist Personen ausgeschlossen, die die Zielkrankheit überhaupt nicht bekommen können (z. B. Frauen, bei denen die Gebärmutter entfernt wurde, in einer Studie zum Zervixkarzinom). Die bis zum Zeitpunkt t_2 neu erkrankten oder inzidenten Fälle (b_2) ergeben das Inzidenzrisiko b_2/c_0 für den gesamten Beobachtungszeitraum (Nenner: „Nicht kranke Personen"), das auch als kumulative Inzidenz bezeichnet wird. Die kumulative Inzidenz ist ein Anteil. Sie kann nicht nur für den Endzeitpunkt t_2, sondern für jeden davor liegenden Zeitpunkt berechnet werden.

Der Begriff Inzidenz wird üblicherweise in Bezug zu einer Krankheit gesehen. Da Krankheiten sich über längere Zeiten hin entwickeln, haben Inzidenzstudien gewöhnlich Laufzeiten von mehreren Jahren. Aufgrund der langen Laufzeit dieser Studien treten Probleme durch vorzeitiges Ausscheiden von Patienten aus der Studie (z. B. durch konkurrierende Erkrankungen) und unterschiedlich lange Beobachtungszeiten für die Patienten auf. Wir werden daher zunächst die notwendigen Berechnungen an einem sehr kleinen Datensatz ohne diese Probleme demonstrieren und anschließend eine Methode vorstellen, womit die aufgrund der langen Laufzeit entstehenden Probleme behandelt werden können.

Die Daten für das Beispiel wurden im Rahmen eines Forschungsprojektes erhoben, das die Verhütung von Übelkeit, die durch Bewegungen („Seekrankheit") ausgelöst wird, zum Ziel hat. Die Probanden wurden in die Kabine eines Bewegungsgenerators gesetzt, der einen Seegang für die Dauer von 90 min simulierte. Das interessierende Ereignis (die Krankheit) ist das Erbrechen. Tabelle 7.2 stellt das Ergebnis einer Untersuchung an 32 Probanden dar. Von den zum Zeitpunkt $t_0 = 0$ beim Start der Simulation des Seegangs $c_0 = 32$ Probanden hatten bis zum Zeitpunkt $t_1 = 20$ Minuten $b_1 = 4$ Probanden erbrochen. Dies ergibt für diesen Zeitpunkt eine kumulative Inzidenz für das Ereignis „Erbrechen" von $4/32 = 0.13$. Zum Zeitpunkt $t_2 = 30$ Minuten beträgt die kumulative Anzahl Probanden, die vom Zielereignis betroffen waren, $b_2 = 9$. Hieraus erhalten wir als kumulative Inzidenz für das Ereignis „Erbrechen" zum Zeitpunkt t_2 $9/32 = 0.28$.

Zeit nach Start der Bewegung	Anzahl Probanden		Anteil erbrochen	kumulative	
	unter Risiko	erbrochen		Anzahl erbrochen	Inzidenz für Erbrechen
[0 - 20]	32	4	0.13	4	0.13
(20 - 30]	28	5	0.18	9	0.28
(30 - 40]	23	3	0.13	12	0.38
(40 - 50]	20	2	0.10	14	0.44
(50 - 60]	18	1	0.06	15	0.47
(60 - 70]	17	1	0.06	16	0.50
(70 - 80]	16	0	0.00	16	0.50
(80 - 90]	16	3	0.19	19	0.59

Tabelle 7.2. Berechnung der kumulativen Inzidenz zu verschiedenen Zeitpunkten für das Ereignis „Erbrechen" am Beispiel eines Experiments zur Verhütung der „Seekrankheit". (Die eckige Klammer bei den Intervallangaben in Spalte 1 bedeutet, daß der entsprechende Wert noch zum Intervall gehört, die runde Klammer dagegen, daß der Wert nicht mehr zum Intervall gehört).

Die kumulative Inzidenz hat zwei wesentliche Nachteile:
* Individuen, für die das Zielereignis nicht festgestellt werden kann (zensierte Daten, siehe auch Kapitel 5.1), können nicht als Krankheitsfälle entdeckt werden. Im Beispiel der Seekrankheit ist dieser Nachteil ohne Bedeutung. Dies liegt an der extrem kurzen ,,Nachbeobachtungszeit" bei diesem Experiment. Bei typischen epidemiologischen Studien ist die Nachbeobachtungszeit jedoch wesentlich länger, und zensierte Daten sind eher die Regel als die Ausnahme. Diese können z. B. entstehen, wenn Patienten aus anderen Gründen versterben, eine andere Krankheit bekommen, bei Patienten die Zielkrankheit nicht mehr festgestellt werden kann, oder sie sich der Nachbeobachtung entziehen (loss-to-follow-up).
* Die kumulative Inzidenz verdeckt die u. U. unterschiedliche Intensität für das Eintreten des Zielereignisses zu unterschiedlichen Zeitpunkten.

Dies führt zu dem Begriff der Inzidenz*rate*. Die Inzidenzrate ist etwa vergleichbar mit der Angabe einer Geschwindigkeit, die dauernd wechseln kann. Inzidenzraten werden meist mit Anzahl Personen pro Personenjahr angegeben, bezogen auf eine feste Anzahl Personen: Bei Krebsinzidenzen meist auf 100 000 Personen.

Im Beispiel der Seekrankheit wählen wir als Zeiteinheit 10 Minuten, d. h. im Nenner ist die Maßeinheit 10 Personenminuten. Mit Ausnahme des ersten Intervalls sind die Inzidenzraten pro 10 Personenminuten gleich den Werten in der Spalte ,,Anteil erbrochen": 0.18 im Intervall 20 - 30 Minuten bis 0.19 im Intervall 80 - 90 Minuten. Für das 1. Intervall ist das Zeitintervall nicht 10, sondern 20 Minuten. Daher muß der Wert in der Spalte ,,Anteil erbrochen" durch 2 dividiert werden, um die Inzidenzrate pro 10 Personenminuten zu erhalten. Dies ergibt 0.065.

Die Inzidenzrate ist ein Quotient (ratio) mit Werten zwischen 0 und ∞. Der Zähler (Anzahl Ereignisse) ist nicht im Nenner (Personenzeit) enthalten. Für wiederkehrende Krankheiten können Inzidenzraten > 1 pro Person-Zeit-Einheit auftreten. Beispielsweise ist in vielen Entwicklungsländern die Inzidenz für Diarrhoe 3 pro Kindjahr.

Anzahl Patienten		Intervall [Jahre]						
	[0-1]	(1-2]	(2-3]	(3-4]	(4-5]	(5-6]	(6-7]	(7-8]
unter Risiko zu Beginn des Intervalls c_i	320	307	260	205	161	110	69	12
zensiert im Intervall c_i	11	42	43	31	44	33	46	11
verstorben im Intervall c_i	2	5	12	13	7	8	11	1
ausgeschieden im Intervall c_i	13	47	55	44	52	41	57	12
Personenjahre	313.5	283.5	232.5	183	135	89.5	40.5	6
Mortalitätsrate $\cdot$ 100 [Anzahl / Personenjahre]	0.6	1.8	5.2	7.1	5.2	8.9	27.2	16.7

Tabelle 7.3. Berechnung von Mortalitätsraten am Beispiel von 320 Patienten mit positivem HIV Test [Arentz, persönliche Mitteilung].

Wir kommen nun zurück zu dem Problem, daß im Verlauf einer Inzidenzstudie Patienten aus dieser Studie ausscheiden und somit nicht mehr zu Krankheitsfällen werden können. Dieses Problem ist äquivalent dazu, daß in klinischen Studien nicht bei allen Patienten innerhalb der Beobachtungszeit das Zielereignis (etwa Tod) eintritt. Hierdurch entstehen zensierte Daten (siehe Kapitel 5.1). In Tabelle 7.3 ist so ein Beispiel dargestellt. 320 Patienten mit positivem HIV-Test wurden bis zu 8 Jahre beobachtet. Zielereignis war der Tod. 13 Patienten hatten eine kürzere Nachbeobachtungszeit als 1 Jahr, 11 davon eine zensierte Überlebenszeit: 2 Patienten verstarben innerhalb des ersten Jahres.

Die Inzidenzrate, die als Zielereignis nicht eine Krankheit, sondern den Tod hat, heißt Todesrate oder Mortalitätsrate. Manche Autoren sprechen auch lediglich von Mortalität. Der Begriff Mortalität wird jedoch auch mit anderen Definitionen, z. B. als Anteil der krankheitsspezifischen Todesfälle an allen Todesfällen (siehe hierzu den nächsten Abschnitt), benutzt.

Für die Bestimmung der Personenzeit geben 320 - 13 = 307 Patienten jeweils einen Beitrag von einem Jahr, also insgesamt 307 Personenjahre. 13 Patienten wurden nicht ein volles Jahr beobachtet. Eine grobe Annäherung an die gesamte Beobachtungszeit in diesem Intervall kann in einfacher Weise dadurch vorgenommen werden, daß für die im Intervall verstorbenen Patienten sowie die zensierten Patienten mit zensierten Zeiten eine mittlere Beobachtungszeit von $1/2$ Jahr angenommen wird. Dies wird unter vielen Bedingungen eine sinnvolle Annahme sein. Damit ergibt sich als gesamte Beobachtungszeit im Intervall bis 1 Jahr $307 + 0.5 \cdot 13 = 313.5$ Personenjahre. Die Anzahl im Intervall verstorbener Patienten (2) dividiert durch die Personenjahre in diesem Intervall ist dann die Mortalitätsrate ($2/313.5 = 0.006$ Personen pro Personenjahr oder 0.6 Personen pro 100 Personenjahre. Aus der Tabelle ist zu erkennen, daß die Mortalitätsrate im 6. bis 7. Jahr stark ansteigt (27 Personen pro 100 Personenjahre).

Zu Beginn dieses Abschnitts hatten wir darauf hingewiesen, daß dies der Hauptgrund für die Verwendung der Inzidenzrate anstelle der kumulativen Inzidenz, des Inzidenzrisikos, ist. Ist die Inzidenzrate über die Zeitintervalle nicht konstant, dann kann das Inzidenzrisiko meist nicht mehr sinnvoll interpretiert werden.

Für die Berechnung der kumulativen Inzidenz müssen ebenfalls die loss-to-follow-up-Patienten berücksichtigt werden. Dies kann ähnlich wie bei der Inzidenzrate geschehen, jedoch gibt es hierfür eine bessere Methode, den Kaplan-Meier-Schätzer. Dieser wird in Kapitel 16 eingeführt.

Die Mortalitätsrate ist die Intensität, innerhalb eines Zeitintervalls zu versterben. Dies erklärt den Tatbestand, daß bei einem Vergleich von zwei Bevölkerungsgruppen die Mortalitätsrate der einen innerhalb jeder Altersklasse kleiner sein kann als die der anderen Gruppe, obwohl in beiden Bevölkerungsgruppen alle Personen sterben müssen.

7.3 Standardisierte(r) Mortalitätsrate und -quotient

Die im letzten Abschnitt eingeführte Personenjahre-Methode als Grundlage für die Bestimmung der Mortalitätsrate wird auch als Grundlage für die Mortalitätsstatistiken der einzelnen Länder verwendet. In den meisten entwickelten Ländern muß ein Todeszertifikat von einem Arzt ausgestellt werden, aus dem Datum und Ort des Todes sowie einige weitere Informationen hervorgehen. Diese Todeszertifikate bilden das Rohmaterial zur Erstellung der Mortalitätsstatistiken.

Die Todesrate hatten wir im letzten Abschnitt eingeführt als Quotient aus Anzahl Todesfälle im Zeitintervall dividiert durch Personenzeit. Als Zeiteinheit wird üblicherweise ein Jahr verwendet. Für die Erstellung der Mortalitätsstatistiken wird jedoch meist keine Kohorte (z. B. der Geburtsjahrgang 1962) verfolgt und daraus die Zeit unter Risiko bestimmt, sondern es wird die mittlere Anzahl Personen in einer Altersklasse als Nenner benutzt. Diese Vorgehensweise ist mit Problemen behaftet, da beispielsweise der Zuzug in ein Gebiet von anderen Bedingungen abhängt als der Wegzug (z. B. von verfügbaren Arbeitsplätzen für junge Leute und der geographischen Lage für ältere Menschen). Hierauf gehen wir jedoch nicht weiter ein.

Todesraten sind üblicherweise kleine Zahlen, daher werden sie mit einer Konstanten, etwa 1000, multipliziert. Die Todesrate einer gesamten Bevölkerung, unabhängig vom Alter, heißt rohe (engl.: crude) Mortalitätsrate oder rohe Todesrate.

In Tabelle 7.4 sind die altersspezifischen Todesraten erwachsener Männer in England und Wales für die Jahre 1901 und 1971 angegeben. Die Todesraten sind in Altersklassen zusammengefaßt. Für jedes Alter innerhalb einer Altersklasse wird die gleiche Todesrate angenommen. Von 1000 zu Beginn des Jahres 1901 lebenden 36jährigen Männern verstarben innerhalb eines Jahres demzufolge 10.6. In der Spalte c ist die im Jahr 1901 vorhandene Altersverteilung angegeben. Demzufolge waren 18.5 % der Männer zwischen 35 und 44 Jahre alt. Multipliziert man den Anteil Personen in einer Altersgruppe (Spalte c / 100) mit der altersspezifischen Todesrate (Spalte a), so erhält man in Spalte e den Beitrag dieser Altersklasse an der Todesrate pro 1000 Mannjahre der Population. Durch Summation der Werte in Spalte e ergibt sich die (rohe) Mortalitätsrate für diese Bevölkerung. Sie betrug im Jahre 1901 15.7 Todesfälle pro 1000 Mannjahre. Die (rohe) Mortalitätsrate für das Jahr 1971 ergibt 15.5 Todesfälle pro 1000 Mannjahre. Damit ist die Mortalitätsrate trotz Fortschritte bei Hygiene und medizinischer Versorgung 1971 nur unwesentlich geringer als im Jahr 1901.

Alters-gruppe	Altersspezifische Todesrate [Anzahl Todesfälle pro 1000 Mannjahre]		Anteil Männer in Altersgruppe [%]		Beitrag der Altersgruppe zur Gesamttodesrate [Anzahl Todesfälle pro 1000 Mannjahre]		
	1901 (a)	1971 (b)	1901 (c)	1971 (d)	1901 (e)	1971 (f)	1901 standar-disiert
15 - 19	3.5	0.9	15.4	9.6	0.5	0.1	0.3
20 - 24	4.7	1.0	14.1	10.6	0.7	0.1	0.5
25 - 34	6.2	1.0	23.8	17.5	1.5	0.2	1.1
35 - 44	10.6	2.3	18.5	16.2	2.0	0.4	1.7
45 - 54	18.0	7.1	13.3	16.6	2.4	1.2	3.0
55 - 64	33.5	20.2	8.7	15.5	2.9	3.1	5.2
65 - 74	67.8	50.8	4.6	9.9	3.1	5.0	6.7
75 - 84	139.8	114.2	1.6	3.5	2.2	4.0	4.9
> 84	276.5	234.6	0.2	0.6	0.5	1.5	1.7
Gesamttodesrate					15.7	15.5	25.2

Tabelle 7.4. Altersspezifische Todesraten und Altersverteilung von erwachsenen Männern in England und Wales 1901 und 1971.

Der Vergleich der (rohen) Mortalitätsraten ist jedoch irreführend, da die Altersverteilung der Bevölkerungen von 1901 und 1971 nicht vergleichbar ist: Der Anteil älterer Männer war 1971 wesentlich höher als 1901. Um den Effekt der verschiedenen Altersstrukturen in den beiden Populationen, die wir vergleichen wollen, auszugleichen, kann man die altersspezifischen Todesraten betrachten. Dies ist zum einen sehr mühsam, zum anderen möchte man diesen Vergleich häufig gern mit einer einzigen Größe durchführen. Eine vielfach verwendete Methode, um altersstandardisierte Werte zu erhalten, bietet die direkte *Altersstandardisierung*. Hierzu verwenden wir die Altersstruktur einer „Standard-population". Derartige Standardpopulationen werden z. B. von der WHO vorgeschlagen. Dann berechnen wir die Mortalitätsrate, die sich aus der Altersstruktur der Standard-population und den altersspezifischen Todesraten der zu vergleichenden Population ergibt. In unserem Beispiel verwenden wir die Altersstruktur der Population von 1971 und berechnen mit den altersspezifischen Todesraten der Population von 1901 die Gesamt-mortalität. Hierzu multiplizieren wir die altersspezifische Todesrate der Population von 1901 (Spalte a) mit der Altersverteilung der Population des Jahres 1971 (Spalte d / 100). Die altersstandardisierte Mortalitätsrate für 1901 ist 25.2 pro 1000 Mannjahre. Die altersstandardisierte Mortalitätsrate war 1901 demnach wesentlich höher als 1971. Die direkte Methode liefert, basierend auf den altersspezifischen Mortalitätsraten, eine Ge-samtmortalitätsrate für die beobachtete Bevölkerung.

Die zweite zur Standardisierung verwendete Methode heißt *indirekte Altersstandardisie-rung*. Bei dieser Methode berechnen wir die Anzahl an Todesfällen, die wir in der beobachteten Bevölkerung unter Annahme der altersspezifischen Mortalitätsraten für die Standardpopulation erwarten würden. Wir vergleichen dann die erwartete Häufigkeit an Todesfällen mit der tatsächlich beobachteten Häufigkeit. Diese Methode bietet sich an,

wenn die Mortalität einer kleinen Patientengruppe etwa gegen die Gesamtbevölkerung verglichen werden soll. Wir demonstrieren die Methode an einem Beispiel.
Bei einigen urologischen Patienten, die sich wegen des Verdachts auf eine gutartige Prostata-Hyperplasie einer diesbezüglichen Operation unterziehen, wird bei der histologischen Aufarbeitung des ausgeschälten Prostatagewebes „unvorhergesehen" von dem Pathologen ein Prostata-Karzinom entdeckt. Diese klinisch unauffälligen, nicht diagnostizierbaren Prostata-Karzinome werden den Stadien pT1a und pT1b zugeordnet.
In einer retrospektiv durchgeführten Studie sollte die Frage geklärt werden, ob die Mortalitätsraten dieser Patienten im Vergleich zur „Allgemeinbevölkerung" höher sind.
Für diesen Zweck wurde von allen Patienten, bei denen in den vergangenen 20 Jahren ein solches Prostata-Karzinom im Stadium pT1a und pT1b diagnostiziert worden war, der Überlebensstatus (verstorben / nicht verstorben) sowie bei den Verstorbenen die Überlebenszeit und bei den (noch) Nicht-Verstorbenen die Beobachtungszeit nach erfolgter Operation ermittelt.

Altersklasse [Jahre]	Personenjahre	Anzahl verstorben	Mortalitätsrate in der Bevölkerung *)	erwartete Todesfälle
50 - 54	1.0	0	6.0	0
55 - 59	29.1	1	10.0	0.3
60 - 64	32.3	1	15.9	0.5
65 - 69	73.4	7	24.5	1.8
70 - 74	108.8	8	38.8	4.2
75 - 79	97.4	15	63.8	6.2
80 - 84	53.3	12	102.6	5.5
85 - 89	21.8	4	156.8	3.4
90 -	6.8	0	226.9	1.5
Summe	423.9	48		23.5
SMR		2.05 (48/23.5)		

Tabelle 7.5. Standardisierter Mortalitätsquotient (*SMR*) für 86 Patienten nach Operation wegen Prostatahyperplasie. *) Mortalitätsraten pro 1000 Personenjahre für die Jahre 1986/88. Aus: Statistisches Jahrbuch 1992. Hrsg.: Statistisches Bundesamt.

Für die Studie konnten Daten von 86 Patienten im Alter von 54 bis 89 (zum Zeitpunkt der Operation) erhoben werden. In Tabelle 7.5 sind die Beobachtungszeiten „Personenjahre" in 5-Jahres Altersklassen zusammengefaßt (ein Patient kann Personenjahre zu mehreren Altersklassen beitragen).
Die erwartete Anzahl an Todesfällen in der Bevölkerung ist 23.5, diese ist deutlich niedriger als die beobachteten 48 Todesfälle. Üblicherweise wird dieses Ergebnis als Quotient aus beobachteten zu erwarteten Todesfällen ausgedrückt. Dieser standardisierte Mortalitätsquotient wird als *SMR* (engl.: Standardized Mortality Ratio) bezeichnet und beträgt in unserem Beispiel 2.05.
Die Mortalitätsrate ist ein Inzidenzmaß, bei dem im Nenner die Personenjahre der lebenden Personen einer Kohorte stehen. Wählt man als Nenner nicht Personenjahre lebender, sondern Personen, die an einer Krankheit erkranken, und als Zähler die Anzahl

Todesfälle an dieser Krankheit, so erhält man die Letalität (besser: Letalitätsrate) dieser Krankheit (engl.: Case Fatality Rate). Die Letalität ist also ebenfalls eine Inzidenzrate. Die Case Fatality Rate wird häufig mit der Mortalitätsrate verwechselt. Die Aussage „Wundstarrkrampf ist eine Erkrankung mit hoher Mortalitätsrate" ist falsch in den meisten Ländern, obwohl die Case Fatality Rate überall auf der Welt hoch ist.

7.4 Krankheitsspezifische Mortalität und andere Proportionalitätsmaße

Die in dem letzten Abschnitt eingeführten Inzidenz- und Prävalenzmaße sind populationsbezogen. Im Nenner stehen entweder Angaben über die gesamte Studienpopulation oder einer Gruppe mit einer bestimmten Erkrankung (Case Fatality Rate). Häufig werden jedoch auch Anteile bezüglich anderer Nenner gebildet. So kann beispielsweise die Anzahl Todesfälle bezüglich einer bestimmten Erkrankung in Beziehung gesetzt werden zu der Gesamtzahl an Todesfällen in derselben Periode. Dieser Nenner erlaubt die Bestimmung einer krankheitsspezifischen (Proportionalitäts-) Mortalität. Dieser Quotient ist ein Anteil und hängt nicht nur von der betrachteten Krankheit, sondern auch von allen anderen Krankheiten ab. So kann eine Studie z. B. zeigen, daß 12 % der Neugeborenentodesfälle im ersten Lebensjahr durch eine Pneumonie verursacht werden. Dieser Anteil hängt jedoch stark von den anderen Todesursachen (etwa plötzlicher Kindstod) ab. Ist in einer anderen Population eine der anderen Krankheitsursachen geringer oder häufiger vertreten, so verändert sich auch der Anteil an der betrachteten Krankheit (Pneumonie). Gelingt es z. B., die Todesfälle an plötzlichem Kindstod im ersten Lebensjahr zu reduzieren und alle anderen Todesfälle bleiben unbeeinflußt, so wird dennoch der Anteil Todesfälle an Pneumonien steigen. Noch komplexer wird die Situation, wenn etwa im Nenner die Anzahl Personen mit einer Autopsie auftauchen, mit denen dann der Anteil verschiedener Krankheiten in den obduzierten Fällen bestimmt wird. Hierbei beeinflußt nicht nur der Anteil einzelner Krankheiten den speziellen Anteil der betrachteten Krankheit, sondern auch die Entscheidung zur Durchführung einer Autopsie trägt wesentlich zur Selektion bei. Proportionalitätsraten sind daher bei weitem nicht so wertvoll wie jene, die einen Populationsbezug aufweisen. Sie können stark beeinflußt werden von der Aufmerksamkeit und Einweisung durch andere Krankheiten.

7.5 Übungsaufgabe

Anderson et al. untersuchten die Todesrate in Verbindung mit dem Mißbrauch des Einatmens von flüchtigen Substanzen (engl.: Volatile Substance Abuse (VSA)), auch ,,Schnüffelsucht" genannt. In dieser Studie sammelten sie alle Todesfälle im Zusammenhang mit VSA zwischen 1971 und 1983. Als Quellen dienten Berichte dreier Presseagenturen und eine 6-monatige Auswertung von richterlichen Untersuchungen zur Klärung nicht eindeutig natürlicher Todesfälle. Tabelle 7.6 zeigt die Altersverteilung der Todesfälle nach dem Volkszählungsstand von 1981, getrennt für Großbritannien und Schottland.

Altersgruppe [Jahre]	Großbritannien		Schottland	
	VSA Tote	Anzahl Bevölkerung [in 1000]	VSA Tote	Anzahl Bevölkerung [in 1000]
0 - 9	0	6770	0	653
10 - 14	44	4272	13	425
15 - 19	150	4467	29	447
20 - 24	45	3959	9	394
25 - 29	15	3616	0	342
30 - 39	8	7408	0	659
40 - 49	2	6055	0	574
50 - 59	7	6242	0	579
60 +	4	10769	0	962

Tabelle 7.6. Todesrate „Schnüffelsucht" und Bevölkerungsanzahl, getrennt für Großbritannien und Schottland, 1971 - 1983 [Anderson et al.].

1. Berechnen Sie die altersspezifischen Todesraten bei ,,Schnüffelsucht" pro Jahr und für die 13-jährige Periode! Was ist ungewöhnlich bei diesen altersspezifischen Todesraten?
2. Berechnen Sie den standardisierten Mortalitätsquotienten (*SMR*) der ,,Schnüffelsucht" für Schottland!

8 Wahrscheinlichkeit und Zufallsgrößen

8.1 Die Berechenbarkeit des Zufalls

„Um die Roulettetische und den Tisch mit Trente-et-quarante, der am anderen Ende des Saales aufgestellt war, drängten sich vielleicht hundertfünfzig bis zweihundert Spieler in mehreren Reihen hintereinander... Gegen die erste Reihe drückte von hinten eine zweite und dritte, in der die Menschen darauf lauerten, wann sie selbst drankommen würden; aber mitunter schob sich aus der zweiten Reihe ungeduldig eine Hand durch die erste hindurch, um einen Einsatz zu machen. Sogar aus der dritten Reihe plazierte ein oder der andere auf diese Weise mit besonderer Geschicklichkeit seinen Einsatz auf den Tisch; die Folge davon war, daß keine zehn oder auch nur fünf Minuten vergingen, ohne daß es an einem der Tische zu Skandalszenen wegen strittiger Einsätze gekommen wäre." [Dostojewski, „Der Spieler"].

Glücksspiel ist ein Milliardengeschäft, nicht für die Spieler, sondern für die Veranstalter. Etwa 7 Milliarden DM verloren die Bürger der Bundesrepublik (alte Bundesländer) jährlich bei Spielbanken, Lotto/Toto und beim Spielen an Automaten. Allerdings gibt es Unterschiede zwischen den einzelnen Spielen. Dabei kann die Frage nur lauten: Mit welchem Glücksspiel verliert man im Durchschnitt am wenigsten? Weit unten rangiert das mit Abstand beliebteste Spiel: Beim Lotto wird grundsätzlich nur die Hälfte der Einsätze wieder als Gewinn ausgeschüttet. Am günstigsten spielt es sich noch beim Roulette: Die Spielbanken zahlen durchschnittlich 97 % der Einsätze als Gewinn wieder aus. Der Versuch, Gesetzmäßigkeiten hinter dem Glücksspiel zu entdecken, legte den Grundstein zur mathematischen Wahrscheinlichkeitstheorie. Es ist nicht verwunderlich, daß sie von dem Erfinder des Roulette-Spiels entwickelt wurde, dem französischen Philosophen und Mathematiker Blaise Pascal (1623 - 1662).

Daß durch die Wahrscheinlichkeitsrechnung die Wirklichkeit recht gut beschrieben werden kann, wird schon durch die Existenz der Spielkasinos bewiesen, die an dem durch die Theorie der Wahrscheinlichkeitsrechnung vorausgesagten Gewinn in Höhe eines 37stels der Einsätze prächtig verdienen.

8.2 Ereignis und Wahrscheinlichkeit

Die mathematische Entwicklung der Theorie begann im 16. und 17. Jahrhundert zunächst nur in Verbindung mit Problemen bei Glücksspielen. Die Methoden der Wahrscheinlichkeitsrechnung werden mittlerweile jedoch in fast allen Gebieten der Medizin, nicht nur in der medizinischen Forschung, sondern auch zur Entscheidungsfindung – etwa über eine durchzuführende Operation – eingesetzt. Die wesentlichen Begriffe aus dieser Theorie sind *Ereignis, Eintreten eines Ereignisses* und *Wahrscheinlichkeit*. Wie immer in mathematischen Theorien werden diese Begriffe zunächst ohne Bezug zu irgend einer Anwendung definiert. Um die Theorie in einer konkreten Situation anwenden zu können, muß die Beziehung zwischen den realen Elementen und der abstrakten Theorie hergestellt werden. Dieser Prozeß verlangt Verständnis für das reale Problem und Approximationen an die Theorie.

Das Wort *Ereignis* wird verwendet, um zwischen genau zwei verschiedenen Möglichkeiten zu unterscheiden: Entweder tritt das Ereignis ein oder es tritt nicht ein. Andere gebräuchliche Bezeichnungen für diese Möglichkeiten sind „wahr" und „falsch", „an" und „aus", „Erfolg" und „Mißerfolg", „ja" und „nein". Aussagen sind Ereignisse. Aussagen lassen prinzipiell eine Überprüfung der Behauptung zu. Eine Aussage ist entweder richtig oder falsch. Der Zeitbezug ist dabei irrelevant.

„Helmut Kohl war 1992 Bundeskanzler der Bundesrepublik Deutschland"
ist ein Ereignis, das eingetreten ist, da die Aussage wahr ist, und das nicht eingetreten wäre, wenn die Aussage falsch wäre.

„Bis zum Jahr 2000 wird eine Rakete auf der Venus landen"
ist ein Ereignis, das (in der Zukunft) eintreten wird oder nicht, da spätestens am Ende des Jahres 2000 feststehen wird, ob die Aussage richtig oder falsch war.

Die Wahrscheinlichkeit für ein Ereignis soll die Sicherheit messen, mit der ein Ereignis eintritt, d. h. eine Aussage richtig oder falsch ist. Diese Sicherheit soll ausgedrückt werden mit einer Zahl zwischen 0 und 1 (oder zwischen 0 und 100 %). Der Wert 0.5 drückt maximale Unsicherheit über das Eintreffen eines Ereignisses aus.

Mit dem Begriff „Wahrscheinlichkeit" werden verschiedene Vorstellungen verknüpft. Im folgenden sollen daher drei in der Medizin gebräuchliche Interpretationen für diesen Begriff vorgestellt werden.

• Fall 1: Anteil in einer Gruppe – Prävalenz

Für diese Interpretation sei π eine Gruppe (Population) mit n Mitgliedern (z. B. Personen,

Tiere, Objekte). Ein Ereignis ist eine Eigenschaft, die ein Mitglied von π besitzt oder nicht besitzt (etwa eine bestimmte Blutgruppe, z. B. 0). Es bezeichne A eine solche Eigenschaft,

und $n(A)$ sei die Anzahl der Mitglieder von π mit der Eigenschaft A. Die Wahrscheinlich-

keit von A, $P(A)$, ist definiert als der Anteil der Mitglieder von π mit der Eigenschaft A:

$$P(A) = \frac{n(A)}{n}.$$

Der numerische Wert von $P(A)$ ist ein Maß für die Prävalenz von A innerhalb der Mitglieder von π.

• Beispiel

In einer Stadt leben n = 200 000 Personen, von denen 2000 insulinpflichtige Diabetiker sind (Ereignis A). Für diese Population ist

$$P(A) = \frac{2000}{200\,000} = 0.01.$$

Wenn die einzige Information bezüglich einer Person die ist, daß sie zu einer bestimmten Population (Stadt) gehört, dann wird die Unsicherheit über die Zugehörigkeit der Person zu einer Untergruppe (insulinpflichtiger Diabetiker) ausgedrückt durch eine Wahrscheinlichkeit (Prävalenz der Untergruppe) und nicht in Form einer Aussage „gehört dazu" / „gehört nicht dazu". Eine Wahrscheinlichkeit nahe 1 (nahe 0) weist auf eine hohe Sicherheit der Zugehörigkeit (Nicht-Zugehörigkeit) zu der Untergruppe hin.

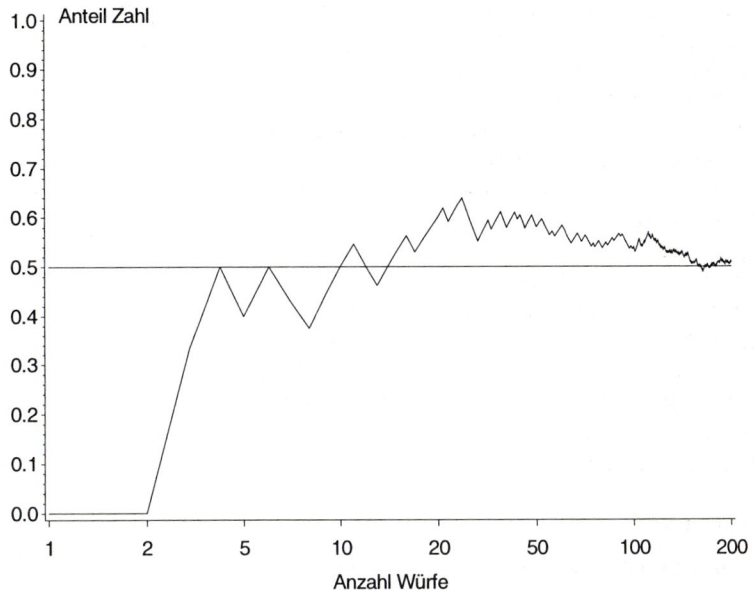

Abb. 8.1. Anteil „Zahl" in einer zufälligen Folge von Münzwürfen. Die x-Achse („Anzahl Würfe") hat eine logarithmische Skala.

• Fall 2: Relative Häufigkeit in wiederholten Experimenten – Anteil des Auftretens

Wird zum Beispiel eine Münze sehr häufig geworfen und das Resultat jedes Wurfs niedergeschrieben, so kann das Ergebnis etwa wie folgt aussehen (Z steht für Zahl und W für Wappen):

W, W, Z, Z, W, Z, W, W, Z, Z …

Eine solche Folge heißt zufällige *Folge* oder *zufällige Serie*. Jeder Platz in der Folge heißt *Experiment* und jedes Resultat heißt *Ereignis* oder *Ergebnis* (outcome). Eine zufällige Folge mit nur 2 möglichen (binären) Ergebnissen, wie W und Z, heißt *Bernoulli-Folge* oder *Bernoulli-Kette*. Eine Bernoulli-Kette ist charakterisiert durch eine vollständige Unwissenheit über die entstehenden Wechsel zwischen Zahl und Wappen.

In Abbildung 8.1 ist für die oben aufgeführte Kette der Anteil „Zahl" für jede Anzahl Würfe dargestellt. Beispielsweise ist dieser Anteil $2/5$ nach dem 5. Wurf. Insgesamt wurden mit Hilfe eines Computers, der in jedem Experiment die Buchstaben Z und W mit der

gleichen Wahrscheinlichkeit erzeugte (mit Hilfe sogenannter Zufallszahlen), 400 Münzwürfe durchgeführt.

Allen solchen Ketten ist gemeinsam, daß, wenn die Kette größer und größer wird, der
Anteil von Experimenten mit einem bestimmten Ergebnis (z. B. Z) weniger und weniger
variabel wird und sich immer mehr einem Grenzwert nähert. In Abbildung 8.1 nähert sich
der Anteil von Experimenten mit Z immer stärker dem Wert $\frac{1}{2}$, und es ist vernünftig zu
sagen, daß die Wahrscheinlichkeit (d. h. der Grenzwert einer sehr großen Zahl von
Experimenten) für Z $\frac{1}{2}$ beträgt.

Diese Interpretation von Wahrscheinlichkeit ist sehr heuristisch. Wir können niemals eine
Serie von Experimenten beobachten und feststellen, daß dies eine zufällige Serie ist. Auch
können wir niemals eine Serie beobachten und exakt die Wahrscheinlichkeit für ein
bestimmtes Ereignis berechnen; die Wahrscheinlichkeit ist nur als Grenzwert einer solchen
Kette festgelegt. Dennoch eignet sich dieser Wahrscheinlichkeitsbegriff für viele Anwendungen, sowohl im täglichen Leben als auch vor allem in der Medizin. Im folgenden sind
zwei Beispiele genannt, bei denen die Annahme über eine Bernoulli-Kette gerechtfertigt
erscheint.

(1) Die Folge des Geschlechts aufeinanderfolgend lebend geborener Kinder in einer Stadt.
Die Wahrscheinlichkeit für die Geburt eines Jungen schwankt von Population zu Population, üblicherweise ist sie größer als $\frac{1}{2}$. In der Bundesrepublik beträgt sie etwa 0.51; damit
ist die Wahrscheinlichkeit für die Geburt eines Mädchens 1 - 0.51 = 0.49.

(2) Die Folge der Ergebnisse eines Pränatalscreenings, jedes klassifiziert, ob eine spezielle
fetale Abnormalität vorhanden ist oder nicht. Die Wahrscheinlichkeit, daß eine offene
Spina bifida vorliegt, wird etwa 0.001 sein. Dieses Konzept der Wahrscheinlichkeit liefert
ein Maß für die Sicherheit einer Voraussage von Phänomenen, die in der Natur vorkommen. Die Sicherheit dafür, daß bei einer zukünftigen Geburt keine Spina bifida vorliegen
wird, ist sehr hoch, da die Wahrscheinlichkeit für dieses Ereignis sehr klein ist. Hingegen
besteht eine große Unsicherheit über das Geschlecht bei einer zukünftigen Geburt, da die
Wahrscheinlichkeit für beide Geschlechter um $\frac{1}{2}$ liegt.

• Fall 3: Meinung / Glaube

In unserem Alltagsleben wird die Stärke der Sicherheit für eine Aussage A häufig als Zahl
zwischen 0 und 1 (oder äquivalent als Prozentwert) ausgedrückt. Meist sind derartige
Zahlen jedoch nicht als relative Häufigkeiten in einer Population (Fall 1) oder als Grenzfall
einer unendlichen Wiederholung eines Experimentes (Fall 2) zu interpretieren. Als Beispiele können hier etwa Wetten bei Fußballspielen genannt werden. In der Medizin spielen
solche sogenannten subjektiven Wahrscheinlichkeiten eine Rolle bei der Entwicklung von
Expertensystemen, aber auch bei der Quantifizierung des Nutzens eines therapeutischen
Ergebnisses (dort werden sie häufig *Utilities* genannt). Utilities werden in der Medizin zur
Bewertung des Ergebnisses medizinischer Maßnahmen eingesetzt. So kann hiermit fest-
gelegt werden, *wie schwer* das Ergebnis *beschwerdefrei* im Verhältnis zum Auftreten einer
Arzneimittelnebenwirkung *wiegt*. Im letzten Abschnitt von Kapitel 9 werden wir auf die
Festlegung von Utilities ausführlicher eingehen.

Eine Interpretationsmöglichkeit für subjektive Wahrscheinlichkeiten ist, diese als finan-
ziellen Wert in einem fiktiven Spiel zu beschreiben. Stellen Sie sich dazu folgendes vor:
Seit langem träumen Sie von einem Urlaub in den Rocky Mountains in Oregon, am Fuße
des Mt. St. Helena. Als vorsichtiger Mensch wollen Sie ihre Angehörigen gegen das Risiko

versichern, daß Sie durch einen Vulkanausbruch Ihr Leben verlieren. Sie wenden sich also an eine Versicherungsgesellschaft, die bereit ist, sagen wir, 100 000 DM an Ihre Angehörigen zu zahlen, falls der Vulkan in dem Zeitraum Ihres Urlaubs ausbricht und Sie dadurch umkommen.

Wir wollen *Ihre* Wahrscheinlichkeit wissen, daß der Vulkan St. Helena innerhalb des nächsten Monats ausbricht (Ereignis *A*). Sie haben keine Idee, diese zu messen, da Sie nicht wissen, was wir mit Wahrscheinlichkeit meinen. Sie sind jedoch in der Lage, einen Höchstbetrag für Ihre Versicherung anzugeben. Welche Höchstsumme würden Sie für diese Versicherung bezahlen? Falls Sie *n* DM antworten, so beträgt Ihre Zuweisung zu

$$P(A) = \frac{n}{100\ 000} \ .$$

Wir setzen voraus, daß Ihr *n* zwischen 0 und 100 000 liegt, daher einen Wert von *P(A)* zwischen 0 und 1 ergibt. Um mit subjektiven Wahrscheinlichkeiten Berechnungen durchführen zu können, wie sie im folgenden Abschnitt beschrieben werden, müßten Sie für eine Versicherung über 200 000 DM dann den doppelten Betrag ($2 \cdot n$ DM) bezahlen (Ihre subjektive Wahrscheinlichkeit für den Ausbruch des Vulkans darf nicht variieren). Ohne diese *Kohärenzeigenschaft* können Rechnungen, wie Addition und Multiplikation, mit Wahrscheinlichkeiten nicht durchgeführt werden.

8.3   Wahrscheinlichkeit und Intuition

Wenn es um die Abschätzung von Wahrscheinlichkeiten geht, versagt unsere Intuition. Von *zufälligen Folgen* – wie „Rot" und „Schwarz" beim Roulette – erwarten wir, daß sie ständig wechseln, daß sich keine Farbe mehr als zwei- oder dreimal wiederholt. Tatsächlich aber sind in Zufallsfolgen vier-, fünf- oder sechsfache Wiederholungen keine Seltenheit. Noch gravierender wird unsere Fehleinschätzung, wenn wir glauben, einen Einfluß auf das Geschehen zu haben: In einem Versuch wurden amerikanischen Testpersonen Lotterielose zum Preis von einem Dollar verkauft. Die eine Hälfte der Testpersonen bekam ein Los zugeteilt, die andere durfte sich ihr Los selbst aussuchen. Kurz vor der Ziehung wurden die Probanden gefragt, ob sie ihr Los wieder verkaufen wollten. Die Teilnehmer der ersten Gruppe wollten im Schnitt 1.96 Dollar für ihr Los kassieren. Jene der zweiten Gruppe forderten den stolzen Preis von durchschnittlich 8.67 Dollar. Offenbar glaubten sie, daß ihr selbst gezogenes Los eine größere Chance habe als das zugeteilte. Der bloße Akt des Auswählens erzeugt die Illusion, das Spielgeschehen unter Kontrolle zu haben, ein Traum, der viele Spieler ins Verderben treibt. Diese Vorstellung kann jedoch auch zu einer krassen Überschätzung der Möglichkeiten einer therapeutischen Einflußnahme auf ein Krankheitsgeschehen führen.

Wie leicht wir uns in die Irre führen lassen, zeigt ein Beispiel, das bereits 1959 im Wissenschaftsmagazin „Scientific American" vorgestellt und dann im September 1990 in der Zeitschrift „Parade" wieder aufgegriffen wurde. Es entstand eine lebhafte Diskussion, die ein Jahr später auch die deutsche Medienlandschaft erreichte. Ein Buch über „Denken in Wahrscheinlichkeiten" hat auf diesem Problem aufgebaut [v. Randow].

„Ziege oder Auto" lautet die Alternative in der US-amerikanischen Fernseh-Show „Let's make a deal". Der Gewinner des Abends kann am Ende der Sendung zwischen drei Türen wählen. Hinter einer der Türen befindet sich als Hauptgewinn das Auto, hinter den beiden anderen als Niete je eine meckernde Ziege. Nachdem der Kandidat seine Wahl getroffen hat (diese Tür aber noch geschlossen bleibt), öffnet der Moderator eine der beiden anderen Türen: Dabei kommt – dies ist das Prinzip des Spiels – immer eine Ziege zum Vorschein. Der Kandidat hat nun die Möglichkeit, seine getroffene Wahl zu ändern. Kann er seine Gewinnchancen durch einen Wechsel erhöhen?

Die verblüffende Lösung sorgte für Aufsehen: Der Kandidat erhöht seine Gewinnchancen auf das Doppelte, wenn er seine Wahl revidiert. Bleibt er bei der einmal ausgewählten Tür – nennen wir sie A – gewinnt er in einem Drittel aller Fälle das Auto, nämlich nur dann, wenn es hinter A steht. Ändert er seinen Tip, beträgt seine Gewinnwahrscheinlichkeit zwei Drittel. In zwei von drei möglichen Fällen gewinnt er, nämlich dann, wenn sich die Luxuskarosse hinter Tür B oder C befindet:

- Steht sie in Ausgang B, zeigt ihm der Moderator die Ziege hinter Tür C.
  Der Kandidat wechselt von A auf B und gewinnt das Auto.
- Ist C die Tür zum Wagenbesitz, öffnet der Show-Master B, der Kandidat revidiert A zugunsten von C und gewinnt.
- Nur wenn A die Tür zum Glück war, verliert er.

Die meisten Menschen lassen sich täuschen und vertreten mehr oder weniger standhaft, es sei egal, ob der Kandidat seine Wahl beibehält oder wechselt. Und das tun nicht nur Laien. Auch Experten irren zuweilen, wenn es darum geht, Chancen zu ermitteln. In kaum einer anderen Disziplin haben so viele kluge Köpfe falsche Behauptungen aufgestellt wie in der Wahrscheinlichkeitsrechnung. Auch das folgende Beispiel soll Sie zum Nachdenken anregen. Wir werden die Lösung im nächsten Abschnitt angeben.

Auf einer Party befinden sich einschließlich des Gastgebers 23 Menschen. Der Herr des Hauses bietet ihnen eine Wette an:

,,Wenn alle Personen im Raum an unterschiedlichen Tagen im Jahr Geburtstag haben, bekommen Sie 100 DM von mir. Feiern dagegen mindestens 2 Personen am gleichen Tag ihr Wiegenfest, so schulden Sie mir 100 DM".

Schlagen Sie ein? (Natürlich kennen weder Sie noch er einen anderen Geburtstag als den eigenen).

8.4   Wahrscheinlichkeit bei gleich wahrscheinlichen Ereignissen

Die Frage, ob Sie auf die Wette des Gastgebers eingehen, führt unmittelbar zu dem Problem, die Wahrscheinlichkeit dafür zu berechnen, daß 23 Personen alle an unterschiedlichen Tagen im Jahr Geburtstag haben. Nehmen wir an, das Jahr habe 365 Tage und jeder Geburtstag die gleiche Wahrscheinlichkeit, d. h., jeder beliebige dieser 365 Tage tritt mit gleicher Wahrscheinlichkeit, also $1/365$, als Geburtstag auf. Mit diesen Voraussetzungen sind alle Geburtstage (Ausgänge, Elementarereignisse) gleich wahrscheinlich, man spricht von einem Laplaceschen Wahrscheinlichkeitsraum. Der entscheidende Schritt in der Wahrscheinlichkeitsrechnung besteht nun darin, mit Hilfe dieser Grundannahmen Wahrscheinlichkeiten für Kombinationen von Ausgängen, sogenannten Ereignissen, zu bestimmen. Uns interessiert das Ereignis E: ,,Keine 2 Personen haben am gleichen Tag Geburtstag".

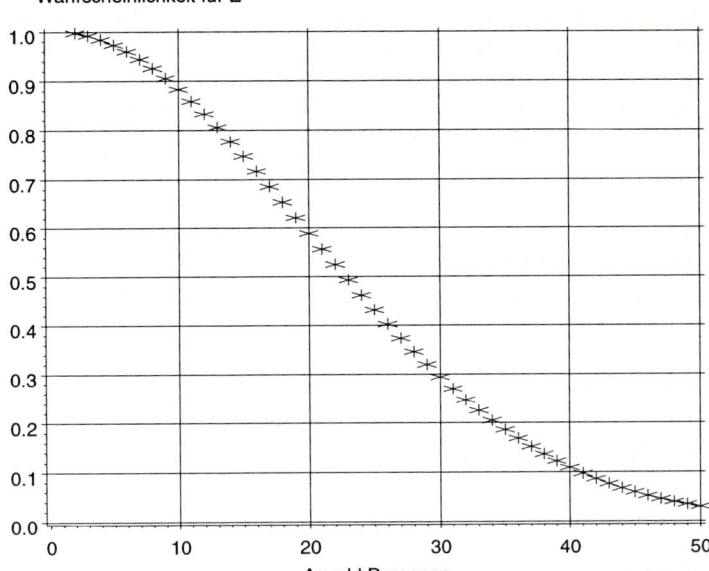

Abb. 8.2. Wahrscheinlichkeit für das Eintreten des Ereignisses *E*: „Keine 2 Personen haben am gleichen Tag Geburtstag" in Abhängigkeit von der Anzahl Personen.

In einem Laplaceschen Wahrscheinlichkeitsraum läßt sich die Wahrscheinlichkeit für ein Ereignis *E* durch Abzählen der Möglichkeiten, bei denen *E* eintritt, bestimmen:

$$P(E) = \frac{Anzahl\ der\ für\ E\ günstigen\ Möglichkeiten}{Anzahl\ aller\ Möglichkeiten}.$$

Wir nennen die 23 Personen *a, b, c, ...u, v, w*. Da jede Person an 365 verschiedenen Tagen Geburtstag haben kann, gibt es insgesamt 365^{23} Möglichkeiten. Damit *E* eintritt, darf die Person *a* an einem beliebigen Tag geboren sein. Für *b* bleiben nur noch 364 von 365 Tagen, *c* hat 363 Möglichkeiten und *w* schließlich noch 343 Tage, also beträgt die Anzahl der für Sie günstigen Möglichkeiten („Keine 2 Personen haben am gleichen Tag Geburtstag")

$$365 \cdot 364 \cdot 363 \cdot 362 \cdot ... \cdot 343.$$

Als Wahrscheinlichkeit für das Eintreten von *E* ergibt sich:

$$P(E) = \frac{365 \cdot 364 \cdot 363 \cdot 362 \cdot ...\ 343}{365 \cdot 365 \cdot 365 \cdot 365 \cdot ...\ 365} = 0.49.$$

Damit stehen Ihre Chancen schlechter als die des Gastgebers, die Wette zu gewinnen. Haben Sie das vermutet?

In Abbildung 8.2 ist die Wahrscheinlichkeit für das Eintreten des Ereignisses E: ,,Keine 2 Personen haben am gleichen Tag Geburtstag" in Abhängigkeit von der Anzahl Personen, die sich auf der Party befinden, dargestellt. Diese Funktion eröffnet Ihnen die Möglichkeit, Ihren Wetteinsatz so festzulegen, daß Sie auf Dauer von den Gewinnen leben können, falls Sie nur genügend Partner finden, die auf Ihre Wette eingehen. Hierzu müssen Sie die Wettquoten abhängig von der Wahrscheinlichkeit für das Eintreten des Ereignisses festlegen.

Wir demonstrieren dies an einem Beispiel mit 35 Personen: Sie bieten also an:
,, Wetten, daß mindestens 2 der hier anwesenden 35 Personen am gleichen Tag Geburtstag haben! Ist dies der Fall, so erhalte ich 20 DM; anderenfalls zahle ich meinem Wettpartner 80 DM. "

Ihr Einsatz (80 DM) ist also höher als der Ihres Partners (20 DM). Dennoch werden Sie auf lange Sicht hiermit Gewinne erzielen.

Aus der Abbildung 8.2 entnehmen Sie, daß Sie in etwas mehr als 80 % der Fälle (etwa 81 %) gewinnen und in weniger als 20 % (etwa 19 %) verlieren werden. Demnach werden Sie 81 von 100 solcher Wetten gewinnen, also $81 \cdot 20$ DM = 1620 DM verdienen und $19 \cdot 80$ DM = 1520 DM verlieren. Als ,,Reingewinn" verbleiben Ihnen daher aus 100 Wetten

$$1620 \text{ DM} - 1520 \text{ DM} \quad = \quad 100 \text{ DM},$$

also pro Wette im Mittel

$$100 \text{ DM} : 100 \quad\quad = \quad 1 \text{ DM}.$$

Der ,,mittlere" Gewinn pro Wette ermöglicht die Kalkulation des ,,mittleren" Gewinns in Abhängigkeit der durchgeführten Wette. Nach 50 Wetten können Sie $50 \cdot 1$ DM = 50 DM, nach 350 Spielen 350 DM Gewinn erwarten.

8.5 Wahrscheinlichkeitsmodell und Realität

Dieses Beispiel zeigt deutlich den Beitrag der Wahrscheinlichkeitsrechnung bei der Quantifizierung der Unsicherheit. Ausgehend von einer Grundannahme (jeder Geburtstag tritt mit gleicher Wahrscheinlichkeit auf) können über mehr oder weniger aufwendige Berechnungen Aussagen über interessierende Ereignisse gemacht werden (Wie groß ist die Wahrscheinlichkeit, daß 2 von 35 Personen am gleichen Tag Geburtstag haben?). Diese Wahrscheinlichkeiten ermöglichen dann eine rationale Abschätzung von Risiken (Welchen Gewinn bzw. Verlust kann ich bei dieser Wette erwarten?). Bei allen Anwendungen der Wahrscheinlichkeitsrechnung in der Medizin wird das soeben skizzierte Vorgehen verwendet. Intuition wird durch quantifizierbare Risikoaussagen ersetzt.

Aussagen, die mit Hilfe der Anwendung von Methoden der Wahrscheinlichkeitsrechnung gewonnen werden (dies ist bei statistischen Methoden immer der Fall), bedürfen jedoch immer einer Abwägung der Voraussetzungen, die bei den Berechnungen verwendet wurden. Meist sind diese Voraussetzungen nicht exakt nachzuprüfen, dennoch ist es notwendig, sich über deren Tragweite bewußt zu werden. Ein wesentlicher Beitrag der medizinischen Biometrie liegt genau in der Frage nach der Bewertung von Voraussetzungen. Diese Voraussetzungen sind im allgemeinen nur durch Vorgaben bei der Planung zu erzielen. Manchmal kann anhand empirischer Daten die Bedeutung von Voraussetzungen geklärt werden. Für die Geburtstagswette liegen für die Voraussetzung, daß alle Geburtstage mit gleicher Wahrscheinlichkeit auftreten, Daten vor.

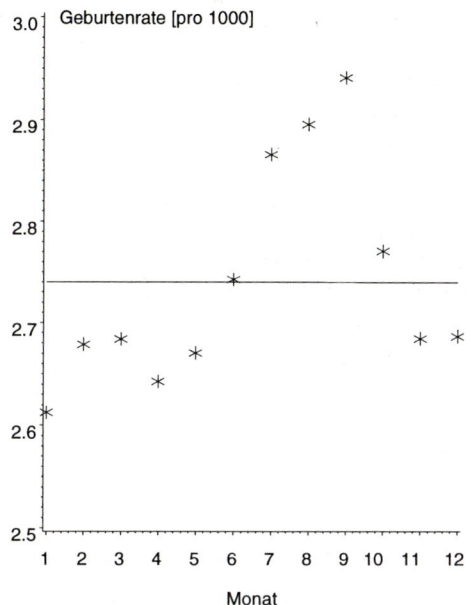

Abb. 8.3. Mittlere tägliche Geburtenfrequenz nach Monaten. Im Januar werden etwa 5 % weniger Kinder (täglich 2.61 gegenüber 2.74 erwarteten pro 1000 Geburten), im September 7 % mehr (2.96 täglich pro 1000 Geburten) als erwartet geboren. Die durchgezogene Linie zeigt die Gleichverteilung von 1/365 [Nunnikhoven].

In Abbildung 8.3 sind die Mittelwerte der Anteile der Geburtstage für Monate dargestellt, wie sie sich aus einer Untersuchung mit amerikanischen Daten aus den Jahren 1978 bis 1987 ergeben haben. Die gerade Linie zeigt den Wert $1/365 = 0.00274$ bei Gleichverteilung. Zwischen Oktober und April werden weniger Kinder und in den Monaten Juli, August und September mehr als bei Gleichverteilung geboren. Hiermit sind die Voraussetzungen für die Anwendung des Laplaceschen Wahrscheinlichkeitsmodells verletzt. Dies ist typisch für reale Anwendungen der Wahrscheinlichkeitsrechnung in der Medizin: Die theoretisch geforderten Voraussetzungen werden bei praktischen Anwendungen niemals korrekt, sondern nur approximativ erfüllt sein. Die entscheidende Frage lautet jedoch immer:

„Ergeben sich aufgrund der Verletzung der Voraussetzung grob falsche Schlüsse für das zu lösende Problem?"

In seiner Arbeit bestimmt der Autor mit Hilfe der tatsächlichen Geburtenverteilung wiederum die Wahrscheinlichkeit für das Eintreten von E (keine 2 Personen haben am gleichen Tag Geburtstag) und vergleicht sie mit den aufgrund der Annahme einer Gleichverteilung berechneten Wahrscheinlichkeit. Das Ergebnis ist in Tabelle 8.1 aufgeführt. Unterschiede treten erst ab der 4. Nachkommastelle auf. Praktische Relevanz für das Anbieten der Wette hat die Verletzung der Voraussetzungen demnach nicht.

Anzahl Personen	Auftreten der Geburtstage	
	gleich wahrscheinlich	tatsächliche Wahrscheinlichkeit
10	0.880052	0.880900
23	0.492703	0.492228
35	0.185617	0.185197
50	0.029626	0.029489

Tabelle 8.1. Wahrscheinlichkeit dafür, daß keine 2 Personen am gleichen Tag Geburtstag haben.

8.6 Rechnen mit Wahrscheinlichkeiten

Der Hauptgrund für die Zuweisung numerischer Werte zu Wahrscheinlichkeiten ist, daß damit gerechnet werden kann. Die zwei Arten von Rechnungen mit Wahrscheinlichkeitswerten sind Addition und Multiplikation. Diese sind bei Zugrundelegung der beiden Wahrscheinlichkeitsbegriffe *Prävalenz in einer Gruppe* (Fall 1) und *Relative Häufigkeit bei wiederholten Experimenten* (Fall 2) möglich. Bei subjektiven Wahrscheinlichkeiten sind ohne zusätzliche Forderungen an die Kohärenz Widersprüche nicht zu vermeiden. Betrachten wir eine zufällige Folge von Experimenten, etwa das Werfen eines Würfels. In einer Folge solcher Würfe können wir z. B. nach der Wahrscheinlichkeit fragen, eine 1 *oder* eine 3 zu würfeln. Die Antwort ist einfach. Bei einem fairen Würfel beträgt die Wahrscheinlichkeit, eine 1 zu werfen, $\frac{1}{6}$ und die Wahrscheinlichkeit, eine 3 zu werfen, ebenfalls $\frac{1}{6}$. Dies bedeutet, die 1 wird in einer langen Versuchsreihe in etwa $\frac{1}{6}$ der Versuche erscheinen, gleiches gilt für die 3. In keinem Versuch werden die 1 und die 3 zusammen erscheinen. Daher wird das zusammengesetzte Ereignis „1 oder 3" in $\frac{1}{6} + \frac{1}{6} = \frac{1}{3}$ der Experimente in einer langen Serie erscheinen. Die Wahrscheinlichkeiten der zwei einzelnen Ereignisse wurden addiert.

Es sei an dieser Stelle ausdrücklich auf die Bedeutung der Tatsache hingewiesen, daß die 1 und die 3 nicht zusammen erscheinen können. Die beiden Ereignisse schließen sich gegenseitig aus, sie heißen disjunkte Ereignisse. Ohne diese Voraussetzung führt die Additionsregel zu einem falschen Ergebnis.

Beispielsweise sei A das Ereignis, in einer langen Serie von Würfelexperimenten eine gerade Zahl und B das Ereignis, eine Zahl größer als 2 zu werfen. Offensichtlich beträgt

$$P(A) = \frac{1}{2} \text{ und } P(B) = \frac{4}{6}.$$

Wie groß ist die Wahrscheinlichkeit, eine gerade Zahl *oder* eine Zahl größer als 2 zu werfen? Falls die beiden Einzelwahrscheinlichkeiten addiert werden, ergibt dies

$$\frac{1}{2} + \frac{4}{6} = \frac{7}{6},$$

ein falsches Ergebnis. Die Ursache ist, daß einige Ergebnisse doppelt gezählt werden: So tritt beim Würfeln einer 4 und einer 6 sowohl das Ereignis A als auch das Ereignis B ein. Um das richtige Ergebnis zu erhalten, muß die Wahrscheinlichkeit für die doppelt gezählten Ergebnisse abgezogen werden. Hiermit erhält man die allgemeine Additionsregel:

$$P(A \text{ oder } B) = P(A) + P(B) - P(A \text{ und } B).$$

In dem zuletzt aufgeführten Würfelbeispiel beträgt

$$P(A \text{ und } B) = \frac{2}{6}, \quad \text{womit sich für}$$

$$P(A \text{ oder } B) = \frac{7}{6} - \frac{2}{6} = \frac{5}{6}$$

als richtiges Ergebnis ergibt.

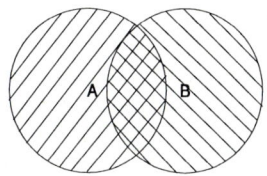

Abb. 8.4. Vereinigung von A und B (entspricht dem Eintreten des Ereignisses *A oder B*). Die Menge A ist rechts-, die Menge B linksschraffiert. Der Durchschnitt beider Mengen A und B ist Teilmenge beider Mengen und ist zweifach schraffiert.

Das „oder" bei dem Verknüpfen zweier Ereignisse entspricht der Vereinigung bei Mengen. Diese ist in Abbildung 8.4 dargestellt. Das Ereignis A ist die Menge A = {2, 4, 6}, das Ereignis B = {3, 4, 5, 6}. Der Durchschnitt der beiden Mengen A $\wedge$ B = {4, 6} ist nicht leer, die beiden Mengen sind nicht disjunkt.
Falls die beiden Ereignisse A und B disjunkt sind, so ist

$$P(A \text{ und } B) = 0$$

und man erhält als Additionsregel für disjunkte Ereignisse:

$$P(A \text{ oder } B) = P(A) + P(B).$$

Neben der Addition ist die Multiplikation die zweite wichtige Verknüpfung von Wahrscheinlichkeiten. Die Multiplikation von Wahrscheinlichkeiten kann ebenso wie die Addition mittels der relativen Häufigkeit in einer langen Serie von Versuchen dargestellt werden.

Wir stellen uns zwei zufällige Folgen von Experimenten vor, die gleichzeitig durchgeführt werden. Beispielsweise wird bei jedem Schritt eine Münze und ein Würfel geworfen. Wie lautet die (gemeinsame) Wahrscheinlichkeit für eine spezielle Kombination von Ergebnissen, etwa eine Zahl Z mit der Münze und eine 5 mit dem Würfel zu werfen? Das Ergebnis ist durch die Multiplikationsregel gegeben:

$$P(Z \text{ und } 5) = P(Z) \cdot P(5, \text{,,gegeben'' } Z).$$

Dies bedeutet, die relative Häufigkeit von Paaren von Experimenten in einer langen Folge, in denen beide, sowohl Z als auch die 5 erscheinen, ist gleich der relativen Häufigkeit von Experimenten mit Z auf der Münze, multipliziert mit der relativen Häufigkeit aus diesen Experimenten mit zusätzlich 5 auf dem Würfel.

Das zweite Glied in der Formel ist ein Beispiel für eine bedingte Wahrscheinlichkeit: Das erste Ereignis, ,,5'', wird *bedingt* auf das zweite, ,,Z'', d. h. eingeschränkt auf die Experimente, in denen Z bereits eingetreten ist. Als abkürzende Schreibweise verwenden wir:

$$P(5, \text{,,gegeben'' } Z) = P(5 \mid Z).$$

In diesem speziellen Beispiel gibt es keinen Grund anzunehmen, daß die 5 auf dem Würfel in irgendeiner Weise dadurch beeinflußt wird, ob auf der Münze eine Zahl erscheint oder nicht, mit anderen Worten

$$P(5 \mid Z) = P(5).$$

Die bedingte Wahrscheinlichkeit ist hier gleich der unbedingten Wahrscheinlichkeit. Die zwei Ereignisse heißen dann ,,unabhängig''. Damit erhält man als Multiplikationsregel für unabhängige Ereignisse:

$$P(Z \text{ und } 5) = P(Z) \cdot P(5) = \frac{1}{2} \cdot \frac{1}{6} = \frac{1}{12}.$$

Tatsächlich gibt es in diesem Beispiel 12 Ereignisse aus den möglichen Kombinationen von Münz- und Würfelwurf, die in einer langen Serie von Experimenten gleich häufig erscheinen:

$$W1, W2, \ldots, W6, Z1, Z2, \ldots, Z6.$$

Aus dieser Überlegung heraus ergibt sich somit ebenfalls

$$P(Z \text{ und } 5) = P(Z, 5) = \frac{1}{12}.$$

Sehr häufig sind Paare von Ereignissen nicht unabhängig. Zur Berechnung der gemeinsamen Wahrscheinlichkeit muß dann die allgemeine Multiplikationsregel benutzt werden. Als Beispiel für das Fehlen von Unabhängigkeit nehmen wir an, daß in einer Gruppe 30 %

der Individuen blaue Augen haben (als phänotypisches Merkmal und nicht als Ergebnis eines Faustkampfes). Hiermit ergibt sich

$P(rechtes\ Auge\ blau)$ =   0.3.
$P(linkes\ Auge\ blau)$ =   0.3.

P(rechtes Auge blau und linkes Auge blau) ist **nicht** gegeben durch

$P(rechtes\ Auge\ blau) \cdot P(linkes\ Auge\ blau)$ = 0.09.

Diese Wahrscheinlichkeit erhält man durch die Benutzung der allgemeinen Multiplikationsregel zu

$P(rechtes\ Auge\ blau) \cdot P(linkes\ Auge\ blau,\ gegeben\ rechtes\ Auge\ blau)$
= $0.3 \cdot 1.0$ = 0.3.

Addition und Multiplikation von Wahrscheinlichkeiten werden bei der Berechnung häufig kombiniert. An einem etwas komplexeren Beispiel aus dem Bereich der Genetik soll dies demonstriert werden.
Wir nehmen an, daß an einem Genort (locus) ein Gen in zwei Erscheinungsformen (Allelen) auftreten kann. Die Allele bezeichnen wir mit A und $\overline{A}$ (sprich: A quer). (Dies ist die allgemeine Schreibweise dafür, daß ein Ereignis zutrifft, A, oder nicht, $\overline{A}$). Der Genotyp eines Individuums ist von der Form (M, V), wobei M das durch die Mutter vererbte Allel (mit den Werten A und $\overline{A}$) und V das von dem Vater vererbte Allel (ebenfalls mit den Werten A und $\overline{A}$) bezeichnet. Die vier möglichen Genotypen sind demnach

$(A, A), (A, \overline{A}), (\overline{A}, A),$ und $(\overline{A}, \overline{A})$.

Die beiden mittleren Formen heißen heterozygot, die beiden anderen Formen homozygot. Zählen wir anstelle von Individuen Allele, so sprechen wir von dem Auftreten des Allels in der Bevölkerung. Für unser Beispiel sei die Wahrscheinlichkeit für das Auftreten des Allels

$P(A) = 0.7$ und damit $P(\overline{A})$ = $1 - 0.7$ = 0.3.

Unter der Voraussetzung der Unabhängigkeit der beiden Ereignisse ,,Vater vererbt Allel A" und ,,Mutter vererbt Allel A" gilt dann

$P(A, A) = P(A) \cdot P(A)$ = 0.49.

Die Voraussetzung der Unabhängigkeit kann z. B. als gegeben angenommen werden, wenn eine sogenannte Zufallspaarung (Panmixie) herrscht. Dies bedeutet, daß die Partnerwahl nicht von dem Genotyp bezüglich des Allels abhängig ist. Diese Voraussetzung mag bei vielen genetischen Problemen erfüllt sein und damit die Anwendung der Multiplikationsregel rechtfertigen. Unter Anwendung der Multiplikationsregel erhält man weiter:

$P(A, \overline{A})$ = $0.7 \cdot 0.3$ = 0.21 = $0.3 \cdot 0.7$ = $P(\overline{A}, A)$ und
$P(\overline{A}, \overline{A})$ = $0.3 \cdot 0.3$ = 0.09.

Da die Genotypen *(A, $\overline{A}$)* und *($\overline{A}$, A)* nicht unterscheidbar sind, ist unter Anwendung der Additionsregel

$$P(heterozygot) = 2 \cdot 0.21 = 0.42.$$

Die Wahrscheinlichkeit, daß ein zufällig aus einer Population herausgegriffenes Individuum den Genotyp *(A, A)*, heterozygot oder *($\overline{A}$, $\overline{A}$)* hat, ist demnach 0.49, 0.42 bzw. 0.09. Wir nehmen nun an, daß der Genotyp *($\overline{A}$, $\overline{A}$)* nicht lebensfähig ist. Wie groß ist dann die Wahrscheinlichkeit, daß ein aus der Population herausgegriffenes Individuum den Genotyp *(A, A)* hat? Gesucht ist die Wahrscheinlichkeit

$$P(A, A \mid lebend\ geboren) = P(A\ \text{und}\ A, gegeben\ lebend\ geboren)$$

Aus dem allgemeinen Multiplikationssatz erhält man nach Umformung für beliebige Ereignisse *A* und *B:*

$$P(A \mid B) = \frac{P(A\ \text{und}\ B)}{P(B)}.$$

In unserem Beispiel entspricht *B* dem Ereignis ,,lebend geboren". Damit erhalten wir

$$P(A, A \mid lebend\ geboren) = \frac{P(A, A\ \text{und}\ lebend\ geboren)}{P(lebend\ geboren)} = \frac{0.49}{0.91} = 0.54, \text{da}$$

$$P(A, A\ \text{und}\ lebend\ geboren) = P(A, A) = 0.49\ \text{und}$$

$$P(lebend\ geboren) = 1 - 0.09 = 0.91\ \text{ist}.$$

8.7   Wahrscheinlichkeitsverteilung

Unsere bisherige Betrachtung richtete sich auf die Bestimmung von Wahrscheinlichkeiten für Ereignisse. Ereignisse sind Aussagen (,,Bis zum Jahr 2000 wird eine Rakete auf der Venus gelandet sein"). Ihre Beschreibung erfolgt zunächst mit Hilfe unserer Sprache. Es ist jedoch sinnvoll und zweckmäßig, abkürzende Schreibweisen, z. B. Buchstaben oder Zahlen, für Ereignisse zu verwenden. Häufig werden Ereignissen numerische Werte zugewiesen. Derartige Funktionen, in der Wahrscheinlichkeitsrechnung meist mit großen Buchstaben bezeichnet, z. B. *X*, heißen Zufallsvariablen oder Zufallsgrößen. Mit Zufallsvariablen werden nicht nur Ereignissen numerische Werte zugeordnet, sondern darüber hinaus werden Ereignisse noch in Gruppen zusammengefaßt.
Wir betrachten als Beispiel die Geschlechtszusammensetzung von Familien mit drei Kindern. Wir setzen voraus, daß der Anteil der Mädchen bei der Geburt 0.49 beträgt und daß alle Kinder in den Familien als unabhängige zufällige Auswahl von einer Folge betrachtet werden können, in der die Wahrscheinlichkeit für ein Mädchen 0.49 ist. Wir wollen die Wahrscheinlichkeit bestimmen, daß eine Familie mit drei Kindern 3, 2, 1 und 0 Mädchen hat.

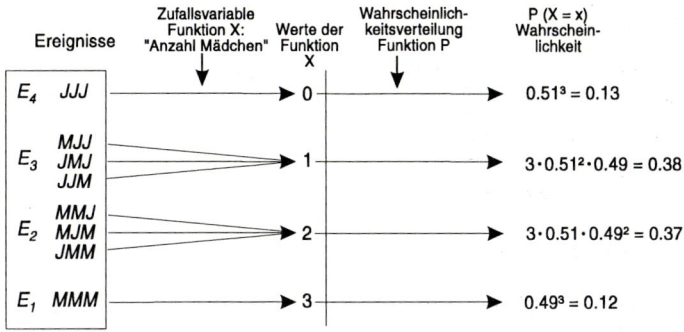

Abb. 8.5. Ereignis, Zufallsvariable und Wahrscheinlichkeiten am Beispiel der Geschlechtszusammensetzung von Familien mit drei Kindern.

In Abbildung 8.5 sind alle dazu notwendigen Abstraktionsschritte aufgeführt. Insgesamt
gibt es 8 verschiedene Reihenfolgen von Mädchen- und Jungengeburten (Elementarereignisse). Die uns für die weitere Berechnung interessierenden Ereignisse sind bereits zu vier
Ereignissen E_1, E_2, E_3, E_4 zusammengefaßt, bei denen jeweils die Anzahl der Mädchen-
geburten gleich ist.
Eine sinnvolle Zufallsvariable ist die Funktion X, deren Wert für jedes Ereignis die Anzahl
der Mädchengeburten angibt, z. B:

$$X(E_4) = 0 \text{ und } X(E_2) = 2.$$

Die Wahrscheinlichkeiten, mit der die Zufallsfunktion X ihre 4 möglichen Werte annimmt,
sind eindeutig durch die Elementarereignisse (und deren Wahrscheinlichkeiten) festgelegt.
Wir bestimmen zunächst $P(X=3) = P(E_1)$, d. h. die Wahrscheinlichkeit dafür, daß alle
Kinder Mädchen sind ($X=3$). Die Wahrscheinlichkeit, daß das erste Kind ein Mädchen ist,
beträgt 0.49. Da wir voraussetzen, daß die Geburt eines Mädchens unabhängig von den
vorausgegangenen Geburten eintritt, erhält man durch schrittweise Anwendung der Multiplikationsregel 0.49^2 als Wahrscheinlichkeit dafür, daß die ersten beiden Geburten
Mädchen sind, und $0.49^3 = 0.12$ als Wahrscheinlichkeit dafür, daß alle drei Geburten
Mädchen sind, d. h. etwa eine von acht Familien mit drei Kindern wird drei Mädchen
haben. Wir schreiben:

$$P(X = 3) = P(E_1) = P(MMM) = 0.12.$$

Eine Familie mit einem Jungen und zwei Mädchen (E_2) kann durch die folgenden drei Elementarereignisse entstehen: *JMM, MJM, MMJ*. Jede dieser Entstehungsweisen hat eine Wahrscheinlichkeit von

$$0.49^2 \cdot 0.51 = 0.1225.$$

Die totale Wahrscheinlichkeit für einen Jungen ist daher gegeben durch die Anwendung der Additionsregel:

$$
\begin{aligned}
P(X = 2) &= P(E_2) \\
&= P(JMM) + P(MJM) + P(MMJ) \\
&= 0.1225 + 0.1225 + 0.1225 \\
&= 3 \cdot 0.1225 = 0.3675.
\end{aligned}
$$

Eine Familie mit einem Mädchen (E_3) kann ebenfalls auf drei Weisen entstehen: *JJM, JMJ, MJJ*.
Jede dieser Kombinationen hat die Wahrscheinlichkeit $0.51^2 \cdot 0.49 = 0.1274$, und die totale Wahrscheinlichkeit für ein Mädchen ist

$$P(X = 1) = P(E_3) = 3 \cdot 0.51^2 \cdot 0.49 = 0.3823.$$

Die letzte Wahrscheinlichkeit *P(E$_4$)* für kein Mädchen *(JJJ)* ist gegeben durch

$$P(X = 0) = P(E_4) = 0.51^3 = 0.1327.$$

Die Funktion *P* heißt Wahrscheinlichkeitsverteilung der Zufallsvariablen *X* (Anzahl Mädchen in 3-Kind-Familie), eine graphische Darstellung ist in Abbildung 8.6 gegeben. Die 4 Wahrscheinlichkeiten summieren sich (bis auf Rundungsfehler) zu 1 auf, da dies die Wahrscheinlichkeit dafür ist, daß eine der vier Familienkompositionen auftritt. Eine weitere Aufteilung ist nicht möglich. Eine solche Aufteilung heißt „erschöpfend". Falls in einer großen empirischen Untersuchung die Zusammensetzung von Familien mit drei Kindern analysiert würde, wäre dann der Anteil der vier Typen nahe an den berechneten Wahrscheinlichkeiten? Vermutlich würden keine großen Abweichungen auftreten, jedoch wird die tatsächliche Aufteilung den theoretisch bestimmten Werten nicht exakt entsprechen, da die zugrunde gelegten Voraussetzungen mit Sicherheit nicht exakt erfüllt sein werden. So könnten z. B. Familien, bei denen die ersten beiden Geburten gleichgeschlechtlich sind, eher den Wunsch auf ein weiteres Kind haben als Familien, bei denen die ersten beiden Kinder unterschiedliches Geschlecht haben. Diese Verzerrungen werden zudem unterschiedlich in verschiedenen Ländern sein.

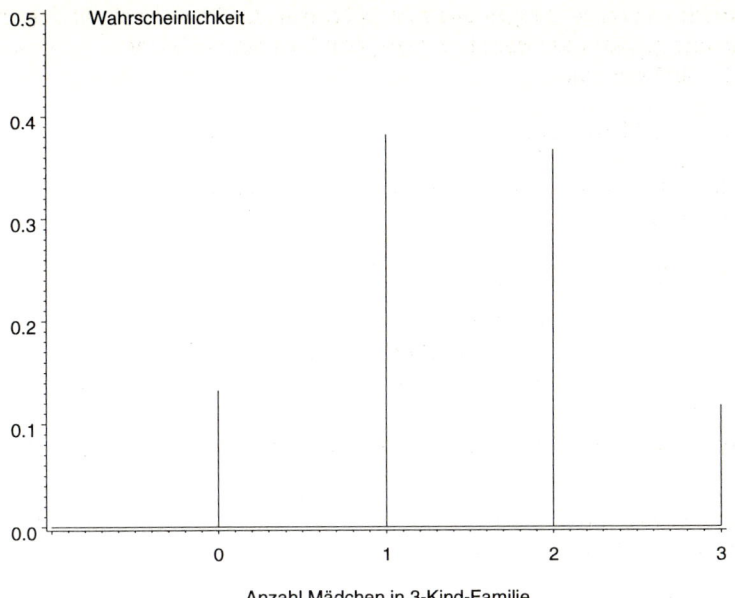

Abb. 8.6. Wahrscheinlichkeitsverteilung für die Zufallsvariable X „Anzahl Mädchen in 3-Kind-Familien".

Wir fassen zusammen:

- Eine Zufallsvariable (Zufallsgröße) ordnet Ereignissen (numerische) Werte zu.
- Die Wahrscheinlichkeitsfunktion gibt die Wahrscheinlichkeiten für alle Werte der Zufallsvariablen an.

In diesem Kapitel haben wir den Fall behandelt, bei dem die Zufallsvariable nur endlich viele Werte annimmt. Wenn eine Zufallsvariable stetig ist, d. h. beliebig viele Werte in einem Intervall annehmen kann, so hat es wenig Sinn, einen ganz bestimmten Wert dieser Variablen zu betrachten, da dieser ohnehin die Wahrscheinlichkeit 0 hat. Anstelle der Wahrscheinlichkeitsfunktion tritt die „Dichtefunktion". Hierauf gehen wir ausführlich in Kapitel 10.3 ein.

8.8 Erwartungswert und Varianz einer Zufallsgröße

Im allgemeinen werden in praktischen Anwendungen nicht die gesamte Wahrscheinlichkeitsfunktion, sondern daraus abgeleitete Größen verwendet, die in naheliegender Weise als Verbesserung oder Verschlechterung im Hinblick auf den Zustand eines Patienten gedeutet werden können. Wir hatten in Kapitel 8.4 im Zusammenhang mit der Berechnung des zu erwartenden Gewinns bereits eine solche abgeleitete Größe bestimmt, den Erwartungswert einer Zufallsgröße. Dieser Erwartungswert ist der ,,Mittelwert einer Zufallsgröße". Der Mittelwert wurde im Kapitel 5 nur für eine endliche Anzahl n von Beobachtungen festgelegt. Eine Wahrscheinlichkeitsverteilung muß jedoch prinzipiell mit unendlich vielen Beobachtungen verknüpft werden. Wie kann dann ein Mittelwert berechnet werden?

Nehmen wir an, n sei sehr groß, so groß, daß die relativen Häufigkeiten einer diskreten Zufallsgröße (etwa die Anzahl Mädchen-Geburten in 3-Kind-Familien) sehr nahe bei den Wahrscheinlichkeiten angenommen werden können. Falls sie tatsächlich exakt gleich den Wahrscheinlichkeiten sind, so ist die Anzahl Mädchen in 3-Kind-Familien durch Tabelle 8.2 gegeben:

Anzahl Mädchen	Häufigkeit
0	$0.133 \cdot n$
1	$0.382 \cdot n$
2	$0.367 \cdot n$
3	$0.118 \cdot n$

Tabelle 8.2. Verteilung der Anzahl Mädchen in 3-Kind-Familien bei großem Stichprobenumfang n.

Für die mittlere Anzahl Mädchen erhält man:

$$\frac{0 \cdot 0.133\, n + 1 \cdot 0.382\, n + 2 \cdot 0.367\, n + 3 \cdot 0.118\, n}{n} = 1.470.$$

Der Faktor n ist sowohl im Nenner als auch im Zähler des Bruches vorhanden und kann daher gekürzt werden, womit man den numerischen Wert 1.47 erhält. Der Stichprobenumfang taucht im Mittelwert nicht auf.

Die Formel, die wir eben zur Bestimmung des Mittelwertes verwendet haben, kann mit der Zufallsgröße X ,,Anzahl Mädchen" (siehe Abbildung 8.6) folgendermaßen ausgedrückt werden:

$$E(X) = 0 \cdot P(X{=}0) + 1 \cdot P(X{=}1) + 2 \cdot P(X{=}2) + 3 \cdot P(X{=}3) = \sum_{i=1}^{4} x_i \cdot P(X{=}x_i).$$

x_i bezeichnet die Werte der Zufallsgröße X: In unserem Beispiel

$$x_1 = 0,\ x_2 = 1,\ x_3 = 2,\ x_4 = 3.$$

Wird der Mittelwert einer Zufallsvariablen auf diese Weise bestimmt, so heißt dieser Wert erwarteter Wert oder einfach auch Erwartungswert von X und wird mit $E(X)$ bezeichnet. Häufig wird für $E(X)$ der griechische Buchstabe μ benutzt, um ihn von dem Mittelwert, der aus einer endlichen Stichprobe bestimmt wird (üblicherweise mit $\bar{x}$ bezeichnet), zu unterscheiden.

Bei einer stetigen Zufallsgröße, bei der die Wahrscheinlichkeit für jeden Punkt 0 beträgt, tritt an die Stelle der Summation über alle Werte die Integration über die Dichtefunktion $f(x)$ (siehe Kapitel 10.3). In Analogie zu einer diskreten ist der Erwartungswert einer stetigen Zufallsgröße X festgelegt durch

$$E(X) = \mu = \int_{-\infty}^{\infty} x \, f(x) \, dx \, .$$

Der Erwartungswert ist die wichtigste Zahl, mit der das stochastische Verhalten einer Zufallsgröße beschrieben wird. Die meisten Aussagen bei Anwendung statistischer Methoden beziehen sich auf diesen Parameter. Meist sollen zwei oder mehrere Erwartungswerte aus verschiedenen Patientengruppen, etwa mit unterschiedlichen Behandlungen, verglichen werden. Zur Durchführung dieses Vergleiches ist ein zweiter Parameter, $Var(X)$ – die Varianz einer Zufallsgröße – , unerläßlich:

$$Var(X) = E(X-\mu)^2 .$$

Die Varianz ist die erwartete quadratische Abweichung vom Erwartungswert. Die analoge Beziehung wie zwischen Erwartungswert und Mittelwert ist hier im Falle endlich vieler Beobachtungen herzustellen zu der Formel:

$$\frac{\sum (x_i - \bar{x})^2}{n} \, .$$

Bei der deskriptiven Beschreibung von Meßgrößen wurde allerdings anstelle der Division durch n eine durch $n-1$ durchgeführt. Für die Vorstellung, $Var(X)$ als Grenzwert der empirischen Varianz anzusehen, muß ohnehin n als sehr groß angesehen werden. Dann ist der Unterschied zwischen n und $n-1$ unbedeutend. Ebenso wie bei der empirischen Varianz (siehe Kapitel 5.10) gilt die Beziehung:

$$Var(X) = E(X-\mu)^2 = E(X^2) - [E(X)]^2 .$$

Die Varianz einer Zufallsgröße wird üblicherweise mit dem Symbol σ^2 bezeichnet (σ ist der kleine griechische Buchstabe „Sigma"). Die Standardabweichung σ ist die positive Wurzel aus der Varianz σ^2 :

$$\sigma = \sqrt{\sigma^2} = \sqrt{E(X-\mu)^2} \, .$$

Anzahl Mädchen x_i	$x_i - \mu$	$(x_i - \mu)^2$	$P(X = x_i)$	$(x_i - \mu)^2 \cdot P(X = x_i)$
0	- 1.470	2.161	0.133	0.287
1	- 0.470	0.221	0.382	0.084
2	0.530	0.281	0.367	0.103
3	1.530	2.341	0.118	0.275
Summe				0.750

Tabelle 8.3. Berechnung der Varianz von X: „Anzahl Mädchen in 3-Kind-Familie". Der Erwartungswert von X beträgt $E(X) = \mu = 1.47$.

Die Berechnung der Varianz für die Zufallsgröße X „Anzahl Mädchen in 3-Kind-Familien" ist in Tabelle 8.3 durchgeführt. Den zu dieser Berechnung notwendigen Erwartungswert $\mu = 1.47$ hatten wir bereits berechnet (siehe Tabelle 8.2). Aus Tabelle 8.3 erhält man:

$$Var(X) = 2.161 \cdot 0.132 + 0.221 \cdot 0.382 + 0.281 \cdot 0.367 + 2.341 \cdot 0.118$$
$$= 0.750$$

und als Standardabweichung

$$\sigma = \sqrt{0.75} = 0.866.$$

Wir fassen zusammen:

- Der Erwartungswert $E(X)$ einer Zufallsvariablen X mit den Werten $x_1 ..., x_k$ ist:

$$E(X) = \sum_{i=1}^{k} x_i P(X = x_i)$$

- Der Erwartungswert $E(X)$ wird häufig mit μ bezeichnet.
- Die Varianz $Var(X)$ der Zufallsvariablen X ist:

$$Var(X) = \sum_{i=1}^{k} (x_i - \mu)^2 P(X = x_i).$$

- Die Varianz $Var(X)$ wird häufig mit σ^2 bezeichnet.
- Die Standardabweichung der Zufallsvariable X ist:
- $Std(X) = \sqrt{Var(X)} = \sigma.$

8.9   Lineare Transformation einer Zufallsgröße

In den bisherigen Abschnitten dieses Kapitels wurden die grundlegenden Begriffe der Wahrscheinlichkeitsrechnung eingeführt. Die folgenden drei Abschnitte behandeln die Transformation von Zufallsgrößen. Zunächst werden die für das weitere Verständnis wichtigen linearen Transformationen behandelt. Die Kapitel 8.10 und 8.11 können zunächst übersprungen werden. Der Leser wird im weiteren Verlauf des Buches auf diese zurückverwiesen und kann dann je nach Bedarf diese Abschnitte lesen.

In Abbildung 8.7 ist die Transformation der Temperaturskala Celsius (C) auf die Skala Fahrenheit (F) dargestellt. Die Transformation ist durch die Geradengleichung

$$F = \frac{9}{5} C + 32$$

gegeben, wobei $°C$ die Temperatur in Grad Celsius und $°F$ die Temperatur in Grad Fahrenheit angibt.

Die Geradengleichung wurde bereits in Kapitel 6.2 eingeführt. Die Steigung wurde dort mit b_1, der Achsenabschnitt mit b_0 bezeichnet. In unserem Beispiel ist

$$b_1 = \frac{9}{5} \quad \text{und } b_0 = 32.$$

Die Transformationsgerade lautet:

$$y = b_1 \cdot x + b_0 .$$

Führen wir mit einem Thermometer mit Celsiusskala mehrere Temperaturmessungen durch, so erhalten wir auch bei konstanter Temperatur (z. B. $\mu = 20\ °C$) unterschiedliche Meßergebnisse. Diese streuen je nach Meßgenauigkeit des Thermometers mehr oder weniger stark. Diese Meßgenauigkeit kann durch die Standardabweichung σ_C beschrieben werden. Kleine Standardabweichung bedeutet hohe, große Standardabweichung geringe Meßgenauigkeit. Nehmen wir an, die Standardabweichung des Thermometers betrage $\sigma_C = 1.5\ °C$. Der Erwartungswert

$$\mu = 20\ °C$$

wird dann auf den Wert

$$\mu_F = \frac{9}{5} \cdot 20 + 32 = 68\ °F$$

der Fahrenheitskala und der Wert

$$\mu + \sigma_C = 20 + 1.5 = 21.5\ °C$$

auf den Wert 70,7 $°F$ transformiert. Als Standardabweichung auf der Fahrenheitskala erhält man

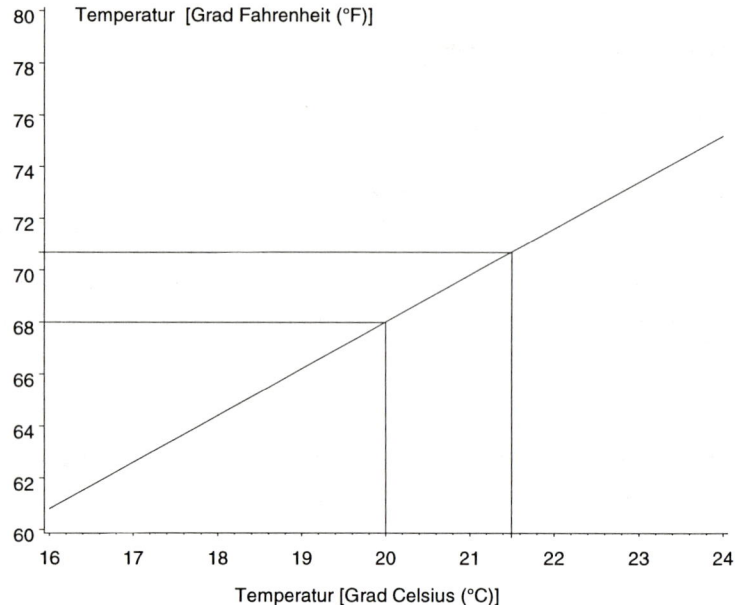

Abb. 8.7. Transformationsgerade zur Umrechnung von Grad Celsius auf Grad Fahrenheit (und umgekehrt).

$$\sigma_F = 70.7\,°F - 68\,°F = 2.7\,°F.$$

Die Standardabweichung σ_F der Fahrenheitskala läßt sich darstellen als das Produkt der Standardabweichung σ_C (der Celsiusskala) mit der Steigung b_1 der Transformationsgeraden:

$$\sigma_F = \sigma_C \cdot \frac{9}{5} = 1.5 \cdot \frac{9}{5} = 2.7.$$

Die soeben anhand des Beispiels demonstrierten Eigenschaften des Erwartungswertes und der Varianz haben außerordentliche Bedeutung in praktischen Anwendungen. Wir werden auf eine dieser Anwendungen, die Standardisierung von Zufallsgrößen auf Erwartungswert 0 und Varianz 1, gleich eingehen. Zunächst wollen wir die heuristisch demonstrierten Transformationseigenschaften konkretisieren.

Die Zufallsvariable X besitze den Erwartungswert $E(X) = \mu$ und die Varianz $Var(X) = \sigma^2$. Dann hat die Zufallsvariable $Y = b_1 \cdot X + b_0$ den Erwartungswert

$$E(Y) = b_1\mu + b_0$$

und Varianz

$$Var(Y) = b_1^2 \sigma^2 .$$

Die Standardabweichung von Y ist demzufolge:

$$Std(Y) = \sqrt{b_1^2 \sigma^2} = b_1 \cdot \sigma.$$

Der Beweis ist am Ende des Abschnitts ausgeführt.
Mit Hilfe der beiden Transformationsgleichungen ist es möglich, jede Zufallsgröße X in
eine „standardisierte" Zufallsgröße Z zu überführen, die Erwartungswert 0 und Varianz 1
besitzt. Die standardisierte Zufallsgröße wird häufig z-Score bzw. z-Wert genannt und
bildet ein Fundament zur Konstruktion statistischer Tests. Die Formel, mit der eine
Zufallsgröße X mit Erwartungswert

$$\mu = E(X) \text{ und Varianz } \sigma^2 = Var(X)$$

auf eine standardisierte Zufallsgröße Z mit Erwartungswert 0 und Varianz 1 transformiert
wird, lautet:

$$Z = \frac{X - \mu}{\sigma}$$

Dies ist aufgrund der Kenntnis über die Transformation von Erwartungswert und Varianz
sofort einzusehen:

$$E(Z) = E\left(\frac{X-\mu}{\sigma}\right) = \frac{1}{\sigma} E(X-\mu) = \frac{1}{\sigma} (E(X) - \mu) = \frac{1}{\sigma} (\mu - \mu) = 0.$$

$$Var(Z) = Var\left(\frac{X-\mu}{\sigma}\right) = \frac{1}{\sigma^2} Var(X-\mu) = \frac{1}{\sigma^2} Var(X) = \frac{\sigma^2}{\sigma^2} = 1.$$

Im folgenden wird die Anwendung der Standardisierung an einem konkreten Beispiel
demonstriert. Wir verwenden hier anstelle des Erwartungswertes und der Varianz den
Mittelwert und die empirische Standardabweichung.
Im Rahmen einer Untersuchung bei Kindern mit angeborenen Herzfehlern [Kramer et al.]
sollte geprüft werden, ob diese Kinder eine geringere motorische Leistungsfähigkeit
besitzen als vergleichbare Kinder ohne Herzfehler. Zur Prüfung der manuellen Geschick-
lichkeit werden unterschiedliche Verfahren eingesetzt. Eines davon ist das Tapping.
Hierbei muß eine Morsetaste möglichst schnell angeschlagen werden. Registriert wird bei
diesem Verfahren die Anzahl Klopfbewegungen innerhalb einer halben Minute auf der
Morsetaste. Dieser Test wurde bei 182 Kindern unterschiedlichen Alters durchgeführt.
Die Ergebnisse sind in Abhängigkeit vom Alter in Abbildung 8.8 dargestellt, wobei für
Mädchen und Jungen unterschiedliche Symbole verwendet werden.
Die Daten dieser 182 herzgesunden Kinder (Kontrollgruppe) bilden die Grundlage für den
Vergleich mit den Ergebnissen bei den herzkranken Kindern. Aus Abbildung 8.8 ist
ersichtlich, daß mit wachsendem Alter die Zahl der Anschläge innerhalb der vorgegebenen
Zeit zunimmt. Dies bedeutet, daß bei einem Vergleich zweier Werte das Alter der Kinder
berücksichtigt, d. h. also bezüglich des Alters „standardisiert" werden muß.

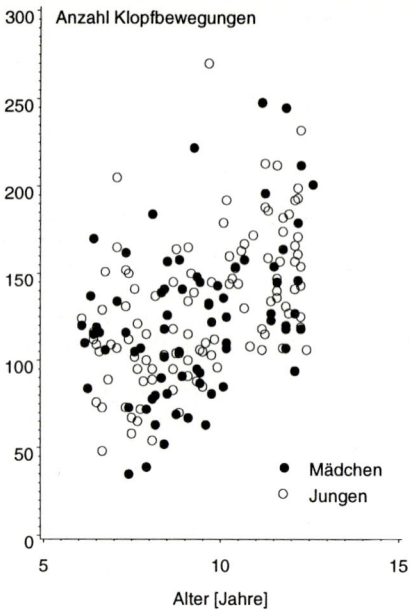

Abb. 8.8. Ergebnis des Tapping-Tests bei 182 Kindern in Abhängigkeit vom Alter, getrennt für Mädchen und Jungen.

In Tabelle 8.4 sind die Mittelwerte der Anzahl Klopfbewegungen zusammen mit der Standardabweichung für drei Altersklassen angegeben. Hiermit lassen sich die Rohwerte auf z-Werte transformieren. Auf diesen standardisierten Werten basieren auch die ,,p-Werte''. Wir geben diese Werte für dieses Beispiel mit an, obwohl wir erst in Kapitel 10 das dazu notwendige theoretische Rüstzeug einführen. Setzt man zusätzlich voraus, daß die Meßwerte innerhalb der Altersklassen durch die in Kapitel 10.4 noch einzuführende Normalverteilung mit den angegebenen Parametern gut zu approximieren sind, so ist der Anteil Meßwerte, die kleiner (oder gleich) diesem Wert sind, durch den Wert der ,,Verteilungsfunktion'' der ,,Standardnormalverteilung'' $\Phi(z)$ gegeben.

Altersklasse [Jahre]	$\bar{x}$	s
6 bis 7	108	34
8 bis 9	116	39
10 bis 11	154	30

Tabelle 8.4. Mittelwert und Standardabweichung der Anzahl Klopfbewegungen beim Tapping-Test in 3 Altersklassen.

Altersklasse [Jahre]	Rohwert	z-Wert	p-Wert
6 bis 7	128	0.59	0.72
8 bis 9	136	0.51	0.70
10 bis 11	116	- 1.27	0.10

Tabelle 8.5. Rohwerte, z-Werte und „p-Werte" für Anzahl Klopfbewegungen des Tapping-Tests. Die z-Werte ergeben sich aufgrund der in Tabelle 8.4 angegebenen Mittelwerte und Standardabweichungen, der p-Wert ist der Wert der Verteilungsfunktion $\Phi(z)$ der Standardnormalverteilung (siehe Kapitel 10.4).

In Tabelle 8.5 ist das Vorgehen demonstriert. Für den Rohwert x = 128 eines zwischen sechs und sieben Jahre alten Kindes erhält man den z-Wert

$$z = \frac{128 - 108}{34} = 0.59,$$

der besagt, daß dieser Rohwert um 0.59 Standardabweichungen über dem Mittelwert der Gruppe liegt. Der p-Wert gibt an, wie groß der Anteil der Werte kleiner oder gleich diesem Rohwert unter der Annahme einer Normalverteilung ist. Die z-Werte (und auch die p-Werte) allein erlauben eine Beurteilung der Meßwerte. So ist etwa der Rohwert $x = 128$ eines sechs- bis siebenjährigen Kindes höher zu bewerten als der Rohwert von $x = 136$ eines zwischen acht und neun Jahre alten Kindes (z-Werte 0.59 bzw. 0.51). Schließlich weist der z-Wert von $z = -1.27$ darauf hin, daß der Rohwert mehr als eine Standardabweichung unterhalb des Mittelwertes der Altersgruppe liegt: Nur 10 % der zwischen 10 und 11 Jahre alten Kinder haben kleinere standardisierte Werte.
Viele in der Medizin verwendete Größen sind altersabhängig. In der Pädiatrie ist diese Altersabhängigkeit von besonders großer Bedeutung. Zur Beurteilung von Wachstum und Gewichtsentwicklung werden dort Perzentilkurven verwendet. Perzentile sind spezielle Quantile (siehe Kapitel 5.4). Das 5. Perzentil ist das 5 %-Quantil. Für die Konstruktion solcher Perzentilkurven ist die Verwendung der Normalverteilung äußerst hilfreich. Voraussetzung hierzu ist jedoch, daß diese die Meßgröße genügend gut approximiert. In Abbildung 8.9 sind fünf Perzentilkurven zum Tapping-Beispiel dargestellt. Das 5. Perzentil ist die Anzahl der Klopfbewegungen, die von 5 % der Kinder dieses Alters nicht erreicht wird. Der Wert wird auch kurz 5 %-Wert genannt. Aus der Abbildung erhält man als 10. Perzentil für ein neunjähriges Kind etwa 80 Klopfbewegungen. Dies bedeutet, daß 10 % der neunjährigen Kinder 80 Klopfbewegungen nicht erreichen. Die dargestellten Perzentilkurven wurden mit Hilfe eines linearen Regressionsmodells (siehe Kapitel 14) bestimmt. Für dieses Beispiel und den engen Altersbereich ist das lineare Modell angemessen. Die Altersabhängigkeit, z. B. bei dem Längenwachstum, ist meist jedoch nicht linear (Wachstumsschübe), so daß im allgemeinen komplexere Modell zur Beschreibung der Altersabhängigkeit verwendet werden sollten.
Die leichten Unterschiede gegenüber den Werten aufgrund der Altersklassierung (Tabelle 8.4) resultieren aus der Bildung der Altersklassen und daraus, daß im Regressionsmodell eine konstante Standardabweichung ($s = 35$) zugrunde gelegt wurde.

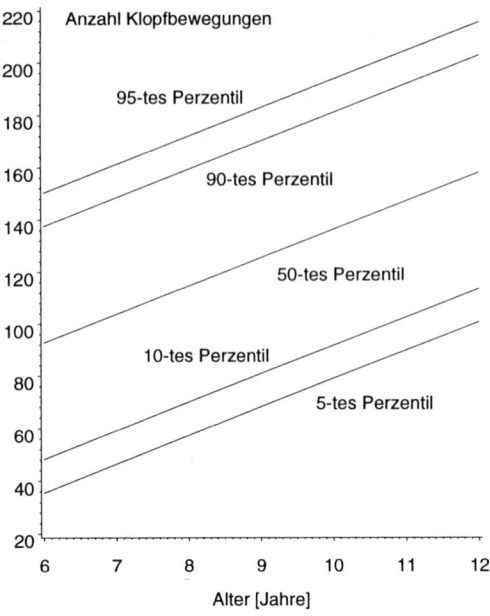

Abb. 8.9. Perzentilgeraden für das Tapping-Beispiel. Die Perzentilgeraden wurden unter Verwendung der Normalverteilung bestimmt.

Eine Standardisierung einzelner Meßgrößen ist besonders dann erforderlich, wenn aus mehreren einzelnen Meßwerten ein Score gebildet wird. Wir wollen dies an dem „Kameltest" demonstrieren, der ebenfalls zur Beurteilung der manuellen Geschicklichkeit bei Kindern eingesetzt wird. Bei diesem Test müssen Kinder eine 2 mm breite Nachfahrlinie, welche die Umrisse eines Kamels beschreibt, so schnell wie möglich entlang fahren. Jede Abweichung von der Nachfahrlinie wird als Fehler gezählt. In der Abbildung 8.10 ist die benötigte Zeit gegen die Anzahl Fehler aufgetragen. Kinder mit kurzer Nachfahrzeit begehen eher mehr Fehler als langsam zeichnende Kinder. Es ist nicht sinnvoll, eine der beiden Größen allein zur Beurteilung des Tests zu verwenden. Die Bildung eines Summenscores in der Form „benötigte Zeit + Anzahl Fehler" erscheint angebracht. Je größer der Score, umso schlechter ist die Leistung des Kindes bei diesem Test. Allein aufgrund der unterschiedlichen Dimensionierung (Zeit in Sekunden und Anzahl Fehler in „Anzahl") ist eine „reine" Summenbildung nicht sinnvoll.

	Mittelwert	Standardabweichung
Fehler [Anzahl]	21.6	12.5
Zeit [sec]	156.2	38.7

Tabelle 8.6. Zeit und Anzahl Fehler von 32 Kindern im Alter zwischen 10 bis 11 Jahren bei Kameltest.

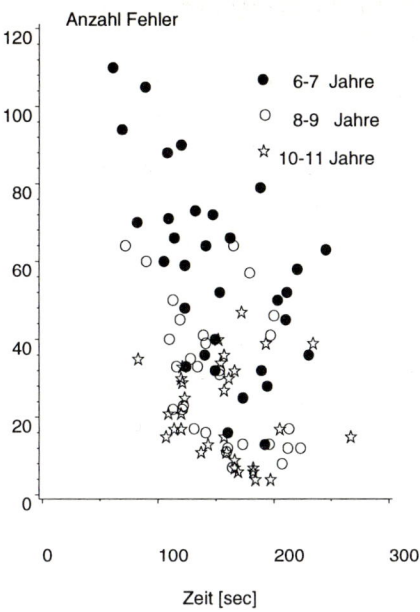

Abb. 8.10. Anzahl Fehler und benötigte Zeit von 94 Kindern beim Kameltest.

In der Tabelle 8.6 sind Mittelwert und Standardabweichung von Zeit und Fehler für die 32 Kinder im Alter zwischen 10 und 11 Jahren angegeben. Sowohl Mittelwert als auch Standardabweichung des Merkmals ,,Zeit" sind deutlich größer als die des Merkmals ,,Fehler". Daher wird bei einer reinen Addition der Summenscore durch das Merkmal ,,Zeit" wesentlich bestimmt. Will man beide Variablen (Items) gleich gewichten, so bietet sich in diesem Fall zunächst eine Standardisierung mit Hilfe von z-Werten sowohl der Zeit als auch der Fehler an. Die z-Werte sind dimensionslos. Somit ist die Addition dann sinnvoll.

In Tabelle 8.7 ist diese Standardisierung für zwei Meßwertpaare durchgeführt. Für das Meßwertpaar 1 liegt der Rohwert für die Zeit etwas über und der Rohwert für den Fehler etwas unterhalb des Mittelwertes. Entgegengesetzt sind die Verhältnisse bei Meßwertpaar 2. Durch die Standardisierung ergibt sich für das Meßwertpaar 2 insgesamt ein höherer Summenscore, also insgesamt eine schlechtere Bewertung.

Meßwertpaar (Individuum)	Zeit		Fehler		Summenscore
	Rohwert	z-Wert	Rohwert	z-Wert	
1	160	0.10	20	- 0.13	- 0.03
2	150	- 0.16	29	0.59	0.43

Tabelle 8.7. Rohwerte, z-Werte sowie Summenscores für Ergebnisse des Kameltests.

Eine Berechnung von p-Werten (und damit Perzentilkurven) ist für den Summenscore mit Hilfe der 32 Einzelwerte leicht möglich. Da Fehler und Zeit nicht unabhängige Variablen sind, reichen die in Tabelle 8.6 angegebenen Werte jedoch nicht aus. Zusätzlich müßte die Kovarianz s_{xy} (siehe Kapitel 6.4 und 8.10) angegeben sein.

> Beweise der Formeln

Hierzu seien x_i die möglichen Werte und $p(x_i) = P(X=x_i)$ die Wahrscheinlichkeiten, mit denen die Zufallsgröße X die Werte x_i annimmt. Dann ist

$$E(X) = \mu = \sum x_i\, p(x_i)$$

der Erwartungswert von X. Für $Y = b_1X + b_0$ erhält man:

$$
\begin{aligned}
E(Y) &= E(b_1X + b_0) \\
&= \Sigma(b_1x_i + b_0)\, p(x_i) \\
&= \Sigma b_1 x_i\, p(x_i) + \Sigma b_0 p(x_i) \\
&= b_1 \Sigma x_i\, p(x_i) + b_0 \Sigma p(x_i) \\
&= b_1\mu + b_0.
\end{aligned}
$$

Zum Beweis der Transformationseigenschaft für die Varianz zeigen wir zunächst:

$$Var(X) = E(X^2) - [E(X)]^2.$$

Es gilt:

$$
\begin{aligned}
Var(X) &= \Sigma(x_i - \mu)^2 p(x_i) \\
&= \Sigma(x_i^2 - 2x_i\mu + \mu^2)\, p(x_i) \\
&= \Sigma x_i^2 p(x_i) - 2\mu\,\Sigma x_i\, p(x_i) + \mu^2 \Sigma p(x_i) \\
&= E(X^2) - 2\mu^2 + \mu^2 \\
&= E(X^2) - [E(X)]^2.
\end{aligned}
$$

Hiermit läßt sich schließlich auch die Transformationsformel für die Varianz zeigen:

$$
\begin{aligned}
Var(Y) &= Var(b_1X + b_0) \\
&= E(b_1X + b_0)^2 - (E(b_1X + b_0))^2 \\
&= \Sigma(b_1^2 x_i^2 + 2b_1 x_i b_0 + b_0^2)\, p(x_i) - b_1^2\mu^2 - 2b_1 b_0\mu - b_0^2 \\
&= b_1^2[E(X^2) - (E(X))^2] \\
&= b_1^2 Var(X).
\end{aligned}
$$

8.10 Summe von Zufallsgrößen

Im vorherigen Abschnitt wurden die Formeln zur Berechnung von Erwartungswert und Varianz einer linear transformierten Zufallsgröße angegeben. Dabei wird nur eine Zufallsgröße X gemessen (z. B. „Anzahl Klopfbewegungen"), und die transformierte Größe entsteht aus X mittels Steigung b_1 und Achsenabschnitt b_0 der Transformationsgeraden.

In diesem Abschnitt soll nun die Summe von zwei Zufallsgrößen betrachtet werden. Summen aus Zufallsgrößen entstehen in der Medizin etwa bei der Berechnung des mittleren arteriellen Blutdrucks (aus diastolischem und systolischem Wert) oder des APACHE-Scores, bei dem verschiedene Meßwerte zu einem Gesamtwert addiert werden. Wir hatten einen *Score* bereits im Beispiel des Kameltests (Kapitel 8.9) kennengelernt. Für diese Summe soll wiederum eine Formel zur Berechnung des Erwartungswertes und der Varianz hergeleitet werden.

Eine Zufallsgröße S soll aus zwei Zufallsgrößen X und Y durch folgende Transformation bestimmt werden:

$$S = b_1 X + b_2 Y + b_0$$

Zur klaren Darstellung der grundlegenden Überlegungen betrachten wir ein theoretisches Beispiel, die Summe der Augenzahl beim zweimaligen Würfeln. Ist X die Augenzahl beim ersten Würfelwurf und Y die Augenzahl beim zweiten Wurf, so ist die Summe $S = X + Y$. Zunächst berechnen wir Erwartungswert und Varianz der Augenzahl beim einmaligen Würfeln.

$$E(X) \quad = \quad \frac{1+2+3+4+5+6}{6} \ = \ \frac{21}{6} \ = \ 3.5.$$

$$
\begin{aligned}
Var(X) \quad &= \quad E(X^2) - [E(X)]^2 \\
&= \quad \frac{1+4+9+16+25+36}{6} - \left(\frac{21}{6}\right)^2 \\
&= \quad \frac{91}{6} - \frac{441}{36} \ = \ \frac{105}{36} \ = \ 2.9.
\end{aligned}
$$

Als Standardabweichung erhalten wir:

$$Std(X) \quad = \quad \sqrt{\frac{105}{36}} \ = \ \frac{1}{6}\sqrt{105} \ = \ 1.7.$$

In Tabelle 8.8 ist die Summe der Augenzahlen mit 2 Würfeln für alle Kombinationsmöglichkeiten dargestellt. Man erkennt, auf wieviel verschiedene Weisen eine bestimmte Summe, etwa die Summe $S = 4$ (3 Arten), aus den zwei Würfen erzeugt werden kann. Die Wahrscheinlichkeit für $S = 4$ ist damit gegeben durch:

$$P(S = 4) = P(X + Y = 4) = P(X = 3 \text{ und } Y = 1) + P(X = 2 \text{ und } Y = 2) +$$
$$P(X = 1 \text{ und } Y = 3).$$

		Augenzahl 1. Wurf x					
		1	2	3	4	5	6
	1	2	3	4	5	6	7
	2	3	4	5	6	7	8
Augenzahl 2. Wurf y	3	4	5	6	7	8	9
	4	5	6	7	8	9	10
	5	6	7	8	9	10	11
	6	7	8	9	10	11	12

Tabelle 8.8. Summe S der Augenzahl beim zweimaligen Würfeln.

Unter der Voraussetzung, daß beide Würfe unabhängig voneinander sind, kann die Multiplikationsregel (siehe Kapitel 8.6) angewandt werden und man erhält:

$$P(S = 4) = 3 \cdot \frac{1}{6} \cdot \frac{1}{6} = \frac{3}{36} = \frac{1}{12}.$$

In Tabelle 8.9 ist die Wahrscheinlichkeit für alle Summen der Augenzahlen mit zwei Würfeln angegeben. Der Nenner (36) ist die Gesamtzahl der Anzahl möglicher Würfe mit zwei Würfeln, der Zähler ist die Anzahl derjenigen Würfe (günstige Fälle), bei denen die entsprechende Augenzahl als Summe erreicht wird. Somit läßt sich dieses Beispiel ebenfalls wieder mit Hilfe des Laplaceschen Wahrscheinlichkeitsraums darstellen, in dem nun allerdings die Elementarereignisse Paare (X, Y) sind.

k	2	3	4	5	6	7	8	9	10	11	12
P (S = k)	$\frac{1}{36}$	$\frac{2}{36}$	$\frac{3}{36}$	$\frac{4}{36}$	$\frac{5}{36}$	$\frac{6}{36}$	$\frac{5}{36}$	$\frac{4}{36}$	$\frac{3}{36}$	$\frac{2}{36}$	$\frac{1}{36}$
P (S ≤ k)	0.03	0.08	0.17	0.28	0.42	0.58	0.72	0.83	0.91	0.97	1.00

Tabelle 8.9. Wahrscheinlichkeitsfunktion für die Summe der Augenzahlen mit 2 Würfeln.

Mit Hilfe der Wahrscheinlichkeitsverteilung aus Tabelle 8.9 können wir nun Erwartungswert und Varianz von S bestimmen:

$$E(S) = \frac{1}{36} \cdot (2 + 3 \cdot 2 + 4 \cdot 3 + 5 \cdot 4 + 6 \cdot 5 + 7 \cdot 6 + 8 \cdot 5 + 9 \cdot 4 +$$

$$10 \cdot 3 + 11 \cdot 2 + 12) = \frac{252}{36} = \frac{42}{6} = 7 .$$

Zur Bestimmung der Varianz verwenden wir wiederum

$$Var(S) = E(S^2) - [E(S)]^2.$$

Mit

$$[E(S)]^2 = \left(\frac{42}{6}\right)^2 = \frac{1764}{36}$$

und

$$E(S^2) = \frac{1}{36}(4 + 9 \cdot 2 + 16 \cdot 3 + 25 \cdot 4 + 36 \cdot 5 + 49 \cdot 6 + 64 \cdot 5 +$$

$$81 \cdot 4 + 100 \cdot 3 + 121 \cdot 2 + 144) = \frac{1974}{36}$$

erhalten wir

$$Var(S) = E(S^2) - [E(S)]^2 = \frac{1974}{36} - \frac{1764}{36} = \frac{210}{36} = 5.8 \text{ und}$$

$$Std(S) = \frac{1}{6}\sqrt{210} = 2.4.$$

Wir stellen fest, daß gilt:

$$E(S) = E(X) + E(Y)$$
$$= \frac{21}{6} + \frac{21}{6} = \frac{42}{6}.$$

Dieser Zusammenhang ist nicht nur auf das eben beschriebene Beispiel beschränkt. Ganz allgemein gilt, daß der Erwartungswert der Summe von Zufallsgrößen gleich der Summe der Erwartungswerte ist:

$$E(X + Y) = E(X) + E(Y).$$

In unserem Würfelbeispiel sind die Zufallsgrößen X und Y unabhängig. Wir stellen weiter fest:

$$Var(S) = Var(X + Y) = Var(X) + Var(Y)$$
$$= \frac{105}{36} + \frac{105}{36} = \frac{210}{36}.$$

Dieser Zusammenhang gilt allgemein bei unabhängigen Zufallsgrößen.
Die Bedingung der Unabhängigkeit wird nicht für die Summe der Erwartungswerte, sondern nur für die Summe der Varianzen benötigt. Mit Hilfe dieser Beziehungen kann der Erwartungswert und die Varianz des Mittelwertes berechnet werden, wenn – wie üblicherweise vorausgesetzt wird – der Mittelwert aus unabhängigen Wiederholungen (z. B. unterschiedliche Patienten) gebildet wird. Damit bildet diese Beziehung die entscheidende Grundlage zur Konstruktion von Konfidenzintervallen und statistischen Tests.

> Beweise der allgemeinen Formeln

Zum Abschluß dieses Kapitels wollen wir die allgemeinen Formeln für die Summe von Zufallsgrößen ohne die Voraussetzung der Unabhängigkeit angeben und beweisen. Die Darstellung ist für den interessierten Leser gedacht. Im Rahmen dieses Buches wird darauf an keiner Stelle Bezug genommen. Allgemein gilt:

$$E(X + Y) \quad = \quad E(X) + E(Y)$$
$$Var(X + Y) = \quad Var(X) + Var(Y) + 2Cov(X,Y).$$

Dabei ist die Kovarianz $Cov(X, Y)$ von X und Y definiert durch:

$$Cov(X,Y) \quad = \quad E(XY) - E(X)E(Y)$$
$$= \quad E(XY - E(X)E(Y)).$$

Wir werden zeigen, daß für unabhängige X und Y der Erwartungswert des Produkts gleich dem Produkt der Erwartungswerte ist:

$$E(XY) \quad = \quad E(X)E(Y) \qquad\qquad \text{(I)}$$

und somit

$$Cov(X,Y) \quad = \quad 0$$

gilt. Damit ist mit dem noch zu beweisenden allgemeinen Fall sofort der spezielle Fall für unabhängige Zufallsvariablen ersichtlich. Zum Beweis führen wir die folgenden Bezeichnungen ein:

$$p(x_i,y_k) \quad = \quad P(X = x_i \text{ und } Y = y_k)$$
$$p(x_i) \quad = \quad P(X = x_i)$$
$$p(y_k) \quad = \quad P(Y = y_k).$$

Es gilt:

$$\sum_k p(x_i, y_k) \quad = \quad P(X = x_i) = p(x_i) \text{ und}$$

$$\sum_i p(x_i, y_k) \quad = \quad P(Y = y_k) = p(y_k).$$

Dann ist

$$E(X + Y) \quad = \quad \sum_i \sum_k (x_i + y_k)\, p(x_i,y_k)$$

$$= \sum_i \sum_k x_i\, p(x_i,y_k) + \sum_i \sum_k y_k\, p(x_i,y_k)$$

$$= \sum_i x_i\, p(x_i) + \sum_k y_k\, p(y_k) \;=\; E(X) + E(Y),$$

womit gezeigt ist, daß der Erwartungswert der Summe von Zufallsgrößen gleich der Summe der Erwartungswerte ist. Für die Varianz der Summe von Zufallsgrößen gilt:

$$
\begin{aligned}
Var(X+Y) &= E(X+Y)^2 - (E(X+Y))^2 \\
&= E(X^2 + 2XY + Y^2) - [E(X) + E(Y)]^2 \\
&= E(X^2) + 2E(XY) + E(Y^2) - (E(X))^2 - 2E(X)E(Y) - (E(Y))^2 \\
&= E(X^2) - (E(X))^2 + E(Y^2) - (E(Y))^2 + 2E(XY) - 2E(X)E(Y) \\
&= Var(X) + Var(Y) + 2Cov(X,Y).
\end{aligned}
$$

Damit ist auch die allgemeine Beziehung für die Varianz der Summe von Zufallsgrößen gezeigt. Für den Beweis von (I) stellen wir zunächst fest, daß für unabhängige x und y gilt:

$$
\begin{aligned}
p(x_i,y_k) &= P(X_i = x_i \text{ und } Y = y_k) \\
&= P(X_i = x_i)\, P(Y_i = y_k) \\
&= p(x_i)\, p(y_k).
\end{aligned}
$$

Hiermit erhalten wir für unabhängige Zufallsgrößen X und Y:

$$
\begin{aligned}
E(XY) &= \sum_i \sum_k x_i y_i\, p(x_i,y_k) \\
&= \sum_i \sum_k x_i y_k\, p(x_i)\, p(y_k) \\
&= \sum_i x_i\, p(x_i) \sum_k y_k\, p(y_k) \\
&= E(X)E(Y)
\end{aligned}
$$

und schließlich:

$$
\begin{aligned}
Cov(X,Y) &= E(XY) - E(X)E(Y) \\
&= E(X)E(Y) - E(X)E(Y) \\
&= 0.
\end{aligned}
$$

8.11 Nichtlineare Transformation von Zufallsgrößen

In Kapitel 8.9 haben wir Erwartungswert und Varianz von linear transformierten Zufalls-variablen bestimmt. In diesem Abschnitt soll der Erwartungswert und eine approximative

Formel für die Varianz bei nicht linear transformierten Zufallsgrößen angegeben werden. Soll z. B. das Prostata-Volumen bestimmt werden, so reicht es, unter der Voraussetzung, daß deren Volumen durch eine Kugel gut approximiert werden kann, hierzu aus, den Radius r der Prostata zu messen. Das Kugelvolumen $V(r)$ kann dann unter Zuhilfenahme folgender Formel berechnet werden:

$$V(r) = \frac{4}{3} \pi r^3.$$

Dabei ist r der Radius der Kugel und π die Kreiskonstante ($\pi = 3.14...$). Die Meßungenauigkeit des Gerätes zur Bestimmung des Radius sei bekannt. Wir nehmen an, daß die Standardabweichung $\sigma_r = 0.2$ cm beträgt. Wie groß ist nun die Standardabweichung (die Meßungenauigkeit) für die Volumenmessung? In Abbildung 8.11 ist dieser Sachverhalt dargestellt.

Für einen Radius $r = 2$ cm erhalten wir als Kugel:

$$v = \frac{4}{3} \pi \cdot 2^3 = 33.49.$$

Der Bereich des „einfachen Meßfehlers" des Gerätes reicht (wegen $\sigma_r = 0.2$cm) für den Meßwert $r = 2$ cm von 1.8 bis 2.2 cm. An der oberen Grenze des 1σ-Bereiches, also bei einem Radius von $r = 2.2$, ist das Kugel-Volumen wiederum durch die Volumenformel festgelegt (dieser Wert beträgt 44.58). Durch Differenzbildung der beiden Volumenwerte (44.58 - 33.49 = 11.09) kann die Standardabweichung für die transformierte Größe approximativ bestimmt werden.

In Abbildung 8.11 ist das Kugelvolumen $V(r)$ eingezeichnet. Für das soeben beschriebene Verfahren wird diese Beziehung verwendet. Für die Bestimmung einer Varianzformel als geschlossenen Ausdruck wird häufig folgendes Vorgehen verwendet: Die Kurve wird durch eine Gerade, die Tangente, approximiert und die allgemeine Varianzformel für lineare Transformationen benutzt (siehe Kapitel 8.9).

In Abbildung 8.11 ist die Tangente $T(r)$ an dem Punkt $r = 2.0$ angezeichnet. Die Steigung der Tangente ist durch die erste Ableitung der Funktion

$$V(r) = \frac{4}{3} \pi r^3$$

nach r gegeben:

$$\frac{dV}{dr} = 4\pi r^2.$$

Am Punkt $r = 2.0$ ist demzufolge die Steigung der Tangente (die lineare Approximation) gegeben durch:

$$b_1 = 4\pi\, 2^2 = 50.24.$$

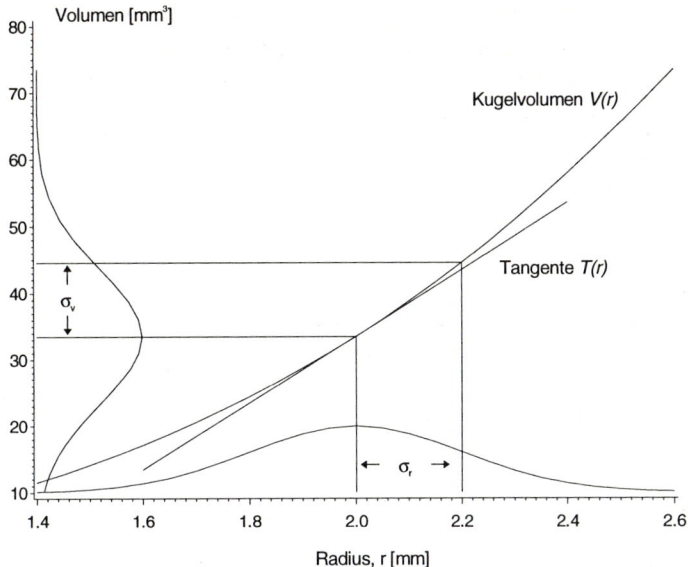

Abb. 8.11. Kugelvolumen $\frac{4}{3} \cdot \pi \cdot r^3$ in Abhängigkeit vom Radius r sowie Tangente $T(r) = 33.49 + 50.24\ (r - 2.0)$.

Für eine lineare Transformation kann dann die in Kapitel 8.9 hergeleitete Formel zur Bestimmung der Varianz benutzt werden:

$$Var(V) = b_1^2\, Var(R) = (50.24)^2 \cdot \sigma_r^2 = 100.96\,.$$

Eine Verschiebung vom Punkt $r = 2.0$ um eine Standardabweichung σ_r zum Punkt $r = 2.2$ auf der Radius-Achse hat demnach unter Verwendung der Approximation durch die Tangente eine Verschiebung um

$$b_1 \cdot \sigma_r = 50.24 \cdot 0.2 = 10.05$$

Einheiten auf der Volumen-Achse zur Folge. Dieser Wert stimmt in etwa mit dem durch Differenzbildung der Volumenwerte errechneten (11.09) überein. Als allgemeine Formel unter Verwendung der Tangente erhalten wir:
Ist σ die Standardabweichung einer Zufallsvariablen X und $G(x)$ eine „beliebige" Transformation der Zufallsvariablen, so ist die Standardabweichung von $G(x)$ an einem Punkt μ_0 approximativ gegeben durch

$$\frac{dG\,(x)}{dx} \cdot \sigma \ (\text{Ableitung am Punkt } x = \mu_0).$$

8.12 Die Tschebyscheff-Ungleichung

Dieser Abschnitt ist für ein weiteres Verständnis nicht von großer Bedeutung. Für den interessierten Leser soll er die fundamentale Bedeutung von Erwartungswert und Varianz bei der Angabe von Bereichen darstellen. Die Tschebyscheff-Ungleichung zeigt die Bedeutung der Varianz. Sie lautet:
Im Intervall von

$$\mu - k \cdot \sigma \; bis \; \mu + k \cdot \sigma$$

liegt mindestens ein Anteil von

$$1 - \frac{1}{k^2} \text{ der Werte.}$$

Wenn etwa bekannt ist, daß der Erwartungswert der Triglyceridwerte in einer Gruppe $\mu = 160$ mg/dl und die Standardabweichung $s = 80$ mg/dl beträgt, so kann allein hieraus geschlossen werden, daß höchstens 25 % (das ist $1/2^2$) der Individuen in dieser Gruppe Werte ≥ 320 mg/dl besitzen (d. h. $2 \cdot \sigma$ entfernt vom Erwartungswert). Mit anderen Worten: Mindestens 75 % der Personen in dieser Population haben Serum-Triglycerid-Werte zwischen 0 und 320 mg/dl. Bereits an diesem Beispiel wird jedoch deutlich, daß mit Hilfe der Tschebyscheff-Ungleichung nur eine grobe Abschätzung des Bereiches, in dem mindestens ein Anteil der Meßwerte liegen wird, möglich ist. Bereits mit $k = 2$ liegt die Grenze für den linken Bereich bei 0, einem physiologisch unmöglichen Wert. Bei $k = 3$ verschiebt sich diese Grenze sogar in den negativen Wertebereich. Hierbei muß jedoch berücksichtigt werden, daß die Tschebyscheff-Ungleichung für jede Art von Wahrscheinlichkeitsverteilung gilt, was bedeutet, daß die Vorstellung, daß innerhalb etwa eines „2 σ-Bereiches" ein großer Anteil der Werte liegen werden (eben mindestens 75 %) immer richtig ist, unabhängig davon, ob – wie bei späteren Anwendungen meist vorausgesetzt wird – eine Normalverteilung der Meßwerte vorliegt. In Tabelle 8.10 sind die Mindestanteile und die Intervallgrenzen für drei verschiedene Werte von k aufgeführt.

k	Im Intervall von	bis	liegt mindestens dieser Anteil an Werten
2	$\mu - 2 \cdot \sigma$	$\mu + 2 \cdot \sigma$	$1 - \dfrac{1}{2^2} = \dfrac{3}{4}$
3	$\mu - 3 \cdot \sigma$	$\mu + 3 \cdot \sigma$	$1 - \dfrac{1}{3^2} = \dfrac{8}{9}$
4	$\mu - 4 \cdot \sigma$	$\mu + 4 \cdot \sigma$	$1 - \dfrac{1}{4^2} = \dfrac{15}{16}$

Tabelle 8.10. Beispiel für die Anwendung der Tschebyscheff-Ungleichung.

8.13   Übungsaufgaben

• Aufgabe 1

In diesem Beispiel werden wir die elementaren Regeln der Wahrscheinlichkeitsrechnung anwenden. Das Beispiel basiert auf einer sogenannten Sterbetafel (engl.: life table). Die Tabelle 8.11 zeigt – für eine Ausgangsanzahl von 100 bei Geburt – die Anzahl Männer, die zu Beginn der angegebenen Altersklassen noch leben. Beispielsweise erreichen 988 Jungen das Alter 10 Jahre, 12 sind demnach bis zu diesem Zeitpunkt bereits verstorben und 10 Männer versterben in der 3. Lebensdekade (Klasse: 20 - 29 Jahre 983 - 973). Für die folgenden Aufgaben greifen wir zufällig ein Individuum aus diesen 1000 heraus (für Frage 5 zwei Individuen „mit Zurücklegen").

Altersklasse [Jahre]	Anzahl lebend zu Beginn der Altersklasse
[0, 1)	1000
[1, 4)	991
[5, 9)	989
[10, 19)	988
[20, 29)	983
[30, 39)	973
[40, 49)	958
[50, 54)	925
[55, 59)	890
[60, 64)	838
[65, 69)	761
[70, 74)	655
[75, 79)	513
[80, 84)	341
[85, 89)	177
[90, 94)	64
[95, 99)	0

Tabelle 8.11. Anzahl überlebender Männer zu Beginn verschiedener Altersklassen (Statistisches Jahrbuch 1992 für die Bundesrepublik Deutschland, abgeschnitten bei 95 Jahren).

1. Wie groß ist die Wahrscheinlickkeit, daß das gezogene Individuum eines ist, das seinen 10. Geburtstag erlebt?

2. Wie groß ist die Wahrscheinlichkeit, daß dieses Individuum vor Vollendung seines 9. Lebensjahres stirbt? Welche Eigenschaft von Wahrscheinlichkeiten verwenden wir bei dieser Berechnung?

3. Wie groß ist die Wahrscheinlichkeit, daß dieses Individuum das Alter 1, 5, 10, 20,... 90, 95 Jahre erreicht? Bilden diese Wahrscheinlichkeiten eine Wahrscheinlichkeitsverteilung?

4. Wir stellen fest, daß das gezogene Individuum seinen 60. Geburtstag erlebt hat. Wie groß ist die Wahrscheinlichkeit, daß dieses Individuum auch seinen 65. Geburtstag feiern konnte?

5. Wir greifen zufällig zwei Individuen (mit „Zurücklegen") heraus und stellen fest, daß beide ihren 70. Geburtstag erlebten. Wie groß ist die Wahrscheinlichkeit, daß beide Individuen auch ihren 75. Geburtstag noch erleben? Welche Eigenschaft von Ereignissen benötigen wir für die Berechnung?

6. Wie groß ist die Wahrscheinlichkeit, daß wir ein Individuum gezogen haben, das nach seinem 80. und vor seinem 85. Geburtstag, also in der Altersklasse 80 - 84 Jahre, verstarb? Beachten Sie: P(erreicht 85 Jahre) + P(verstirbt in Klasse 80 bis 84) = P(erreicht 80 Jahre)!

7. Wie groß ist die Wahrscheinlichkeit, daß wir ein Individuum gezogen haben, das in der Alterklasse 0 - <1, 1 - 4, 5 - 9,... 90 - 94, 94 - 95, 95 - 99 verstorben ist? Diese Wahrscheinlichkeiten bilden eine Wahrscheinlichkeitsverteilung – warum?

8. Wir können voraussetzen, daß die mittlere Anzahl Lebensjahre in der Alterklasse, in der der Tod eintritt, gerade der Klassenmittelwert ist. Für Individuen, die in der Altersklasse 50 - 54 verstarben, beträgt deren mittlere Lebenszeit demnach 52.5 Jahre. Die Wahrscheinlichkeit, in der Alterklasse 50 - 54 zu versterben, ist 0.035, d. h. ein Anteil von 0.035 aller Individuen hat eine Lebenzeit von 52.5 Jahren. Wie ist die mittlere Lebenszeit aller Individuen? Dies ist der Erwartungswert der Lebenszeit bei Geburt.

• Aufgabe 2

In England ist die häufigste genetische, rezessive Veränderung die zystische Fibrose, an der eins von 2000 lebend geborenen Kindern erkrankt. Wenn beide Eltern heterozygot in bezug auf das anormale Gen sind, dann ist die Chance 1 : 4, daß ihr Kind an einer zystischen Fibrose erkrankt.

1. Wie groß ist die Wahrscheinlichkeit für ein heterozygotes Paar, zwei gesunde Kinder zu bekommen?

2. Wenn sie vier gesunde Kinder haben: Wie groß ist die Wahrscheinlichkeit, daß auch das fünfte Kind gesund ist ?

3. Etwa 1 von 22 Personen ist heterozygot für eine zystische Fibrose. Wie hoch ist die erwartete Anzahl Neugeborener mit zystischer Fibrose in einer Klinik mit 3500 Geburten pro Jahr (unter der Voraussetzung, daß keine genetische Beratung stattfindet)?

9 Medizinische Entscheidungsfindung

9.1 Entscheidungsfindung in der täglichen Praxis

Versetzen Sie sich in die folgende Situation: Sie sind niedergelassener Arzt. Eine Ihrer Patientinnen, eine 34jährige Frau, Mutter von 2 Kindern, kommt in Ihre Praxis und klagt über Beschwerden beim Wasserlassen, die seit 3 Tagen bestehen. Sie vermuten schnell eine bakterielle Infektion der Harnwege, obwohl die Patientin andere Symptome wie Fieber, Schüttelfrost oder Schmerzen in der Lendengegend nicht nennt.

Ihre Untersuchungsergebnisse sind alle normal, eine mikroskopische Analyse des Urins zeigt nur eine geringe Anzahl Leukozyten. Sie erwägen, eine Urinkultur für das Bakterienwachstum anzulegen. Die Ergebnisse dieser Kultur sind allerdings erst in zwei Tagen verfügbar.

In der Zwischenzeit müssen Sie entscheiden, ob Sie die Behandlung mit einem Antibiotikum beginnen sollen und falls ja, welchen Wirkstoff Sie verwenden. Sie sind sich über die Risiken von unerwünschten Wirkungen der Antibiotika bewußt, aber die Patientin ist besorgt über ihre Symptome. Und, falls sie tatsächlich eine Infektion hat, könnte sich ihr Zustand ohne Behandlung verschlechtern. Verschreiben Sie jetzt kein Antibiotikum, so können Sie die Patientin in zwei Tagen, wenn die Ergebnisse der Urinkultur vorliegen, wieder einbestellen und dann aufgrund der neuen Symptomatik und der Ergebnisse der Urinkultur entscheiden, ob und wenn ja, welches Antibiotikum Sie verschreiben. Wenn Sie abwarten, haben Sie den Vorteil, daß Sie Ihre Entscheidung von dem Ergebnis des Bakterientests abhängig machen können.

Was sollen Sie tun? Was werden Sie in zwei Tagen tun? Und – warum tun Sie das, was Sie tun?

Das Entscheidungsproblem ist in dem Entscheidungsbaum in Abbildung 9.1 dargestellt. Dieser Entscheidungsbaum besteht aus drei Komponenten:

- Den Entscheidungsknoten, an denen Sie eine von zwei (oder mehreren) alternativen Handlungen *auswählen* können.
- Den Wahrscheinlichkeitsknoten, an denen ein *Ereignis bekannt* wird, auf das der Arzt keinen unmittelbaren Einfluß hat, etwa der Status eines Patienten oder Informationen aus einem diagnostischen Test.
- Dem therapeutischen Ergebnis; das ist diejenige Größe, die durch den Entscheidungsprozeß optimiert werden soll.

Im Beispiel sind 3 Entscheidungsknoten, dargestellt durch Quadrate und mit A, B und C bezeichnet, vorhanden. Am Entscheidungsknoten A können Sie zwischen drei alternativen Handlungen wählen (es sind zwar noch mehr Alternativen möglich, wir wollen uns jedoch auf diese drei beschränken):

- Eine Urinkultur anfordern und zunächst nicht behandeln.
- Sofort mit einer antibiotischen Behandlung beginnen oder
- Ohne Behandlung und Anforderung einer Urinkultur 2 Tage abwarten.

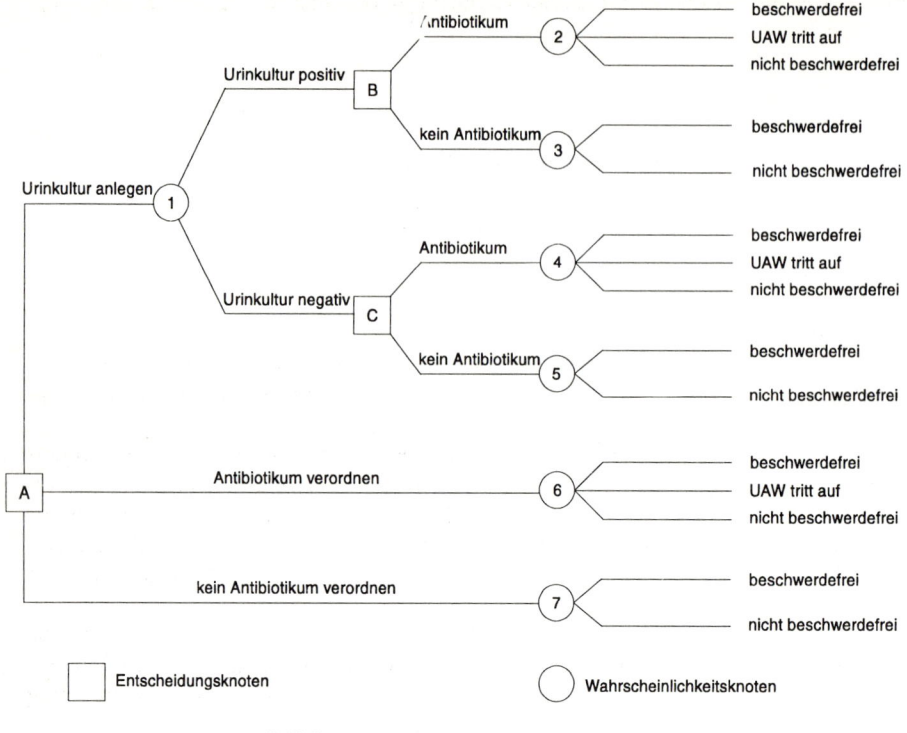

Abb. 9.1. Entscheidungsbaum für eine Patientin mit Verdacht auf Harnwegsinfektion.

Die Wahrscheinlichkeitsknoten, dargestellt durch Kreise, sind mit 1 bis 7 bezeichnet. Der Wahrscheinlichkeitsknoten 1 betrifft das Ergebnis der Urinkultur: Es kann positiv (Nachweis von Bakterien) oder negativ (kein Nachweis von Bakterien) sein. Die Wahrscheinlichkeitsknoten 2 bis 7 führen zum Behandlungsergebnis: Die Patientin kann nach 2 Tagen beschwerdefrei sein oder nicht. Bei den Wahrscheinlichkeitsknoten 2, 4 und 6 kann zusätzlich eine Arzneimittelnebenwirkung auftreten. Der Wahrscheinlichkeitsknoten 1 liegt vor den Entscheidungsknoten B und C, das heißt, die Behandlung der Patientin kann an das Ergebnis der Urinkultur angepaßt werden.

Das therapeutische Ziel ist es, eine Entscheidungsstrategie, das heißt, eine Kombination aus diagnostischem Test und Behandlung zu finden, so daß möglichst viele Patientinnen einen Nutzen von dem Vorgehen haben. Die Aussage ,,möglichst viele" bedeutet, daß auch einigen Patientinnen durch das Vorgehen geschadet wird. Bei medizinischen Entscheidungen ist es praktisch nie möglich, bei allen Patienten einen Nutzen zu erzielen. Dies liegt an der Unsicherheit, mit der medizinische Entscheidungen getroffen werden müssen. Die Methodik der medizinischen Entscheidungsfindung unterstützt das Ziel, optimale Strategien zu finden, indem sie Werkzeuge zur Verfügung stellt, um Entscheidungsstrategien zu formalisieren und bewerten zu können. Eines der dabei auftretenden

Probleme ist die Unsicherheit, die Beobachtungen, diagnostischen Tests, Therapieerfolgs-
raten u. ä. immanent ist.

9.2 Unsicherheiten in der Medizin

Ein Arzt, der Patienten behandelt, muß ständig Entscheidungen treffen: Die einen sind
einfach, die anderen sind kompliziert.
Soll er den Patienten ins Krankenhaus überweisen?
Soll er ein EKG anfertigen?
Soll er jetzt operieren oder warten und sehen, ob die Symptome sich verändern?
*Soll er sofort ein Antibiotikum verschreiben oder das Ergebnis einer bakteriellen Unter-
suchung abwarten?*
In einigen Situationen mögen diese Entscheidungen klar auf der Hand liegen, und jeder
gute Arzt mag zu der gleichen Entscheidung kommen. Andere Situationen sind nicht so
klar und können bei verschiedenen Ärzten zu unterschiedlichen Entscheidungen führen.
Die Symptome des Patienten und seine Untersuchungsergebnisse passen nicht immer in
klar definierte Diagnosekategorien, und auch die Experten sind oft uneinig über die
richtige Diagnose und die angemessene Therapie.
Unabhängig davon, ob die Umstände einfach oder komplex sind, Entscheidungen müssen
getroffen werden. Der Arzt trifft Entscheidungen, die Konsequenzen für den Patienten
haben, auch indem er sich entschließt, nicht zu intervenieren, keine spezielle Untersuchung
durchführen zu lassen oder keine Behandlung einzuleiten.
Klinische Entscheidungen sind nicht nur unvermeidbar, sie müssen unter Unsicherheit
getroffen werden. Unsicherheit ist nicht gleichbedeutend mit Unwissenheit. Sie ist damit
nicht als Mangel anzusehen und läßt sich auch durch intensive Forschung prinzipiell nicht
beseitigen. Unsicherheit ist bei jedem Schritt, der zu einer klinischen Entscheidung führt,
von der Erhebung der Daten bis hin zum Ergebnis einer Behandlung, vorhanden:

* Die *klinischen Merkmale* eines Patienten, ob sie erfragt oder gemessen werden, sind
  unsicher.
* Die *anamnestischen Daten* eines Patienten, Ergebnisse medizinischer Untersuchungen
  und Labortests sind fehleranfällig.
* Die Wahrnehmung klinischer Daten variiert zwischen Patienten und behandelnden
  Ärzten.

Bestimmte Symptome (Schmerzen) können von verschiedenen Patienten unterschiedlich
wahrgenommen und von Ärzten anders diagnostiziert werden. Die Information aus einer
klinischen Untersuchung oder einer Testprozedur kann ebenso von verschiedenen Beobachtern unterschiedlich bewertet werden. Möglicherweise führt dasselbe Bild einer Ultra-
schall-Untersuchung zu einer unterschiedlichen Bewertung durch zwei Ärzte. Die Unterschiede in der Wahrnehmung beruhen sicher zum Teil auf dem Trainingsstand des
Beurteilers. Sie sind aber nicht zuletzt Ausdruck der Individualität eines jeden einzelnen
Menschen. Die Individualität der Menschen bedingt folglich auch die Möglichkeit der
unterschiedlichen Wahrnehmung gleicher Ereignisse durch verschiedene Personen. Die
Unsicherheit, die durch unterschiedliche Wahrnehmungen hervorgerufen wird, kann daher
prinzipiell niemals vermieden werden.

Die Beziehung zwischen klinischen Daten und Erkrankung ist individuell verschieden. Bereits die klinischen Daten eines Patienten sind unsicher. Selbst wenn es jedoch möglich wäre, einheitlich und richtig alle Untersuchungsergebnisse und Symptome aufzunehmen, d.h. in einheitlicher Weise den Zustand des Patienten zu beschreiben, bliebe die Unsicherheit über das Vorliegen oder Nichtvorliegen einer Erkrankung in den meisten Fällen bestehen, da die Beziehung zwischen Symptomen, klinischen Untersuchungsergebnissen sowie Labordaten und der Erkrankung bei verschiedenen Patienten nicht die gleiche ist. Pathognomonische Zeichen, d.h. Zeichen, die ohne Zweifel auf eine bestimmte Krankheit hinweisen, sind nur für wenige Erkrankungen bekannt. Selbst wenn es sie für jede Erkrankung gäbe, so müßten sie nicht bei jedem Patienten vorliegen. Die Unsicherheit einer Diagnose beruht also nicht nur auf unsicheren klinischen Daten, sondern auch auf den unsicheren Beziehungen zwischen Daten und Erkrankungen.

Der Effekt jeder Behandlung ist unsicher bei einem individuellen Patienten. Ob ein Patient von einer Behandlung einen Schaden oder Nutzen haben wird, kann im voraus nicht mit Sicherheit gesagt werden. Sogar in den Fällen, in denen eine Diagnose mit ziemlicher Sicherheit gestellt werden kann und eine akzeptierte Behandlung bekannt ist, wird diese Behandlung dennoch bei einigen Patienten versagen, die in der Entscheidungssituation ununterscheidbar von denjenigen Patienten sind, bei denen die Behandlung erfolgreich ist.

Ob eine Behandlung überhaupt sinnvoll ist, hängt zudem vom natürlichen Verlauf einer Erkrankung ab, das heißt davon, was ohne Intervention passieren würde. Auch dieser natürliche Verlauf ist unsicher bei jedem individuellen Fall. Er liegt zeitlich immer parallel zu der Behandlung und ist somit bei einem Patienten nie von dem Effekt der Behandlung zu trennen. Dies heißt, daß ein Erfolg meist nicht mit Sicherheit einer Behandlung zugeschrieben werden kann.

Zur Messung von Unsicherheit hat sich als ein geeignetes Werkzeug die Wahrscheinlichkeitstheorie bewährt. Die Grundbegriffe hierzu wurden bereits im Kapitel 8 eingeführt. Im folgenden wird ausführlich auf die für die Entscheidungsfindung wichtigen bedingten Wahrscheinlichkeiten (siehe Kapitel 8.6) sowie auf den „Satz von Bayes" eingegangen.

9.3 Wahrscheinlichkeitsbaum

Bedingte Wahrscheinlichkeiten sind für die medizinische Entscheidungsfindung von zentraler Bedeutung. So ist im Eingangsbeispiel zur Harnwegsinfektion eine Abschätzung etwa von

P(beschwerdefrei | kein Antibiotikum)

für das Vorgehen notwendig.

In diesem Kapitel sollen zwei etwas komplexere Rechenregeln für Wahrscheinlichkeiten, der Satz von der totalen Wahrscheinlichkeit und der Satz von Bayes dargestellt werden. In beiden Rechnungen werden bedingte Wahrscheinlichkeiten aus zusammengesetzten Ereignissen verwendet. Zusammengesetzte Ereignisse lassen sich graphisch in einem sogenannten Wahrscheinlichkeitsbaum darstellen. Diese Wahrscheinlichkeitsbäume treten auch als Teile bei Entscheidungsproblemen auf, wie in dem in Abbildung 9.1 dargestellten Beispiel zur Entscheidung zwischen der sofortigen Antibiotikumgabe oder

der Anfertigung einer Urinkultur. Typisch für Entscheidungsbäume ist der Wechsel zwischen der Anforderung eines diagnostischen Tests und dem Stellen einer (vorläufigen) Diagnose.

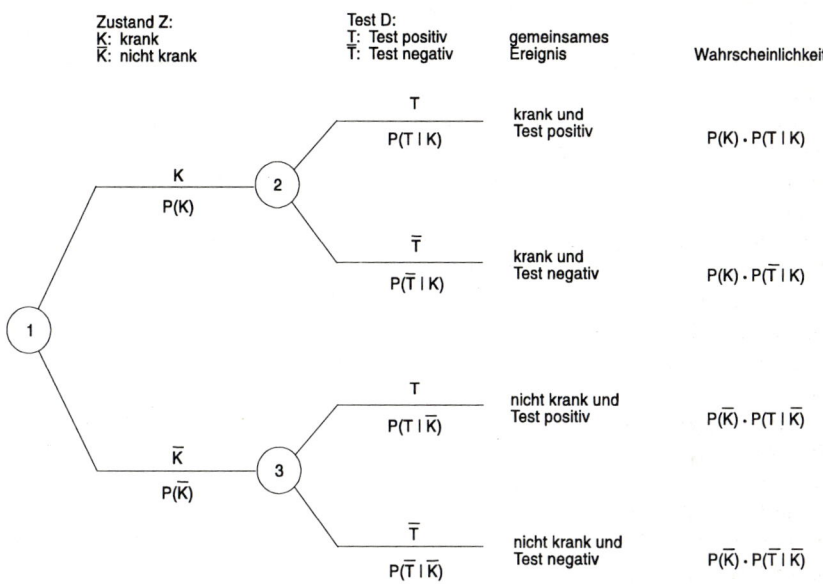

Abb. 9.2. Wahrscheinlichkeitsbaum für die Kombination aus Zustand und Test.

Der Wahrscheinlichkeitsbaum soll zunächst nur für den Fall zweier binärer Ereignisse, dem Vorliegen *(K)* und Nichtvorliegen *($\overline{K}$)* einer Krankheit sowie eines positiven *(T)* und negativen *($\overline{T}$)* Testergebnisses dargestellt werden. Die vier möglichen Kombinationen der Ereignisse sind in Abbildung 9.2 dargestellt. Die Kreise bezeichnen – wie bereits in der Abbildung zur Harnwegsinfektion (Abbildung 9.1) – die Wahrscheinlichkeitsknoten, bei denen der Zustand *(Z)* eines Patienten bekannt wird. Knoten 1 teilt die Patienten nach krank *(K)* oder nicht krank *($\overline{K}$)* auf. Unterhalb der Äste sind die entsprechenden Wahrscheinlichkeiten *P(K)* und *$P(\overline{K})$* (= 1 - *P(K)*) angegeben. *P(K)* ist die Prävalenz der Krankheit innerhalb der betrachteten Population π (siehe Fall 1 der Wahrscheinlichkeitsinterpretation, Kapitel 8.2). *P(K)* wird häufig auch A-priori-Wahrscheinlichkeit (vor Kenntnis des Testergebnisses) genannt. Die Wahrscheinlichkeitsknoten 2 und 3 teilen die Patienten gemäß ihres Testergebnisses *(T oder $\overline{T}$)* auf. Am Wahrscheinlichkeitsknoten 2 ist der Zustand des Patienten „krank"; hier ist die Wahrscheinlichkeit für ein positives Testergebnis demnach die bedingte Wahrscheinlichkeit für ein positives Testergebnis, gegeben Krankheit *K: P(T | K)*. Auch für diese Interpretation der Wahrscheinlichkeit ist die Anteilsdarstellung (Fall 1) geeignet:

$P(T \mid K)$ ist der Anteil positiver Testergebnisse in der Population kranker Personen. Entsprechendes gilt für den Wahrscheinlichkeitsknoten 3.

Die bedingte Wahrscheinlichkeit $P(T \mid K)$ heißt Sensitivität des diagnostischen Tests D bezüglich der Krankheit K. Die Wahrscheinlichkeit $P(\overline{T} \mid \overline{K})$ heißt Spezifität des diagnostischen Tests D bezüglich der Krankheit K. Sensitivität und Spezifität sind Maße zur Beschreibung der Güte eines diagnostischen Tests D. Wichtig für eine Entscheidungsfindung, z. B. zur Durchführung weiterer (invasiverer) diagnostischer Tests oder über den Beginn einer Behandlung, sind jedoch die „A-posteriori-Wahrscheinlichkeiten" $P(K \mid T)$ und $P(\overline{K} \mid \overline{T})$. Auch für diese Wahrscheinlichkeiten ist die Anteils-Interpretation sinnvoll. So ist etwa $P(K \mid T)$, der „positive prädiktive Wert", der Anteil Kranker unter Testpositiven. Ist dieser Anteil hoch, was bedeutet, daß bei vielen Testpositiven die Erkrankung vorliegt, so besteht eine große Sicherheit über das Vorliegen der Krankheit. Liegt diese Wahrscheinlichkeit nahe 0.5, so besteht maximale Unsicherheit über das Vorliegen der Krankheit. Gleiches gilt bei negativem Testresultat $(\overline{T})$. Bei einem Wert von $P(\overline{K} \mid \overline{T})$, dem „negativen prädiktiven Wert", nahe 1 besteht große Sicherheit über das Nichtvorliegen der Krankheit K.

Die Wahrscheinlichkeit für das Auftreten der vier zusammengesetzten Ereignisse (T, K), $(\overline{T}, K)$, $(T, \overline{K})$ und $(\overline{T}, \overline{K})$ ist das Produkt der jeweiligen Pfadwahrscheinlichkeiten. Diese Wahrscheinlichkeit ergibt sich unmittelbar aus der Anwendung der allgemeinen Multiplikationsregel.

Die Darstellung der Wahrscheinlichkeiten in einem Wahrscheinlichkeitsbaum erleichtert die Berechnung von Wahrscheinlichkeiten, die sonst unter Zuhilfenahme abstrakter Formeln der Wahrscheinlichkeitstheorie durchgeführt werden. Eine dieser Formeln ist der „Satz von Bayes", mit dessen Hilfe aus A-priori-Wahrscheinlichkeiten sowie aus Sensitivität und Spezifität A-posteriori-Wahrscheinlichkeiten berechnet werden können. Seine Anwendung soll an einem Beispiel demonstriert werden:

Als Arzt in einer Rheuma-Ambulanz betreuen Sie im Jahr etwa 200 Patienten jüngeren bis mittleren Lebensalters mit chronischen Rückenschmerzen, die nicht eindeutig auf einen Bandscheibenvorfall zurückzuführen sind. Sie wissen, daß bei etwa 60 % der Patienten mit diesem Krankheitsbild ein Morbus Bechterew (K) vorliegt, in Ihrer Ambulanz also bei ca. 120 Patienten pro Jahr.

Was tun Sie, um Ihre Sicherheit bezüglich der Diagnose zu verbessern?

Sie könnten eine HLA-Typisierung durchführen lassen. Sie wissen, daß 95 % aller Patienten mit einem Morbus Bechterew (K) das HLA-Antigen B 27 (T) haben, das in der übrigen Bevölkerung $(\overline{K})$ nur mit einem Anteil von 8 % vorkommt.

Wie ändert sich nun ihre Sicherheit, nachdem Ihnen das Ergebnis der Typisierung bekannt ist?

In Abbildung 9.3 ist diese klinische Situation dargestellt: Bei etwa 60 % Ihrer Patienten liegt ein Morbus Bechterew vor $(P(K) = 0.6)$, die Sensitivität des Tests beträgt 95 % $(P(T \mid K) = 0.95$, die Spezifität 92 % $(P(\overline{T} \mid \overline{K}) = 0.92)$.

Die Wahrscheinlichkeiten für die vier möglichen Kombinationen der Ereignisse sind aus dem Wahrscheinlichkeitsbaum durch Multiplikation der entsprechenden Wahrscheinlichkeiten, die an den Pfaden angegeben sind, zu berechnen. Zu beachten ist, daß die nach dem 2. Wahrscheinlichkeitsknoten angegebenen Wahrscheinlichkeiten bedingte Wahrscheinlichkeiten sind. So ist etwa 0.95 die bedingte Wahrscheinlichkeit, daß bei einem

Patienten mit Morbus Bechterew ein HLA B 27-Antigen festgestellt wird (Sensitivität der HLA-Typisierung).

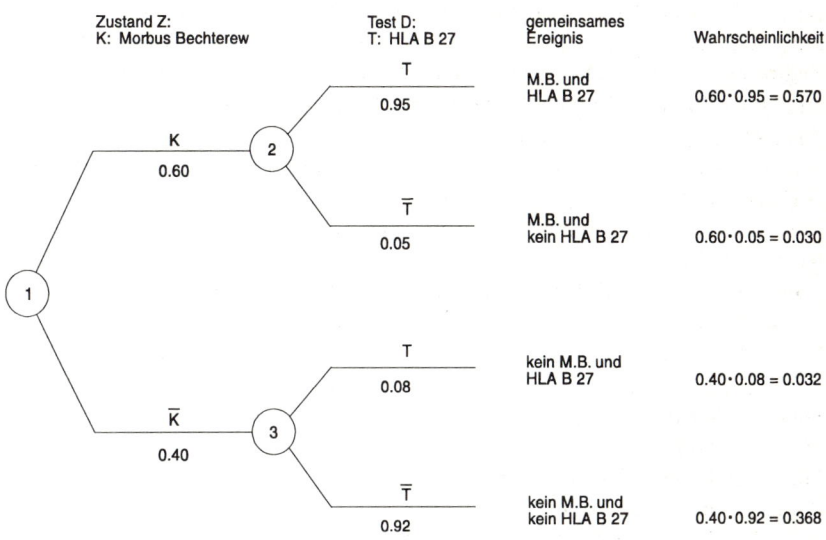

Abb. 9.3. Wahrscheinlichkeitsbaum für die Bestimmung eines Morbus Bechterew mit HLA-Typisierung (Rheuma-Ambulanz).

Die A-posteriori-Wahrscheinlichkeit für das Vorliegen eines Morbus Bechterew bei positivem Testergebnis (HLA B 27-Antigen liegt vor), $P(K \mid T)$, ist aus den zwei möglichen Kombinationen zu bestimmen, bei denen ein positives Testergebnis vorliegt:

$$P(T) = P(K \ und \ T) + P \ (\overline{K} \ und \ T) \ = \ 0.570 + \ 0.032 \ = \ 0.602.$$

$P(T)$ ist die nicht bedingte Wahrscheinlichkeit für ein positives Testergebnis. Die Berechnung dieser Wahrscheinlichkeit aus einzelnen Wahrscheinlichkeiten (im Beispiel aus 2) heißt Satz von der totalen Wahrscheinlichkeit.
Hiermit erhält man

$$P(K \mid T) = \frac{P \ (K \ und \ T)}{P(T)} \ = \ \frac{0.570}{0.602} \ = \ 0.947.$$

Dies bedeutet, daß in etwa 95 % der Fälle bei einem positiven Testergebnis (HLA B 27-Antigen vorhanden) ein Morbus Bechterew vorliegen wird.

Das Testergebnis hat Ihnen also zu einer erheblichen Verbesserung der Sicherheit bezüglich der Diagnose verholfen. Dieses gute Ergebnis darf Sie nun allerdings nicht dazu verleiten, den „Indikationsbereich" zur Anwendung des Tests zu erweitern. Würden Sie etwa auf die Idee kommen, diesen Test zum „Screening" nach Morbus Bechterew in der Allgemeinbevölkerung einzusetzen, so würden Sie damit sehr viele Fehldiagnosen erhalten.

Die prädiktiven Werte für ein Screening nach Morbus Bechterew in der Allgemeinbevölkerung unter der Annahme, daß zwei Morbus-Bechterew-Fälle unter 1000 Personen auftreten (Prävalenz des Morbus Bechterew $P(K) = 0.002$) können aus der Abbildung 9.4 berechnet werden.

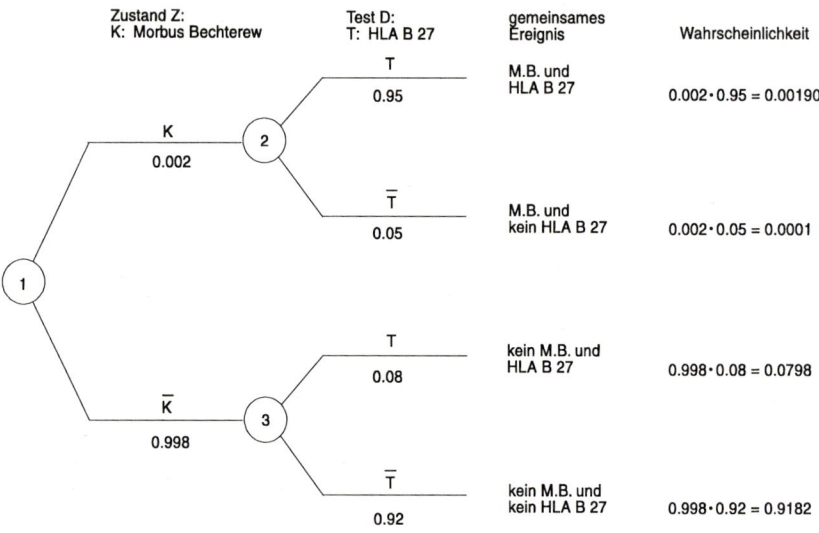

Abb. 9.4. Wahrscheinlichkeitsbaum für die Bestimmung eines Morbus Bechterew mit HLA-Typisierung (Screening in der Allgemeinbevölkerung).

Man erhält

$$P(K|T) = \frac{0{,}0019}{0.0019 + 0.0798} = \frac{0.0019}{0.0817} = 0.023.$$

Dies bedeutet, daß in dieser Screening-Situation nur bei 2.3 % der Probanden mit einem positiven Testergebnis (HLA B 27-Antigen liegt vor) auch ein Morbus-Bechterew vorliegt (oder sich entwickeln wird). Die Abhängigkeit der prädiktiven Werte für Prävalenzwerte bis 0.1 ist in Abbildung 9.5 dargestellt. Jede Kurve stellt den Verlauf für feste Werte von Sensitivität und Spezifität dar. Sensitivität und Spezifität werden dabei als gleich angenommen. Die Kurve z. B. mit der Bezeichnung 0.90 zeigt die Abhängigkeit des prädiktiven Wertes eines positiven Testergebnisses von der Prävalenz für einen Test mit Sensitivität $P(T|K) = 0.90$ und Spezifität $P(\overline{T} \mid \overline{K}) = 0.90$.

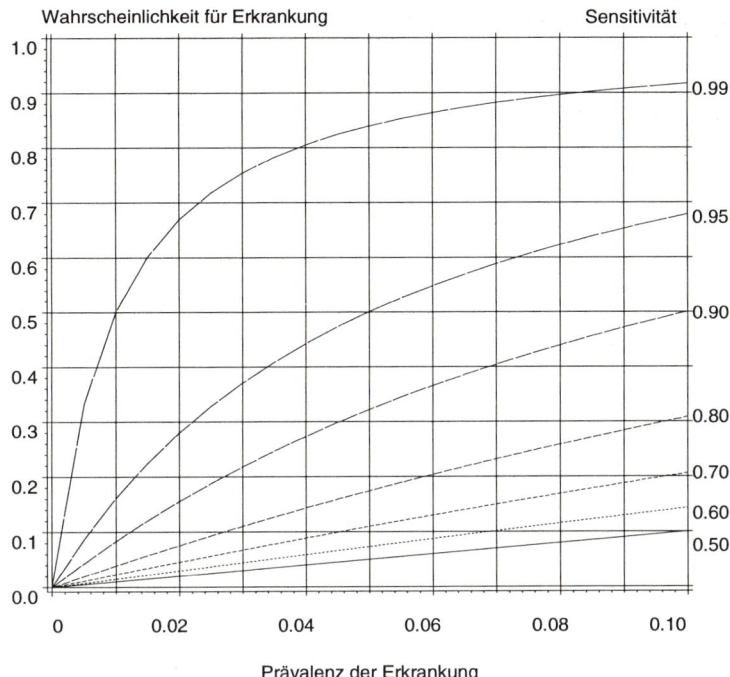

Abb. 9.5. Wahrscheinlichkeit für das Vorliegen einer Erkrankung bei positivem Testergebnis (positiver prädiktiver Wert) für eine Prävalenz der Erkrankung zwischen 0 und 0.1. Sensitivität und Spezifität wurden für die unterschiedlichen Kurven jeweils als gleich angenommen.

9.4 Erwarteter Nutzen eines diagnostischen Tests

In den drei letzten Kapiteln wurden alle wesentlichen Hilfsmittel aus der Wahrscheinlichkeitsrechnung dargestellt, die für den Umgang mit Unsicherheiten notwendig sind. Insbesondere der Umgang mit bedingten Wahrscheinlichkeiten und die Bestimmung von prädiktiven Werten wurde erläutert. Im ersten Abschnitt dieses Kapitels wurde das Ziel der medizinischen Entscheidungsfindung dargestellt: Der erwartete Nutzen für einen Patienten soll maximiert werden. Dieses Ziel soll nun mit Hilfe der in den drei letzten Abschnitten eingeführten Begriffen aus der Wahrscheinlichkeitsrechnung konkretisiert werden. Hierzu wird wiederum eine Entscheidungssituation, ähnlich der im ersten Abschnitt, gewählt.
Bei Patientinnen mit Ovarialkarzinom wird häufig nach Durchführung der Primäroperation eine erste Chemotherapie angeschlossen. Das weitere Vorgehen wird danach von

einer Second-Look-Operation abhängig gemacht. Es sei angenommen, daß ohne weitere Therapie 2 Jahre nach der Primärbehandlung (primäre Chemotherapie nach Operation) noch 80 % der Patientinnen ohne Resttumor und 50 % der Patientinnen mit Resttumor leben.

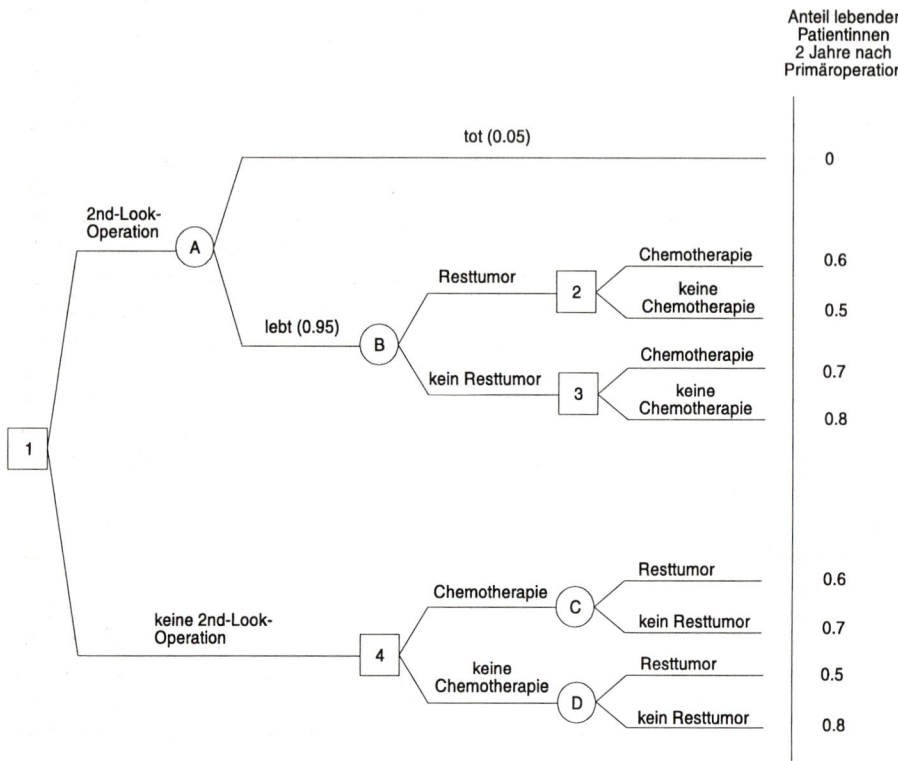

Abb. 9.6. Entscheidungsbaum für eine Patientin mit Ovarialkarzinom.

Bei Patientinnen *mit Resttumor* kann durch eine weitere Chemotherapie der Anteil der nach zwei Jahren noch lebenden Patientinnen auf 60 % verbessert werden. Die Toxizität der Chemotherapie reduziert jedoch in der Gruppe der Patientinnen *ohne Resttumor* den Anteil noch lebender Patientinnen nach zwei Jahren auf 70 %. Die optimale Behandlung hängt also vom Zustand der Patientinnen ab. Es soll angenommen werden, daß sich dieser durch eine Second-Look-Operation, bei der jedoch 5 % der Patientinnen versterben, eindeutig klären ließe. Anschließend könnte dann eine optimale Therapieentscheidung getroffen werden.

Soll man sich für eine Second-Look-Operation entscheiden?

Das Entscheidungsproblem ist in dem Entscheidungsbaum in Abbildung 9.6 dargestellt. Auch in diesem Entscheidungsbaum bestehen die drei wesentlichen Blöcke aus Entscheidungsknoten, Wahrscheinlichkeitsknoten und therapeutischem Ergebnis.

Im Beispiel sind 4 Entscheidungsknoten (Quadrate 1 - 4) vorhanden. Am Entscheidungsknoten 1 muß der Arzt zwischen der Durchführung und Unterlassung der Second-Look-Operation entscheiden, bei den Entscheidungsknoten 2 - 4 steht jeweils (an verschiedenen Stellen) die Entscheidung zwischen Chemotherapie und keiner Chemotherapie zur Wahl. Die Wahrscheinlichkeitsknoten sind durch Kreise (A - D) dargestellt. Der Wahrscheinlichkeitsknoten A betrifft den Status der Patientin nach Durchführung der Second-Look-Operation im Hinblick auf das Risiko, infolge der Operation zu versterben. Die an den Ästen angeführten Werte (0.05 bei ,,tot" und 0.95 bei ,,lebt") bezeichnen den Anteil der nach Durchführung der Operation lebenden bzw. verstorbenen Patientinnen (P(,,tot") = 0.05). Die Wahrscheinlichkeitsknoten B, C und D kennzeichnen den Tumorstatus der Patientinnen (Resttumor vorhanden oder nicht). Hierbei tritt der Wahrscheinlichkeitsknoten B vor den Entscheidungsknoten 2 und 3 auf, das heißt, der Tumorstatus der Patientinnen ist nach Durchführung der Second-Look-Operation bekannt. Die Therapie kann diesem Kenntnisstand angepaßt werden. Die Wahrscheinlichkeitsknoten C und D hingegen treten nach dem Entscheidungsknoten 4, der Wahl der Therapie, auf. Der Tumorstatus der Patientinnen kann hier bei der Wahl der Therapie nicht berücksichtigt werden. Schließlich ist in der Abbildung noch der Anteil lebender Patientinnen 2 Jahre nach der Operation angegeben.

Das therapeutische Ziel ist es, eine Entscheidungsstrategie, das heißt eine Kombination aus diagnostischen Tests und Behandlung zu finden, so daß der Anteil lebender Patientinnen 2 Jahre nach Primäroperation maximiert wird.

Der wesentliche Vorteil einer Therapieentscheidung nach Second-Look-Operation liegt darin, daß die Therapie in Abhängigkeit von dem Zustand der Patientin gewählt werden kann. Wird keine Second-Look-Operation durchgeführt, dann müssen alle Patientinnen, die ansonsten ununterscheidbar sind, die gleiche Behandlung, entweder alle Chemotherapie oder alle *keine* Chemotherapie, erhalten. Nicht optimale Behandlungen sind dann nicht zu vermeiden.

Der Anteil lebender Patientinnen nach 2 Jahren in einer Gruppe behandelter Patientinnen hängt ab vom Anteil Patientinnen mit Resttumor in dieser Gruppe. In Abbildung 9.7 ist der Anteil Patientinnen mit Resttumor gegen den Anteil lebender Patientinnen nach zwei Jahren für die in Abbildung 9.6 enthaltenen Entscheidungsstrategien dargestellt. Für die Entscheidungsstrategie ,,Keine Second-Look-Operation und keine Chemotherapie" beträgt der Anteil lebender Patientinnen ohne Resttumor 2 Jahre nach Primäroperation unter den angenommenen Voraussetzungen 80 %. Dies entspricht Punkt z in Abbildung 9.7 (x-Achse: Anteil Patientinnen mit Resttumor: 0). Entsprechend stellt Punkt u in Abbildung 9.7 für diese Strategie den Anteil lebender Patientinnen mit Resttumor dar. An der Geraden (u-z) kann abgelesen werden, wie hoch mit dieser Strategie der Anteil lebender Patientinnen ohne Chemotherapie bei jeder beliebigen A-priori-Wahrscheinlichkeit für einen Resttumor ist. Beträgt der Anteil Patientinnen mit Resttumor z. B. 50 %, so werden mit den Annahmen 2 Jahre nach Primäroperation noch 65 % der Patientinnen leben $((0.5 \cdot (0.8 + 0.5)))$. Die entsprechende Gerade für die Strategie ,,keine Second-Look-Operation und Chemotherapie für alle Patientinnen" ist durch die Punkte w und x festgelegt.

Der Schnittpunkt der beiden Geraden liegt bei einer A-priori-Wahrscheinlichkeit für einen Resttumor von 50 %. An dieser Stelle ist der Anteil lebender Patientinnen nach 2 Jahren mit und ohne Chemotherapie gleich groß (65 %).

Die Entscheidung für oder gegen Chemotherapie für alle ununterscheidbaren Patientinnen kann nur dann getroffen werden, wenn Informationen über den Anteil der Patientinnen mit Resttumor in dem zur Behandlung anstehenden Kollektiv vorliegen.

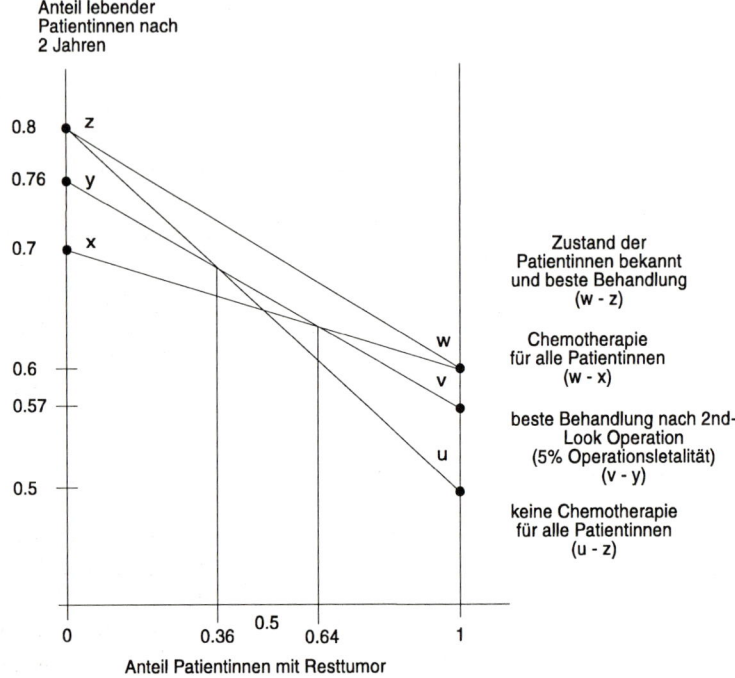

Abb. 9.7. Anteil lebender Patientinnen 2 Jahre nach Primäroperation eines Ovarialkarzinoms in Abhängigkeit vom Anteil Patientinnen mit Resttumor bei verschiedenen Entscheidungsstrategien.

Die richtige Therapiewahl hängt von der A-priori-Wahrscheinlichkeit ab: Beträgt diese 10 %, so werden nach 2 Jahren ohne Chemotherapie 77 % ($0.1 \cdot 0.5 + 0.9 \cdot 0.8$), mit Chemotherapie 69 % ($0.1 \cdot 0.6 + 0.9 \cdot 0.7$) der Patientinnen leben. In diesem Fall ist der Verzicht auf Chemotherapie die bessere Entscheidung.

Beträgt hingegen die A-priori-Wahrscheinlichkeit für einen Resttumor 90 %, so führt der Verzicht auf eine Chemotherapie bei dieser Gruppe zu einem Anteil lebender Patientinnen nach 2 Jahren von 53 % ($0.9 \cdot 0.5 + 0.1 \cdot 0.8$); hingegen beträgt dieser Anteil beim Einsatz der Chemotherapie 61 % ($0.9 \cdot 0.6 + 0.1 \cdot 0.7$). In diesem Fall ist die Entscheidung für die Chemotherapie die bessere.

In Abbildung 9.7 ist ebenfalls der Anteil lebender Patientinnen bei optimaler Information eingezeichnet (Gerade w-z). Der Nutzen durch den Gewinn an Information ist am größten in der Nähe des Punktes, an dem, ohne die Information über den Zustand der Patientin, die Entscheidung für oder gegen Chemotherapie zu demselben Anteil überlebender Patientinnen führt: In dem hier dargestellten Beispiel bei 50 %. An diesem Punkt ist die Unsicherheit über die richtige Behandlung am größten: 50 % der Patientinnen werden „falsch" behandelt. Bei Kenntnis des Zustandes kann an dieser Stelle der Anteil überlebender Patientinnen von 65 % auf 70 % gesteigert werden. Ist zur Erlangung des Kenntnisstandes eine Second-Look-Operation mit 5 % Todesfällen durch die Operation notwendig, so werden mit der Strategie „Second-Look-Operation und Chemotherapie bei Resttumor bzw. keine Chemotherapie bei keinem Resttumor" nach 2 Jahren zwar nicht 70 %, sondern nur noch 66.5 % ($0.7 \cdot 0.95$) der Patientinnen leben (Gerade v-y); insgesamt ist der Anteil lebender Patientinnen jedoch trotz Second-Look-Operation an dieser Stelle höher als ohne Operation und einer einheitlichen Behandlung für alle Patientinnen.

Der Bereich, in dem die Second-Look-Operation insgesamt zu einem höheren Anteil lebender Patientinnen führt als die einheitliche Behandlung aller Patientinnen – also einen Nettonutzen erbringt –, liegt zwischen 36 % und 64 % der Patientinnen mit Resttumor. Auch der Einsatz des diagnostischen Verfahrens – im Beispiel der Second-Look-Operation – hängt also vom Wert der A-priori-Wahrscheinlichkeit ab. Eine genaue Kenntnis der A-priori-Wahrscheinlichkeit ist jedoch nicht notwendig, denn ob diese 38, 40 oder 55 % beträgt, in jedem Fall erbringt die Second-Look-Operation einen Nettonutzen. Bei größeren Anteilen als 64 % führt der Verzicht auf die Second-Look-Operation und eine einheitliche Behandlung aller Patientinnen mit Chemotherapie insgesamt zu einem höheren Anteil lebender Patientinnen. Auch hier ist es unerheblich, ob die A-priori-Wahrscheinlichkeit 65, 80 oder 90 % beträgt. Die Diagnosesicherung in diesem Bereich erbringt dann jedoch mehr Schaden als Nutzen.

Bei kleineren A-priori-Wahrscheinlichkeiten als 36 % erbringt die Second-Look-Operation ebenfalls keinen Nettonutzen. Der Verzicht auf eine Chemotherapie bei allen Patientinnen ohne Diagnosesicherung führt insgesamt zum höchsten Anteil lebender Patientinnen nach zwei Jahren, obwohl bis zu 36 % der Patientinnen „falsch" behandelt werden (dies ist der Anteil Patientinnen mit Resttumor, die bei dieser Entscheidungsstrategie keine Chemotherapie erhalten).

Nicht der Gewinn an Information erbringt einen Nutzen für den Patienten, sondern erst die Möglichkeit der Wahl zwischen (zwei) Therapien, die ohne diese Information nicht bestände. Daher kann es unter Umständen sinnvoll sein, bewußt auf die Gewinnung von Information zu verzichten.

9.5 Festlegung von Nutzenwerten

Im letzten Abschnitt haben wir eine optimale Entscheidungsstrategie entwickelt, bei der das zu optimierende Ereignis, der Zustand der Patientinnen 2 Jahre nach Primäroperation, nur 2 Werte annehmen kann: „Lebt" oder „tot". Wenn das zu optimierende Ereignis mehr als 2 Werte hat, entsteht ein zusätzliches Problem.

Wir kommen nun auf die im Kapitel 8.2. bereits angedeutete Anwendung subjektiver Nutzenwerte mit Hilfe des subjektiven Wahrscheinlichkeitsbegriffes zurück. Hierzu betrachten wir als Beispiel ein Entscheidungsproblem bei diabetischen Patienten mit vaskulärer Insuffizienz.

Ein diabetischer Patient leidet seit Jahren unter peripheren Durchblutungsstörungen. Nach einer Fußverletzung hat der Patient eine Infektion mit Gangrän entwickelt. Eine mögliche Entscheidung wäre die sofortige Amputation, in diesem Stadium ist jedoch auch eine völlige Heilung des Fußes möglich. Falls die Amputation verzögert wird, besteht das Risiko der Ausbreitung der Infektion und der Gangrän, was dann eine Amputation oberhalb des Knies erforderlich machen würde. Bei einer sofortigen Operation könnte die Amputation unterhalb des Knies durchgeführt werden. Soll die Operation unterhalb des Knies sofort durchgeführt werden oder soll abgewartet werden, um zu sehen, ob der Fuß heilt?

Bei diesem Entscheidungsproblem sind nicht zwei Ergebnisse möglich, sondern vier:

- Heilung
- Amputation unterhalb des Knies
- Amputation oberhalb des Knies
- Tod durch Operation

Die optimale Entscheidungsstrategie ist abhängig von der Bewertung der beiden „mittleren" Ergebnisse: Amputation unterhalb bzw. oberhalb des Knies. Diese Bewertung muß auf einer „Nutzenskala" durchgeführt werden. Dabei wird etwa dem Ereignis „Tod" der Wert 0, dem Ereignis „Heilung" der Wert 1 zugeordnet. Die beiden mittleren Ereignisse müssen zwei Werte zwischen 0 und 1, den beiden Werten für die extremen Ereignisse, erhalten. Die Festlegung der mittleren Werte ist problematisch. Nur in seltenen Ausnahmefällen hängt die beste Entscheidungsstrategie nicht von der speziellen Wahl dieser Werte ab (Dominanz einer Strategie). Meist wird jedoch eine mehr oder weniger starke Veränderung der Bewertung auch zu einer anderen optimalen Entscheidungsstrategie führen. Dies bedeutet, daß bei anderer Festlegung des Nutzens auch eine andere Entscheidungsstrategie zu bevorzugen ist. Hierbei gibt es prinzipiell keine Möglichkeit mehr, in objektiver Weise zu einer Festlegung des Nutzens zu gelangen. Eine „externe Überprüfung" der Werte ist ausgeschlossen.

Eine Möglichkeit zur Nutzenfestlegung besteht darin, den Nutzen der beiden mittleren Ausgänge im Verhältnis zum besten und schlechtesten Ausgang mit Hilfe von Wahrscheinlichkeitsaussagen zu bewerten. Diese Bewertung muß von einer (oder mehreren) Person(en), etwa dem Arzt, der die Entscheidung zu treffen hat, oder dem Patienten, durchgeführt werden. Sie trägt den Namen „Utility Analyse".

Zur Festlegung der Utility, der „Nützlichkeit", eines „mittleren" Ergebnisses zwischen dem schlechtesten Ausgang (Tod) und dem besten Ausgang (Heilung), kann ein Gedankenspiel durchgeführt werden. Wie alle solche Spiele, so ist auch das folgende als reines Gedankenexperiment und nicht als Mißachtung des Lebens zu verstehen.

Stellen Sie sich vor, Sie befinden sich in einem Raum mit zwei Türen, durch eine von beiden müssen Sie gehen. Falls Sie sich für die linke Tür entscheiden, müssen Sie „Russisches Roulette" mit einem Trommelrevolver spielen, der 10 Patronen aufnehmen kann, aber nur 1 Kugel enthält. Dies bedeutet, Sie haben eine 10 %ige Chance, zu sterben. Aber Sie haben eine 90 %ige Chance, zu überleben. Wenn Sie überleben, sind sie „vollständig geheilt".

Falls Sie die rechte Tür wählen, besteht für Sie kein Todesrisiko. Aber Sie müssen sich – ohne Risiko – einer Beinamputation bis oberhalb des Knies unterziehen. Sind Sie bereit, ein 10 %iges Todesrisiko einzugehen mit der Möglichkeit, eine Amputation oberhalb des Knies zu vermeiden?

Ist der Patient (oder der Arzt) nicht bereit, dieses Risiko einzugehen, so wird im nächsten Schritt das Risiko im Russischen Roulette verkleinert (etwa 1 Kugel unter 100 Patronen). Dies kann solange fortgesetzt werden, bis die Wahl zwischen den beiden Türen gleichgewichtig ist. Ist dieser Gleichheitszustand etwa bei einem Anteil von 5 Kugeln auf 100 Patronen erreicht, so bedeutet dies, daß eine Amputation oberhalb des Knies gleichgewichtet wird mit einer 95 %igen Chance auf Heilung gegenüber einer 5 %igen Chance auf Tod. Diese ,,Indifferenz" zwischen dem mittleren Ereignis und den beiden extremen Ereignissen läßt sich in einem Entscheidungsbaum darstellen (Abbildung 9.8).

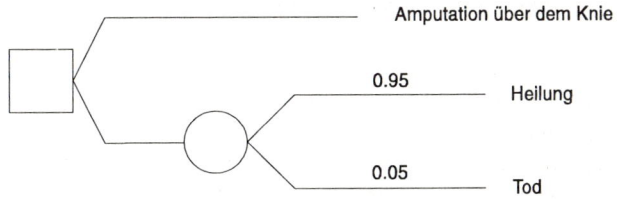

Abb. 9.8. Entscheidungsbaum zur Wahl zwischen einem therapeutischen Ergebnis und einem Glücksspiel.

Mit Hilfe dieser Darstellung ist es möglich, das Ereignis ,,Amputation über dem Knie" durch einen Wahrscheinlichkeitsknoten zu ersetzen, bei dem totale Heilung in 95 % der Fälle und Tod in 5 % der Fälle eintritt. Wird die Nützlichkeit für das Ergebnis (Amputation unterhalb des Knies) in analoger Weise bestimmt, so ist dann die Lösung des Entscheidungsproblems ebenso wie im Beispiel der Patientin nach Ovarialkarzinom möglich. Ebenso wie die Bestimmung der Wahrscheinlichkeiten ist auch die Festlegung der Utilities nur näherungsweise notwendig. Häufig werden Änderungen der Utilities über größere Bereiche nicht die beste Entscheidungsstrategie verändern. Jedoch müssen auch bei großem Einfluß der Utilities klinische Entscheidungen getroffen werden. Die Kenntnis dieser Zusammenhänge kann sicher für die Entscheidungsfindung nur hilfreich sein.

9.6 Übungsaufgabe

Ein Patient kommt in die Notfallambulanz mit Anzeichen einer akuten Appendizitis. Bei einer Entscheidung für eine Operation besteht für den Patienten das Risiko, perioperativ (an den Folgen der Operation) zu versterben. Diese operative Mortalität hängt davon ab, ob der Patient eine perforierte *(R)* oder nur eine entzündete *(E)* Appendix oder sogar nur unspezifische abdominale Schmerzen *(S)* hat. Dies sind 3 sich ausschließende Ereignisse. Sie sollen weiterhin als erschöpfend angesehen werden. Bekannt sei, daß von 1000 Patienten mit einer perforierten Appendix 27, von 1000 Patienten mit einer entzündeten Appendix 1 und von 10 000 Patienten mit unspezifischen abdominalen Schmerzen 7 perioperativ versterben (Ereignis *T*).

1. Zeichnen Sie den Wahrscheinlichkeitsbaum für die zusammengesetzten Ereignisse!

2. In einer Klinik sei der Anteil Patienten mit unspezifischen abdominalen Schmerzen 20 %, mit einer entzündeten Appendix 65 % und somit der mit einer perforierten Appendix 15 %. Tragen Sie die Wahrscheinlichkeiten an den Pfaden des Wahrscheinlichkeitsbaumes ein und bestimmen Sie die Wahrscheinlichkeiten für alle zusammengesetzten Ereigniss *(R,T), (E,T),...!*

3. Wieviele von 1000 operierten Patienten werden in dieser Klinik im Mittel perioperativ versterben?

4. Wieviele Patienten mit unspezifischen abdominalen Schmerzen (d. h. ohne akute Appendizitis) werden im Mittel unter 1000 perioperativ verstorbenen Patienten sein?

10 Theoretische Verteilungen

10.1 Binomialverteilung

Die Binomialverteilung entsteht aus der unabhängigen Wiederholung eines Zufallsexperiments mit nur zwei Ausgängen. Dieses Zufallsexperiment, ein „Bernoulli-Experiment" wurde bereits im 8. und 9. Kapitel behandelt. Beispiele hierfür waren

- beim Münzwurf: Wappen (W) - Zahl (Z)
- beim Würfelspiel: Wurf einer 6 (E) - Wurf einer anderen Zahl ($\overline{E}$)
- bei Geburten: Weiblich (w) - männlich (m)
- beim Pränatalscreening: Vorliegen einer offenen Spina bifida (E) - Nichtvorliegen einer offenen Spina bifida ($\overline{E}$)

Die beiden alternativ eintretenden Ereignisse werden wir allgemein mit E (Erfolg) und $\overline{E}$ (Mißerfolg) bezeichnen. Hierbei spielt es keine Rolle, ob es sich bei E und $\overline{E}$ um Elementarereignisse, wie beim Münzwurf, oder um zusammengesetzte Ereignisse, wie beim Würfelspiel, handelt. Häufig werden den Ereignissen mittels einer Zufallsvariable X Zahlen (z. B. 0 und 1) zugeordnet (siehe Kapitel 8.7). Als abkürzende Schreibweise für die zugehörige Wahrscheinlichkeit für das Eintreten von E wird meist ein p benutzt:

$$p = P(E) = P(X = 1).$$

Häufig wird zusätzlich der Buchstabe q für die Wahrscheinlichkeit des Eintretens von $\overline{E}$ verwendet:

$$q = 1 - p = p(\overline{E}) = P(X = 0).$$

Bei vielen Anwendungen der Wahrscheinlichkeitsrechnung in der Medizin wird vorausgesetzt, daß ein solches Bernoulli-Experiment n-mal wiederholt wird. Hierdurch entsteht ein mehrstufiges (zusammengesetztes) Zufallsexperiment. Sind bei einem mehrstufigen Zufallsexperiment die einzelnen Versuche voneinander unabhängig, dann heißt dieses Experiment „Bernoulli-Kette". Bernoulli-Ketten sind uns bereits im 8. Kapitel begegnet. Dort wurde u. a. die Wahrscheinlichkeit für die Anzahl von Mädchen in 3-Kind-Familien berechnet. Wir haben dieses Modell verwendet, um den Grenzwert der relativen Häufigkeit in wiederholten Experimenten als Wahrscheinlichkeit für das Eintreten eines Ereignisses interpretieren zu können.

Bernoulli-Ketten lassen sich durch verschiedene Modelle beschreiben. Wegen der Wichtigkeit dieses Ansatzes für die gesamte Wahrscheinlichkeitsrechnung wollen wir drei dieser Modelle im folgenden darstellen.

• Modell 1: Ziehen aus einer Urne mit Zurücklegen

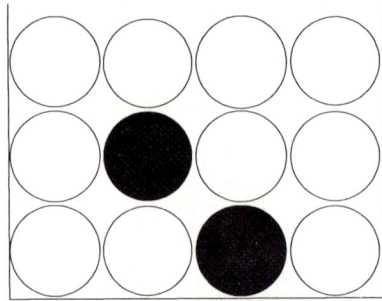

Abb. 10.1. Ziehen aus einer Urne. In der Urne befinden sich m Gewinne (schwarze Kugeln, Ereignis E) und n - m Nieten (weiße Kugeln, Ereignis $\bar{E}$). In der Abbildung ist $m = 2$ und $n = 12$).

In einer Urne (Abbildung 10.1) befinden sich n Lose, von denen m Gewinne (E) und $n - m$ Nieten ($\bar{E}$) sind. Für die Anteile der beiden Lose gilt daher:

$$p = \frac{m}{n} = P(E) \quad \text{und}$$

$$q = \frac{n - m}{n} = P(\bar{E})$$

Ein Los muß jeweils nach einem Zug wieder in die Urne zurückgelegt werden, hierdurch wird die Unabhängigkeit der einzelnen Ziehungen voneinander erzeugt.

• Modell 2: Drehen eines Glücksrads

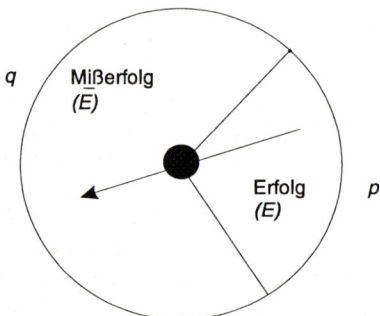

Abb. 10.2. Drehen eines Glücksrads. Die Flächen der Felder Erfolg *(E)* und Mißerfolg *($\bar{E}$)* entsprechen den Wahrscheinlichkeiten für das Eintreten der Ereignisse E bzw. $\bar{E}$. Die Gesamtfläche des Kreises ist 1.

Ein Glücksrad mit den Feldern E und $\overline{E}$ (Abbildung 10.2) wird n-mal gedreht. Die Flächen der Felder entsprechen den Wahrscheinlichkeiten für das Eintreten von E und $\overline{E}$:

$$p = P(E) \text{ und } q = P(\overline{E}) = 1 - p.$$

• Modell 3: Irrfahrt

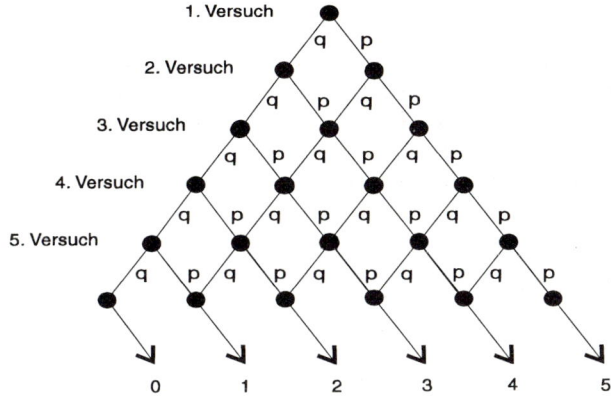

Abb. 10.3. Dargestellt ist eine Irrfahrt mit 5 Versuchen (Stufen). An jedem Knoten ist eine Entscheidung für links *(E)* oder rechts *(E)* zu treffen. Die Wahrscheinlichkeiten sind an jedem Knoten gleich: *P(E) = p* und damit *P(E) = 1 - p = q.*

Sowohl beim Urnen- als auch Glücksradmodell wird nur ein einzelnes Bernoulli-Experiment und nicht die gesamte Bernoulli-Kette veranschaulicht. Hierfür sind Wahrscheinlichkeitsbäume gut geeignet (siehe Kapitel 9). Mit Hilfe von Wahrscheinlichkeitsbäumen können zusammengesetzte Zufallsexperimente dargestellt werden. Für den Fall der Bernoulli-Kette lassen sich diese zu einem Irrfahrtmodell vereinfachen.

In Abbildung 10.3 ist dieses Modell für fünf Wiederholungen eines Bernoulli-Experimentes mit der Erfolgswahrscheinlichkeit p dargestellt. Wir stellen uns vor, wir starten am Knoten des 1. Versuches mit Blickrichtung auf den 2. Versuch und müssen uns für den linken oder rechten Weg entscheiden. Wir gelangen so zu einem der beiden Knoten des 2. Versuches. Dort ist wieder dieselbe Entscheidung notwendig (der Weg zurück ist ausgeschlossen!).

Wir bezeichnen eine Entscheidung für „links" mit E (Erfolg) und „rechts" mit $\overline{E}$ (Mißerfolg). Die Entscheidung für E soll mit Wahrscheinlichkeit p, für $\overline{E}$ mit $1 - p = q$ getroffen werden. Der Vorteil des Irrfahrtmodells gegenüber der Darstellung in Form eines Baumdiagramms besteht darin, daß Knoten zusammengefaßt sind, die zu einer gleichen Anzahl Erfolge bei gleicher Anzahl Wiederholungen des Versuches führen. Auf den Diagonalen der Irrfahrt-Darstellung liegt daher die gleiche Anzahl Erfolge. Diese Art der Darstellung bildet eine wichtige Grundlage für die Erstellung von „Sequentialplänen", bei denen in Abhängigkeit der relativen Anzahl Erfolge Experimente abgebrochen werden. Für jeden

Knoten müssen wir nur die Anzahl „p's" auf der Diagonalen zählen und erhalten hiermit die Anzahl Erfolge bis zu diesem Knoten, unabhängig vom gewählten Weg zu diesem Knoten.

Die einzige interessierende Größe in einer Bernoulli-Kette ist die Anzahl Erfolge bei n Versuchen. Diese bezeichnen wir mit X_n. Wie groß ist die Wahrscheinlichkeit $P(X_n = k)$, daß bei insgesamt n Versuchen k-mal das Ereignis E (Erfolg) eintritt? Diese läßt sich aus Modell 3 sofort ersehen. Aus Abbildung 10.3 ist zu erkennen, daß jeder Weg, bei dem k Erfolge (demnach $n - k$ Mißerfolge) auftreten, die Wahrscheinlichkeit

$$p^k (1 - p)^{n - k}$$

hat. Diese Wahrscheinlichkeit muß multipliziert werden mit der Anzahl der Wege, die zu k Erfolgen führen. Der Multiplikationsfaktor heißt Binomialkoeffizient und wird mit

$\binom{n}{k}$ (sprich: n über k) bezeichnet. In den vorausgegangenen Beispielen (z. B. bei der Anzahl Mädchen in 3-Kind-Familien) haben wir den Binomialkoeffizienten jeweils durch Abzählen der Möglichkeiten bestimmt.

Der Binomialkoeffizient gibt an, wieviele verschiedene Wege in einer Irrfahrt mit n Versuchen genau k Erfolge haben. Die Formel für den Binomialkoeffizienten lautet:

$$\binom{n}{k} = \frac{n\,(n - 1)\,(n - 2)\,\ldots\,(n - k + 1)}{1 \cdot 2 \cdot 3 \cdot \ldots\,k}\,.$$

Beispielsweise ist

$$\binom{5}{3} = \frac{5 \cdot 4 \cdot 3}{1 \cdot 2 \cdot 3} = 10\,.$$

In der Irrfahrt in Abbildung 10.3 gibt es bei fünf Versuchen 10 verschiedene Wege, die zu genau 3 Erfolgen führen. Für $k = 0$ ist der Binomialkoeffizient bisher nicht festgelegt (Division durch Null). Wird

$$\binom{n}{0} = 1$$

definiert, so bleibt auch für diesen Fall die Interpretation des Binomialkoeffizienten erhalten: Bei n Versuchen in der Irrfahrt gibt es genau 1 Weg, in dem nur Mißerfolge auftreten. Die Wahrscheinlichkeit dafür, daß bei einer Bernoulli-Kette von n Versuchen genau k-mal das Ereignis E (Erfolg) mit $P(E) = p$ eintritt, ist daher gegeben durch:

$$P(X_n = k) = \binom{n}{k} p^k (1-p)^{n-k}\,.$$

Diese Wahrscheinlichkeitsverteilung heißt Binomialverteilung, als abkürzende Schreibweise wird $B\,(n,\,p)$ verwendet.

- $B(n, p)$ bezeichnet alle möglichen Verteilungsfunktionen der Binomialverteilung, n und p heißen Parameter der Binomialverteilung.

- Erst durch die Festlegung von n und p auf zwei Zahlen ($n = 0, 1, 2, \ldots$ und $0 \leq p \leq 1$) ist eine Binomialverteilung eindeutig bestimmt.

- Die Binomialverteilung gibt die Wahrscheinlichkeit der Zufallsgröße X_n „Anzahl Erfolge bei n Wiederholungen" mit den beiden Parametern n (Anzahl Wiederholungen) und p (Erfolgswahrscheinlichkeit des Bernoulli-Experiments) an.

- Eine Bernoulli-Kette ist ein mehrstufiges Zufallsexperiment mit unabhängigen Einzelversuchen. Sie wird in der Medizin sehr häufig als Wahrscheinlichkeitsmodell verwendet.

Die Binomialverteilung liefert nur korrekte Wahrscheinlichkeiten, wenn die Unabhängigkeit der Experimente gegeben ist. Für medizinische Anwendungen bedeutet dies zum Beispiel, daß eine Neuerkrankung unabhängig von bereits erkrankten Fällen geschieht. Dies ist beispielsweise bei Infektionskrankheiten (Grippe, AIDS) nicht erfüllt. Neue Erkrankungsfälle entstehen durch eine Infektion bei einem Kranken (und nicht unabhängig von diesem). In dieser Situation müssen komplexere Modelle eingesetzt werden. Die Binomialverteilung würde unbrauchbare Ergebnisse liefern.

Abschließend geben wir noch Erwartungswert und Varianz einer binomialverteilten Zufallsgröße X_n an und leiten für den mathematisch interessierten Leser diese Formeln her:

Erwartungswert $E(X_n)$ und Varianz $Var(X_n)$ der Zufallsgröße Anzahl Erfolge (X_n) bei n unabhängigen Wiederholungen eines Experiments mit Erfolgswahrscheinlichkeit p für jedes einzelne Experiment sind gegeben durch:

- $E(X_n) \quad = n \cdot p$
- $Var(X_n) = n \cdot p \cdot (1 - p)$

Zur Herleitung der beiden Formeln schreiben wir die Zufallsgröße X_n (Anzahl der Erfolge bei n Versuchen) als Summe $X_n = B_1 + B_2 + \ldots B_n$ der Bernoullischen Zufallsgrößen $B_1, B_2, \ldots, B_n$ mit:

$$B_i(E) \quad = \quad 1 \text{ und } B_i(\overline{E}) \quad = \quad 0 \text{ für } i = 1, 2, \ldots n.$$

Für alle Zufallsgrößen B_i gilt:

$$E(B_i) \;=\; 1 \cdot p + 0 \cdot (1-p) \;=\; p$$

$$Var(B_i) \;=\; (1-p)^2 \cdot p + (0-p)^2 \cdot (1-p)$$

$$\;=\; p \cdot (1-p)\,(1-p+p) \;=\; p \cdot (1-p).$$

Für den Erwartungswert von X_n gilt damit:

$$E(X_n) \;=\; \sum_{i=1}^{n} E(B_i) \;=\; n \cdot p$$

Die einzelnen Versuche in einer Bernoulli-Kette sind unabhängig voneinander, daher gilt für die Varianz:

$$Var(X_n) \;=\; \sum_{i=1}^{n} Var(B_i) \;=\; n \cdot p \cdot (1-p).$$

10.2 Poissonverteilung

Die im letzten Abschnitt vorgestellte Binomialverteilung beruht auf dem für medizinische Anwendungen wichtigsten Modell unabhängiger binärer Zufallsgrößen, der Bernoulli-Kette. Eine bestimmte Binomialverteilung ist durch Wahl der beiden Parameter n und p festgelegt. Hierbei ist n die Anzahl der Wiederholungen eines Experiments und p die Erfolgswahrscheinlichkeit für jedes einzelne Experiment. Der Erwartungswert der Anzahl Erfolge X_n ist $n \cdot p$. Die Poissonverteilung hat nur einen Parameter, λ. Sie wird häufig bei selten eintretenden Ereignissen, etwa Krebserkrankungen, eingesetzt. Sie spielt im Rahmen epidemiologischer Untersuchungen eine große Rolle. Für dieses Einsatzgebiet ist ausschlaggebend, daß die Binomialverteilung mit großem n und kleinem p gerade einer Poissonverteilung mit Parameter $\lambda = n \cdot p$, dem Erwartungswert der Binomialverteilung, entspricht. Wegen der einfacheren Berechnung wird dann die Poissonverteilung häufig eingesetzt.

So ist etwa die Anzahl Todesfälle an einer bestimmten Erkrankung in einem Jahr in einer großen Population mit n Individuen tatsächlich binomialverteilt mit Wahrscheinlichkeit p; sie kann jedoch approximativ als poissonverteilt mit dem Parameter $\lambda = n \cdot p$ betrachtet werden. Wir wollen die Anwendung der Poissonverteilung an einem Beispiel demonstrieren.

Ein in Deutschland gut geführtes Krebsregister ist das Kinderkrebsregister in Mainz. Dort werden seit 1980 alle in Deutschland an Krebs erkrankten Kinder aufgenommen. Die mittlere Anzahl dem Kinderkrebsregister gemeldeter Malignome betrug in den letzten 10 Jahren etwa 12 Fälle pro Jahr auf 100 000 Kinder. Die Binomialverteilung mit $n = 100\,000$ und $p = {}^{12}\!/_{100\,000}$ gibt an, wie groß die Wahrscheinlichkeit dafür ist, daß z. B. im kommenden Jahr $k = 0, 1, 2, 3, \ldots$ Fälle pro 100 000 Kinder gemeldet werden. Diese Wahrscheinlichkeiten sind für eine Anzahl von bis zu 30 Fällen in Tabelle 10.1 aufgeführt.

Anzahl Fälle	Poisson-verteilung	Binomial-verteilung
1	0.00007	0.00007
2	0.00044	0.00044
3	0.00177	0.00177
4	0.00531	0.00531
5	0.01274	0.01274
6	0.02548	0.02548
7	0.04368	0.04368
8	0.06552	0.06552
9	0.08736	0.08736
10	0.10484	0.10484
11	0.11437	0.11437
12	0.11437	0.11437
13	0.10557	0.10558
14	0.09049	0.09049
15	0.07239	0.07239
16	0.05429	0.05429
17	0.03832	0.03832
18	0.02555	0.02555
19	0.01614	0.01613
20	0.00968	0.00968
21	0.00553	0.00553
22	0.00302	0.00302
23	0.00157	0.00157
24	0.00079	0.00079
25	0.00038	0.00038
26	0.00017	0.00017
27	0.00008	0.00008
28	0.00003	0.00003
29	0.00001	0.00001
30	0.00001	0.00001
Erwartungswert	12.00	12.00

Tabelle 10.1. Approximation der Binomial- ($p = {}^{12}/_{100\ 000}$, $n = 100\ 000$) durch die Poissonverteilung ($\lambda = 12$).

Daneben sind die mit Poissonverteilung

$$\lambda = \frac{12}{100\ 000} \cdot 100\ 000 = 12$$

berechneten Wahrscheinlichkeiten angegeben. Der Parameter der Poissonverteilung ist gerade die erwartete Anzahl neuer Fälle (pro 100 000 Kinder). Diese stimmen mit Ausnahme der Anzahl Fälle = 13 und 19 für die angegebenen 5 Nachkommastellen exakt überein. Die Poissonverteilung ist jedoch wesentlich einfacher zu berechnen. Bezeichnen wir mit X die Anzahl gemeldeter Fälle, so ist die Poissonverteilung gegeben durch:

$$P(X = x) \; = \; \frac{\lambda^x}{x!} \; e^{-\lambda} \, .$$

Dabei bezeichnet *e* die Basis des natürlichen Logarithmus. In Abbildung 10.4 ist die Wahrscheinlichkeitsfunktion zusammen mit der Verteilungsfunktion dargestellt. In der Nähe des Erwartungswertes (12) beträgt die Wahrscheinlichkeit für die Anzahl gemeldeter Neuerkrankungen etwa 11 %. Weniger als 8 Neuerkrankungsfälle werden in etwa 9 % der Jahre auftreten, ebenso mehr als 16 Neuerkrankungsfälle.

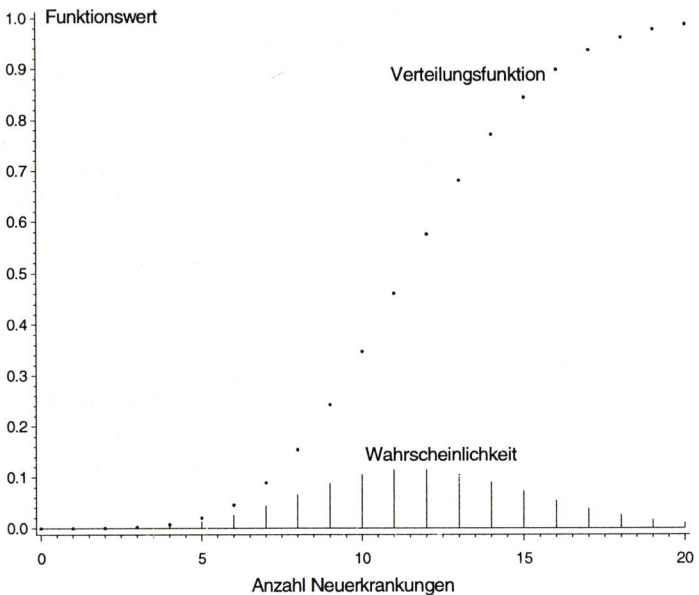

Abb. 10.4. Wahrscheinlichkeits- und Verteilungsfunktion der Poissonverteilung mit $\lambda = 12$.

Für die Anwendung der Poisson- anstelle der Binomialverteilung gibt es drei Gründe:
• Für großes *n* und kleines *p* ist sie einfacher zu berechnen.
• *n* muß überhaupt nicht bekannt sein.
• Das theoretische Modell für das Auftreten einer Erkrankung im zeitlichen Verlauf wird gut beschrieben.
Den ersten Punkt haben wir bereits mit dem Eingangsbeispiel demonstriert. Das theoretische Modell, welches zur Poissonverteilung führt, werden wir am Ende dieses Abschnittes für interessierte Leser einführen. Mathematisch ungeübte Leser können diesen Teil überschlagen. Den zweiten Punkt wollen wir wiederum an einem Beispiel aus dem Kinderkrebsregister in Mainz zeigen.

Die durchschnittliche Anzahl gemeldeter Fälle von Schilddrüsenkarzinomen betrug in den letzten 10 Jahren 2.2 Fälle pro Jahr. Diese einzige Angabe reicht aus, um mit Hilfe der Poissonverteilung die Wahrscheinlichkeiten berechnen zu können, daß in einem beliebigen Jahr 0, 1, 2, 3, ... Fälle gemeldet werden. In Tabelle 10.2 sind diese Wahrscheinlichkeiten für bis zu 8 gemeldete Fälle pro Jahr aufgeführt. So ist z. B.

$$P(X = 0) = e^{-2.2} = 0.111$$

$$P(X = 1) = \lambda\, e^{-\lambda} = 2.2\, e^{-2.2} = 0.244$$

$$P(X = 2) = \frac{1}{2}\lambda^2\, e^{-\lambda} = 0.268.$$

Die Inzidenzrate hatten wir in Kapitel 7 mit Hilfe der Personenjahre-Methode (Tabelle 7.3) geschätzt. Die dort geschätzten Raten entsprechen dem Parameter λ der Poissonverteilung. Die Zufallsgröße X_i (die Anzahl Neuerkrankungen in einem Zeitraum) ist die kumulative Inzidenz (siehe Kapitel 7.2). Für diese liefert die Poissonverteilung, unter Voraussetzung einer gleichen Inzidenzrate λ, Wahrscheinlichkeiten.
Der Erwartungswert an Neuerkrankungen für das Schilddrüsenkarzinom pro Jahr (2.2 Fälle) heißt Inzidenzrate oder kurz: Inzidenz (siehe hierzu Kapitel 7). Die Inzidenz ist in unserem Beispiel bezogen auf die Gesamtanzahl Kinder, die im Einzugsgebiet leben. Setzt man jedoch voraus, daß sich das Einzugsgebiet für das Kinderkrebsregister über die 10 Jahre hin nicht ändert, so wird diese Gesamtzahl zur Bestimmung von Wahrscheinlichkeiten mit Hilfe des Poissonmodells nicht benötigt.

Anzahl Fälle	Wahrscheinlichkeit
0	0.111
1	0.244
2	0.268
3	0.197
4	0.108
5	0.048
6	0.017
7	0.005
8	0.002

Tabelle 10.2. Wahrscheinlichkeit für Anzahl Neuerkrankungen pro Jahr bei einer Inzidenzrate von $\lambda = 2.2$ Fällen pro Jahr.

Um Vergleichbarkeit zu erhalten, werden Inzidenzraten üblicherweise dennoch auf eine feste Anzahl Personen (bei Krebsinzidenz meist auf 100 000 Personen) bezogen. Um diese Standardisierung durchführen zu können, muß dann wieder die Anzahl Personen, die im Einzugsgebiet des Registers leben (unter Risiko stehen, Krebs zu bekommen), bekannt sein.

Im restlichen Teil dieses Abschnitts leiten wir die Formel für die Wahrscheinlichkeitsverteilung der Poissonverteilung ab. Zum weiteren Verständnis wird diese Herleitung nicht benötigt.

Das theoretische Modell, das zur Poissonverteilung führt, beschreibt das Eintreten von zufälligen Ereignissen innerhalb eines Zeitintervalls. Ein wiederkehrendes Ereignis soll mit einer Intensität λ pro Zeiteinheit zufällig eintreten. Zufällig bedeutet, daß in jedem kleinen Zeitintervall der Länge h (z. B. eine msec) die Wahrscheinlichkeit, daß das Ereignis eintritt, proportional zu h ist, also $\lambda \cdot h$. Aufgrund dieser Proportionalität ist die Wahrscheinlichkeit, daß ein Intervall mehr als 1 Ereignis enthält, für kleine Zeitintervalle nahe Null. Außerdem wird vorausgesetzt, daß das Eintreten des Ereignisses in unterschiedlichen Intervallen unabhängig voneinander ist.

Ein sehr gutes Beispiel für dieses Modell bildet der zeitliche Ablauf (Prozeß) der Emission von radioaktiven α-Teilchen aus einem radioaktiven Material. Die Emissionsrate λ wird konstant sein, die Teilchen werden zufällig emittiert werden, und zwar in jedem Zeitintervall unabhängig von den vorhergehenden Intervallen. Diesen Prozeß werden wir approximativ so beschreiben, daß wir eine Bernoulli-Kette erhalten, für die dann die Binomialverteilung verwendet werden kann.

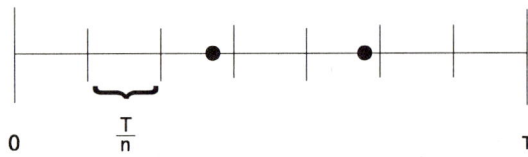

Abb. 10.5. Approximation eines Poissonprozesses durch eine Binomialverteilung. Die ausgefüllten Kreise zeigen an, daß zu diesen Zeitpunkten ein Ereignis aufgetreten ist. In der Abbildung sind im Intervall T zwei Ereignisse aufgetreten.

Hierzu betrachten wir ein festes Zeitintervall T eines Poissonprozesses mit der Intensitätsrate λ. Die Anzahl X von Ereignissen, die in solchen Intervallen der Länge T auftreten, werden von Intervall zu Intervall variieren. Dies ist eine Zufallsgröße X, deren mögliche Werte 0, 1, 2, ... sind. Wie groß ist die Wahrscheinlichkeit für einen bestimmten Wert x? Wir teilen das Intervall der Länge T in eine große Anzahl n von Teilintervallen ein, jedes mit der Länge T/n (Abbildung 10.5).

Falls dann n genügend groß ist, wird in den meisten Teilintervallen kein Ereignis eintreten, in einigen wird es 1-mal eintreten und in wenigen wird es häufiger als 1-mal eintreten. Für genügend kleine Teilintervalle T/n können wir diejenigen, in denen mehr als 1 Ereignis eingetreten ist, vernachlässigen. Diese Situation läßt sich dann mit Hilfe des Glücksrades in Abbildung 10.5 darstellen.

Die Anzahl Ereignisse X im Intervall T ist binomialverteilt, der Erwartungswert von X ist unabhängig von n:

$$E(X) \;=\; n \cdot p \;=\; \lambda.$$

Dies ist dann die Situation einer Bernoulli-Kette, bei der für jedes der n Teilintervalle das Glücksrad in Abbildung 10.6 gedreht wird.

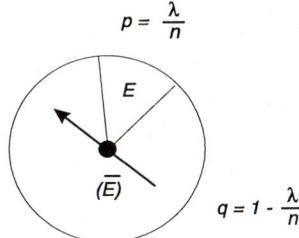

Abb. 10.6. Glücksrad zur Beschreibung der Poissonverteilung. Das Glücksrad wird n-mal gedreht. Die Poissonverteilung beschreibt die Situation für konstantes λ und $n \to \infty$ (d. h. $p \to 0$).

Die Erfolgswahrscheinlichkeit für das Bernoulli-Experiment beträgt

$$p = \frac{\lambda}{n}.$$

Für großes n ist λ/n nahe Null, daher folgt für die Varianz von X:

$$Var(X) = p(1-p)\,n = \frac{\lambda}{n}\,(1-\frac{\lambda}{n})\,n = \lambda(1-\frac{\lambda}{n}) \approx \lambda.$$

Die Zerlegung in eine Bernoulli-Kette ermöglicht nun auch die Bestimmung der Wahrscheinlichkeitsverteilung:

$$P(X=x) = \binom{n}{x}\left(\frac{\lambda}{n}\right)^x\left(1-\frac{\lambda}{n}\right)^{n-x}$$

$$= \frac{n(n-1)...(n-x+1)}{x!}\left(\frac{\lambda}{n}\right)^x\left(1-\frac{\lambda}{n}\right)^{n-x}$$

Für großes n ist:

$$n(n-1)\,...(n-x+1) \approx n^x \quad \text{und}$$

$$\left(1 - \frac{\lambda}{n}\right)^{n-x} \approx \left(1 - \frac{\lambda}{n}\right)^{n}$$

und somit

$$P(X = x) \approx \frac{n^x}{x!} \left(\frac{\lambda}{n}\right)^{x} \left(1 - \frac{\lambda}{n}\right)^{n}.$$

Wegen der Tatsache, daß $\left(1 - \dfrac{\lambda}{n}\right)^{n}$ für wachsendes n gegen $e^{-\lambda}$ strebt, erhalten wir schließlich:

$$P(X = x) \approx \frac{n^x}{x!} \left(\frac{\lambda}{n}\right)^{x} e^{-\lambda} = \frac{\lambda^x}{x!} \cdot e^{-\lambda} \ .$$

10.3 Stetige Verteilungen

Bei den beiden bisher behandelten Wahrscheinlichkeitsverteilungen war es möglich, die Wahrscheinlichkeit für einen bestimmten Wert der Zufallsvariablen festzulegen. Bei der Binomialverteilung kann die Zufallsgröße nur endlich viele Werte annehmen. Mit wachsender Anzahl möglicher Werte wird die Wahrscheinlichkeit für einen bestimmten Punkt immer kleiner. Beispielsweise ist bei der Binomialverteilung mit $p = 0.5$ und $n = 2$ der maximale Wert der Wahrscheinlichkeit 0.5 (für den Wert 1). Im Falle der Binomialverteilung mit $p = 0.5$ und $n = 15$ beträgt die höchste Wahrscheinlichkeit für einen Punkt 0.2 (für die Werte 7 und 8), und für $n = 100$ nur noch 0.08. Für wachsende Anzahl möglicher Werte sind wir gewöhnlich nicht mehr an der Wahrscheinlichkeit einzelner Punkte, sondern an der Wahrscheinlichkeit für ein Intervall von Werten interessiert.

Bei stetigen Merkmalen, wie etwa Körpergröße oder Cholesterinwert, ist die Anzahl möglicher Werte theoretisch unendlich groß. Die Wahrscheinlichkeit für einen speziellen Wert (mit sehr großer Meßgenauigkeit gemessen) muß daher Null sein. Zur Berechnung der Wahrscheinlichkeit für Werte innerhalb eines beliebigen Intervalls wird eine neue Funktion, die ,,Dichtefunktion", verwendet. Hierauf hatten wir bereits in Kapitel 8.7 hingewiesen. Wir wollen diese an einem Beispiel einführen.

Eines der Ziele der ,,Deutschen Herzkreislauf-Präventionsstudie" [DHP] war die Erhebung des Cholesterinstatus der Bevölkerung im Alter zwischen 24 und 69 Jahren. Hierzu wurden für eine repräsentative Stichprobe Cholesterinwerte bestimmt. Die Verteilung der Cholesterinwerte bei 2349 Frauen ist in der Abbildung 10.7 dargestellt. Das Histogramm zeigt die (absoluten) Häufigkeiten der Meßwerte innerhalb eines Intervalls. Für alle Klassen wurde eine Intervallbreite von 0.5 mmol/l gewählt.

Beispielsweise wurden bei 117 (5 %) Frauen Werte zwischen 4 und 4.5 mmol/l gemessen, bei 387 (16 %) Frauen lagen die Meßwerte zwischen 6.0 und 6.5 mmol/l. Die Interpretation der Wahrscheinlichkeit als Prävalenz innerhalb einer Gruppe führt zu folgendem Ergebnis:

Wählen wir zufällig aus der Zielpopulation eine Frau aus, so beträgt die Wahrscheinlichkeit, daß ihr Cholesterinwert zwischen 5.5 und 6 mmol/l liegt, 0.16 ($^{373}/_{2349}$). Diese Wahrscheinlichkeit läßt sich mit Hilfe eines Wertes h und der Klassenbreite b ausdrücken:

$$0.16 = P(5.5 \le x \le 6.0) = b \cdot h = 0.5\,h,$$

womit sich

$$h = \frac{0.16}{0.5} = 0.32$$

ergibt. Halbieren wir die Klassenbreite, so muß die Wahrscheinlichkeit, daß der Meßwert in genau einer der beiden dann halbierten Klassen liegt, kleiner werden. Bei kleinen Klassenbreiten müßte sich die Wahrscheinlichkeit exakt halbieren. Nehmen wir an, die Wahrscheinlichkeit beträgt 8 % dafür, daß der Meßwert zwischen 5.50 und 5.75 liegt. Die Wahrscheinlichkeit muß wieder aus h und der Länge der Klassenbreite b zu bestimmen sein:

$$0.08 = P(5.5 \le x \le 5.75) = 0.25 \cdot h = 0.25\,h,$$

worauf wiederum

$$h = \frac{0.08}{0.25} = 0.32$$

folgt.

Der Wert h ist nicht für alle Cholesterinwerte x konstant, sondern eine Funktion $h = f(x)$ von der Stelle x, an der die Höhe $h = f(x)$ des Histogramms approximiert wird. Diese Funktion $f(x)$ heißt Dichtefunktion. Die Wahrscheinlichkeit für ein Intervall ist die Fläche unter der Dichtekurve $f(x)$ zwischen den beiden Endpunkten des Intervalls. In der Abbildung 10.7 ist eine die Höhe des Histogramms approximierende Kurve eingezeichnet. Diese beruht auf der Dichte der ,,Normalverteilung", die wir im nächsten Abschnitt beschreiben werden.

Zur Bestimmung der Fläche unter einer Kurve muß die Gleichung der Kurve $f(x)$ bekannt sein. Anders als bei den einfachen Wahrscheinlichkeitsmodellen für diskrete Merkmale, die zur Binomial- und Poissonverteilung führen, kann bei den meisten stetigen Merkmalen, wie z. B. Blutdruck und Serumcholesterin, nicht ein einfaches Wahrscheinlichkeitsmodell angenommen werden. Daher haben wir im allgemeinen keine theoretischen Grundlagen für ein Modell. Meist nehmen wir daher Verteilungen an, deren mathematische Eigenschaften bekannt sind und die mit den beobachteten Daten so gut zusammenpassen, daß daraus Schlußfolgerungen gezogen werden können. Die Wichtigkeit dieser stetigen Verteilungen liegt jedoch nicht so sehr in der Darstellung beobachteter Häufigkeiten, sondern in ihrer Verwendung in der Stichprobentheorie, wie wir in Kapitel 11 sehen werden.

Mit Hilfe der Dichtefunktion $f(x)$ ist das stochastische Verhalten einer stetigen Zufallsgröße X vollständig festgelegt. Die Dichtefunktion stellt ein theoretisches Modell dar, das

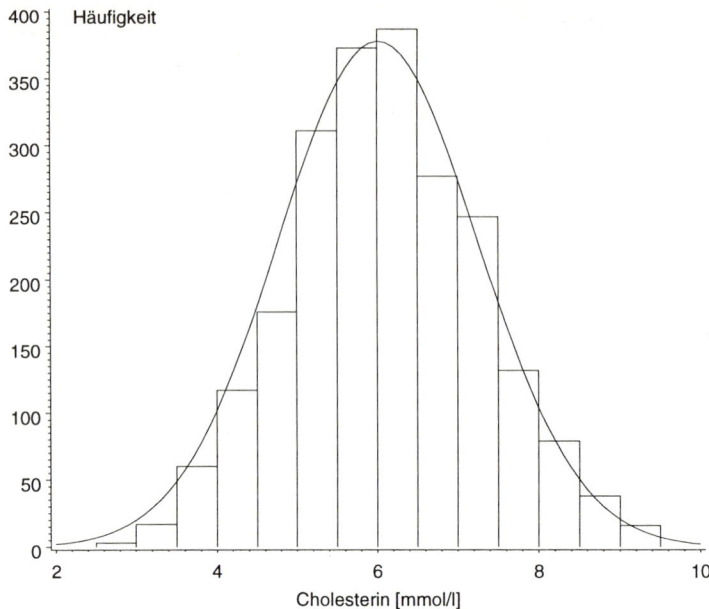

Abb. 10.7. Histogramm der Cholesterinwerte von 2349 Frauen (DHP-Studie [Hoffmeister]). Die stetige Kurve basiert auf der Dichtefunktion der Normalverteilung.

zur Approximation des Histogramms führt, wie es in Kapitel 6 beschrieben wurde. Als graphische Darstellung einer stetigen Meßgröße haben wir in Kapitel 5.3. die empirische Verteilungsfunktion eingeführt.

Abbildung 10.8 stellt die empirische Verteilungsfunktion der Cholesterinwerte von 2349 Frauen dar. Anstelle der absoluten Häufigkeiten, wie in Abbildung 10.7, werden in dieser Abbildung relative Anteile zur Darstellung verwendet. Neben der empirischen Verteilungsfunktion ist eine jetzt diese Kurve approximierende theoretische Funktion, $F(x)$, eingezeichnet. Diese beschreibt exakt die Fläche unter der in Abbildung 10.7 verwendeten Dichtefunktion $f(x)$:

$$P(X < x) = F(x) = \int_{-\infty}^{x} f(u)\, du.$$

Bevor wir im folgenden Abschnitt näher auf die in der Abbildung verwendete Normalverteilung und ihre Eigenschaften eingehen, sollen zunächst noch zwei generelle Punkte zu stetigen Verteilungen aufgeführt werden.

Stetige Zufallsgrößen haben gewöhnlich keine Grenzen. Alle biologischen Größen, wie etwa Alter, Überlebenszeit und Konzentrationen, sind jedoch beschränkt. Sie können häufig nicht kleiner als Null werden. Trotzdem wird bei den meisten stetigen theoretischen Verteilungen angenommen, daß sich die Zufallsgröße zwischen $-\infty$ bis $+\infty$ erstrecken kann. Daher muß die Antwort auf die Frage, ob eine Meßgröße z. B. normalverteilt ist,

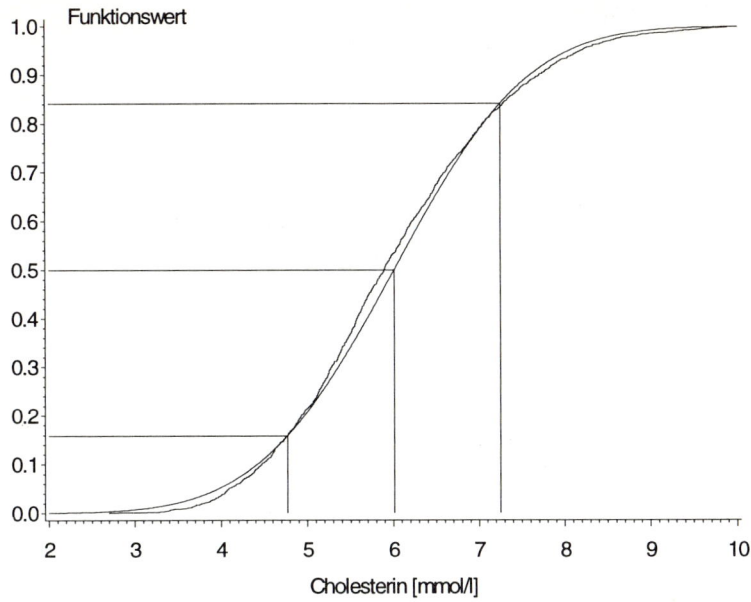

Abb. 10.8. Empirische Verteilungsfunktion der Cholesterinwerte von 2349 Frauen [DHP]. Die glatte Kurve basiert auf der Verteilungsfunktion der Normalverteilung.

immer „nein" lauten. Entscheidend ist nicht diese, sondern eine andere Frage, nämlich, ob die Annahme der Normalverteilung zu groben Fehlschlüssen führt oder nicht. Dies kann nur von Fall zu Fall beantwortet werden.

Die zweite Bemerkung bezieht sich auf die Höhe der Dichtefunktion. Diese kann nicht als Wahrscheinlichkeit für einen speziellen Punkt verwendet werden. Die Höhe der Dichtekurve ist ohne jede praktische Bedeutung. Ihr Wert ist nur dadurch festgelegt, daß die gesamte Fläche unter der Kurve 1 sein muß:

$$\int_{-\infty}^{\infty} f(u)\, du \;=\; 1.$$

10.4 Normalverteilung

Die mit Abstand wichtigste theoretische Verteilung ist die „Normalverteilung". Das Wort „Normal" wird hierbei nicht in der Bedeutung wie „gewöhnlich" oder „nicht krank" verwendet. Es gibt keine Begründung, daß die „gewöhnliche" Verteilung biologischer Merkmale einer Normalverteilung folgen müßte. Die Bedeutung der Normalverteilung liegt, wie bereits erwähnt, in der Stichprobentheorie: Bei wachsendem Stichprobenumfang nähern sich wichtige Kenngrößen, wie z. B. der Mittelwert, einer Normalverteilung, und zwar unabhängig von der Verteilung der Beobachtungen selbst. Wir werden hierauf in

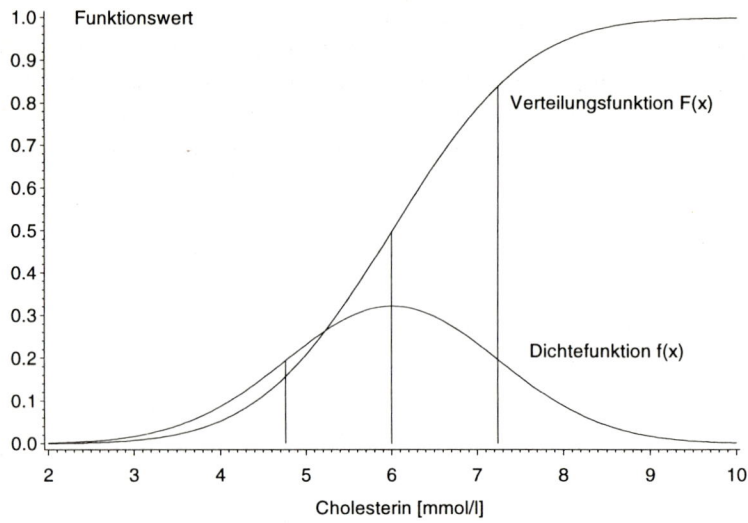

Abb. 10.9. Dichte- und Verteilungsfunktion der Normalverteilung mit μ = 6.01 und σ = 1.24.

Abschnitt 10.5. näher eingehen. Für die weitere Darstellung betrachten wir die Normalverteilung als eine von mehreren theoretischen Formen für eine stetige Zufallsgröße. Die
Dichtefunktion *f(x)* einer normalverteilten Zufallsgröße *X* ist durch den folgenden Ausdruck gegeben:

$$f(x) = \frac{1}{\sigma \sqrt{2\pi}} \exp\left\{ - \frac{(x-\mu)^2}{2\sigma^2} \right\}.$$

exp(*x*) ist die Exponentialfunktion e^x, mit Basis *e* (natürlicher Logarithmus). π bezeichnet
die mathematische Konstante 3.1415... . Die Funktion hängt neben *x* von den beiden
Parametern μ und σ ab. Für diese Parameter gilt:

$$\mu = \int_{-\infty}^{\infty} x \, f(x) \, dx \quad \text{und}$$

$$\sigma^2 = \int_{-\infty}^{\infty} (x-\mu)^2 f(x) \, dx,$$

d. h. μ ist der Erwartungswert und σ^2 die Varianz (σ die Standardabweichung) von *X*. In
Abbildung 10.7 ist eine Kurve eingezeichnet, die aus der Dichte der Normalverteilung mit
μ = 6.01 und σ = 1.24 dadurch entsteht, daß die Fläche unter der Kurve der Fläche des
Histogramms entspricht (Fläche des Histogramms: Klassenbreite · Stichprobenumfang

= 0.5 · 2349). Als Parameter werden Mittelwert und empirische Standardabweichung der Cholesterinwerte der 2349 Frauen verwendet.

In der Abbildung 10.9 sind Dichte-, $f(x)$, und Verteilungsfunktion, $F(x)$, der Normalverteilung mit $\mu = 6.01$ und $\sigma = 1.24$ mmol/l zusammen, nun mit der üblichen Normierung (Fläche unter der Kurve 1), dargestellt. An den Stellen $x = \mu = 6.01$ sowie $x = \mu - \sigma = 4.77$ und $x = \mu + \sigma = 7.25$ sind Parallelen zur y-Achse eingezeichnet. Die Dichtefunktion der Normalverteilung ist symmetrisch bezüglich des Erwartungswertes μ, die Fläche unter der Kurve links von μ, ebenso wie die Fläche rechts von μ, beträgt 0.5. Die Fläche links von $\mu - \sigma$ beträgt 0.16 (F (4.77)), ebenso wie die Fläche rechts von $\mu + \sigma$ (1- F (7.25) = 1 - 0.84). Die Fläche zwischen $\mu - \sigma$ und $\mu + \sigma$ ist demnach

F (7.25) - F (4.77) = 0.84 - 0.16 = 0.68.

u	$\Phi(u)$	u	$\Phi(u)$	u	$\Phi(u)$
- 3.0	0.001	- 1.0	0.159	1.0	0.841
- 2.9	0.002	- 0.9	0.184	1.1	0.864
- 2.8	0.003	- 0.8	0.212	1.2	0.885
- 2.7	0.003	- 0.7	0.242	1.3	0.903
- 2.6	0.005	- 0.6	0.274	1.4	0.919
- 2.5	0.006	- 0.5	0.309	1.5	0.933
- 2.4	0.008	- 0.4	0.345	1.6	0.945
- 2.3	0.011	- 0.3	0.382	1.7	0.955
- 2.2	0.014	- 0.2	0.421	1.8	0.964
- 2.1	0.018	- 0.1	0.460	1.9	0.971
- 2.0	0.023	0.0	0.500	2.0	0.977
- 1.9	0.029	0.1	0.540	2.1	0.982
- 1.8	0.036	0.2	0.579	2.2	0.986
- 1.7	0.045	0.3	0.618	2.3	0.989
- 1.6	0.055	0.4	0.655	2.4	0.992
- 1.5	0.067	0.5	0.691	2.5	0.994
- 1.4	0.081	0.6	0.726	2.6	0.995
- 1.3	0.097	0.7	0.758	2.7	0.997
- 1.2	0.115	0.8	0.788	2.8	0.997
- 1.1	0.136	0.9	0.816	2.9	0.998
- 1.0	0.159	1.0	0.841	3.0	0.999

Tabelle 10.3. Die Standardnormalverteilung. Die Tabelle zeigt die Wahrscheinlichkeit $\Phi(u)$ einer normalverteilten Zufallsgröße U mit Erwartungswert $\mu = 0$ und Standardabweichung $\sigma = 1$, einen Wert kleiner als u anzunehmen.

Der Bereich zwischen $\mu - \sigma$ und $\mu + \sigma$ wird häufig als ,,1 σ- Bereich" bezeichnet. In diesem Bereich liegen demnach 68 % der Werte der Normalverteilung. In Kapitel 8.12 hatten wir die Tschebyscheff-Ungleichung kennengelernt, die – ohne genaue Kenntnis der Verteilung – eine Abschätzung für den Anteil Werte innerhalb von $k\sigma$-Bereichen liefert (Tabelle 8.10). Danach liegen bei *jeder* stetigen Verteilung im 2σ-Bereich mindestens 75 % der Werte. Falls die Zufallsgröße *X* normalverteilt ist, liegt jedoch tatsächlich ein Anteil von F(2) - F(-2) = 0.9542 Werten in diesem Bereich. Je besser unser Modell von der Realität ist, umso besser werden auch die mit Hilfe des Modells getroffenen Aussagen über die Wirklichkeit sein.

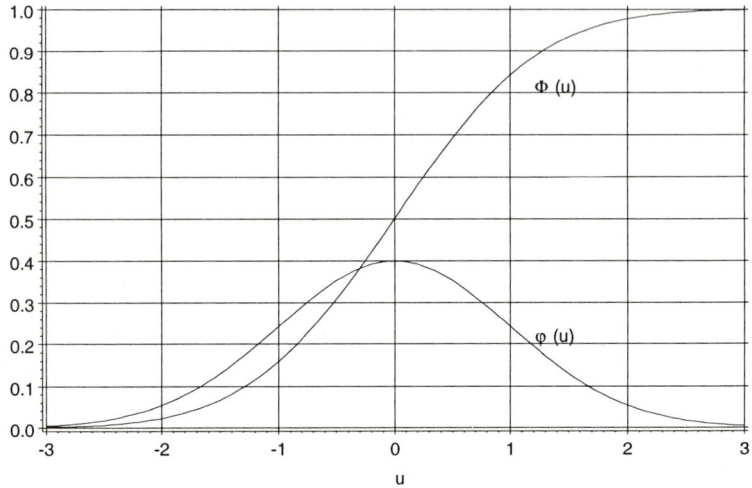

Abb. 10.10. Dichte-, φ(*u*), und Verteilungsfunktion, Φ(*u*), der Standardnormalverteilung.

Zur Bestimmung der Fläche zwischen zwei Punkten einer Normalverteilung mit beliebigen Werten für μ und σ ist es nicht notwendig, das Integral zwischen den Punkten der entsprechenden Dichtefunktion zu bestimmen. Die ,,Standardnormalverteilung", dies ist die Normalverteilung mit Erwartungswert μ = 0 und Standardabweichung σ = 1, reicht hierzu aus. Die Werte der Verteilungsfunktion der Standardnormalverteilung zwischen -3 und +3, mit Schrittweite 0.1, sind in Tabelle 10.3 aufgelistet. Für die Verteilungsfunktion der Standardnormalverteilung wird meist die Bezeichnung Φ(*u*), für deren Dichtefunktion φ(*u*) verwendet. Eine graphische Darstellung sowohl der Dichte- als auch der Verteilungsfunktion liefert Abbildung 10.10.
Die Abbildungen 10.11 und 10.12 zeigen die Abhängigkeit der Dichtefunktionen von Erwartungswert und Varianz.
Eine Veränderung des Erwartungswertes μ bei gleicher Standardabweichung σ (in Abbildung 10.11 ist σ = 1) hat eine Verschiebung der gesamten Kurve auf der x-Achse zur Folge. Verschiebt man die x-Achse so, daß beide Erwartungswerte übereinander liegen, so erhält man gleiche Dichtefunktionen und somit gleiche Verteilungsfunktionen. Der Einfluß der Standardabweichung σ auf die Werte der Dichtefunktion wird in Abbildung 10.12 deutlich.

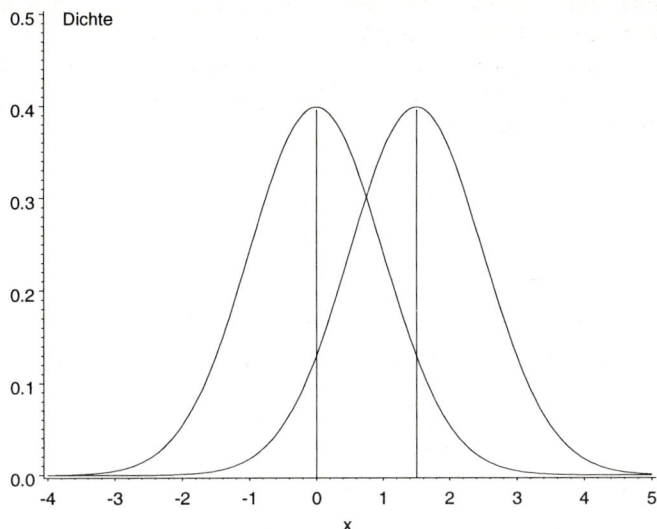

Abb. 10.11. Abhängigkeit der Dichtefunktion der Normalverteilung vom Erwartungswert μ. Die beiden Dichten haben gleiche Standardabweichungen ($\sigma = 1$) und unterschiedliche Erwartungswerte ($\mu_1 = 0$, $\mu_2 = 1.5$).

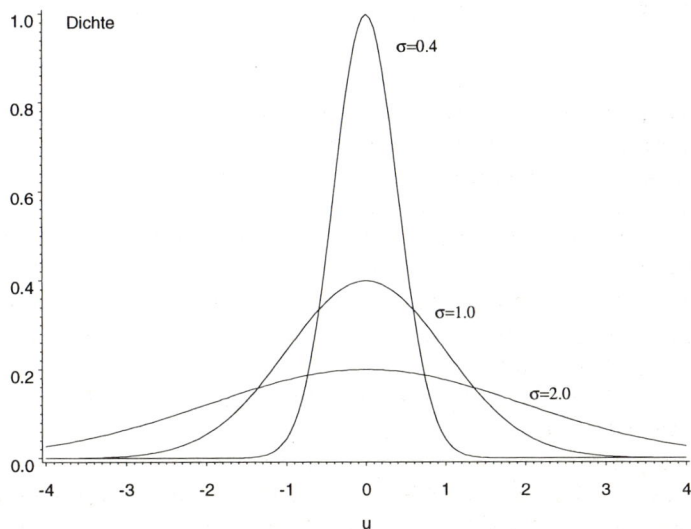

Abb. 10.12. Abhängigkeit der Dichtefunktion der Normalverteilung von der Standardabweichung σ. Die drei Dichtefunktionen haben gleichen Erwartungswert $\mu = 0$ und unterschiedliche Standardabweichungen ($\sigma = 0.4$, 1 und 2).

Die Dichtefunktion konzentriert sich mit fallendem σ stärker um den Erwartungswert (in Abbildung 10.12 ist $\mu = 0$). Da die Fläche unter der Dichtefunktion 1 bleibt, muß somit der maximale Wert der Dichtefunktion größer werden. Aus der Abbildung ist zu erkennen, daß die Dichtefunktion der Normalverteilung $f(x;\sigma)$ mit einem beliebigen σ (etwa $\sigma = 0.4$) aus dem Wert der Standardnormalverteilung $\varphi(x)$ ($\sigma = 1$) durch Division durch σ bestimmt ist:

$$f(x;\sigma) = \frac{\varphi(x)}{\sigma}.$$

Dies läßt sich aus Abbildung 10.12 leicht für den Wert $u = 0$ der dargestellten Normalverteilungen nachrechnen. Die Transformation

$$u = \frac{x - \mu}{\sigma}$$

führt demnach eine normalverteilte Zufallsgröße mit Erwartungswert μ und Standardabweichung σ in eine standardnormalverteilte ($\mu = 0$, $\sigma = 1$) Größe über. Die Transformation läßt sich umkehren. Man erhält:

$$x = \mu + \sigma \cdot u.$$

Wir demonstrieren die Anwendung der Transformationsgleichung an dem Cholesterinbeispiel. Mit der Standardnormalverteilung aus Tabelle 10.3 kann der Anteil Werte, der innerhalb eines Bereiches liegt, bestimmt werden.
Wir wollen die Wahrscheinlichkeit für einen Wert > 5.0 mmol/l berechnen (unter der Voraussetzung, daß die Normalverteilung mit $\mu = 6.01$ und $\sigma = 1.24$ eine gute Approximation darstellt). Zunächst bestimmen wir mit Hilfe der Transformationsgleichung, wie groß die standardisierte Abweichung (u-Wert) des Wertes 5.0 vom Erwartungswert 6.01 ist. Wir erhalten:

$$u = \frac{5.0 - 6.01}{1.24} = -0.81$$

und aus Tabelle 10.3:

$$\Phi(-0.8) = 0.212.$$

(Der genaue Wert für -0.81 ist in der Tabelle 10.3 nicht angegeben!).
Die Wahrscheinlichkeit für einen Wert > 5.0 mmol/l beträgt demnach etwa 79 %. Für praktische Anwendungen ist der Anteil Werte, der innerhalb eines Bereiches liegt, von besonderem Interesse. Diese sind für die am häufigsten verwendeten Vielfachen der Standardnormalverteilung in Tabelle 10.4 aufgeführt.
In Kapitel 5.4 wurden die empirischen Quantile einer empirischen Verteilungsfunktion eingeführt. Die Definition erwies sich wegen der Sprünge der empirischen Verteilungs-

funktion als etwas mühsam. Die Quantile x_q einer stetigen Verteilungsfunktion $F(x)$ sind einfacher festzulegen:

Bereich	Standardisierte Abweichung	Wahrscheinlichkeit, innerhalb	außerhalb
		des Bereiches zu liegen	
$\mu - 1\,\sigma$ bis $\mu + 1\,\sigma$	- 1 bis 1	0.683	0.317
$\mu - 2\,\sigma$ bis $\mu + 2\,\sigma$	- 2 bis 2	0.954	0.046
$\mu - 3\,\sigma$ bis $\mu + 3\,\sigma$	- 3 bis 3	0.998	0.003
$\mu - 1.64\,\sigma$ bis $\mu + 1.64\,\sigma$	- 1.64 bis 1.64	0.900	0.100
$\mu - 1.96\,\sigma$ bis $\mu + 1.96\,\sigma$	- 1.96 bis 1.96	0.950	0.050
$\mu - 2.58\,\sigma$ bis $\mu + 2.58\,\sigma$	- 2.58 bis 2.58	0.990	0.010

Tabelle 10.4. Einige Wahrscheinlichkeiten bei Normalverteilung.

$$P(X \leq x_q) = F(x_q) = q.$$

In Tabelle 10.4 sind Werte angegeben, die einen vorgegebenen Prozentsatz der Verteilung um den Erwartungswert herum enthalten (Quantilsbereiche). Suchen wir beispielsweise einen Bereich um den Erwartungswert, in dem 90 % der Werte liegen, so erhalten wir aus Tabelle 10.4 die Grenzen $\mu - 1.64\ \sigma$ bis $\mu + 1.64\ \sigma$, für das Cholesterinbeispiel demnach

$$6.01 - 1.64 \cdot 1.24 = 3.98 \text{ sowie } 6.01 + 1.64 \cdot 1.24 = 8.04.$$

Dies bedeutet, daß sich (unter Voraussetzung einer Normalverteilung) in dem Bereich zwischen 3.98 und 8.04 mmol/l 90 % der Cholesterin-Werte befinden. Sind die Meßwerte an ,,gesunden" Probanden erhoben, so werden 95 % -Bereiche in der Medizin häufig als ,,Normbereiche" bezeichnet. Es sei noch einmal darauf hingewiesen, daß die Bedeutung des Wortes ,,normal" in Bezug auf die Normalverteilung nicht mit der inhaltlichen Deutung solcher Bereiche bei medizinischen Anwendungen verwechselt werden darf.

10.5 Log- und Log-Log-Normalverteilung

Viele in praktischen Anwendungen auftretende stetige Merkmale können nicht durch eine Normalverteilung gut genug approximiert werden. Häufig sind diese tatsächlich auftretenden Verteilungen schief (nicht symmetrisch bezüglich des Erwartungswertes). In diesen Fällen sind Mittelwert und Standardabweichung sowohl zur Beschreibung der Daten als auch zur Verwendung bei statistischen Verfahren nicht geeignet. In vielen Fällen kann dann durch eine geeignete Transformation Symmetrie für das transformierte Merkmal erreicht werden. Sind solche Transformationen bekannt, so sollten sie unbedingt vor der Durchführung statistischer Tests (siehe Kapitel 11) angewandt werden, da hierdurch die Trennschärfe der Tests erhöht werden kann (siehe Kapitel 12). In diesem Abschnitt wollen wir auf die logarithmische Transformation etwas ausführlicher eingehen. Diese Transformation spielt eine bedeutende Rolle im Bereich der Laboratoriumsmedizin.

Zur Demonstration verwenden wir als Beispiel die „Feuerwehrstudie" des Landes Nordrhein-Westfalen. Im Rahmen dieser Studie wurden Dioxin- und Furanwerte an einer besonders exponierten Berufsgruppe, bei 80 Düsseldorfer Berufsfeuerwehrleuten, gemessen. Es wurden zwei Vergleichsgruppen gebildet: Die eine, bestehend aus Feuerwehrleuten der Flughafen-Feuerwehren Düsseldorf und Köln, die typischerweise keine Brände löschen müssen, die andere aus Angehörigen der Düsseldorfer Stadtverwaltung. Die Dioxinkonzentrationen wurden auf den Blutfettgehalt [pg/mg Fett] des Probanden bezogen. Aus den einzelnen Dioxin- und Furankongeneren wurde das Toxizitätsäquivalent nach WHO (TE) gebildet. Neben diesem Toxizitätsäquivalent verwenden wir als weiteres Merkmal den „Body-Mass-Index (BMI)". Der BMI dient als Maß für das „relative Körpergewicht" (Übergewicht) und ist festgelegt durch:

$$BMI = \frac{Gewicht\,[kg]}{(Größe[m])^2}.$$

Als drittes Merkmal verwenden wir schließlich die Triglyceridkonzentration im Blut [mg/dl].

In den folgenden Abbildungen werden wir die Histogramme der jeweils 240 Werte der Probanden darstellen. Bei dieser Darstellung verwenden wir gleiche Klassenbreiten, so daß auf der Ordinate die relative Häufigkeit der Anzahl Probanden, deren Werte innerhalb dieser Klasse liegen, dargestellt ist. Als durchgezogene Linie sind die sich jeweils aufgrund der Mittelwerte und Standardabweichungen der 240 Probanden ergebenden theoretischen Dichtekurven eingezeichnet.

Abbildung 10.13 zeigt ein Histogramm der Werte des Body-Mass-Index der 240 Probanden der Feuerwehrstudie. Die durchgezogene Linie stellt die Dichte der Normalverteilung mit Erwartungswert $\mu = 25.9$ und Standardabweichung $\sigma = 2.7$ dar. Die Dichtekurve approximiert das Histogramm gut. Die Symmetrie der Normalverteilung bezüglich des Erwartungswertes ist in dem Histogramm erkennbar.

Ein anderes Bild zeigt die Verteilung der Toxizitätsäquivalente (Abbildung 10.14, linke Seite). Die Histogrammhöhen der rechts von der Klasse mit dem höchsten Anteil an Werten liegenden Klassen sind jeweils höher als die entsprechenden Klassen zur linken Seite. Die Verteilung ist (rechts) schief. Die rechte Seite der Abbildung zeigt ein Histogramm der logarithmierten Toxizitätswerte, d. h. dargestellt ist ein Histogramm der Werte

$$y = lg(TE).$$

Beispielsweise wird ein Toxizitätswert TE = 40 [pg/mg Fett] transformiert auf einen Wert $y = lg(40) = 1.6$ [lg pg/mg Fett]. Die logarithmierten Werte (Abbildung 10.14, rechte Seite) ergeben wiederum eine symmetrische Verteilung. Die eingezeichnete Dichte der Normalverteilung approximiert gut die logarithmierten TE-Werte. Mit Hilfe der Exponentialfunktion können die Dichtewerte der Normalverteilung rücktransformiert werden.

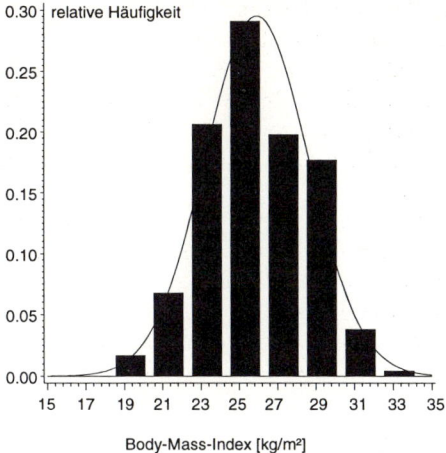

Abb. 10.13. Verteilung eines näherungsweise normalverteilten Merkmals mit Erwartungswert $\mu = 25.9$ und Standardabweichung $\sigma = 2.7$ (Body-Mass-Index der 240 Probanden der Feuerwehrstudie).

Diese rücktransformierte Kurve ist als durchgezeichnete Linie in Abbildung 10.14 (linke Seite) eingezeichnet. Die so entstandene Verteilung heißt Log-Normalverteilung.

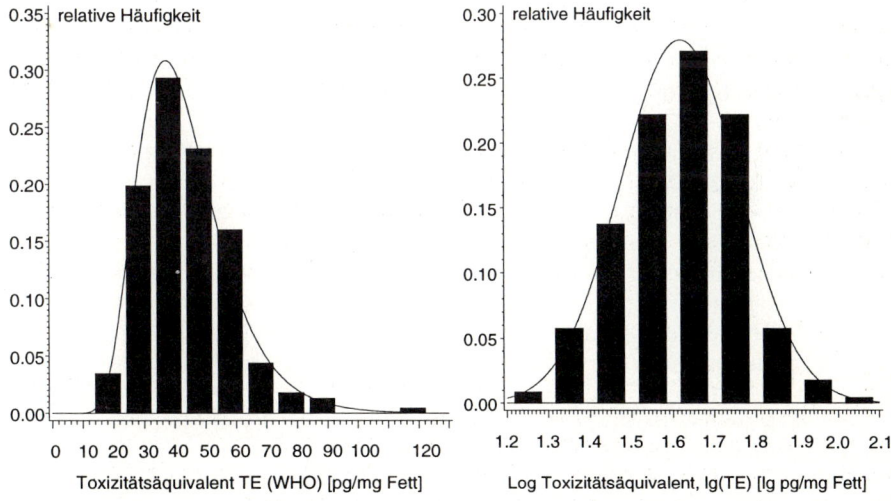

Abb. 10.14. Linke Seite: Verteilung eines annähernd log-normalverteilten Merkmals (Toxizitätsäquivalent aus der Feuerwehrstudie). Die dünne Linie zeigt die Dichte der Log-Normalverteilung. Rechte Seite: Verteilung der logarithmierten Toxizitätsäquivalente. Die dünne Linie zeigt die Dichte der Normalverteilung mit $\mu = 1{,}61$ *und* $\sigma = 0.141$ [lg pg/mg Fett].

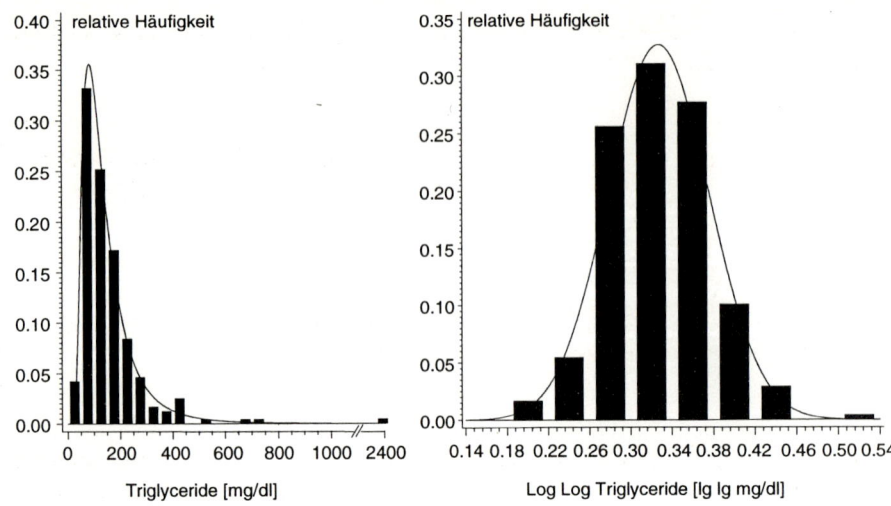

Abb. 10.15. Linke Seite: Verteilung eines annähernd log-log-normalverteilten Merkmals (Triglyceride). Die dünne Linie zeigt die Dichte einer Log-Log-Normalverteilung. Rechte Seite: Verteilung der doppelt logarithmierten Triglyceride. Die dünne Linie zeigt die Dichte der Normalverteilung mit $\mu = 0.319$ *und* $\sigma = 0.053$ [lg lg mg/dl].

Abbildung 10.15 (linke Seite) zeigt ein Histogramm der Triglyceridwerte der 240 Probanden der Feuerwehrstudie. Diese Verteilung ist noch schiefer als die der Toxizitätsäquivalente. Auf der rechten Seite von Abbildung 10.15 ist ein Histogramm der zweifach logarithmierten Triglyceridwerte dargestellt. Ein Triglyceridwert t wird transformiert zu einem Wert $y = \lg \lg (t)$. Beispielsweise wird der Wert $t = 400$ [mg/dl] transformiert zu $y = \lg \lg (400) = 0.42$ [lg lg mg/dl]. Die eingezeichnete Dichte der Normalverteilung approximiert nun das Histogramm wiederum gut. Ebenso wie in Abbildung 10.14 erhält man durch Rücktransformation der Werte der Dichtefunktion durch zweimaliges Exponieren die in Abbildung 10.15 (linke Seite) eingezeichnete Dichtefunktion. Die so entstandene Verteilung heißt Log-Log-Normalverteilung.

Bei Merkmalen mit einer schiefen Verteilung ist der Erwartungswert meist nicht ein sinnvoller Lageparameter. Die Standardabweichung ist dann auch kein sinnvolles Maß für die Variabilität des Merkmals, da die Asymmetrie dazu führt, daß ein bzw. zwei Sigmabereiche zu viele Werte enthalten. Für die transformierten Werte sind dann Erwartungswert und Standardabweichung wieder sinnvolle Parameter. Der rücktransformierte Erwartungswert der transformierten Verteilung ist jedoch im allgemeinen nicht der Erwartungswert der nichttransformierten Verteilung. Es gilt jedoch:

- Die Quantile der transformierten Verteilung sind nach Rücktransformation Quantile der nichttransformierten Verteilung. Insbesondere ist demnach der Median der transformierten Verteilung nach Rücktransformation Median der nichttransformierten Verteilung.
- Da bei symmetrischen Verteilungen der Median gleich dem Erwartungswert ist, ist demnach der üblich bestimmte „Normbereich" der transformierten Verteilung, falls

diese symmetrisch ist, z. B. ein 95 %-Normbereich, nach Rücktransformation wiederum ein 95 %-Normbereich für die nichttransformierte Verteilung.

- Bei einem schief verteilten Merkmal x führe zunächst eine Transformation durch, die x auf ein symmetrisch verteiltes Merkmal $y = f(x)$ transformiert.

- Führe alle weiteren Berechnungen mit der transformierten Größe y durch.

- Die rücktransformierten Grenzen der „Normbereiche" sind ebenfalls wieder Normbereiche für die nichttransformierte Größe.

Leider lassen sich Schätzungen des Erwartungswertes aus nicht linear transformierten Daten nicht rücktransformieren. Hat man etwa aus logarithmierten (Zehnerlogarithmus) Daten

$$y_1 = lg(x_1), \ y_2 = lg(x_2), \ ..., \ y_n = lg(x_n)$$

einen Erwartungswert $\bar{y}$ geschätzt, so ist $10^{\bar{y}}$ keine gute Schätzung für den Erwartungswert μ der Grundgesamtheit, aus der die untransformierten Daten $x_1, x_2, ..., x_n$ stammen. Man sollte daher nur mit dem Erwartungswert des transformierten Modells arbeiten, sofern er eine sinnvolle Interpretation zuläßt. Bei logarithmischen Transformationen ist dieses häufig möglich, da z. B. der Logarithmus einer Konzentration eine durchaus übliche chemische Notation darstellt. Man denke an pH für den negativen Zehnerlogarithmus der Wasserstoffionenkonzentration. Häufig ist man auch nicht an dem absoluten Wert eines Parameters interessiert, sondern an dem Vergleich der Parameter zweier Grundgesamtheiten.

10.6 Die Normalverteilung als Grenzverteilung

Die große Bedeutung der Normalverteilung liegt darin, daß wesentliche in der Statistik verwendete aggregierte Werte, wie etwa der Mittelwert, sich für wachsenden Stichprobenumfang einer Normalverteilung nähern. Dies bedeutet, daß die Anwendung von Verfahren der schließenden Statistik, die die Normalverteilung voraussetzen, meist sinnvoll ist, obwohl die Verteilung der Meßgröße keiner Normalverteilung folgt. Auf die Verteilung des Mittelwertes werden wir ausführlich in Kapitel 11 eingehen. Darüber hinaus können sogar gesamte Verteilungen mit wachsendem Stichprobenumfang gut mit Normalverteilungen angepaßt werden. Dies wollen wir in diesem Abschnitt, zunächst mit Hilfe der Binomialverteilung, demonstrieren.

Der Erwartungswert einer binomialverteilten Größe X_n (Anzahl Erfolge bei n Versuchen) mit Erfolgswahrscheinlichkeit p beträgt $\mu = n \cdot p$ (siehe Kapitel 10.1) . Die Varianz von X_n ist $\sigma^2 = n \cdot p(1 - p)$. Für wachsenden Stichprobenumfang n strebt die Binomialverteilung gegen eine Normalverteilung mit dem so bestimmten Erwartungswert μ und der Varianz σ^2. In Abbildung 10.16 ist dies für die Binomialverteilung mit $p = 0.3$ und den Werten $n = 1, 3, 5, 10, 50$ und 100 demonstriert.

In den einzelnen Abbildungen sind die Wahrscheinlichkeiten für die Binomialverteilungen als Striche (Nadeln) und die Dichten der Normalverteilungen als durchgezogene Kurven dargestellt. Für $n = 1$ ist die Binomialverteilung sehr schief und der Wert 0 hat die höchste Wahrscheinlichkeit. Die Approximation durch die Normalverteilung an den entsprechenden Punkten ist dennoch recht gut, obwohl die Form der Verteilung nicht mit der Binomialverteilung übereinstimmt. Mit wachsendem n ändert sich die Form der Binomialverteilungen. Die extremen Werte, sowohl links wie auch rechts, erhalten geringere Wahrscheinlichkeit. Die Verteilung wird immer stärker symmetrisch. Für $n = 100$ stimmt die Normalverteilung mit

$$\mu = 100 \cdot 0.3 = 30 \text{ und}$$
$$\sigma^2 = 100 \cdot 0.3 \cdot 0.7 = 21$$

sehr gut mit der Binomialverteilung überein. Mathematisch kann gezeigt werden, daß diese Annäherung unabhängig von dem Wert von p stattfindet. Diese Tatsache wurde in Zeiten geringer Computerleistungen ausgenutzt, um anstelle der aufwendigen Berechnungen der Wahrscheinlichkeiten der Binomialverteilung die einfacheren Formeln der sie approximierenden Normalverteilung zu verwenden. Insbesondere in der Epidemiologie, bei der der Stichprobenumfang n häufig sehr groß ist, werden vielfach noch heute solche Approximationen verwendet.

Auch für die Poissonverteilung (siehe Kapitel 10.2) gilt, daß mit wachsender Anzahl eintretender Ereignisse ($\lambda \rightarrow \infty$) diese gegen eine Normalverteilung strebt. Genauer ausgedrückt bedeutet dies: Ist X eine Poissonverteilte Zufallsvariable (Anzahl Ereignisse in einem Zeitintervall) mit dem Erwartungswert λ (mittlere Ereignisanzahl), so wird mit wachsendem λ die Poissonverteilung immer besser durch eine Normalverteilung mit dem Erwartungswert $\mu = \lambda$ und der Varianz $\sigma^2 = \lambda$ approximiert. Dies ist bereits ohne weitere Überlegungen einleuchtend, da die Poissonverteilung die Binomialverteilung approximiert (siehe Kapitel 10.2) und diese, wie gerade demonstriert, gegen eine Normalverteilung strebt.

Die Formen der Verteilung für $\lambda = 1, 3, 15$ und 50 sind in der Abbildung 10.17 dargestellt. Für $\lambda = 1$ ist die Verteilung sehr schief, bereits für $\lambda = 3$ ist dies nicht mehr der Fall, ab $\lambda = 15$ ist die Verteilung praktisch symmetrisch. Die Anpassung durch die Normalverteilung (durchgezogene Linie) wird, ebenso wie bei der Binomialverteilung, für wachsendes λ immer besser und ist für die Poissonverteilung bereits bei $\lambda = 15$ gut.

10.7 Die Chi-Quadrat-, t- und F-Verteilungen

Mathematisch weniger geübte Leser können den folgenden Abschnitt überschlagen. Jedoch kann die Anwendung statistischer Tests, wie etwa des Chi-Quadrat-Tests (χ^2-Test, siehe Kapitel 13.5), nach Studium dieses Abschnitts logischer erscheinen.

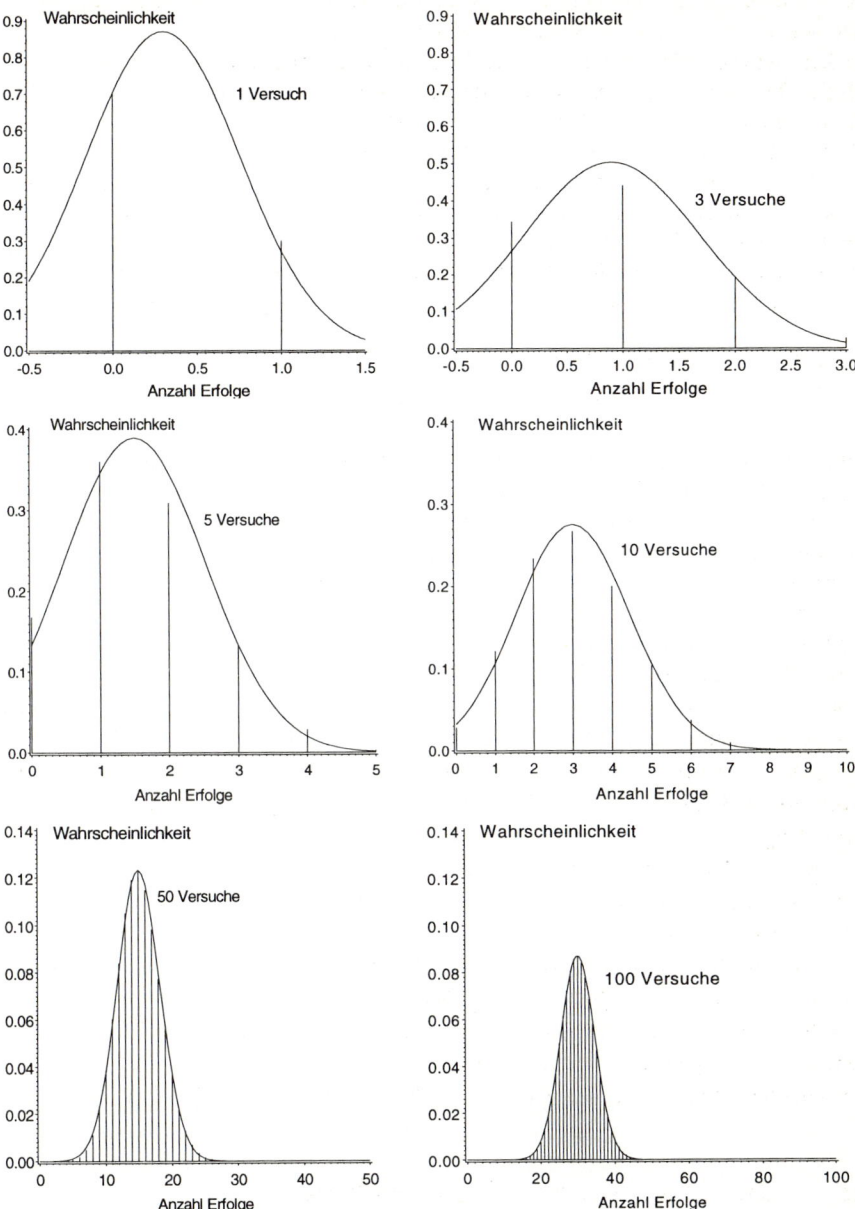

Abb. 10.16. Approximation von Binomialverteilungen mit $p = 0.3$ für $n = 1, 3, 5, 10, 50$ und 100 durch Normalverteilungen. Sowohl der Maßstab der Abszisse als auch der Ordinate sind der jeweiligen Situation angepaßt. Bilder auf gleicher Höhe haben jeweils gleichen Maßstab auf der Ordinate.

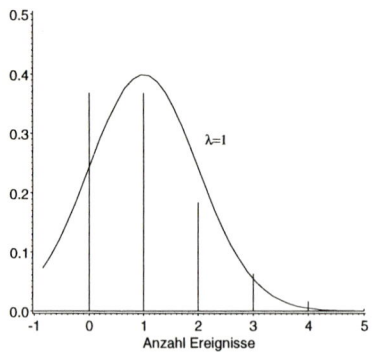

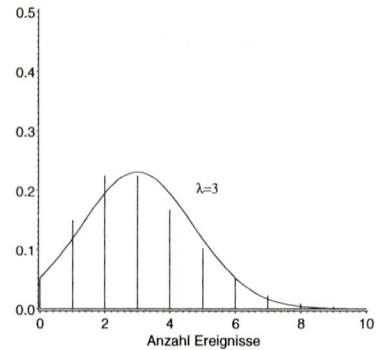

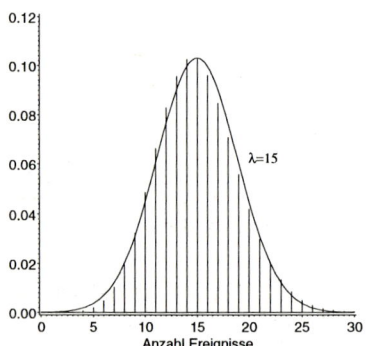

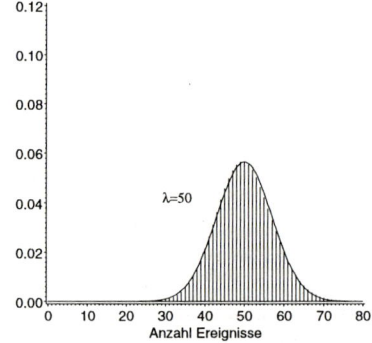

Abb. 10.17. Approximation von Poisson- durch Normalverteilungen für $\lambda = 1, 3, 15$ und 50. Sowohl der Maßstab der Abszisse als auch der Ordinate sind der jeweiligen Situation angepaßt. Bilder auf gleicher Höhe haben jeweils gleichen Maßstab auf der Ordinate.

Viele Wahrscheinlichkeitsverteilungen, die in der Statistik verwendet werden, sind Funktionen normalverteilter Zufallsgrößen. Drei dieser Verteilungen sind besonders wichtig: Die χ^2-, t- und F-Verteilung. Zunächst soll die Definition der χ^2-Verteilung angegeben werden:

Ist U eine standardnormalverteilte Zufallsvariable ($\mu = 0$, $\sigma = 1$), dann ist die Verteilung der Zufallsgröße U^2 definiert als χ^2-Verteilung mit 1 Freiheitsgrad. Sind $U_1, U_2, \ldots U_n$ n unabhängige standardnormalverteilte Variablen, dann ist die Verteilung der Zufallsgröße

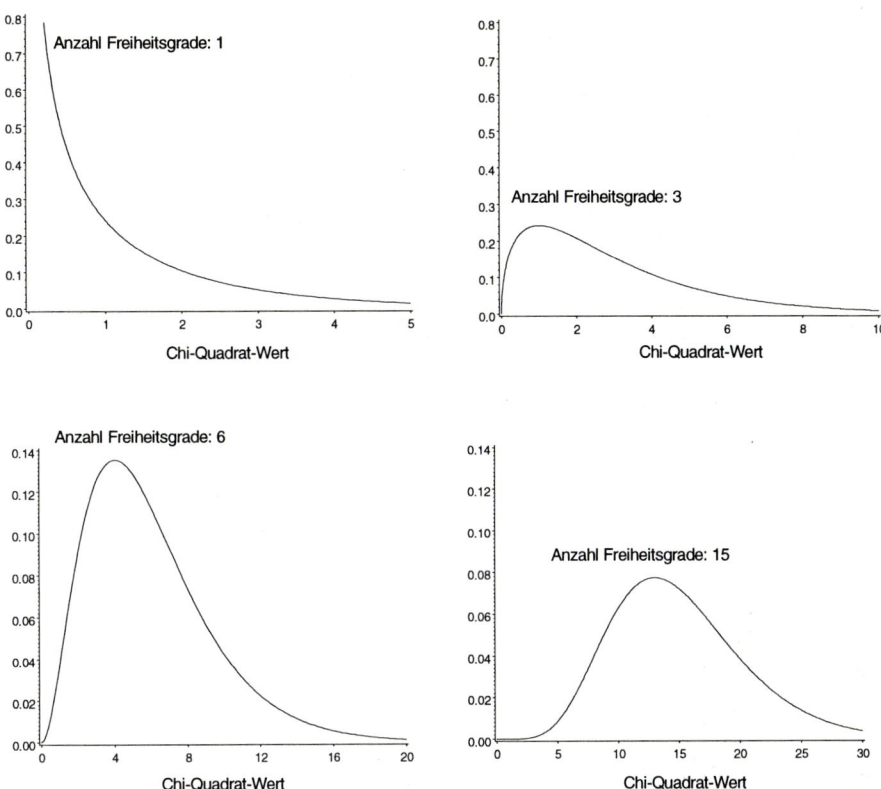

Abb. 10.18. χ^2-Verteilungen mit verschiedenen Freiheitsgraden. Sowohl der Maßstab der Abszisse als auch der Ordinate sind der jeweiligen Situation angepaßt. Bilder auf gleicher Höhe haben jeweils gleichen Maßstab auf der Ordinate.

$$\chi^2 = \sum_{i=1}^{n} U_i^2$$

definiert als χ^2-Verteilung mit n Freiheitsgraden (englisch: degrees of freedom, df). Einige χ^2-Verteilungen ($df = 1, 3, 6, 15$) sind in Abbildung 10.18 dargestellt. Die mathematische Beschreibung der Dichtekurven ist ziemlich kompliziert, wir werden sie an keiner Stelle benötigen und sie daher hier auch nicht angeben.

Einige Eigenschaften der χ^2-Verteilung sind einfach nachzuvollziehen. Da die Verteilung aus der Summe von n unabhängigen, identisch verteilten Zufallsvariablen besteht, strebt sie mit wachsendem n gegen eine Normalverteilung . Dies ist auch aus Abbildung 10.18 ersichtlich. Aus

$$Var(U) = E(U^2) - (E(U))^2 \text{ (siehe Kapitel 8.8)} \quad \text{und}$$

$$E(U) = 0$$

folgt:

$$E(U^2) = Var(U) = 1.$$

Daraus folgt für den Erwartungswert einer χ^2-Verteilung mit n Freiheitsgraden:

$$E(\chi^2) = E(\sum_{i=1}^{n} U_i^2)$$

$$= \sum_{i=1}^{n} E(U_i^2) = \sum_{i=1}^{n} 1 = n.$$

Die χ^2-Verteilung hat eine sehr wichtige Eigenschaft: Werden die n Variablen U_1, ... U_n durch eine lineare Beziehung (lineare Kontraste) eingeschränkt, d. h., es muß die Gleichung

$$a_1 u_1 + a_2 u_2 + ... + a_n u_n = k$$

erfüllt sein, wobei $a_1, a_2, ... a_n$ und k Konstanten sind, dann folgt, daß

$$\sum_{i=1}^{n} U_i^2$$

eine χ^2-Verteilung mit $(n-1)$ Freiheitsgraden besitzt. Falls m solcher Einschränkungen bestehen, so daß keine der Gleichungen aus einer anderen berechnet werden kann, dann erhält man eine χ^2-Verteilung mit $(n-m)$ Freiheitsgraden. Aus dieser Tatsache begründet sich der Name „Freiheitsgrade". Der Beweis dieser Eigenschaft ist viel zu aufwendig, um ihn hier auch nur andeuten zu können, aber seine Implikationen sind sehr wichtig.

In Kapitel 5.10 hatten wir die Summe der Abweichungsquadrate SS_x vom Mittelwert eingeführt und diese zur Schätzung der Varianz σ^2 durch $(n-1)$ und nicht n dividiert. Wir betrachten nun zunächst die Summe der quadratischen Abweichungen SS vom Erwartungswert μ einer Stichprobe $x_1, ... x_n$ vom Umfang n einer Normalverteilung, dividiert durch σ^2, das heißt

$$\frac{SS}{\sigma^2} = \sum_{i=1}^{n} \left(\frac{x_i - \mu}{\sigma}\right)^2.$$

$$\frac{SS}{\sigma^2}$$

hat eine χ^2-Verteilung mit n Freiheitsgraden, da $(X_i - \mu)/\sigma$ Erwartungswert Null und Varianz 1 haben und die X_i unabhängig sind. Ersetzen wir nun μ durch den Mittelwert $\bar{x}$ der Daten, dann sind die n Variablen nicht mehr unabhängig, sondern sie müssen die lineare Beziehung

$$\sum_{i=1}^{n} \frac{x_i - \bar{x}}{\sigma} = 0$$

erfüllen. Daher hat

$$\frac{SS_x}{\sigma^2} = \sum_{i=1}^{n} \left(\frac{x_i - \bar{x}}{\sigma} \right)^2$$

eine χ^2-Verteilung mit $(n-1)$ Freiheitsgraden. Dies bedeutet, daß die Summe der quadratischen Abweichungen vom Mittelwert SS_x aus einer normalverteilten Stichprobe mit Varianz σ^2 eine χ^2-Verteilung, multipliziert mit σ^2, besitzt. Da der Erwartungswert der χ^2-Verteilung $n-1$ ist, hat die Summe der quadratischen Abweichungen den Erwartungswert $(n-1)\,\sigma^2$. Wir dividieren die Summe der quadratischen Abweichung vom Mittelwert durch $(n-1)$, um einen Schätzwert für σ^2 zu erhalten.

Auch eine weitere wichtige Verteilung, die „t-Verteilung“, kann mit Hilfe der Normal- und χ^2-Verteilung dargestellt werden. Es ist die Verteilung von

$$\frac{U}{\sqrt{\dfrac{\chi_n^2}{n}}} \, ,$$

wobei U eine standardnormalverteilte Größe und χ_n^2 hiervon unabhängig eine χ^2-Größe mit n Freiheitsgraden bezeichnet.

Die letzte, hier erwähnte wichtige Verteilung, die F-Verteilung mit m und n Freiheitsgraden ist die Verteilung des Quotienten von zwei χ^2-Verteilungen:

$$\frac{(\chi_m^2/m)}{(\chi_n^2/n)} \, .$$

Die F-Verteilung ist für eine Klasse statistischer Methoden, der Varianzanalyse, von zentraler Bedeutung. Auf die einfaktorielle Varianzanalyse wird in Kapitel 12.15 eingegangen.

10.8 Übungsaufgaben

• **Aufgabe 1**

Jemand behauptet, außersinnliche Wahrnehmung zu besitzen. Um diese Behauptung zu prüfen, wird das Glücksrad der Abbildung 10.19 10-mal gedreht. Die Versuchsperson errät a) 6, b) 7 Ausfälle richtig.
Wie groß ist die Wahrscheinlichkeit, durch bloßes Raten ein so gutes oder noch besseres Ergebnis zu erzielen?

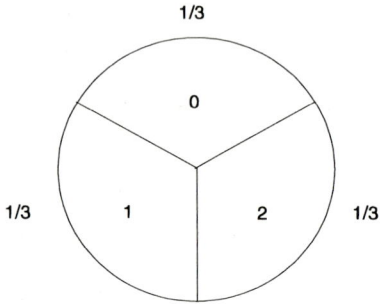

Abb. 10.19. Drehen des Glücksrads.

• **Aufgabe 2**

Ein Graphologe hat sich um eine Stelle beworben. Um seine Fähigkeit zu testen, werden ihm 10 Paare von Schriftproben vorgelegt. Jedes Paar enthält je eine Schriftprobe von einem Arzt und einem Rechtsanwalt. Man will ihn anstellen, wenn er mindestens 8 von den 10 Paaren richtig identifiziert. Seine Erfolgswahrscheinlichkeit sei p.

1. Wie groß ist die Wahrscheinlichkeit $L(p)$, daß er angestellt wird?

2. Bestimmen Sie $L(p)$ für $p = 0{,}5$ und $p = 0.85$.

• **Aufgabe 3**

In genau einem Jahr wird ein großer Betrieb seinen 100. Geburtstag feiern. Die Direktion beschließt, allen Kindern von Betriebsangehörigen, die am Jubeltag geboren werden, ein Sparkonto von 5000 DM anzulegen. Durchschnittlich werden pro Jahr rund 730 Kinder geboren, also 2 pro Tag. Die Firma hat also 10 000 DM Auslagen zu erwarten. Um Zufallsschwankungen zu berücksichtigen, werden für diesen Zweck 25 000 DM eingeplant.
Wie groß ist die Wahrscheinlichkeit, daß das Geld nicht reicht? Hinweis: Verwenden Sie die Poissonverteilung.

• Aufgabe 4

4 % aller Fluggäste, die Plätze reservieren, erscheinen nicht. Die Fluggesellschaft weiß dies und verkauft 75 Flugkarten für 73 verfügbare Plätze.

Wie groß ist die Wahrscheinlichkeit, daß alle Fluggäste Platz bekommen? Lösen Sie die Aufgabe exakt mit der Binomialverteilung und mit der Poisson-Näherung.

• Aufgabe 5

In 25 Jahren erhöhte sich die mittlere Größe männlicher Erwachsener von 175.8 cm auf 179.1 cm, während die Standardabweichung bei 5.84 cm blieb. Die geforderte Mindestgröße bei Männern im Polizeidienst in England ist 172 cm. Nehmen Sie an, daß die Größe männlicher Erwachsener durch eine Normalverteilung genügend gut approximiert wird.

Welcher Anteil Männer zu Beginn und am Ende der 25jährigen Periode war zu klein, um in den Polizeidienst aufgenommen zu werden?

• Aufgabe 6

Ein Forscher plant die Blutdruckmessung an verschiedenen Versuchseinheiten. Er beabsichtigt, drei Messungen vorzunehmen, will aber die dritte Messung als unzuverlässig ausschließen, wenn ihr Wert nicht zwischen den ersten beiden Messungen liegt.

1. Wie groß ist die Wahrscheinlichkeit, daß bei einer gegebenen Versuchseinheit der dritte gemessene Wert nicht zwischen den beiden anderen Werten liegt, unter Berücksichtigung, daß der Blutdruck während der Messungen konstant bleibt? Hinweis: Die Antwort hängt nicht von der Variabilität der Blutdruckmessungen ab.
2. Kommentieren Sie das Vorgehen des Forschers!

11 Elementare Verfahren der schließenden Statistik

11.1 Gezinkt oder fair?

Wir haben in Kapitel 8 Glücksspiele zur Einführung der wesentlichen Begriffe der Wahrscheinlichkeitsrechnung verwendet. Wir kommen nun wieder auf sie zurück, um nicht von den wesentlichen statistischen Gedankenansätzen abzulenken.

Schauen wir uns vier Personen an, die „Mensch ärgere dich nicht" spielen. Sie spielen schon eine ganze Weile, da würfelt einer der Spieler vier Sechsen hintereinander.

„Das geht doch nicht mit rechten Dingen zu: Der Würfel ist wahrscheinlich gezinkt!" ruft einer der Gegenspieler.

„Der Würfel ist ganz bestimmt gezinkt", bekräftigt ein weiterer.

„Die Wahrscheinlichkeit für vier Sechsen ist nicht einmal $1/1000$", ergänzt der Rechenkünstler unter den Vieren.

„Beruhigt Euch doch!" beschwichtigt der Glückspilz. „Wir spielen schon eine ganze Weile, da ist es gar nicht so unwahrscheinlich, daß einmal vier gleiche Würfe hintereinander fallen."

„Aber ausgerechnet vier Sechsen?" zweifelt ein Spieler.

„Vier Dreien wären uns wohl kaum so aufgefallen", wirft der Glückliche ein. „Aber laßt uns die Probe aufs Exempel machen: Wenn die nächsten zwei Würfe wieder Sechsen sind, dann wollen wir uns einen neuen Würfel besorgen."

„Die Wahrscheinlichkeit, daß wir den Würfel zu Unrecht wegwerfen, beträgt $1/36$. Ich glaube, das ist zu vertreten", meint der Rechenkünstler.

Der Glückspilz würfelt − keine Sechs − und gibt an seinen Nebenspieler weiter. Auch dieser würfelt keine Sechs und sagt erleichtert:

„Ein Glück, unser Würfel ist also doch in Ordnung."

„Ich bin nicht überzeugt: Es ist doch kein Wunder, daß nach so vielen Sechsen keine mehr kommt.", bemerkt sein Nebenmann.

„Der Würfel weiß doch nicht, wie er zuletzt gefallen ist. Die Wahrscheinlichkeit, jetzt eine Sechs zu würfeln, ist genau so groß wie vorher", erklärt der Glückspilz.

„Überzeugt bin ich aber auch nicht", konstatiert der Rechenkünstler. „Da es uns nicht sofort aufgefallen ist, kann die Bevorzugung der Sechs nicht sehr groß sein. Nehmen wir einmal an, der Würfel fällt mit Wahrscheinlichkeit $1/4$ auf die Sechs. Dann hätten wir ihn nur mit Wahrscheinlichkeit $1/4 \cdot 1/4 = 1/16$ entlarven können."

„Das stimmt", gibt der Glückspilz zu. „Damit alle Zweifel beseitigt werden, wollen wir von jetzt ab die Würfelaugen aufschreiben, und später sehen, ob alles mit rechten Dingen zugegangen ist.".

Sie spielen eine Weile.

„Wir haben jetzt schon 100 Würfe aufgeschrieben."

„Davon waren 22 eine Sechs, also ein Anteil von 0.22."

„Das ist mehr als ein Sechstel. Eigentlich hätte der Anteil zwischen 0.16 und 0.17 liegen müssen, also ist der Würfel wirklich nicht in Ordnung", meint der Rechenkünstler.

„Vielleicht sind es nur zufällig so viele Sechsen. Ich weiß nicht, wie man das beurteilen kann", zweifelt der Glückspilz.

„Ich schlage vor, wir schreiben weiterhin unsere Würfe auf, und bis zum nächsten Mal werde ich etwas über Statistik in Erfahrung bringen", erwidert der Rechenkünstler.

„Glaube nie einer Statistik, die Du nicht selbst gefälscht hast!" wirft ein Mitspieler ein.

Unsere Spieler treffen sich im weiteren noch an mehreren Abenden, ohne daß der Rechenkünstler sein Versprechen, sich Statistikkenntnisse anzueignen, wahrgemacht hätte. Trotzdem notieren sie weiterhin eifrig die Würfelergebnisse.

„Jetzt haben wir schon über 8000 Würfe aufgeschrieben, und sind immer noch nicht klüger", klagt einer der Spieler.

„Wartet es ab! Heute abend werden wir dem Würfel auf die Schliche kommen", kündigt der Rechenkünstler an.

„Wir haben insgesamt 8231 Würfe. Darunter sind 1457 Sechsen. Das macht einen relativen Anteil der Sechsen von $^{1457}/_{8231} = 0.177$.

Zu erwarten wäre ein Anteil von $^1/_6 = 0.167$.

Die Standardabweichung des beobachteten Anteils beträgt

$$\sqrt{\frac{0.177(1-0.177)}{8231}} = 0.0042$$

Zufällig wird eine Abweichung des beobachteten Anteils vom wahren Anteil um höchstens 2 Standardabweichungen auftreten. Das heißt, der wahre Anteil muß zwischen 0.169 und 0.185 liegen. Unser Würfel ist also gezinkt".

„Ich habe ja gleich gesagt, der Würfel ist nicht in Ordnung. Aber verstanden habe ich kein bißchen."

„Viel verstanden habe ich auch nicht", gibt der Glückspilz zu. „Aber glaubt ihr wirklich, irgend ein schlichter Holzwürfel ist so exakt, daß die wahren Anteile seiner Augenhäufigkeiten auf drei Stellen hinter dem Komma stimmen? Ich glaube, wir können mit unserem Würfel ganz zufrieden sein. Außerdem betreffen uns seine Fehler ja alle gleichermaßen."

„Du hast gut Reden. Schließlich gewinnst Du mit den Fehlern und wir verlieren. Und dafür die ganze Arbeit", beschwert sich ein Spieler.

Im weiteren Verlauf des Abends ist der Glückspilz nicht mehr so recht bei der Sache und verliert tatsächlich etliche Male.

„Ich frage mich, warum Du so sicher bist, daß die Abweichung nicht größer sein kann als zwei von diesen Standardabweichungen", spricht er schließlich den Rechenkünstler an.

„Würdest Du auf ein Pferd setzen, dessen Siegeschancen kleiner als 5 % sind?" fragt dieser zurück.

„Also ist der Würfel nur mit 95 % Wahrscheinlichkeit gezinkt?" meint der Glückspilz. Der Rechenkünstler lehnt sich zurück und macht eine weit ausholende Handbewegung: „Du begehst gerade den klassischen Fehlschluß aller Statistikanfänger. So, wie Du es gerade getan hast, kann man ein statistisches Ergebnis nicht interpretieren. Statistische Aussagen über Fehlerwahrscheinlichkeiten beruhen auf Häufigkeiten. Wir haben aber keine Ahnung, wie viele gezinkte und wie viele ungezinkte Würfel es gibt. Und kein

Experiment mit einem einzelnen Würfel wird uns diese Information verschaffen können. Daher ist die Aussage, der Würfel sei mit 95 % Wahrscheinlichkeit gezinkt, aus unserem Experiment nicht herleitbar. Das Experiment liefert nur die Basis für eine Entscheidung: gezinkt oder nicht gezinkt. Wir haben uns für gezinkt entschieden. Das ist entweder richtig oder falsch. Die statistische Wahrscheinlichkeitsangabe bezieht sich darauf, wie viele Experimente der Art, wie wir sie durchgeführt haben, zu einem richtigen Ergebnis führen. Das sind in unserem Fall 95 %. Wir wollen hoffen, daß unser Experiment gerade zu diesen 95 % gehört. Sonst haben wir uns eben geirrt. Der Würfel jedenfalls ist wie er ist, gezinkt oder nicht gezinkt."

Damit beenden wir die kleine Szene, um sie zu analysieren.

Unsere Spieler sind von den vier aufeinanderfolgenden Würfen einer Sechs irritiert. Wie der „Rechenkünstler" richtig bemerkt, ist die Wahrscheinlichkeit für ein solches Ereignis sehr gering, nämlich $(\frac{1}{6})^4 = \frac{1}{1296}$ (Bernoulli-Kette mit $p=\frac{1}{6}$, siehe Kapitel 8). Das gilt aber ausschließlich dann, wenn man tatsächlich nur 4-mal würfelt. In einer längeren Sequenz von Würfen ist die Wahrscheinlichkeit für solche Häufungen hoch. Dabei ist die gesamte Anzahl von Würfen des Spielabends zugrunde zu legen und nicht etwa nur die Anzahl der Würfe bis zum Auftreten des auffälligen Ereignisses: Schließlich hätten unsere Spieler das selbe Phänomen auch eine halbe Stunde später ungewöhnlich gefunden.

Die genaue Wahrscheinlichkeit ist allerdings etwas mühsam zu berechnen. Außerdem wissen unsere Freunde weder, wie häufig sie schon gewürfelt haben, noch, wie viel sie noch würfeln werden. Ungeplante Beobachtungen sind wenig geeignet, um Schlüsse zu ziehen. Konsequenterweise entschließen sich unsere Spieler, experimentell vorzugehen: Sie führen eine feste Anzahl von Würfen durch. Das Experiment soll dazu dienen, sich für eine von zwei Hypothesen zu entscheiden, nämlich:

- (A) „Der Würfel bevorzugt die Sechs." oder
- (0) „Der Würfel bevorzugt die Sechs nicht."

Hypothesen können nicht bewiesen, sondern nur verworfen - falsifiziert - werden (siehe Kapitel 3). Dies entspricht auch unserem Vorgehen im täglichen Leben: Die Hypothese (0) entspricht dem Üblichen – gängige Spielwürfel bevorzugen keine Zahl in einer relevanten Größenordnung – sie sollte nicht leichtfertig verworfen werden. Die Entscheidungssituation ist nicht symmetrisch: Wir haben einmal die Hypothese (0), die keines weiteren Beweises bedarf und auch gar nicht bewiesen werden kann (Nullhypothese). Wir werden nur dann die Hypothese (0) verwerfen, wenn unser Experiment deutlich gegen sie spricht (ansonsten werden wir sie beibehalten). Die Entscheidungsregel, die unsere vier Spieler aufgestellt haben, lautet:

- Verwirf die Hypothese (0), wenn bei den nächsten beiden Würfen 2-mal die Sechs erscheint
- Verwirf die Hypothese (0) *nicht,* wenn bei den beiden nächsten Würfen *nicht* 2-mal die Sechs erscheint

Diese Entscheidungsregel genügt der Forderung, die Nullhypothese nicht allzu leicht zu verwerfen: Falls der Würfel ebenmäßig ist, beträgt die Wahrscheinlichkeit für zwei Sechsen $\frac{1}{36}$, d. h. weniger als 3 %, bzw. in weniger als 3 % der Fälle wird der Würfel zu Unrecht als nicht ebenmäßig bezeichnet. In Anbetracht der geringen Bedeutung einer Fehlentscheidung in diesem Fall – die Kosten entsprechen dem Gegenwert eines Spielwürfels – ist die entsprechende Sicherheit mehr als ausreichend.

Wie sieht es nun aus, wenn der Würfel tatsächlich asymmetrisch ist? Schlecht, wie der „Rechenkünstler" richtig feststellt. Da über einen längeren Spielverlauf keine Unregelmäßigkeiten des Würfels ins Auge gefallen sind, kann seine Asymmetrie nicht allzu groß sein.

Bezeichnen wir mit p die Wahrscheinlichkeit, mit der die Sechs erscheint, so wird die Unregelmäßigkeit des Würfels durch zwei Würfe mit der Entscheidungsregel mit Wahrscheinlichkeit p^2 aufgedeckt. Um den Würfel mit einer Wahrscheinlichkeit von nur 0.5 entlarven zu können, muß p von der völlig unrealistischen Größe 0.71 ($0.71^2 = 0.5$) sein. Das Experiment ist demnach ziemlich ungeeignet, den Würfel als nicht ebenmäßig zu entlarven.

Das ist auch den Spielern klargeworden, so daß sie eine größere Anzahl von Beobachtungen, nämlich 100, zur Entscheidung heranziehen. Sie benutzen die relative Häufigkeit des Auftretens einer Sechs als Schätzwert für die Wahrscheinlichkeit der Sechs bei diesem Würfel (siehe Kapitel 8.4). Der empirische Anteil 0.22 weicht durchaus nennenswert von dem hypothetischen Anteil 0.17 ab.

Kann man aus dieser Abweichung folgern, daß der Würfel asymmetrisch ist, oder läßt sie sich durch die zufälligen Schwankungen der Wurfhäufigkeiten erklären, die ja auch bei einem regulären Würfel vorkommen? Die vier Spieler sehen sich außerstande, dieses zu beurteilen, da ihnen das theoretische Rüstzeug dazu fehlt. Ein Schätzwert sagt ohne eine Angabe über seine zufällige Streuung (Präzision) wenig aus. Wie gelangt man zu einer solchen Angabe?

Die Anzahl der Sechsen bei n Würfen X_n ist binomialverteilt (siehe Kapitel 10.1). Die Wahrscheinlichkeit p, mit der eine Sechs erscheint, ist der eine, die Anzahl Wiederholungen des Experiments n_i der andere Parameter. Die Binomialverteilung läßt sich bei genügend großen n durch die Normalverteilung approximieren (siehe Kapitel 10.6). In Kapitel 10.4 haben wir gesehen, daß bei einer normalverteilten Zufallsvariablen etwa 68 % der Ergebnisse nicht mehr als eine Standardabweichung und ungefähr 95 % der Ergebnisse nicht mehr als zwei Standardabweichungen vom Erwartungswert abweichen (Tabelle 10.4).

Bis unsere Spieler (oder wenigstens der Rechenkünstler) zu dieser Erkenntnis gelangt sind, haben sie die stattliche Anzahl von 8231 Würfen zusammengetragen. Auf der Basis dieser Beobachtungen ergibt sich ein neuer Schätzwert von 0.177. Dieser weicht zwar nicht mehr erheblich vom hypothetischen Wert ab. Dennoch ist der Unterschied größer als zwei Standardabweichungen. Gehen wir davon aus, daß die „Versuchsreihe" unserer Spieler zu den 95 % gehört, deren Ergebnisse nicht über zwei Standardabweichungen hinausschießen, so ist der Unterschied zwischen empirischer und hypothetischer Häufigkeit größer, als es durch den Zufall erklärbar ist. Der hypothetische Wert von 0.167 muß also revidiert werden. Im Klartext: Der Würfel ist nicht in Ordnung.

Nun wirft unser Glückspilz zu Recht ein, daß der Würfel zwar der Unregelmäßigkeit überführt ist, diese Unregelmäßigkeit aber für den Spielablauf keine Bedeutung hat. Während bei dem ersten Entscheidungsversuch der Spieler, basierend auf zwei Beobachtungen, nicht einmal gröbste Verstöße eine angemessene Chance hatten, entdeckt zu werden, werden bei 8231 Beobachtungen sogar unwesentliche Abweichungen aufgedeckt. In der Regel bedeutet eine derart unnötige Höhe der Trennschärfe, so heißt die Fähigkeit eines statistischen Verfahrens, Unterschiede zu erkennen, eine Verschleuderung von Ressourcen. Im Unterschied zu unserer fiktiven Szene sind die Kosten pro Versuchseinheit

– man denke etwa an Patienten in einer klinischen Studie – unter Umständen immens. Im vorliegenden Fall beschränken sich die Kosten auf Papier, Bleistift und etwas Zeit, so daß wir keinen Anlaß zur Kritik haben. Im Gegenteil: Durch den hohen Stichprobenumfang sind wir sogar in der Lage, den wahren Wert der Würfelwahrscheinlichkeit für eine Sechs recht genau zu lokalisieren. Dazu bedient sich unser Rechenkünstler eines Verfahrens, das Konfidenzintervall genannt wird. Da mit einer größeren Abweichung des geschätzten Anteils vom wahren Anteil als zwei Standardabweichungen nicht gerechnet werden muß, ist – umgekehrt betrachtet – der wahre Parameter nicht mehr als zwei Standardabweichungen von dem geschätzten entfernt. Der wahre Wert liegt daher für einen hohen Prozentsatz (hier 95 %) aller gleichartiger Würfelexperimente in dem Intervall [geschätzter Wert - 2 Standardabweichungen, geschätzter Wert + 2 Standardabweichungen], im Beispiel $[0.177 - 2 \cdot 0.004, 0.177 + 2 \cdot 0.004 = [0.169, 0.185]$.

In unserem Fall liegt der hypothetische Wert von 0.167 (Nullhypothese) nicht im Konfidenzintervall. Das Konfidenzintervall kann so auch als Entscheidungsregel benutzt werden: Eine Nullhypothese, die nicht im Konfidenzintervall liegt, ist abzulehnen.

Kommen wir zum Schluß noch auf die Interpretation statistischer Ergebnisse zu sprechen: Wir haben die Ablehnung der Nullhypothese als Verwerfen (Falsifizierung) der Ebenmäßigkeit des Würfels angesehen. Diese strikte Aussage ohne Wenn und Aber bereitet dem Glückspilz einiges Kopfzerbrechen. Denn sie beruht ja auf einer nur eingeschränkt vertrauenswürdigen Grundlage. Mit einer Wahrscheinlichkeit von wenn auch nur 5 % könnte ja die beobachtete relative Häufigkeit um mehr als zwei Standardabweichungen vom wahren Wert abgewichen sein.

Der Glückspilz versucht das nun so zu interpretieren, der Würfel sei nur mit 95 % Wahrscheinlichkeit unregelmäßig. Eine solche Interpretation ist aber, wie der Rechenkünstler etwas großspurig erklärt, nicht sinnvoll. Das würde nämlich voraussetzen, daß der physikalischen Beschaffenheit des Würfels etwas Zufälliges anhaftet. Er müßte z. B. zufallsabhängig zeitweilig gezinkt und dann wieder regelmäßig sein. Es liegt auf der Hand, daß eine derartige Vorstellung nicht realistisch ist. Eine solche Interpretation hatte der Glückspilz auch nicht gemeint, sie ist aber im Sinne eines objektiven Wahrscheinlichkeitsbegriffs, der auf Auftretenshäufigkeiten basiert, die einzig mögliche. Tatsächlich wollte der Glückspilz nur den Grad seiner Unsicherheit über die Richtigkeit der getroffenen Entscheidung ausdrücken. Dieser subjektive Wahrscheinlichkeitsbegriff (siehe Kapitel 8.2) ist aber unbrauchbar, wenn es um Erkenntnisgewinn geht. Man stelle sich einmal vor: Der Forschungsleiter einer Pharmafirma glaubt fest an die Wirksamkeit seines neuen Medikamentes und hofft nun, daß die Zulassungsbehörde seinen Glauben teilt.

Wir kommen um das harte Richtig oder Falsch nicht herum, auch wenn wir dabei falsche Aussagen in Kauf nehmen müssen; wenn uns bei 5 % Irrtumswahrscheinlichkeit das Risiko einer Fehlentscheidung zu hoch ist, so müssen wir ein statistisches Verfahren mit geringerer Irrtumswahrscheinlichkeit anwenden.

Unsere einleitende Szene war ein rasanter Parcour durch die grundlegenden Methoden der schließenden Statistik, die wir im folgenden wesentlich gemächlicher erarbeiten werden.

11.2 Wahrscheinlichkeitstheorie und schließende Statistik

Das Anwendungsgebiet der schließenden Statistik liegt dort, wo die reale Welt mit Wahrscheinlichkeitsmodellen gut genug beschrieben werden kann. Einige Wahrscheinlichkeitsmodelle hatten wir in Kapitel 10 kennengelernt. So läßt sich etwa die Anzahl der Todesfälle in einem Patientenkollektiv mit Herzinfarkt durch die Binomialverteilung modellieren, die Anzahl zerfallender Tritiumteilchen pro Zeiteinheit durch die Poissonverteilung, die Größe einjähriger Kinder durch die Normalverteilung. In Kapitel 16 wird zusätzlich die Exponentialverteilung eingeführt, mit der sich z. B. die Erkrankungsdauer von Patienten mit Hörsturz gut approximieren läßt. Die Wahrscheinlichkeitstheorie allein reicht aber nicht aus, um mit diesen Modellen umzugehen, da zwar der Verteilungstyp häufig aus Plausibilitätsgründen oder Erfahrung festgelegt werden kann, nicht aber die speziellen Parameter, meist Erwartungswert und Varianz, die eine bestimmte Verteilung beschreiben.

Mit Hilfe der Wahrscheinlichkeitstheorie können wir zwar berechnen, wie groß die Wahrscheinlichkeit für 10 oder mehr Todesfälle unter 1000 operierten Patienten ist, wenn die Wahrscheinlichkeit, intraoperativ zu versterben, $p = 0.01$ beträgt. Aber wie ermitteln wir p?

In Kapitel 3 hatten wir bereits festgestellt, daß eine Totalerhebung über die Grundgesamtheit, also alle möglichen Versuchseinheiten zur Bestimmung solche Parameter, in den meisten Fällen nicht praktikabel oder sogar prinzipiell unmöglich ist. Meist existieren die Versuchseinheiten zum Zeitpunkt der Erhebung noch gar nicht, wie z. B. alle Patienten, die sich einer bestimmten Operation unterziehen. Wir müssen uns mit einem mehr oder weniger großen Teilkollektiv, das wir in den vorherigen Kapiteln bereits Stichprobe genannt haben, begnügen. Das wirft mehrere Fragen auf:

Wie wählt man eine geeignete Stichprobe aus?

Wie schließt man von der Stichprobe auf die Grundgesamtheit?

Wie groß muß die Stichprobe gewählt werden, um hinreichend präzise Aussagen über die Grundgesamtheit machen zu können?

Der erste Punkt wurde bereits in den Kapiteln 2 und 3 behandelt, die beiden anderen in der vorangegangenen Einleitung angerissen.

11.3 Stichprobenverteilungen

Die statistischen Verfahren, eine Stichprobe zu beschreiben, sind zunächst die gleichen, die wir schon für die beschreibende Statistik in Kapitel 5 kennengelernt haben:

- Mittelwert bzw. empirischer Median, um die Lage der Daten zu charakterisieren.
- Empirische Standardabweichung, empirischer Quartilsabstand, um ihre Streuung anzugeben.

In der beschreibenden Statistik dienen diese Maßzahlen zunächst nur der übersichtlichen und faßbaren Dokumentation des Datenmaterials. In der schließenden Statistik werden sie dazu verwandt, Aussagen über die fiktive Grundgesamtheit, aus der die Stichprobe stammt, zu treffen. Daher nennt man in diesem Zusammenhang die Maßzahlen ,,Schätzfunktionen" oder ,,Schätzer". Dabei schätzt der empirische Median den exakten Median, die empirische Standardabweichung die exakte Standardabweichung der Grundgesamtheit usw. Der Parameter des wesentlichen Interesses ist meist der Erwartungswert der Grundgesamtheit, ihn schätzt der Mittelwert ($\overline{X}$). Der Mittelwert $\overline{X}$ ist eine Zufallsgröße, er hängt von den zufälligen Meßergebnissen ab. Zufallsgrößen (siehe Abbildung 8.5) werden meist mit großen Buchstaben bezeichnet, daher die Bezeichnung $\overline{X}$. Die tatsächlichen Werte der Zufallsgröße, die Realisierungen, bezeichnen wir mit kleinen Buchstaben, also $\overline{x}$. Wir werden im folgenden den Begriff „Mittelwert" sowohl für die Funktion $\overline{X}$ als auch für Werte $\overline{x}$ der Funktion verwenden.

Auf dem Mittelwert $\overline{X}$ basieren die wesentlichen Verfahren der schließenden Statistik. Zum Verständnis des grundlegenden Ansatzes der schließenden Statistik stellen wir folgendes Gedankenexperiment an:

Wir ziehen aus einer Grundgesamtheit G mit Erwartungswert μ eine Zufallsstichprobe $S1$ vom Umfang n. Der Mittelwert $\overline{x}_1$ (der Wert von $\overline{X}_1$) dieser Stichprobe wird zufallsbedingt um einen gewissen Betrag von μ abweichen. Auch der Mittelwert $\overline{x}_2$ einer weiteren Stichprobe $S2$ wird sich wiederum von μ durch einen vom Zufall abhängigen Betrag unterscheiden. Setzen wir in Gedanken diesen Prozeß weiter fort, so erhalten wir eine Folge $\overline{G}$ von Werten $(\overline{x}_1, \overline{x}_2, \overline{x}_3,...)$. Das Ziehen einer Stichprobe S vom Umfang n und die Berechnung ihres Mittelwertes $\overline{x}$ läßt sich so als zufälliges Herausgreifen eines Elementes von $\overline{G}$ interpretieren. Die Folge $\overline{G}$ bildet eine (unendliche) Grundgesamtheit, deren Verteilung wir Stichprobenverteilung der Zufallsgröße $\overline{X}$ nennen. Wir wollen dieses Gedankenexperiment anhand von Daten eines konkreten Beispiels verdeutlichen. Wir greifen hierzu auf die Feuerwehrstudie (siehe Kapitel 10.5) zurück. Wir verwenden wieder den Body-Mass-Index (BMI) als approximativ normalverteiltes, das Toxizitätsäquivalent als approximativ log-normalverteiltes und Triglyceride als approximativ log-log-normalverteiltes Merkmal.

Die rechte Seite von Abbildung 11.1 zeigt das Ergebnis folgender Simulationsstudie: Für die erste Stichprobe werden 25 (der 240) Probanden der Feuerwehrstudie zufällig ausgewählt. Der Mittelwert $\overline{x}_1$ der 25 BMI-Werte wird berechnet. Danach werden für die zweite Stichprobe wieder 25 Probanden zufällig ausgewählt, und wieder wird der Mittelwert $\overline{x}_2$ der 25 BMI-Werte gebildet. Insgesamt werden 10 000 solcher Stichproben gezogen und somit 10 000 Mittelwerte bestimmt. Das Histogramm dieser 10 000 Mittelwerte zeigt das rechte Bild. Man sieht, daß beide Verteilungen einen ähnlichen Erwartungswert haben, bezüglich ihrer Standardabweichung unterscheiden sie sich jedoch. Tauchen in der Verteilung der Grundgesamtheiten noch Abweichungen vom Erwartungswert bis zur Größenordnung 5 in nennenswerter Häufigkeit auf, so sind es bei der Stichprobenverteilung des Mittelwertes nur noch Abweichungen bis etwa 1. Die Mittelwertbildung hat offenbar die Streuung, etwa um den Faktor 5, reduziert.

Dieses Simulationsexperiment soll zunächst etwas ganz wesentliches verdeutlichen:

• Mittelwerte von Zufallsstichproben sind selbst wieder Zufallsgrößen.

• Mittelwerte sind also mit einer zufälligen Streuung behaftet.

Für einen Leser, der von der beschreibenden Statistik her gewohnt ist, Mittelwerte als feste Maßzahlen zu betrachten, ist dieses zunächst eine etwas überraschende Sichtweise. Tatsächlich wird ja auch nur eine Stichprobe gezogen. Die Verteilung des Mittelwertes bei einer gedachten, beliebig häufigen Wiederholung der Stichprobenziehung dient ausschließlich dazu, die Präzision der Schätzung des Erwartungswertes durch diesen einen Mittelwert zu beurteilen.

Hat man sich erst einmal an den Gedanken gewöhnt, den Mittelwert als Zufallsvariable zu betrachten, ist die Berechnung seiner Verteilung oder wenigstens der wichtigsten Parameter dieser Verteilung, Mittelwert und Varianz, gar nicht mehr so schwierig.

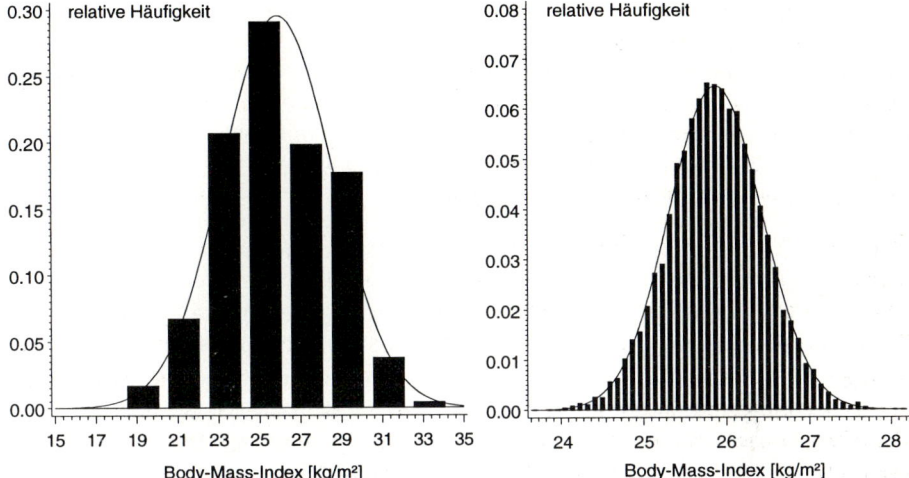

Abb. 11.1. Linkes Bild: Verteilung einer näherungsweise normalverteilten Grundgesamtheit mit Erwartungswert 25.9 und Standardabweichung 2.7 (Body-Mass-Index der 240 Probanden der Feuerwehrstudie). Rechtes Bild: Verteilung der Mittelwerte aus 10 000 Stichproben vom Umfang 25. Die Stichprobenziehung erfolgte mit Zurücklegen aus der o.g. Grundgesamtheit. Die dünnen Linien markieren die Wahrscheinlichkeitsdichten der entsprechenden Normalverteilungen. Die Anzahl der Klassen der jeweiligen Histogramme richtet sich nach dem Umfang des Datenmaterials.

Falls die Stichprobe aus n (unabhängigen, identisch verteilten) Zufallsvariablen X_i besteht, ist der Erwartungswert des Mittelwertes $\overline{X}$ gleich dem Erwartungswert der Grundgesamtheit. Der Mittelwert hat also denselben Erwartungswert wie alle Elemente der Stichprobe.

$$E(\overline{X}) = E\left(\frac{1}{n}\sum_{i=1}^{n} X_i\right) = \frac{1}{n}\sum_{i=1}^{n} E(X_i) = \frac{1}{n}\sum_{i=1}^{n} E(X_1) = \frac{n}{n} E(X_1) = E(X_1).$$

Die Varianz des Mittelwertes berechnet sich ähnlich einfach und beträgt $^1/_n$ der Varianz der Grundgesamtheit.

$$Var(\overline{X}) = Var\left(\frac{1}{n}\sum_{i=1}^{n} X_i\right) = \frac{1}{n^2}\sum_{i=1}^{n} Var(X_i) = \frac{n}{n^2} Var(X_1) = \frac{1}{n} Var(X_1).$$

Die Standardabweichung von $\overline{X}$ ist die Wurzel aus seiner Varianz, sie reduziert sich also gegenüber der Standardabweichung der Einzelmessung um den Faktor $1/\sqrt{n}$.

$$Std(\overline{X}) = \sqrt{\frac{1}{n}\,Var(X_1)} = \frac{1}{\sqrt{n}}\,Std(X_1)\,.$$

Mit wachsendem Stichprobenumfang n konzentriert sich die Verteilung des Mittelwertes immer stärker um den Erwartungswert, den er schätzen soll, bis sie im Grenzfall nur noch diesen einen Punkt enthält.

Mit der Standardabweichung des Mittelwertes hat man ein gutes Instrument, um die mögliche Abweichung der Schätzung des Erwartungswertes von seinem wahren Wert zu beurteilen. Allerdings ist ohne weitere Annahmen nur eine sehr grobe Abschätzung möglich (Tschebyscheff-Ungleichung, Kapitel 8.12). Besser wird die Abschätzung bei Kenntnis der speziellen Verteilung. Glücklicherweise kommt uns der Umstand zugute, daß der Mittelwert eine Summe von Zufallsvariablen darstellt. Und eine solche Summe nähert sich nach dem Zentralen Grenzwertsatz mit wachsendem Stichprobenumfang (Kapitel 10.6) recht gut einer Normalverteilung an. Für Normalverteilungen läßt sich – ausgedrückt in Standardabweichungen – genau angeben, wie wahrscheinlich Schätzfehler einer bestimmten Größenordnung sind. So beträgt die Wahrscheinlichkeit für einen Schätzfehler von weniger als einer Standardabweichung (des Mittelwertes) 68.2 %, die Wahrscheinlichkeit für einen geringeren Fehler als zwei Standardabweichungen ist 95.5 %.

Was passiert, wenn unsere Meßgröße nicht annähernd normalverteilt ist, zeigen wir anhand des Merkmals Triglyceride aus der Feuerwehrstudie. In Kapitel 10.5 hatten wir gesehen, daß dieses Merkmal eine sehr schiefe Verteilung, approximativ eine log-log-Normalverteilung, besitzt. In Abbildung 11.2, linkes oberes Bild, ist noch einmal ein Histogramm der Werte der 240 Probanden der Feuerwehrstudie dargestellt. Wir hatten in Kapitel 10.6 bereits gesehen, daß Binomial- und Poissonverteilung gegen eine Normalverteilung streben. Aus der Abbildung 11.2 erkennen wir nun, wie sich die Verteilung der Mittelwerte aus Stichproben von log-log-Normalverteilungen mit wachsendem Stichprobenumfang einer symmetrischen (Normal-)Verteilung annähert.

11.4   Der Standardfehler des Mittelwertes

Unsere bisherigen Überlegungen waren noch etwas naiv, da wir davon ausgegangen sind, daß wir die Standardabweichung der Verteilung der Grundgesamtheit – und damit auch die Standardabweichung des Mittelwertes – kennen. Tatsächlich ist dieses nur in Ausnahmesituationen der Fall. Wir sind daher darauf angewiesen, die Standardabweichung, genau wie den Erwartungswert, aus der Stichprobe zu schätzen. Der geeignete Schätzer ist die schon aus der beschreibenden Statistik bekannte empirische Standardabweichung

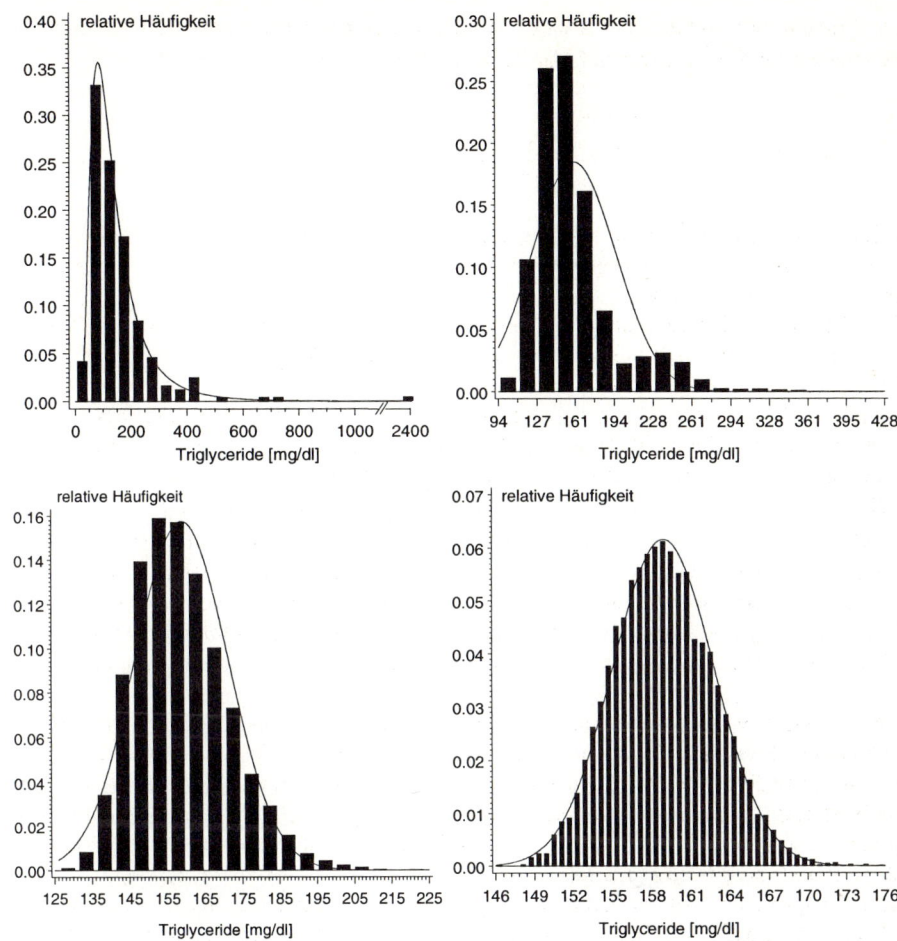

Abb. 11.2. Links oben: Verteilung einer annähernd log-log-normalverteilten Grundgesamtheit (Triglyceride der Feuerwehrstudie). Die dünne Linie gibt den Verlauf der Wahrscheinlichkeitsdichte einer exakten Log-Log-Normalverteilung an. Rechts oben: Verteilung der Mittelwerte von 10 000 Stichproben vom Umfang 25 aus der obigen Grundgesamtheit. Links unten: Verteilung der Mittelwerte von 10 000 Stichproben vom Umfang 100. Rechts unten: Verteilung der Mittelwerte von 10 000 Stichproben vom Umfang 400. Die dünnen Linien markieren die theoretischen Normalverteilungen.

$$S = \sqrt{\frac{1}{n-1}\sum_{i=1}^{n}(X_i - \overline{X})^2}.$$

Diese weicht natürlich zufallsbedingt von der wahren Standardabweichung ab, wie ja auch der Mittelwert vom Erwartungswert abweicht. Die Standardabweichung des Mittelwertes, die sich gegenüber der Standardabweichung der Stichprobe um den Faktor $1/\sqrt{n}$ reduziert, schätzt man folgerichtig durch $s/\sqrt{n}$. Dieser Schätzer wird häufig mit *SEM* bezeichnet nach dem englischen Standard Error of the Mean (Standardfehler des Mittelwertes) oder einfach mit *SE* (Standard Error).

$$SEM = \frac{s}{\sqrt{n}} = \sqrt{\frac{1}{n\,(n-1)} \sum_{i=1}^{n} (X_i - \overline{X})^2}.$$

Ist nun der *SEM* ein geeignetes Maß, um die Abweichung des Mittelwertes vom Erwartungswert zu beurteilen? Die Antwort ist uneingeschränkt „ja" für normalverteilte Grundgesamtheiten. Hier läßt sich die Wahrscheinlichkeit für Abweichungen des Mittelwertes vom Erwartungswert um mindestens einen *SEM* oder zwei *SEM* exakt angeben. Sie hängt nur vom Stichprobenumfang n ab und nähert sich für wachsendes n der Überschreitungswahrscheinlichkeit der Normalverteilung. D. h.: Für einen genügend großen Stichprobenumfang (etwa $n > 50$) beträgt die Wahrscheinlichkeit für einen Schätzfehler größer als einen *SEM* ca. 32 %, für einen Schätzfehler größer als 2 *SEM* ca. 5 %. Diese Abschätzung gilt in guter Näherung auch für nicht-normalverteilte Grundgesamtheiten, falls ihre Verteilung einigermaßen symmetrisch ist. Bei schiefen Verteilungen unterschätzt man die Fehlerwahrscheinlichkeiten unter Umständen erheblich. Wir demonstrieren dies wieder an Daten der Feuerwehrstudie.

Wir ziehen 200 Stichproben mit jeweils 25 Probanden und berechnen für jede Stichprobe Mittelwerte $\bar{x}$ und Standardabweichungen s der Merkmale Body-Mass-Index und Triglyceride der 25 ausgewählten Probanden. In Abbildung 11.3 sind die Mittelwerte und Standardfehler $SEM = s/\sqrt{25}$ jeder Stichprobe eingezeichnet. Die gepunktete Linie grenzt den Bereich $[\mu - 2 \cdot SEM, \mu + 2 \cdot SEM]$ ein. Außerhalb dieses Bereiches sollten etwa 10 Werte (5 % von 200) der Stichprobe liegen. Für das symmetrisch verteilte Merkmal BMI (linke Seite von Abbildung 11.3) trifft dies auch zu. Bei dem schief verteilten Merkmal „Triglyceride" liegen zu viele Stichproben (16) außerhalb des 95 %-Bereiches.

Der *SEM* ist für das Triglyceridbeispiel ein schlechter Schätzer für die Präzision des Mittelwertes: Die Mittelwerte streuen stärker als durch den *SEM* ausgedrückt.

Weitere Beispiele für schiefe Verteilungen sind die Binomialverteilung mit $p \neq 0.5$ und $n < 20$, die Poissonverteilung mit $\lambda < 20$ und die Log-Normalverteilung. Bei schief verteilten Merkmalen kann daher, zumindest bei kleineren Stichprobenumfängen, der *SEM* nur als grobe Angabe der Präzision der Schätzung gewertet werden. Abhilfe schafft hier eine Variablentransformation, etwa eine logarithmische Transformation bei einem lognormalverteilten Merkmal. Bereits in Kapitel 10.5 hatten wir darauf hingewiesen, daß Rücktransformationen nur für die Quantile (nicht für den Erwartungswert) möglich sind.

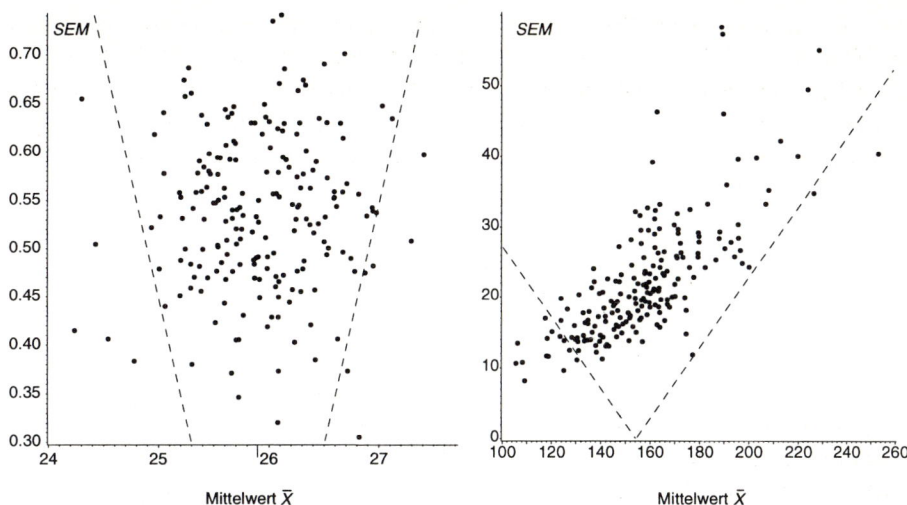

Abb. 11.3. Linke Seite: Verteilung des Mittelwertes und Standardfehlers 200 simulierter Stichproben vom Umfang 25 aus einer annähernd normalverteilten Grundgesamtheit mit Erwartungswert $\mu = 25.9$ und Standardabweichung 2.7 (Body-Mass-Index der Probanden der Feuerwehrstudie). Die gepunkteten Linien geben die 2 *SEM*-Grenzen an. Außerhalb dieser Grenzen befinden sich die Datenpaare von 11 Stichproben. Das liegt im Rahmen der zu erwartenden 5 % von 200, i.e. 10, Abweichungen. Mittelwerte und Standardfehler sind unkorreliert, d. h. diese Schätzungen hängen nicht voneinander ab. Die Abweichungen sind symmetrisch zum Erwartungswert $\mu = 25.9$.

Rechte Seite: Verteilung des Mittelwertes und Standardfehlers 200 simulierter Stichproben vom Umfang 25 aus einer extrem schief verteilten Grundgesamtheit mit Erwartungswert $\mu = 156.4$. (Triglyceride der Probanden der Feuerwehrstudie). Die gepunkteten Linien geben die 2 *SEM*-Grenzen an. Außerhalb dieser Grenzen befinden sich die Datenpaare von 16 Stichproben. Das überschreitet den Rahmen der zu erwartenden 5 % von 200, i.e. 10, Abweichungen. Mittelwerte und Standardfehler sind hoch korreliert, je größer der Mittelwert, desto höher auch die Schätzung seiner Standardabweichung. Dadurch weichen kleine Mittelwerte zu häufig, große zu selten mehr als 2 *SEM* vom Erwartungswert ab. Insgesamt werden die Fehlerwahrscheinlichkeiten unterschätzt.

11.5   Der Standardfehler der Differenz zweier Mittelwerte

Bei der Beurteilung medizinischer Behandlungen steht weniger die Messung des absoluten Behandlungseffekts im Vordergrund als vielmehr der Vergleich mit dem Effekt anderer unter denselben Versuchsbedingungen applizierter Behandlungsformen. In Kapitel 2 hatten wir die Bedeutung der Kontrollgruppe ausführlich begründet: Nur ein simultaner Vergleich ermöglicht eine genaue Quantifizierung des Behandlungseffektes.

Auch bei sonstigen biometrischen Fragestellungen kann man häufig nicht auf einen absoluten Maßstab zurückgreifen, sondern ist darauf angewiesen, zwei Populationen miteinander zu vergleichen. Meist ist die Differenz der Erwartungswerte der zugrundeliegenden Verteilungen von Interesse. Zur Schätzung dieser Differenz verwendet man natürlicherweise die Differenz der Mittelwerte der zugehörigen Stichproben.

Zunächst wollen wir von normalverteilten Grundgesamtheiten ausgehen mit Erwartungswerten μ_1 und μ_2. Zur Schätzung von μ_1 steht uns eine Stichprobe $(x_1, x_2, ...,x_{n_1})$ vom Umfang n_1 zur Verfügung mit dem Mittelwert $\bar{x}$. μ_2 schätzen wir aus einer Stichprobe $(y_1, y_2, ...,y_{n_2})$ vom Umfang n_2 mittels $\bar{y}$.

Um sinnvoll Schlüsse aus diesen Schätzungen ziehen zu können, müssen wir voraussetzen, daß die beiden Stichproben unabhängig sind. Wichtig ist vor allen Dingen die Annahme, daß sich die beiden Grundgesamtheiten allenfalls in ihren Erwartungswerten unterscheiden aber nicht wesentlich in ihren Varianzen. Eine Verletzung dieser Annahme führt leicht zu einem Vergleich von Äpfeln und Birnen. So wird man zwei blutdrucksenkende Medikamente nicht für gleichwirksam halten, wenn sie zwar im Schnitt zu einer vergleichbaren Blutdruckminderung führen, die Wirkung des einen Medikaments aber eine erheblich höhere Streuung aufweist als die des anderen. Man denke auch an den Witz, demgemäß die Umgebungstemperatur eines Menschen, der mit einem Bein auf der Herdplatte steht und mit dem anderen im Kühlschrank, statistisch gesehen angenehm sei. So sollte die Statistik eben nicht ,,sehen''.

Falls die Varianz der zu vergleichenden Grundgesamtheiten σ^2 beträgt, kann man nach unseren vorangegangenen Überlegungen die Stichprobenmittel $\bar{x}$ und $\bar{y}$ als Realisierungen von normalverteilten Zufallsvariablen $\bar{X}$ mit Erwartungswert μ_1 und Standardfehler $\sigma/\sqrt{n_1}$ bzw. $\bar{Y}$ mit Erwartungswert μ_2 und Standardfehler $\sigma/\sqrt{n_2}$ ansehen.

Wie ist nun $\bar{X} - \bar{Y}$ verteilt? Die Summe (Differenz) unabhängiger normalverteilter Zufallsgrößen ist wiederum normalverteilt. Dabei gilt (siehe Kapitel 8.10):

$$E(\bar{X} - \bar{Y}) \;=\; E(\bar{X}) - E(\bar{Y}) \;=\; \mu_1 - \mu_2$$

$$Var(\bar{X} - \bar{Y}) \;=\; Var(\bar{X}) + Var(\bar{Y}) \;=\; \frac{\sigma^2}{n_1} + \frac{\sigma^2}{n_2} \;=\; \left(\frac{1}{n_1} + \frac{1}{n_2}\right)\sigma^2 \;=\; \frac{n_1 + n_2}{n_1 n_2}\sigma^2$$

Daher beträgt die Standardabweichung von $\bar{X} - \bar{Y}$:

$$Std(\bar{X} - \bar{Y}) \;=\; \sqrt{Var(\bar{X} - \bar{Y})} \;=\; \sigma\sqrt{\frac{n_1 + n_2}{n_1 n_2}}$$

Da σ meist nicht genau bekannt ist, muß es ebenfalls aus den Stichproben geschätzt werden. Es stehen zwei Schätzer zur Verfügung, nämlich die empirische Standardabweichung S_x aus der Stichprobe $(x_1, x_2, ...,x_{n_1})$ und die empirische Standardabweichung S_y aus $(y_1, y_2, ...,y_{n_2})$.

Wie sind diese geeignet zu kombinieren? Eine einfache Mittelung bietet sich nicht an, da Standardabweichungen sich nicht additiv verhalten (Die Wurzel aus einer Summe ist nicht gleich der Summe der Wurzeln).

Man geht daher auf die (identisch verteilten) quadratischen Abweichungen $(x_i - \overline{X})^2$ und $(y_j - \overline{Y})^2$ zurück und erhält als kombinierten (gepoolten) Schätzer S_p (gepoolte Standardabweichung) für σ:

$$S_p = \sqrt{\frac{\sum\limits_{i=1}^{n_1} (x_i - \overline{X})^2 + \sum\limits_{j=1}^{n_2} (y_j - \overline{Y})^2}{n_1 + n_2 - 2}}.$$

Der Nenner $n_1 + n_2 - 2$ repräsentiert die Freiheitsgrade, die wegen der geschätzten Mittelwerte $\overline{x}$ und $\overline{y}$ gegenüber der Summe der Stichprobenumfänge um 2 reduziert sind (siehe Kapitel 10.7). Falls die empirischen Standardabweichungen der Einzelstichproben S_x und S_y schon bekannt sind, läßt sich S_p auch folgendermaßen berechnen:

$$S_p = \sqrt{\frac{(n_1 - 1)S_x^2 + (n_2 - 1)S_y^2}{n_1 + n_2 - 2}}.$$

Für gleiche Stichprobenumfange $n = n_1 = n_2$ vereinfacht sich diese Formel zu:

$$S_p = \sqrt{\frac{1}{2}(s_x^2 + s_y^2)}$$

Mittels S_p können wir nun auch den Standardfehler (*SE*, Standard Error) von $\overline{X} - \overline{Y}$ angeben:

$$SE = S_p \sqrt{\frac{n_1 + n_2}{n_1 n_2}} = S_p \frac{\sqrt{2}}{n} \quad \text{für } n = n_1 = n_2.$$

Wie der Standardfehler des Mittelwertes (*SEM*) ist auch der Standardfehler der Differenz zweier Mittelwerte (*SE*) das geeignete Instrument, um die Genauigkeit der entsprechenden Schätzung anzugeben. Seine Anwendbarkeit ist nicht auf den Fall normalverteilter Grundgesamtheiten beschränkt. Wesentlich ist, daß die Verteilung von $\overline{X} - \overline{Y}$ symmetrisch ist. Das ist aber bereits der Fall, wenn die Verteilungen von $\overline{X}$ und $\overline{Y}$ gleiche Gestalt haben, d. h. sich nur durch ihre Erwartungswerte μ_1 und μ_2 unterscheiden. Damit dieses gilt, ist nur zu fordern, daß die Verteilungen der X_i und Y_j ebenfalls von annähernd gleicher Gestalt sind und daß die Stichprobenumfänge n_1 und n_2 einigermaßen nahe beieinander liegen.

Durch die Differenzbildung $\overline{X} - \overline{Y}$ gleichen sich Asymmetrien der zugrundeliegenden Verteilungen sozusagen automatisch aus. Insofern sind die Verteilungsanforderungen für eine sinnvolle Interpretation der Standardfehler im Falle der Differenz zweier Mittelwerte deutlich schwächer als im Falle eines einzelnen Mittelwertes, da die recht einschränkende Forderung nach Symmetrie der Verteilungen wegfällt.

Wir demonstrieren diese Tatsache wieder an dem sehr schief verteilten Merkmal „Triglyceride" der Feuerwehrstudie. In Abbildung 11.3 hatten wir gesehen, daß der Standardfehler *SEM* keine gute Angaben über die Präzision der Schätzung zuläßt. Sind wir jedoch an dem Vergleich der Erwartungswerte zwischen zwei Populationen interessiert, im Beispiel etwa zwischen Berufsfeuerwehrleuten im Brandeinsatz und Angehörigen der Stadtverwaltung, so bilden wir die Differenz der Mittelwerte (im Beispiel: der Triglyceride) der beiden Stichproben. Das Simulationsexperiment hierzu geht so:

- Ziehe für die erste Stichprobe zufällig 25 (bzw. 200) Probanden, berechne Mittelwert $\overline{x}$ und Standardabweichung s_x der Triglyceridwerte.
- Ziehe für die zweite Stichprobe wieder zufällig 25 (bzw. 200) Probanden, berechne Mittelwert $\overline{y}$ und Standardabweichung s_y der Triglyceridwerte, berechne die Differenz $\overline{d} = \overline{x} - \overline{y}$ der beiden Stichprobenmittelwerte, berechne die gepoolte Standardabweichung.

$$S_p = \sqrt{\frac{1}{2}(s_x^2 + s_y^2)}.$$

und damit den Standardfehler der Mittelwertsdifferenz

$$SE = S_p \cdot \sqrt{\frac{2}{n}} \qquad (= S_p \cdot \frac{\sqrt{2}}{5} \text{ bzw. } \frac{S_p}{10}).$$

Abbildung 11.4 zeigt zwei Histogramme für 10 000 Mittelwertsdifferenzen (10 000 Wiederholungen des Experiments): Die linke Abbildung für den Stichprobenumfang 25 Probanden pro Gruppe, die rechte für 200 Probanden. Obwohl die Ursprungsverteilung des Merkmals „Triglyceride" extrem schief ist (Abbildung 10.4), ist die Verteilung der Differenz der beiden Mittelwerte bereits für einen Stichprobenumfang von 25 sehr symmetrisch. Für den Stichprobenumfang 200 wird sie gut durch eine Normalverteilung approximiert.

In Abbildung 11.5 sind die Mittelwertsdifferenzen d und die Standardfehler *SEM* für 200 Wiederholungen des Experiments dargestellt. Die gepunkteten Linien geben wie in Abbildung 11.3 einen Bereich an, in dem 95 % der Stichproben liegen müßten. Anders als in Abbildung 11.3 (rechte Seite) liegen nun nicht mehr als 10 (5 % von 200) außerhalb des Bereichs. Der *SEM* für die Differenz der Mittelwerte ist auch bei schiefen Verteilungen des Merkmals ein guter Schätzer für die Streuung der Mittelwertsdifferenzen.

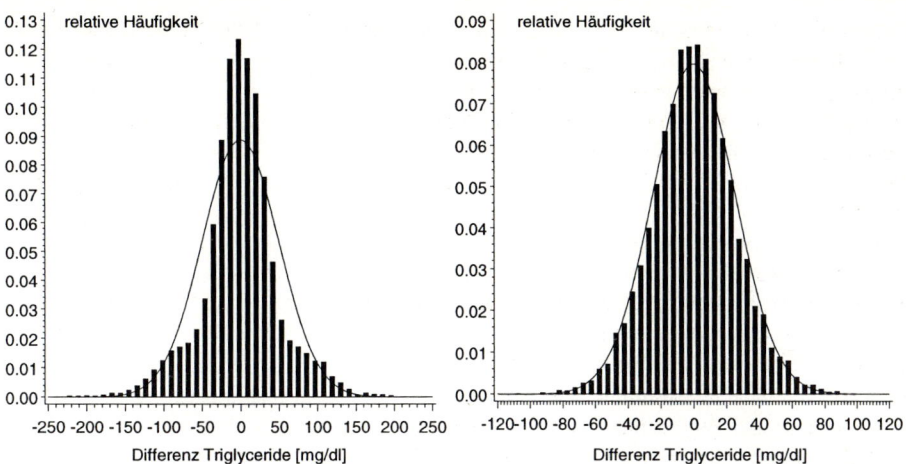

Abb. 11.4. Links: Simulation von 10 000 Mittelwertdifferenzen von je zwei unabhängigen Stichproben vom Umfang 25 (Triglyceride, siehe Abbildung 11.2). Die Verteilung ist symmetrisch, jedoch sind die Abweichungen von einer Normalverteilung erheblich. Rechts: Simulation von 10 000 Mittelwertdifferenzen von Stichproben des Umfangs 200. Situation sonst wie in der vorangegangen Abbildung. Die Abweichungen von der Normalverteilung sind nicht mehr erheblich.

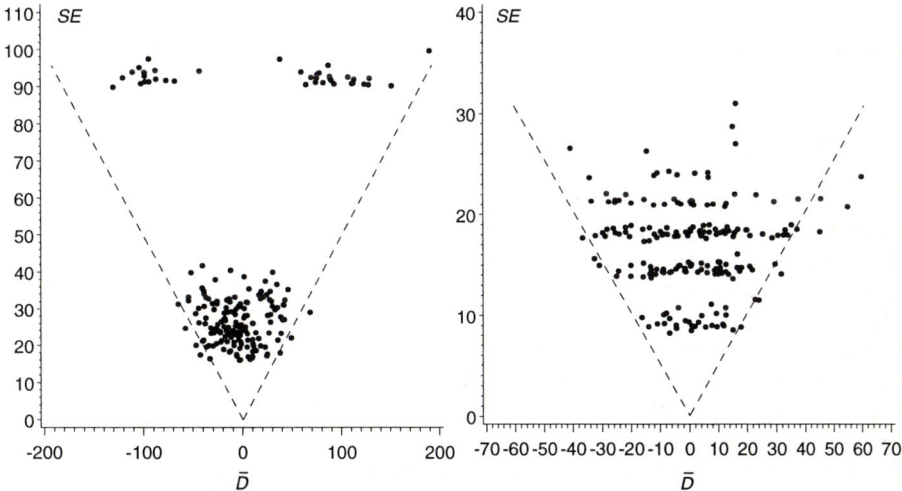

Abb. 11.5. Verteilung von Mittelwertdifferenz und Standardfehler für 200 unabhängige Stichprobenpaare aus einer extrem schief verteilten Grundgesamtheit (Triglyceride). Links: Stichprobenumfang jeweils 25. Rechts: Stichprobenumfang jeweils 200. Obwohl die Punktwolken irregulär geformt sind, bleiben die Überschreitungen (8 bzw. 11) der 2 *SE*-Grenzen (gestrichelte Linien) im Rahmen des zu erwartenden (10). Natürlich sind 200 Stichprobenpaare nicht repräsentativ und man muß allein zufallsbedingt mit Ergebnissen zwischen 4 und 16 Überschreitungen rechnen. Dennoch deutet sich im Vergleich zu Abbildung 11.3 (rechts) an, daß die Überschreitungswahrscheinlichkeit für die 2 *SE*-Grenzen nicht wesentlich von denen normalverteilter Grundgesamtheiten abweicht.

In diesem Simulationsexperiment unterscheiden wir nicht zwischen den Gruppen, d. h., wir ziehen 2 Stichproben aus derselben G˜undgesamtheit. Daher muß der Mittelwert der Differenzen der beiden Mittelwerte nahe oei Null liegen.

Die Voraussetzung, daß die Verteilungen von gleicher Gestalt sind, insbesondere also annähernd gleiche Standardabweichungen besitzen, ist gar nicht so einschränkend, wie es zunächst den Anschein hat. Sie ist nämlich weniger technischer Natur, als eine Grundvoraussetzung für einen sinnvollen Vergleich der Erwartungswerte überhaupt.

11.6 Konfidenzintervalle

Der Mittelwert einer Stichprobe liefert uns einen Schätzwert für den Erwartungswert der zugrundeliegenden Verteilung. Sein Standardfehler gibt uns Auskunft über die Genauigkeit dieser Schätzung. Falls die zugrundeliegende Verteilung symmetrisch ist und der Stichprobenumfang nicht zu gering, so ist die Wahrscheinlichkeit, eine Stichprobe zu ziehen, die mehr als einen Standardfehler vom Erwartungswert entfernt ist, höchstens 32 %. Die Wahrscheinlichkeit für eine Abweichung von mehr als zwei Standardfehlern beträgt höchstens 5 %. Falls ein oder zwei Standardfehler klein sind im Verhältnis zur gewünschten Genauigkeit, haben wir keine weiteren Probleme. Sollte der Standardfehler deutlich größer sein als die benötigte Genauigkeit, bleibt nichts anderes übrig, als eine neue Stichprobe zu ziehen und dabei entweder zu hoffen, daß sie dieses Mal einen kleineren Standardfehler liefert, oder, da ja der Standardfehler mit $1/\sqrt{n}$ gegen Null geht, den Stichprobenumfang n entsprechend zu vergrößern. Interessant wird es, wenn Standardfehler und angestrebte Genauigkeit von gleicher Größenordnung sind. In diesem Fall sind wir an einer fundierten Entscheidungsregel interessiert, die es uns ermöglicht, anzugeben, ob der Mittelwert hinreichend nahe am Erwartungswert liegt, oder ob mit für die Fragestellung relevanten Abweichungen gerechnet werden muß. Zur Konstruktion einer solchen Entscheidungsregel setzen wir den Schätzfehler $\overline{X} - \mu$ ins Verhältnis zum Standardfehler des Mittelwerts *SEM*. Der Ausdruck

$$\frac{\overline{X} - \mu}{SEM}$$

ist für größere Stichprobenumfänge annähernd standardnormalverteilt (Normalverteilung mit Erwartungswert 0 und Standardabweichung 1). Bei kleineren Stichprobenumfängen macht sich die zusätzliche Unsicherheit durch die Schätzung von $\sigma/\sqrt{n}$ durch *SEM* bemerkbar, was zu einer weniger scharf konzentrierten Verteilung führt, nämlich einer *t*-Verteilung. Diese hängt noch vom Stichprobenumfang n, genauer von den für die Schätzung von σ zur Verfügung stehenden Freiheitsgraden $n - 1$ ab (siehe Kapitel 10.7).

Mit Hilfe der *t*-Verteilungen können wir die Wahrscheinlichkeit für Schätzfehler $\overline{X} - \mu$ einer bestimmten Größenordnung exakt quantifizieren. Einige Quantile der *t*-Verteilungen zeigt Tabelle 12.3.

Das 0.975-Quantil $t_{2;\ 0.975}$ einer *t*-Verteilung mit 2 Freiheitsgraden ist z. B. 4.303, das einer *t*-Verteilung mit 9 Freiheitsgraden 2.262. Das Quantil $t_{100;\ 0.975}$ einer *t*-Verteilung mit 100 Freiheitsgraden unterscheidet sich mit 1.984 nur noch unerheblich vom 0.975-Quantil

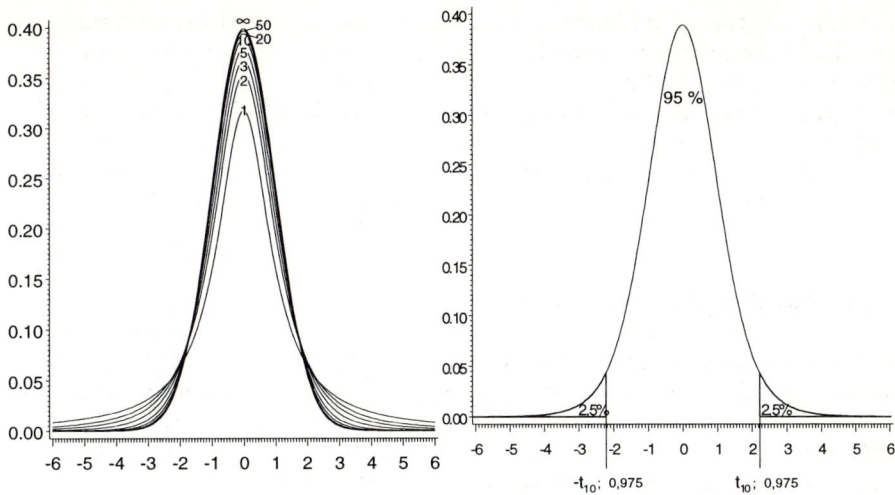

Abb. 11.6 Wahrscheinlichkeitsdichten der *t*-Verteilung mit 1, 2, 3, 5, 10, 20, 50 und ∞ Freiheitsgraden. Die letztere Verteilung ist identisch mit der Standardnormalverteilung. 0.025-
und 0.975-Quantil einer *t*-Verteilung (10 Freiheitsgrade). Zwischen den Quantilen befinden
sich 95 % der Wahrscheinlichkeitsmasse.

der Standardnormalverteilung (1.96). Die Form einiger *t*-Verteilungen zeigt Abbildung 11.6, links. Da die *t*-Verteilungen symmetrisch zur 0 sind, ist das 0.025-Quantil
gleich dem negativen 0.975 Quantil (Abbildung 11.6, rechts). Für einen Stichprobenumfang von n liegen daher 95 % aller standardisierten Mittelwerte

$$\frac{\overline{X} - \mu}{SEM} \text{ zwischen } -t_{n-1;\,0.975} \text{ und } t_{n-1;\,0.975}.$$

Das heißt:

$$P(-t_{n-1;\,0.975} \le \frac{\overline{X} - \mu}{SEM} \le t_{n-1;\,0.975}) = 0.95.$$

Aus Symmetriegründen gilt dann auch

$$P(-t_{n-1;\,0.975} \le \frac{\mu - \overline{X}}{SEM} \le t_{n-1;\,0.975}) = 0.95.$$

Nach Multiplikation der Ungleichungen mit *SEM* ergibt sich

$$P(-t_{n-1;\,0.975} \cdot SEM \le \mu - \overline{X} \le t_{n-1;\,0.975} \cdot SEM) = 0.95.$$

Nun addieren wir noch $\overline{X}$ und erhalten:

$$P(\overline{X} - t_{n-1;\,0.975} \cdot SEM \le \mu \le \overline{X} + t_{n-1;\,0.975} \cdot SEM) = 0.95.$$

Die Grenzen $\overline{X} - t_{n-1;\,0.975} \cdot SEM$ und $\overline{X} + t_{n-1;\,0.975} \cdot SEM$ schließen also mit Wahrscheinlichkeit 95 % den Erwartungswert μ ein. Das kann man auch folgendermaßen ausdrücken:

$$P(\,\mu \in [\overline{X} - t_{n-1;\,0.975} \cdot SEM, \overline{X} + t_{n-1;\,0.975} \cdot SEM]\,) = 0.95.$$

In 95 % der Stichproben liegt der zu schätzende Erwartungswert μ in dem Intervall

$$[\overline{X} - t_{n-1;\,0.975} \cdot SEM, \overline{X} + t_{n-1;\,0.975} \cdot SEM].$$

Ein solches Intervall heißt Konfidenzintervall für den Erwartungswert zur Konfidenzwahrscheinlichkeit 95 %. Die Vorgehensweise zur Konstruktion eines Konfidenzintervalls ist in Abbildung 11.7 dargestellt. Wie in den Abbildungen 11.3 und 11.5, dort als gestrichelte Linien, ist in Abbildung 11.7 ein Bereich um μ eingezeichnet, in dem 95 % der Stichproben liegen werden (heller Kegel). Eine Stichprobe liefert ein Wertepaar $(\overline{x}, SEM)$. Liegt dieses Wertepaar innerhalb des hellen Kegels, so umfaßt das Konfidenzintervall den Erwartungswert μ. Da nur 5 % der Wertepaare $(\overline{x}, SEM)$ außerhalb des hellen Kegels liegen, enthalten demnach auch 5 % der Konfidenzintervalle nicht den Erwartungswert μ.

Die 95 % sind ein willkürlich festgelegter Anteil, aber recht gebräuchlich. Bei niedrigerem Sicherheitsbedürfnis werden auch geringere Konfidenzwahrscheinlichkeiten, z. B. 90 %, bei höherem etwa 99 % oder sogar 99.9 % verwendet. In der Formel ist dann das entsprechende Quantil der t-Verteilung zu ändern. Man muß sich aber darüber im Klaren sein, daß die durchschnittliche Breite eines Konfidenzintervalls mit der Konfidenzwahrscheinlichkeit zunimmt. Es ist üblich, die zulässige Irrtumswahrscheinlichkeit mit α, die Konfidenzwahrscheinlichkeit daher mit $1 - \alpha$ zu bezeichnen.

Allgemein berechnet sich, unter der Voraussetzung, $\overline{X}$ ist approximativ normalverteilt, ein Konfidenzintervall für den Erwartungswert μ zur Konfidenzwahrscheinlichkeit $1 - \alpha$ zu

$$[\overline{X} - t_{n-1;\,1-\alpha/2} \cdot SEM, \quad \overline{X} + t_{n-1;\,1-\alpha/2} \cdot SEM].$$

Dabei ist $t_{n-1;\,1-\alpha/2}$ das $1-\alpha/2$-Quantil der t-Verteilung mit $n-1$ Freiheitsgraden.

Konfidenzintervalle für die Differenz zweier Erwartungswerte $\mu_1 - \mu_2$ berechnen sich in analoger Weise:

Für zwei Stichproben $(X_1, X_2, ..., X_{n_1})$ vom Umfang n_1 und $(Y_1, Y_2, ..., Y_{n_2})$ vom Umfang n_2 wurde der Standardfehler der Mittelwertdifferenz $\overline{X} - \overline{Y}$ bereits in 11.5 angegeben (benötigt wird hierzu im wesentlichen die gepoolte Standardabweichung S_p).

Die Anzahl der Freiheitsgrade ist nun $n_1 + n_2 - 2$. Das $1-\alpha$-Konfidenzintervall lautet somit:

$$[\overline{X} - \overline{Y} - t_{n_1+n_2-2;\,1-\alpha/2} \cdot SEM, \quad \overline{X} - \overline{Y} + t_{n_1+n_2-2;\,1-\alpha/2} \cdot SEM].$$

Die Voraussetzungen für eine Einhaltung der Konfidenzwahrscheinlichkeit sind dieselben, die wir schon für die sinnvolle Interpretierbarkeit des Standardfehlers gefordert

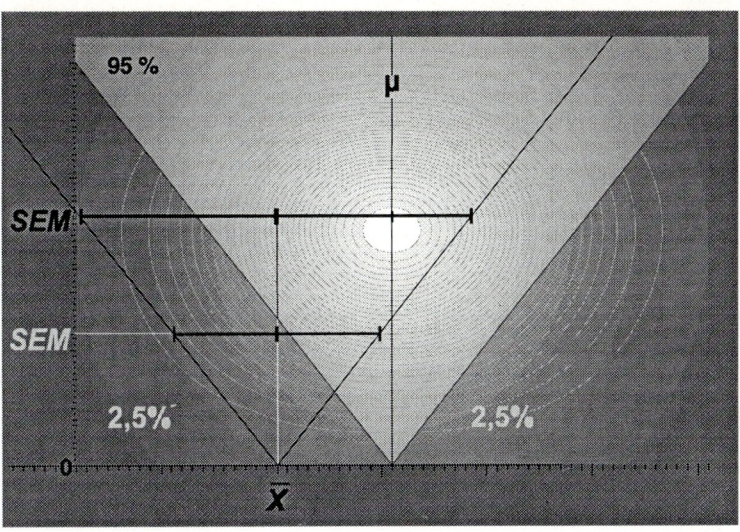

Abb. 11.7. Konstruktion eines 95 %-Konfidenzintervalls für den Erwartungswert. Die Abbildung zeigt die Verteilung der Datenpaare ($\overline{X}$, *SEM*) für einen Stichprobenumfang von 3. Eingezeichnet sind Linien gleicher Wahrscheinlichkeitsdichte (Höhenlinien). Im hellen Zentrum der Linien ist die Wahrscheinlichkeit, ein Datenpaar ($\overline{X}$, *SEM*) anzutreffen, maximal. Die Wahrscheinlichkeit fällt von Linie zu Linie nach außen gleichmäßig ab. Entlang der Linien bleibt sie konstant. Der helle Kegel

$$y \geq \frac{|x-\mu|}{4.303} \qquad \text{bzw.} \qquad x - 4.303\,y \leq \mu \leq x + 4.303\,y$$

schneidet einen Bereich der Wahrscheinlichkeitsmasse 95 % heraus. 4.303 ist das 97.5 %-Quantil der *t*-Verteilung mit 2 Freiheitsgraden (Tabelle 12.3). Für Beobachtungen ($\overline{X}$, *SEM*) innerhalb des Kegels (schwarze Bezeichnung) umfaßt ein zu $\overline{X}$ symmetrisches Intervall von der Länge des aktuellen Kegeldurchmessers $2 \cdot 4.3 \cdot$ *SEM* den Erwartungswert μ. Beobachtungen außerhalb des Kegels (weiße Bezeichnung) liefern ein falsches Konfidenzintervall. Solche Beobachtungen kommen allerdings nur mit 5 % Wahrscheinlichkeit vor.

haben, nämlich ähnliche Gestalt der beiden Grundgesamtheiten, also insbesondere vergleichbare Streuungen, und – im Falle asymmetrischer Verteilungen der Grundgesamtheiten – Stichprobenumfänge vergleichbarer Größenordnung.

Als Beispiel wollen wir ein 95 %-Konfidenzintervall für die Differenz des BMI der aus Verwaltungsangestellten bestehenden Kontrollgruppe der Feuerwehrstudie zu den beiden Berufsfeuerwehr-Gruppen bestimmen. Die notwendigen Daten sind Tabelle 11.1 zu entnehmen. Die Differenz der Mittelwerte beträgt 26.17 - 25.31 = 0.86.

	Anzahl	Mittelwert	Standard-abweichung
Feuerwehrleute	152	26.17	2.39
Verwaltungsangestellte	85	25.31	3.11

Tabelle 11.1. Mittelwerte und Standardabweichungen des Body-Mass-Index [kg/m^2] einer Gruppe von 152 Feuerwehrleuten sowie 85 Personen einer Kontrollgruppe (Verwaltungsangestellte).

Die gepoolte Standardabweichung berechnet sich zu

$$S_p = \sqrt{\frac{(152-1) \cdot 2.39^2 + (85-1) \cdot 3.11^2}{152 + 85 - 2}}$$

$$= \sqrt{\frac{151 \cdot 5.71 + 84 \cdot 9.67}{235}} = \sqrt{\frac{862.21 + 812.28}{235}}$$

$$= \sqrt{\frac{1674.49}{235}} = \sqrt{7.13} = 2.67.$$

Damit lautet der Standardfehler

$$SE = S_p \sqrt{\frac{n_1 + n_2}{n_1 n_2}} = 2.67 \sqrt{\frac{152 + 85}{152 \cdot 85}}$$

$$= 2.67 \sqrt{\frac{237}{12920}} = 2.67 \cdot \sqrt{0.0183}$$

$$= 2.67 \cdot 0.135 = 0.36.$$

Das 0.975-Quantil einer t-Verteilung mit 235 Freiheitsgraden findet man in der Regel in keiner Tabelle, da es schon sehr nahe am 0.975-Quantil der Normalverteilung von 1.96 liegt. Mit diesem Wert erhalten wir als 95 %-Konfidenzintervall

$$[0.86 - 1.96 \cdot 0.36 , \quad 0.86 + 1.96 \cdot 0.36]$$
$$= [0.86 - 0.71, \ 0.86 + 0.71] = [0.15, \ 1.57].$$

Da die 0 nicht im Konfidenzintervall enthalten ist, bedeutet das, daß die Feuerwehrleute relativ (im Verhältnis zur Körperoberfläche) schwerer sind als die Verwaltungsangestellten. Zur Verdeutlichung der Größenordnung der Schätzung sei angemerkt, daß eine Differenz des BMI von 0.15 bis 1.6 bei einer Körpergröße von 1.77 m (Durchschnittsgröße der Studienpopulation) einer Gewichtsdifferenz zwischen 0.5 bis 5 kg entspricht.

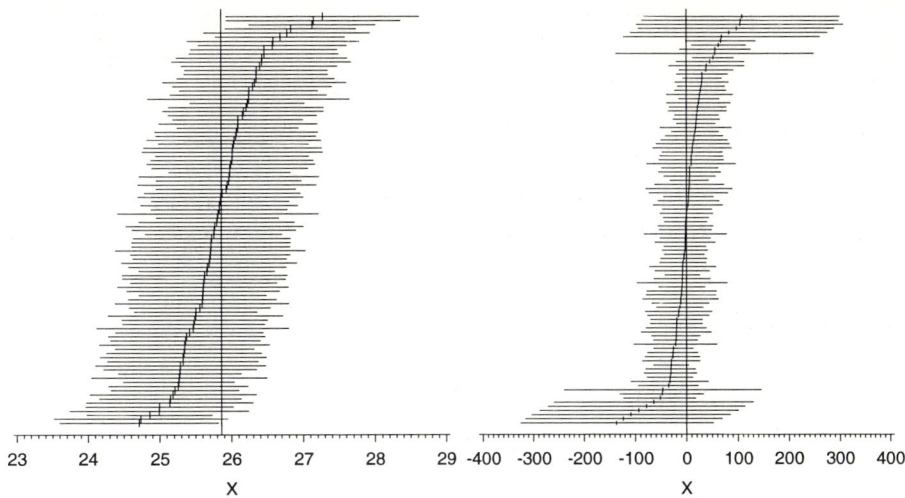

Abb. 11.8. Linkes Bild: 95 %-Konfidenzintervalle zu 100 simulierten Stichproben vom Umfang 25 aus einer näherungsweise normalverteilten Grundgesamtheit mit Erwartungswert 25.9 und Standardabweichung 2.7 (BMI). Die Intervalle sind nach ihrem Mittelwert sortiert. Zwei Intervalle liegen unterhalb, vier oberhalb des Erwartungswertes. Das entspricht in etwa den 5 % zu erwartender falscher Intervalle. Rechtes Bild: 100 95 %-Konfidenzintervalle für die Differenz zweier Mittelwerte aus Stichproben vom Umfang 25. Die Grundgesamtheiten sind extrem schief verteilt (Triglyceride, siehe auch Abbildung 10.15). Das führt zu sehr weiten Konfidenzintervallen für außen liegende Beobachtungen. Die Anzahl der falschen Konfidenzintervalle ist mit 2 eher gering.

In diesem Beispiel ist die Standardabweichung des BMI bei den Verwaltungsangestellten (3.11) größer als die der Feuerwehrleute (2.39). Dies könnte bedeuten, daß die Standardabweichung vom Erwartungswert abhängt und somit auch beim Body-Mass-Index eine Transformation (Logarithmus) der Werte angebracht wäre. Wir hatten jedoch bereits früher festgestellt (Abbildung 10.13), daß die Verteilung des Body-Mass-Index über alle 240 Probanden recht gut symmetrisch ist. Wir müßten nun die Verteilung innerhalb der Gruppe betrachten. Wir gehen hierauf nicht weiter ein. Eine Bedeutung für den Vergleich der Gruppe hat dieser geringe Unterschied ohnehin nicht.

Wir wollen die Eigenschaft des Konfidenzintervalls, in 1-α der Stichproben den Erwartungswert μ zu überdecken, an einem Simulationsexperiment mit dem Body-Mass-Index aus der Feuerwehrstudie verdeutlichen:

Wir ziehen zufällig 25 Probanden aus der Feuerwehrstudie, bestimmen den Mittelwert $\bar{x}$ und den Standardfehler des Mittelwertes *SEM* der Stichprobe und bestimmen ein 95 %-Konfidenzintervall

$$I_{95\%} = [\bar{x} - 1.96 \cdot SEM \, , \ \bar{x} + 1.96 \cdot SEM \,].$$

Dieses Experiment wiederholen wir 100-mal.

In Abbildung 11.8 (linke Seite) sind die 100 Intervalle, sortiert nach der Größe des Mittelwertes, eingezeichnet. Die senkrechte Linie zeigt den Erwartungswert (μ = 25.9) der „Grundgesamtheit". Insgesamt überdecken 6 Intervalle nicht den Erwartungswert. Dies entspricht etwa den 5 % „falschen" Intervallen. Die Länge der Intervalle in Abbildung 11.8 (linke Seite) ist etwa gleich. Das heißt, der *SEM* hängt nicht vom Mittelwert der Stichprobe ab. Dies ist für das rechte Bild nicht der Fall. Dieses zeigt das Ergebnis einer entsprechenden Simulationsstudie mit dem Mittelwert der Differenz der Triglyceridwerte. Aus Abbildung 11.5 ist bereits zu erkennen, daß für große negative und positive Differenzen der *SEM* groß ist. Dies führt dazu, daß die Länge der Konfidenzintervalle für große Abweichungen groß ist und damit die Null einschließt. In Abbildung 11.8 (rechte Seite) überdecken nur 2 Konfidenzintervalle nicht die Null, zu wenig als nach Konstruktionsvorschrift erwartet. Zu große Konfidenzintervalle würden möglicherweise bestehende Unterschiede ($\mu_1 \neq \mu_2$) verbergen. Wir werden hierauf, auf die „Power" eines Tests, in Kapitel 12.6 eingehen.

Eine leider häufig anzutreffende Fehlinterpretation von Konfidenzintervallen ist die folgende: Nach erfolgter Berechnung eines $1 - \alpha$-Konfidenzintervalls wird die Aussage getroffen, der wahre Parameter μ liege mit Wahrscheinlichkeit $1 - \alpha$ in diesem Intervall. Da eine solche Interpretation im Sinne eines subjektiven Wahrscheinlichkeitsbegriffs durchaus sinnvoll ist - man ist sich subjektiv der Richtigkeit des Konfidenzintervalls recht sicher - ist dieser Fehlinterpretation nur schwer entgegenzuwirken. Unter Verwendung des auf Häufigkeiten beruhenden (frequentistischen) Wahrscheinlichkeitsbegriffs würde die obige Aussage bedeuten, dem Erwartungswert μ hafte etwas Zufälliges an und er nehme mit Wahrscheinlichkeit $1 - \alpha$ einen Wert innerhalb und mit Wahrscheinlichkeit α einen Wert außerhalb des Konfidenzintervalls an. Wie unsinnig eine solche Vorstellung ist, haben wir uns bereits bei dem einführenden Würfelbeispiel überlegt, hier müßten die physikalischen Eigenschaften des Würfels zufällig schwanken. Bei biometrischen Modellen ist die Vorstellung, der das Modell beschreibende Erwartungswert μ sei noch zufallsabhängig, jedoch nicht unbedingt abwegig. So kann man sich z. B. durchaus vorstellen, die Heilungswahrscheinlichkeit eines Medikaments sei von zufällig veränderlichen äußeren Einflüssen abhängig. Tatsächlich enthält eine einzelne Stichprobe aber überhaupt keine Informationen über solche Phänomene und ihre Auswertung im Sinne der bisher entwickelten Methodik geht gerade davon aus, daß sich die Heilungswahrscheinlichkeit durch einen festen Parameter beschreiben läßt.

Nun wäre die Vermischung des frequentistischen und subjektiven Wahrscheinlichkeitsbegriffs nicht so erheblich, wenn nicht weitere Fehlschlüsse aus ihr folgten. Dieses ist aber der Fall. Durch die subjektive Sicht verliert man den Akt der Stichprobenziehung als *einzige* zufallsabhängige Komponente aus dem Blickfeld.

Der korrekte Weg der Ermittlung eines Konfidenzintervalls ist:

- Festlegung der Konfidenzwahrscheinlichkeit $1 - \alpha$
- Stichprobenziehung
- Berechnung des $1 - \alpha$-Konfidenzintervalls

So ist sichergestellt, daß die Wahrscheinlichkeit, eine Stichprobe zu ziehen, die ein korrektes, d. h. den Erwartungswert überdeckendes Konfidenzintervall liefert, $1 - \alpha$

beträgt. Sollte das erhaltene Konfidenzintervall im Verhältnis zur benötigten Genauigkeit zu groß sein, wird man ein neues Experiment durchführen müssen. Zur Erreichung eines kleineren Konfidenzintervalls kann man den Stichprobenumfang vergrößern, unter Verzicht auf Sicherheit die Konfidenzwahrscheinlichkeit verkleinern oder unter gleichen Bedingungen auf ein zufällig kleineres Konfidenzintervall hoffen.

Folgt man der oben beschriebenen Fehlinterpretation und nimmt an, der Erwartungswert halte sich zufällig mit Wahrscheinlichkeit $1 - \alpha$ im berechneten Konfidenzintervall auf, liegt es nahe, durch Verringerung der Konfidenzwahrscheinlichkeit auf einen neuen Wert $1 - \alpha_1$ die Breite dieses Konfidenzintervalls so einzustellen, daß es der benötigten Genauigkeit entspricht. Man geht dann davon aus, der Erwartungswert liege nun mit Wahrscheinlichkeit $1 - \alpha_1$ im neuen Konfidenzintervall. Abgesehen davon, daß die Anwendung des subjektiven Wahrscheinlichkeitsbegriffs nicht sinnvoll ist, ist das so erzeugte Intervall auch kein Konfidenzintervall mehr. Die gerade beschriebene Vorgehensweise ist ja die folgende:

- Ziehe eine Stichprobe.
- Ermittle eine Konfidenzwahrscheinlichkeit zur gewünschten Eigenschaft des Konfidenzintervalls.
- Berechne das Intervall.

Eine Angabe, welcher Anteil der Stichproben ein richtiges und welcher ein falsches Konfidenzintervall liefert, ist bei dieser Prozedur nicht mehr möglich.

11.7 Statistische Tests

Kommen wir noch einmal auf unsere Eingangsszene zurück. Das statistische Problem unserer Spieler war weniger die genaue Quantifizierung der Unregelmäßigkeit ihres Würfels, als vielmehr die Entscheidung, ob sie den Würfel weiterbenutzen sollten oder nicht. Formal betrachtet lieferte ihr Würfel Bernoulli-Experimente mit Erfolgswahrscheinlichkeit p für das Würfeln einer Sechs. Die Spieler hatten sich zu entscheiden, ob sie die Hypothese, die Würfelwahrscheinlichkeit einer Sechs sei regulär ($p = \frac{1}{6}$) beibehalten sollten, oder den Würfel aufgrund von Unregelmäßigkeiten ($p \neq \frac{1}{6}$) auswechseln sollten. Es wurde schon festgestellt, daß diese Entscheidungssituation nicht symmetrisch ist. Die Nullhypothese H_0: $p = \frac{1}{6}$ bedarf keines Nachweises, da sie den etablierten Zustand beschreibt. Die Frage ist, ob sie zugunsten einer Alternative H_1: $p \neq \frac{1}{6}$ abzulehnen ist.

Aus der besonderen Bedeutung der Nullhypothese folgt, daß sie nicht leichtfertig verworfen werden darf. Da die Entscheidung auf zufälligen Beobachtungen beruht, ist eine Fehlentscheidung zuungunsten von H_0 allerdings nicht auszuschließen. Die statistische Entscheidungsregel sollte daher so aufgebaut sein, daß eine fälschliche Ablehnung von H_0 nur mit einer geringen, von vornherein festgelegten Wahrscheinlichkeit α erfolgt. Die gewählte Größe von α hängt von der Bedeutung einer Fehlentscheidung ab. Bei unserem Würfelbeispiel sind die Kosten einer Fehlentscheidung so gering, daß jedes $\alpha < 50\%$ vertretbar wäre. Anders stellt sich die Situation dar, wenn z. B. die Ablösung einer bewährten Therapieform durch eine neue Behandlung zur Überprüfung ansteht. Hier erscheint ein Wert für α von 1 % eher angemessen. Für Standardsituationen hat sich in der Biometrie $\alpha = 5\%$ eingebürgert.

Unsere Spieler verwandten als Entscheidungsregel ein 95 %-Konfidenzintervall, wobei eine Entscheidung gegen die Regelmäßigkeit des Würfels erfolgte, da der entsprechende Parameterwert, nämlich $\frac{1}{6}$, nicht im Konfidenzintervall enthalten war. Eine derartige Entscheidungsregel erfüllt die oben aufgestellte Forderung, daß die fälschliche Ablehnung der Nullhypothese nur mit einer von vornherein festgelegten Irrtumswahrscheinlichkeit vorkommen darf. Die Wahrscheinlichkeit, eine Stichprobe zu ziehen, deren $1 - \alpha$-Konfidenzintervall nicht den wahren Parameter enthält, beträgt gerade α. Lehnt man also die Nullhypothese ab, weil sie nicht im Konfidenzintervall enthalten ist, so kann dieses irrtümlich nur mit Wahrscheinlichkeit α geschehen.

11.8 Übungsaufgabe

Tabelle 11.2 zeigt Daten einer Studie zur Untersuchung des Zusammenhangs zwischen Diabetes-Therapie und dem Magnesium-Serum-Spiegel [Mather et al., zitiert nach Bland]. Untersucht wurden 579 Patienten, die sich während eines fünfmonatigen Zeitraums einer ambulanten Behandlung in einer Diabetesklinik unterzogen.

Behandlung	Patientenzahl	Magnesium-Serum-Spiegel [mmol/l]	
		Mittelwert	Standardabweichung
Insulin	227	0.719	0.068
Nicht-Insulin-Therapien	352	0.748	0.070
Orale Antidiabetika	225	0.744	0.070
ausschließlich Diät	127	0.756	0.070

Tabelle 11.2. Diabetes-Therapie und Magnesium-Serum-Spiegel.

15 Patienten, deren Blutproben nicht analysiert werden konnten und 3 Patienten, die sowohl Insulin als auch orale Antidiabetika erhielten, wurden ausgeschlossen.

1. Bestimmen Sie den Standardfehler der Mittelwerte der Magnesium-Konzentrationen jeder Gruppe!
2. Bestimmen Sie den Standardfehler für die Differenz der Mittelwerte der Magnesium-Konzentrationen zwischen den Patienten, die orale Antidiabetika erhielten und denjenigen, die ausschließlich diätetisch eingestellt wurden!
   Berechnen Sie ein 95 %-Konfidenzintervall für die Differenz!
3. Bestimmen Sie ebenfalls den Standardfehler der Mittelwertdifferenz zwischen insulin- und nicht insulinbehandelten Patienten! Berechnen Sie ein 95 %-Konfidenzintervall für die Differenz der Mittelwerte!
4. Welche Schlüsse können über den Zusammenhang zwischen Therapie, die ja durch Typ und Schweregrad der Behandlung bestimmt wird, und dem Magnesium-Serum-Spiegel gezogen werden?

12 Tests für den Lageparameter einer oder mehrerer Grundgesamtheiten

12.1 Einstichproben-t-Test für den Erwartungswert einer Grundgesamtheit

Typischerweise formuliert man eine statistische Entscheidungsregel etwas anders, als wir es bisher getan haben. Es bestehe etwa die Frage, ob der Erwartungswert μ einer Grundgesamtheit gleich μ_0 sei, also die Nullhypothese

$$H_0: \mu = \mu_0$$

oder eine Alternative

$$H_1: \mu \neq \mu_0$$

gelte. Die Entscheidung soll aufgrund einer Stichprobe $X_1, X_2, ..., X_n$ getroffen werden. Statt nachzusehen, ob μ_0 im entsprechenden Konfidenzintervall liegt

$$\mu_0 \in [\overline{X} - t_{n-1;\, 0.975} \cdot SEM, \ \overline{X} + t_{n-1;\, 0.975} \cdot SEM],$$

kann man wieder auf die standardisierte Zufallsvariable

$$T = \frac{\overline{X} - \mu_0}{SEM} \quad \text{mit } SEM = \frac{S}{\sqrt{n}} = \sqrt{\frac{1}{n(n-1)} \sum_{i=1}^{n} (X_i - \overline{X})^2}$$

zurückgreifen, die ja, falls μ_0 tatsächlich der Erwartungswert ist, t-verteilt mit $n-1$ Freiheitsgraden ist. Diese Zufallsvariable nennt man Teststatistik und bezeichnet sie meist mit dem Buchstaben T. Genau dann, wenn T mehr als $t_{n-1;1-\alpha/2}$ von der Null abweicht,

$$|T| > t_{n-1;1-\alpha/2},$$

enthält das entsprechende Konfidenzintervall μ_0 nicht.

Im Zuge der immer häufigeren Verfügbarkeit statistischer Programmpakete gewinnt noch eine weitere Formulierung der Entscheidungsregel an Bedeutung. Computerunterstützt ist es kein Problem, zu berechnen, wie hoch die Wahrscheinlichkeit ist, daß eine entsprechend verteilte Zufallsvariable noch mehr von der 0 abweicht als das beobachtete $T = t$. Diese Wahrscheinlichkeit heißt „p-Wert".

$$p = P_{(\mu = \mu_0)} (| T | > | t |).$$

Sie erspart uns das Nachschlagen in einer Tabelle. Genau dann, wenn T sein $1-\alpha/2$-Quantil überschreitet, unterschreitet auch der p-Wert α.

Zusammenfassend kann man den Entscheidungsvorgang folgendermaßen beschreiben:

Einstichproben-*t*-Test zum Niveau α

- Ohne weitere Prüfung ist von der Nullhypothese H_0: $\mu = \mu_0$ auszugehen.

- H_0 soll zugunsten einer Alternative H_1: $\mu \neq \mu_0$ abgelehnt werden.

- Dem Risiko einer Fehlentscheidung zuungunsten der Nullhypothese wird mit einer entsprechend kleinen Irrtumswahrscheinlichkeit α Rechnung getragen.

- Aus der Grundgesamtheit wird eine Stichprobe $x_1, x_2, ..., x_n$ gezogen.

- Man berechnet die Teststatistik $T = \dfrac{\bar{x} - \mu_0}{SEM}$ bzw. den zugehörigen p-Wert p.

- Die Nullhypothese H_0: $\mu = \mu_0$ wird zugunsten einer Alternative H_1: $\mu \neq \mu_0$ abgelehnt, falls der Absolutbetrag der Teststatistik $| T |$ größer ist als $t_{n-1;\ 1-\alpha/2}$ oder ihr p-Wert kleiner ist als α. Man spricht in diesem Fall von einer signifikanten Abweichung von der Nullhypothese, oder einfacher: Der Test ist signifikant. Allgemein nennt man eine statistische Entscheidungsregel, deren Ziel es ist, eine Nullhypothese zu widerlegen, Signifikanztest.

Die erforderlichen Voraussetzungen für diesen Test sind die folgenden:

- Die Zufallsgröße $\bar{X}$ ist näherungsweise normalverteilt, wenigstens aber, sofern die Nullhypothese gilt, symmetrisch verteilt (je größer der Stichprobenumfang, desto schwächer die Verteilungsvoraussetzungen: Zentraler Grenzwertsatz).

- Die Stichprobe ist eine Zufallsstichprobe, die Stichprobenelemente sind stochastisch unabhängig.

- Das Testniveau α ist nachprüfbar und unabänderlich vor Beginn der Datenerhebung festgelegt.

Die letzte Forderung bedarf einer Erläuterung:

Wie bereits die Konfidenzintervalle laden auch statistische Tests den Neuling zu Fehlinterpretationen ein. Häufig genug wird die Ablehnung einer Nullhypothese auf dem 5 %-Niveau mit den Worten „Die Nullhypothese ist mit 95 % Wahrscheinlichkeit falsch." kommentiert. Gemeint ist zwar, subjektiv sei man sich der getroffenen Entscheidung zu 95 % sicher, aus frequentistischer Sicht wird aber unterstellt, die Nullhypothese könne sich noch zufällig ändern. Wir könnten mit dieser falschen Sicht leben, wenn nicht noch Schlimmeres aus ihr folgte. So wird z. B. auf eine Festlegung des Signifikanzniveaus (Irrtumswahrscheinlichkeit) völlig verzichtet. Aufgrund des errechneten p-Wertes wird dann das Testergebnis in Kategorien eingeteilt - zum Beispiel die folgenden:

Nichtsignifikant	$p > 10\,\%$	kein Signifikanzsternchen
Schwachsignifikant	$10\,\% \leq p < 5\,\%$	ein Signifikanzsternchen*
Signifikant	$5\,\% \leq p < 1\,\%$	zwei Signifikanzsternchen ** und
Hochsignifikant	$p \leq 1\,\%$	drei Signifikanzsternchen ***.

Diese Statistik à la Michelin führt zu nichts anderem als der Nivellierung aller statistischen Ergebnisse auf dem schwächsten Niveau. Eine Entscheidung gegen die Nullhypothese erfolgt ja offenbar, wann es dem Experimentator beliebt. Da typischerweise sein Interesse darauf gerichtet ist, eine Alternative nachzuweisen, heißt das, bereits bei einem Sternchen. Sollte also die Nullhypothese zutreffen, ist die Wahrscheinlichkeit, eine Stichprobe zu ziehen, die zur ihrer Ablehnung führt, gerade so groß wie die Schwelle zum ersten Sternchen, also 10 %. Weitere Sterne sind nur noch eine irreführende Zierde.

Wie diese Überlegungen zeigen, verführt eine fehlende Festlegung des projektierten Testniveaus leicht zum Etikettenschwindel. War man etwa bereit, die Nullhypothese auf dem 5 %-Niveau zu verwerfen, stellt aber nach der Datenerhebung fest, daß man sie auch auf dem 0.1 %-Niveau hätte verwerfen können, ist die Versuchung groß, der geneigten Fachwelt ein hartes 0.1 %-Ergebnis zu präsentieren. Tatsächlich betrug aber die Wahrscheinlichkeit, eine Stichprobe zu ziehen, die zu einer fälschlichen Ablehnung der Nullhypothese führt, 5 %; und zu diesen 5 % gehören auch Stichproben mit sehr kleinem p-Wert.

Eine weitere Fehlinterpretation von Signifikanztests mißachtet die Tatsache, daß diese Tests nicht dazu gedacht sind, die Nullhypothese nachzuweisen. Durch ein niedriges Signifikanzniveau macht man es der Nullhypothese gerade leicht, sich durchzusetzen. Kann man also die Nullhypothese nicht ablehnen, so heißt das noch lange nicht, daß sie auch richtig ist. In der Regel liefert ein nichtsignifikantes Ergebnis nicht mehr als die Planungsgrundlage für ein neues Experiment. Zu einem tieferen Verständnis dieser Problematik sind die Überlegungen des Abschnitts „Trennschärfe statistischer Tests" (siehe Kapitel 12.6) notwendig. Zunächst wollen wir aber unser Repertoire statistischer Tests noch etwas vergrößern.

12.2   t-Test für unverbundene Stichproben

Wie bereits früher bemerkt, sind Vergleiche eines Erwartungswertes mit einem externen Standard in der biometrischen Praxis von geringerer Bedeutung. Daher sollten die im vorangegangenen Kapitel entwickelten Einstichproben-t-Tests eher selten verwendet werden.

In den meisten Studien wird der zum Vergleich heranzuziehende Standard simultan miterhoben. Das führt zu dem Problem, die Erwartungswerte μ_1 und μ_2 zweier Grundgesamtheiten auf der Basis zweier Stichproben $(X_1, X_2, ..., X_{n_1})$ vom Umfang n_1 und $(Y_1, Y_2, ..., Y_{n_2})$ vom Umfang n_2 miteinander zu vergleichen. Die Differenz der Erwartungswerte wird durch $\overline{X} - \overline{Y}$ geschätzt. Der Standardfehler SE dieser Mittelwertdifferenz beträgt nach unseren früheren Überlegungen

$$SE = \sqrt{\frac{(n_1 - 1)S_x^2 + (n_2 - 1)S_y^2}{n_1 + n_2 - 2}} \; \sqrt{\frac{n_1 + n_2}{n_1 n_2}} \, ,$$

dabei sind S_x und S_y die empirischen Standardabweichungen der Einzelstichproben. Zur Schätzung des Standardfehlers stehen $n_1 + n_2 - 2$ Freiheitsgrade zur Verfügung. Falls die Erwartungswerte beider Stichproben gleich sind ($\mu_1 = \mu_2$), ist der Erwartungswert von $\overline{X} - \overline{Y}$ gleich 0. Daher ist die standardisierte Differenz

$$T = \frac{\overline{X} - \overline{Y}}{SE}$$

im Falle normalverteilter Grundgesamtheiten exakt, sonst näherungsweise t-verteilt mit $n_1 + n_2 - 2 -$ Freiheitsgraden.

Analog zum Einstichproben-t-Test läßt sich daher für den Vergleich zweier Erwartungswerte folgender Test konstruieren:

---

t-Test für unverbundene Stichproben

- Nullhypothese H_0: $\mu_1 = \mu_2$

- Alternativen H_1: $\mu_1 \neq \mu_2$

- Testniveau α

- Prüfgröße $T = \dfrac{\overline{X} - \overline{Y}}{SE}$

- Die Nullhypothese wird abgelehnt, falls $|T| > t_{n_1 + n_2 - 2; \, 1 - \alpha/2}$.

Die Voraussetzungen zur Anwendung des Tests sind dieselben, die wir schon gefordert haben, damit SE ein verläßliches und sinnvolles Maß für die Präzision des Schätzers $\overline{X} - \overline{Y}$ ist, nämlich: Die Stichproben $(X_1, X_2, ..., X_{n_1})$ und $(Y_1, Y_2, ..., Y_{n_2})$ sind stochastisch unabhängig (unverbundene Stichproben) und besitzen gleiche Varianzen.

Anders als beim Einstichproben-t-Test müssen die Verteilungen nicht zwingend symmetrisch sein. Zur Illustration der Durchführung des t-Tests für unverbundene Stichproben verwenden wir als Beispiel eine Arzneimittelprüfung mit einem Phytotherapeutikum: Harzol® ist ein Pharmakon zur oralen Therapie der benignen Prostatahyperplasie. Als wirksamer Inhaltsstoff wird das β-Sitosterin angesehen. Im Rahmen der Nachzulassung wurde eine plazebokontrollierte, multizentrische, randomisierte Doppelblindstudie durchgeführt. Hauptzielkriterium war die Differenz des Boyarsky-Scores zwischen Beginn und Ende einer halbjährigen Beobachtungsdauer (Bei Studienabbrechern wurde der Boyarsky-Score zum Zeitpunkt des Abbruchs zugrunde gelegt. Darüber hinaus war für Studienabbrecher eine bessere Differenz als 0 nicht zu erreichen.). Der Boyarsky-Score kann Werte zwischen 0 (keine Beschwerden) und 36 annehmen und bewertet den Schweregrad verschiedener typischer Symptome der Prostatahyperplasie. Tabelle 12.1 zeigt die Werte des Zielkriteriums für die $2 \cdot 10$ Patienten einer der beteiligten urologischen Praxen auf. Die Ergebnisse der anderen Praxen sind vergleichbar.

Therapie	Differenz zwischen Ausgangs- und Endwert des Boyarsky-Scores									
Verum	4	5	6	7	8	9	9	11	11	11
Plazebo	- 4	- 4	-1	0	0	2	2	3	4	4

Tabelle 12.1. Ergebnisse der Arzneimittelprüfung zur Prostata-Hyperplasie.

Als Testniveau für die Prüfung war $\alpha = 5\,\%$ vorgesehen. Der Mittelwert der Zielgröße beträgt für die Verum-Gruppe $\bar{x} = 8.1$, die Standardabweichung $s_x = 2.56$. Für die Plazebogruppe erhalten wir einen Mittelwert von $\bar{y} = 0.6$ bei einer Standardabweichung von $s_Y = 2.95$.

Die gepoolte Standardabweichung berechnet sich so zu

$$s_p = \sqrt{\frac{(10-1) \cdot 2.56^2 + (10-1) \cdot 2.95^2}{10+10-2}} = \sqrt{\frac{9 \cdot (6.55 + 8.70)}{18}}$$

$$= \sqrt{\frac{15.25}{2}} = 2.76.$$

Damit erhalten wir den Standardfehler

$$SE = 2.76 \cdot \sqrt{\frac{10+10}{10 \cdot 10}} = 2.56 \cdot \sqrt{\frac{1}{5}} = 2.56 \cdot 0.45 = 1.14$$

und als Teststatistik

$$t = \frac{8.1 - 0.6}{1.14} = \frac{7.5}{1.14} = 6.58.$$

Das 97.5 %-Quantil der t-Verteilung mit 18 Freiheitsgraden beträgt 2.10. Wegen

$$| t | = 6.58 \ > \ t_{18; \, 0.975} = 2.10$$

ist die Gleichheit des Erwartungswertes der Differenz der Boyarsky-Scores unter Verum und Plazebo abzulehnen.

Es sei noch einmal darauf hingewiesen, daß ein Signifikanztest nur dem Verwerfen einer Nullhypothese dient. Einen Nachweis der Nullhypothese $\mu_1 = \mu_2$ im Falle eines nichtsignifikanten Testausgangs leistet er nicht.

12.3   t-Test für verbundene Stichproben

Der Nachweis des unterschiedlichen Ausmaßes der Wirkung zweier Behandlungen kann außerordentlich aufwendig werden, wenn die natürliche Streuung zwischen den Versuchseinheiten deutlich größer ist als der zu erwartende Behandlungsunterschied. Statt die Versuchseinheiten in zwei Behandlungsgruppen aufzuteilen, ist es z. B. bei Untersuchungen an Tieren und Probanden (Phase I, Kapitel 4) manchmal sinnvoller, jede Versuchseinheit beiden Behandlungen auszusetzen und die unterschiedlichen Effekte pro Versuchseinheit zu messen. Wir erheben also je Versuchseinheit i die Doppelmessung (X_i, Y_i), wobei X_i die Wirkung der einen und Y_i die Wirkung der anderen Behandlung repräsentiert. X_i und Y_i sind nicht unabhängig, da sie an dieselbe Versuchseinheit gebunden sind. Man spricht daher von verbundenen Stichproben. Führt die eine Behandlung zu einem Erwartungswert $E(X_i) = \mu_1$ und die andere zu einem Erwartungswert $E(Y_i) = \mu_2$, so sind wir daran interessiert, die Nullhypothese

$$H_0: \ \mu_1 = \mu_2$$

zugunsten von Alternativen

$$H_1: \ \mu_1 \neq \mu_2$$

abzulehnen. Der Erwartungswert der Differenz

$$D_i = X_i - Y_i$$

ist gleich der Differenz der Erwartungswerte $\mu_1 - \mu_2$. Falls wir die Untersuchungen an n Versuchseinheiten durchführen, können wir zur Schätzung dieser Differenz den Mittelwert

$$\overline{D} = \frac{1}{n} \sum_{i=1}^{n} D_i$$

verwenden. Die empirische Standardabweichung S_d der Differenzen beträgt

$$S_d = \sqrt{\frac{1}{n-1} \sum_{i=1}^{n} (D_i - \overline{D})^2},$$

der Standardfehler SE von $\overline{D}$ ist $SE = \dfrac{S_d}{\sqrt{n}}$.

Falls $\mu_1 = \mu_2$ gilt, ist der Erwartungswert $E(\overline{D}) = 0$, so daß die Teststatistik

$$t = \frac{\overline{D}}{SE}$$

t-verteilt ist mit $n-1$ Freiheitsgraden. Bei einer vorgegebenen Irrtumswahrscheinlichkeit von α wird die Nullhypothese abgelehnt, falls

$$|t| > t_{n-1;\, 1-\alpha/2}.$$

Zur Illustration des t-Tests für verbundene Stichproben verwenden wir ein Beispiel einer Beobachtungsstudie (siehe Kapitel 3) aus dem Bereich der Epidemiologie.

In einer Fall-Kontroll-Studie wurden 156 Familien mit einem an Diabetes erkrankten Kind und einem gesunden Geschwisterkind bezüglich der Ernährungsweise und verschiedener sozialer Belastungen interviewt. Tabelle 12.2 gibt die Ergebnisse für die Stilldauer der Kinder wieder. Angegeben ist die Differenz der Stilldauer in Monaten zwischen dem erkrankten und dem gesunden Kind.

	Differenz der Stilldauer [Monate]													Σ	$\overline{d}$	s
Anzahl der	-7	-6	-5	-4	-3	-2	-1	0	1	2	3	4	6	-154	-0.987	2.322
Familien	3	7	5	14	9	6	17	70	12	9	2	1	1	156		

Tabelle 12.2. Ergebnisse einer Diabetes-Studie mit 156 Familien.

Die ,,Versuchseinheit" ist hier die Familie und die Kinder stellen die paarweisen Beobachtungen dar. Als Testniveau wählen wir 5 %. Der Mittelwert der im Beispiel angegebenen Differenzen beträgt $\overline{d} = -0.987$, die Standardabweichung $s_d = 2.322$.

Der Standardfehler ist

$$SE = \frac{2.322}{\sqrt{156}} = \frac{2.322}{12.49} = 0.186.$$

Damit beträgt der Wert der Teststatistik

$$t = \frac{-0.987}{0.186} = -5.309.$$

Freiheitsgrade (df)	Quantil	
	$t_{df,\, 0.975}$	$t_{df,\, 0.995}$
1	12.706	63.657
2	4.303	9.925
3	3.182	5.841
4	2.776	4.604
5	2.571	4.032
6	2.447	3.707
7	2.365	3.499
8	2.306	3.355
9	2.262	3.250
10	2.228	3.169
11	2.201	3.106
12	2.179	3.055
13	2.160	3.012
14	2.145	2.977
15	2.131	2.947
16	2.120	2.921
17	2.110	2.898
18	2.101	2.878
19	2.093	2.861
20	2.086	2.845
25	2.060	2.787
30	2.042	2.750
35	2.030	2.724
40	2.021	2.704
45	2.014	2.690
50	2.009	2.678
60	2.000	2.660
70	1.994	2.648
80	1.990	2.639
90	1.987	2.632
100	1.984	2.626
150	1.976	2.609
200	1.972	2.601
500	1.965	2.586

Tabelle 12.3. Quantile der t-Verteilung zur zweiseitigen Irrtumswahrscheinlichkeit $\alpha = 0.05$ und 0.01. Der Wert des Quantils hängt von den für die Schätzung von *SE* zur Verfügung stehenden Freiheitsgraden (*df*) ab. Für den Mittelwert sind das bei einem Stichprobenumfang von n $n-1$ Freiheitsgrade, für die Differenz zweier Mittelwerte aus Stichproben vom Umfang n_1 und n_2 ergeben sich $n_1 + n_2 - 2$ Freiheitsgrade.

Das 0.975-Quantil der *t*-Verteilung mit 155 Freiheitsgraden ist in Tabelle 12.3 nicht angegeben, wir nehmen dafür das entsprechende Quantil der *t*-Verteilung mit 150 Freiheitsgraden, nämlich 1.976. Der Betrag von $|t| = 5.309$ ist größer als dieses Quantil. Damit kann die Nullhypothese gleicher Stilldauer von kranken und gesunden Geschwisterkindern abgelehnt werden. Die erkrankten Kinder wurden signifikant kürzer gestillt als ihre gesunden Geschwister.

Auf einen kausalen Zusammenhang zwischen Stilldauer und Diabetes kann aus dieser epidemiologischen Studie nicht geschlossen werden. Dazu müßte etwa durch eine Interventionsstudie nachgewiesen werden, daß verändertes Stillverhalten auch zu einer veränderten Inzidenz des Diabetes führt. Darüber hinaus besitzt diese Fall-Kontroll-Studie auch methodische Schwächen. Die Mütter mußten sich nach vielen Jahren an die Stilldauer erinnern. Da Familien mit einem an Diabetes erkrankten Kind meist hervorragend medizinisch informiert sind, dürfte den meisten Müttern ein vermuteter Zusammenhang zwischen Stillen und Diabeteserkrankung bekannt sein. Sie könnten daher – in durchaus redlicher Absicht – dazu tendieren, sich selbst eine Erklärung für die Erkrankung ihres Kindes zu liefern und die Stilldauer des erkrankten Kindes eher pessimistisch abschätzen. Die Verteilungsvoraussetzungen für die Anwendbarkeit des *t*-Tests für verbundene Stichproben sind unkritisch, da die Differenzbildung $D_i = X_i - Y_i$ in der Regel bewirkt, daß die Verteilung von D_i unter der Nullhypothese symmetrisch ist. Außerdem ist diese Differenzbildung nach dem Zentralen Grenzwertsatz bereits ein Schritt in Richtung Normalverteilung.

Trotz dieser günstigen Eigenschaften sind die Einsatzgebiete des *t*-Tests für verbundene Stichproben eher beschränkt. Da beide Behandlungen derselben Versuchseinheit appliziert werden, ist eine räumliche oder zeitliche Trennung der Behandlungen notwendig (eine räumliche Trennung ist etwa gegeben, wenn unterschiedliche Testsubstanzen an verschiedenen Stellen auf die Haut aufgebracht werden). Diese Trennung verursacht in der Regel selbst einen Effekt, der sich dem Behandlungseffekt überlagert. Bei einer zeitlichen Trennung sind die Versuchseinheiten zum Zeitpunkt zwei u. U. nicht mehr identisch mit denen zu Zeitpunkt eins (Periodeneffekt). Änderungen können hier hervorgerufen werden z. B. durch Lerneffekte sowohl der Versuchseinheiten wie auch der Experimentatoren, Änderungen der Wetterlage, Wechsel des Betreuungspersonals usw. Zu diesen meist offensichtlichen Änderungen der Versuchsbedingungen kommen noch jene hinzu, die nicht erkannt werden und deren Auswirkungen auf das Versuchsergebnis deshalb völlig unkalkulierbar sind.

Ein weiteres schwerwiegendes Problem sind sogenannte Carry-over-Effekte. Diese werden dadurch hervorgerufen, daß der Effekt einer Behandlung sich auch auf den Effekt der anderen auswirkt. Bei zeitgleich applizierten, räumlich getrennten Behandlungen kann dieses durch eine nicht nur lokale sondern auch systemische Wirkung der Behandlung hervorgerufen werden. Bei Medikamentenstudien mit zeitlich aufeinanderfolgenden Behandlungen kann der Effekt der zweiten Behandlung durch eine unzureichende Elimination des zuerst verabreichten Medikaments verfälscht werden.

Aus den genannten Gründen wird der *t*-Test für verbundene Stichproben zur Auswertung experimenteller Studien nur selten eingesetzt. Man wendet ihn eher bei Beobachtungsstudien an, wo man ohnehin nicht davon ausgehen kann, die Auswirkungen des interessierenden Faktors sauber von anderen Einflußgrößen trennen zu können.

12.4 Change-over-Design

Das Change-over-Design gibt eine Möglichkeit, wenigstens einige der vorgenannten Probleme zu lösen. Dabei konzentrieren wir uns auf den Fall zeitlich aufeinanderfolgender Behandlungen. Man ordnet die Versuchseinheiten zufällig zwei (möglichst gleich großen) Gruppen zu. Jede Versuchseinheit wird beiden Behandlungen ausgesetzt, aber je nach Gruppenzugehörigkeit in unterschiedlicher Reihenfolge. So erhalten etwa in einer Studie zum Nachweis der unterschiedlichen Wirkung zweier Medikamente A und B die Patienten der Gruppe 1 zunächst das Medikament A. Nach einer sogenannten Wash-out-Phase, die eine vollständige Elimination des Medikaments sicherstellen soll, erhalten sie das Medikament B. Den Patienten der Gruppe 2 wird zunächst das Medikament B verabreicht, anschließend an die Wash-out-Phase das Medikament A. Die Wirkung der Medikamente am i-ten Patienten der Gruppe 1 werden durch das Datenpaar (A_{1i}, B_{1i}) angegeben. Der Erwartungswert

$$E(A_{1i}) = \mu_a$$

entspricht dem durch das Medikament A hervorgerufenen Effekt. Der Erwartungswert der zweiten Messung beinhaltet nicht nur den Medikationseffekt μ_b der Behandlung B, sondern wird noch durch den Effekt μ_p der Periode (Zeit) beeinflußt, so daß

$$E(B_{1i}) = \mu_b + \mu_p.$$

Daher ist der Erwartungswert der Differenz $X_i = B_{1i} - A_{1i}$ beider Behandlungen

$$E(X_i) = E(B_{1i}) - E(A_{1i}) = \mu_b - \mu_a + \mu_p.$$

In der zweiten Behandlungsgruppe wird die Wirkung der Medikamente durch Datenpaare (B_{2j}, A_{2j}) repräsentiert. Hier gibt der Erwartungswert

$$E(B_{2j}) = \mu_b$$

den Effekt des Medikaments B an, der Erwartungswert von

$$E(A_{2j}) = \mu_a + \mu_p$$

entspricht dem Effekt des Medikaments A, dem der Periodeneffekt überlagert ist. Der Erwartungswert der Differenz $Y_j := A_{2j} - B_{2j}$ beider Behandlungen ist

$$E(Y_j) = E(A_{2j}) - E(B_{2j}) = \mu_a - \mu_b + \mu_p.$$

Insofern ist der Mittelwert $\overline{X}$ ein Schätzer für $\mu_b - \mu_a + \mu_p$, der Mittelwert $\overline{Y}$ schätzt $\mu_a - \mu_b + \mu_p$. Der Erwartungswert der Differenz

$$E(\overline{X} - \overline{Y}) = 2\mu_b - 2\mu_a$$

ist genau dann gleich 0, wenn die Effekte der beiden Medikationen A und B gleich sind. Daher ist $\bar{X} - \bar{Y}$ geeignet, die Effekte der Behandlungen A und B ohne Störung durch den Periodeneffekt zu vergleichen. Die Messungen $(X_1, X_2, ..., X_{n_1})$ und $(Y_1, Y_2, ..., Y_{n_2})$ sind stochastisch unabhängig.

Ein geeigneter Test zum Verwerfen der gleichen Wirkung der Medikationen A und B

$$H_0: \ \mu_a = \mu_b$$

ist daher der t-Test für unverbundene Stichproben.

Den beschriebenen Versuchsaufbau nennt man ,,Zwei-Perioden-Change-over-Design". Mit diesem Design ist man in der Lage, die Wirkungsdifferenz zweier Medikationen an ein und dem selben Patienten (intraindividuell) zu messen. Störungen durch den zeitlichen Abstand der Messungen (Periodeneffekte) werden eliminiert.

Die Verteilungsvoraussetzungen zur Anwendung des t-Tests sind wegen der mehrfachen Differenzbildung unkritisch. Da allerdings die Stichprobenumfänge bei einem solchen Versuchsaufbau typischerweise klein sind, sollten nicht zu große Abweichungen von der Normalverteilung vorliegen.

Trotz der bisher beschriebenen günstigen Eigenschaften ist das Einsatzgebiet des ,,Change-over-Designs" recht schmal. Das liegt an der Fülle restriktiver Voraussetzungen:

- Die zu vergleichenden Medikationen müssen zur Behandlung der Erkrankung entbehrlich sein, um eine Wash-out-Phase vertreten zu können.

- Die zu behandelnde Erkrankung muß abgesehen von Behandlungseffekten über den gesamten Versuchsablauf das gleiche Bild zeigen. Das gilt im allgemeinen nur für chronische Erkrankungen.

- Die Behandlungseffekte müssen nach kurzer Zeit meßbar sein.

- Zu Beginn der zweiten Behandlungsperiode muß für beide Gruppen die gleiche Ausgangssituation bestehen (Ausschluß von Carry-over-Effekten). Das erfordert:

  - Die Behandlungseffekte müssen innerhalb einer relativ kurzen Wash-out-Phase abgeklungen sein.

  - Medikamentenspiegel müssen während der Wash-out-Phase vollständig eliminiert werden.

Ein Einsatzgebiet des Change-over-Designs sind Studien, in denen ein Akuteffekt gemessen wird. Dies gilt auch für das folgende Beispiel, bei dem die Wirkung eines Medikaments zur Verbesserung der peripheren Durchblutung im Change-over-Design untersucht wurde. An zehn Patienten mit arterieller Verschlußkrankheit (AVK) im Stadium IV nach Fontaine wurde geprüft, ob die Kurzzeit-Infusion eines Pharmakons (Verum) eine höhere Durchblutung der Kapillargefäße gegenüber Plazebo (NaCl-Lösung) hervorruft. Zielgröße war die Anzahl sichtbarer Kapillaren pro mm^2. 10 Patienten wurden zu gleichen Teilen auf zwei Behandlungsgruppen randomisiert. Die erste Gruppe erhielt zunächst eine Verum-

Infusion und nach einer zweitägigen Wash-out-Phase eine Plazebo-Infusion. Bei der zweiten Gruppe wurde in umgekehrter Reihenfolge verfahren. Tabelle 12.4 zeigt die Ergebnisse.

Abzulehnen ist die Hypothese gleicher Erwartungswerte der Anzahl sichtbarer Kapillaren pro mm^2 unter Verum gegenüber Plazebo. Die Mittelwerte der Differenzen zwischen den Behandlungsphasen I und II betragen $\bar{x} = 6.8$ in der Verum-Plazebo-Gruppe und $\bar{y} = -5.8$ in der Plazebo-Verum-Gruppe bei Standardabweichungen von 4.15 und 2.77.

Periode	Verum-Plazebo-Gruppe					$\bar{x}$	s	Plazebo-Verum-Gruppe					$\bar{y}$	s
I	30	33	19	36	30	29.6	6.43	24	6	20	19	20	17.8	6.87
II	24	23	17	32	18	22.8	5.97	27	16	24	26	25	23.6	4.39
Differenz	6	10	2	4	12	6.8	4.15	-3	-10	-4	-7	-5	-5.8	2.77

Tabelle 12.4. Ergebnis der Studie zur AVK.

$$\bar{x} - \bar{y} = 12.6$$

schätzt den Behandlungseffekt durch Verum multipliziert mit 2. Die gepoolte Standardabweichung für die Differenzen beträgt

$$s_p = \sqrt{\frac{(5-1) \cdot 4.15^2 + (5-1) \cdot 2.77^2}{5 + 5 - 2}} = \sqrt{\frac{17.22 + 7.67}{2}}$$

$$= \sqrt{\frac{24.9}{2}} = 3.53.$$

Damit erhalten wir den Standardfehler

$$SE = 3.53 \sqrt{\frac{5 + 5}{5 \cdot 5}} = 3.53 \sqrt{0.4} = 2.23.$$

Die Teststatistik beträgt somit

$$t = \frac{12.6}{2.23} = 5.65.$$

Das 0.975-Quantil der t-Verteilung mit 8 Freiheitsgraden lautet $t_{8; 0.975} = 2.306$. Wegen

$$|t| = 5.65 > t_{8; 0.975} = 2.306$$

ist die Nullhypothese gleicher Erwartungswerte unter Verum und Plazebo zu verwerfen.

12.5   Ein- und zweiseitige Tests

Bisher sind wir davon ausgegangen, daß Tests Abweichungen von der Nullhypothese in jeder Richtung entdecken sollten. Daher formulierten wir unsere Hypothesen folgendermaßen:

Nullhypothese $\mu = \mu_0$ Alternativen $\mu \neq \mu_0$ oder

Nullhypothese $\mu_1 = \mu_2$ Alternativen $\mu_1 \neq \mu_2$.

Ein solches Vorgehen entspricht der gängigen biometrischen Praxis. So interessieren wir uns bei der Medikamentenprüfung eines Novums gegen einen Standard zwar hauptsächlich dafür, ob das Novum dem Standard überlegen ist und daher als Behandlungsform akzeptiert werden sollte, aber auch eine nachweisliche Unterlegenheit des Novums bleibt nicht ohne Konsequenzen. So könnten z. B. alle weiteren klinischen Untersuchungen mit diesem Medikament abgebrochen werden. Selbst bei der Prüfung eines Medikaments gegen Plazebo kann eine Unterlegenheit des Verumpräparats in der Regel nicht ausgeschlossen werden.

Ein Weiteres kommt hinzu: Zwar beträgt die Wahrscheinlichkeit für eine fälschliche Ablehnung der Nullhypothese α, also z. B. 5 %. Werden jedoch nach Ablehnung einer Nullhypothese aus unterschiedlichen Vorzeichen der Teststatistik jeweils andere Konsequenzen abgeleitet, so wird die jeweilige Konsequenz nur mit Wahrscheinlichkeit $\alpha/2$, also 2.5 %, fälschlicherweise gezogen. Daher rührt es, daß im Rahmen der Zulassung eines Medikaments in der Regel zweiseitige Tests zur relativ hohen Irrtumswahrscheinlichkeit 5 % durchgeführt werden dürfen, da ein Konsumentenrisiko ausschließlich für den Fall einer fälschlichen Zulassung besteht, die nur mit 2.5 % Wahrscheinlichkeit vorkommen kann.

Es sind natürlich auch Fälle denkbar, in denen tatsächlich nur eine Abweichungsrichtung interessant ist, z. B. in einer Studie zum Einfluß eines laparoskopischen Eingriffs auf die Fruchtbarkeit von Frauen mit Fertilitätsstörungen [Luthra et al.; zitiert nach Bland]. An den Patientinnen dieser Studie wurde nach einer mehrmonatigen Beobachtungszeit, sofern sie nicht bereits schwanger waren, eine Laparoskopie mit Eileiterspülung vorgenommen. Die laparoskopierten Patientinnen wurden wiederum mehrere Monate nachbeobachtet. Verglichen wurde die Empfängnisrate (Anzahl Schwangerschaften pro Zyklus) sämtlicher Patientinnen vor Durchführung der Laparoskopie mit derjenigen der laparoskopierten Patientinnen. Da davon auszugehen war, daß die Patientinnen, die bereits vor ihrem Laparoskopietermin schwanger wurden, eine Positivauslese darstellten, mußte eine Unwirksamkeit der Therapie zu einer geringeren Empfängnisrate der behandelten Patientinnen führen. Ein möglicher schädigender Effekt der Behandlung ist mit diesem Versuchsaufbau nicht nachzuweisen, da eine Quantifizierung des Ausleseeffekts unmöglich ist. Umgekehrt läßt sich aber eine Erhöhung der Geburtenrate nach Laparoskopie auf die Behandlung zurückführen. Als Ergebnis der Studie konnte ein positiver Effekt der Laparoskopie auf die Empfängnisrate gezeigt werden.

Die Situation einseitiger Tests ist Abbildung 12.1 zu entnehmen. Eine Ablehnung der Nullhypothese erfolgt, wenn die Teststatistik mit dem richtigen Vorzeichen das $1-\alpha$-Quantil der entsprechenden Prüfverteilung überschreitet.

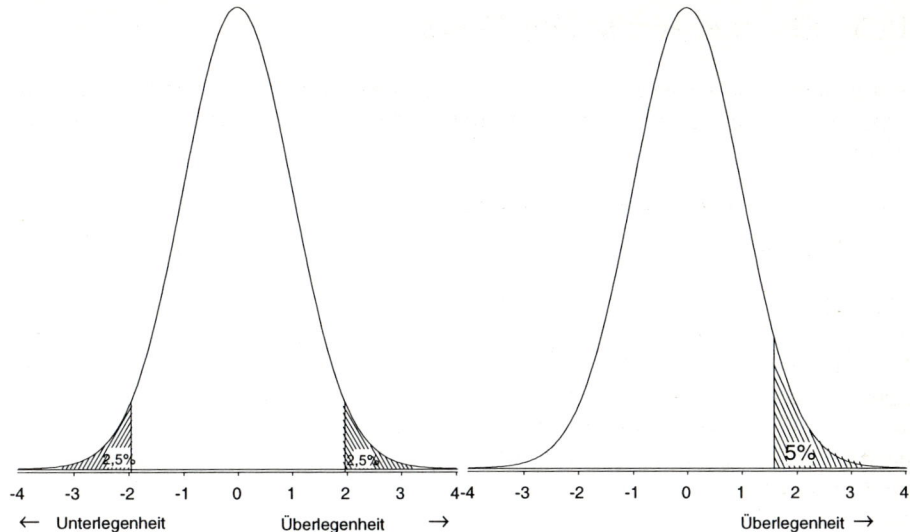

Abb. 12.1. Ablehnungsbereiche ein- und zweiseitiger Tests für ein Signifikanzniveau $\alpha = 0.05$.

Anzumerken bleibt, daß die meisten zweiseitigen Tests eher als eine Kombination zweier einseitiger Tests anzusehen sind, da signifikante Abweichungen von der Nullhypothese zur einen oder anderen Seite zu jeweils unterschiedlichen Konsequenzen führen. Man könnte daher entsprechend der Bedeutung der jeweiligen Folge unterschiedliche Niveaus für jede Abweichungsrichtung festlegen.

Echte zweiseitige Fragestellungen bedingen, daß Abweichungen von der Nullhypothese in beiden Richtungen zu derselben Entscheidung führen. Falls die Nullhypothese gilt, ist es dann irrelevant, welche Abweichungsrichtung zu einer Fehlentscheidung führt. Als Beispiel stelle man sich eine Maschine vor, die Pharmaka dosiert. Die Produktion wird stichprobenmäßig überwacht. Zeigt eine Stichprobe eine signifikante Abweichung von der Solldosis an, wird die Maschine angehalten und neu justiert. Die Konsequenzen einer irrtümlichen Stillegung der Maschine sind unabhängig davon, ob die Dosierung als zu hoch oder zu niedrig angesehen wurde. Interessant ist hier, wie wesentlich das Entdecken einer zu hohen oder zu niedrigen Dosierung ist.

Bei derartigen ,,echten" zweiseitigen Fragestellungen steht allerdings eher das Bedürfnis, die Nullhypothese nachzuweisen, im Vordergrund. Diese Problematik wird besser durch sogenannte Äquivalenztests behandelt, mit denen wir uns in Kapitel 12.13 befassen werden.

12.6 Trennschärfe statistischer Tests

Bisher haben wir Tests nur unter dem Aspekt der Nullhypothese betrachtet. Signifikanztests sind konservativ und versuchen das Hergebrachte zu bewahren. Das Ziel bei der

Planung eines Experiments ist aber meist die Etablierung des Neuen. Wie bewegen wir also einen Signifikanztest dazu, zugunsten einer Alternative zu entscheiden. Die Antwort ist schlicht: Durch Masse. Erinnern wir uns an unsere fleißigen Würfelspieler. Sie sammelten so viele Würfe, daß sie ihren Würfel schließlich kleinster Verfehlungen überführen konnten. Solchem Überschwang steht in realen Situationen meist ein Etat entgegen. Und der zwingt zu sparsamerem Vorgehen. Zur ökonomischen Planung eines Experiments muß zunächst festgelegt werden, welche Alternativen nachweisenswert sind. Dazu teilen wir die Welt der Hypothesen in folgende vier Kategorien ein:

- Nullhypothese
- Irrelevante Abweichungen
- Grauzone
- Relevante Abweichungen

Als Planungsgrundlage benötigen wir eine weitere Kategorie:

- Projektierte Alternative
  (Annahme über die Alternative aufgrund von Voruntersuchungen)

Stellen wir uns als Beispiel die Prüfung der Wirkung eines Medikaments V (Verum) gegen Plazebo (P) vor:
V sei ein Medikament zur Senkung des Cholesterinspiegels. Eingeschlossen werden in eine doppelblinde, randomisierte, plazebokontrollierte Studie männliche Probanden im Alter von 40 bis 65 Jahren mit einem Serumcholesterin von mindestens 250 mg/dl. Eine Unterscheidung nach LDL- und HDL-Fraktionen wird nicht vorgenommen. Verglichen werden die Cholesterinspiegel der beiden Gruppen nach einer einmonatigen Behandlungsphase. Nach Voruntersuchungen wird mit einer Standardabweichung der Cholesterinspiegel von höchstens 50 mg/dl gerechnet. Als klinisch relevant wird ein um 25 mg/dl niedrigerer Erwartungswert des Cholesterinspiegels unter Verum gegenüber Plazebo angesehen. Erwartungswertunterschiede von weniger als 10 mg/dl sollten möglichst nicht erkannt werden. Der Hersteller geht aufgrund einer Pilotstudie von einem Unterschied der Erwartungswerte von ca. 30 mg/dl aus. Die Erwartungswertdifferenz wird zum 5 %-Niveau mit einem t-Test für unverbundene Stichproben geprüft.
Sollte die Wirkung von V auf dem 5 %-Niveau nachgewiesen werden, wird das Medikament zugelassen. Ansonsten wird die Zulassung abgelehnt. Falls V nicht wirkt, beträgt das Risiko des Verbrauchers, daß V auf den Markt kommt, also ca. 2.5 %. Zwar wird die Nullhypothese gleicher Wirkung von V und P mit 5 % Wahrscheinlichkeit zu Unrecht abgelehnt, aber nur 50 % der Stichproben, die fälschlich zur Ablehnung der Nullhypothese führen, zeigen eine überlegene Wirkung von V an.

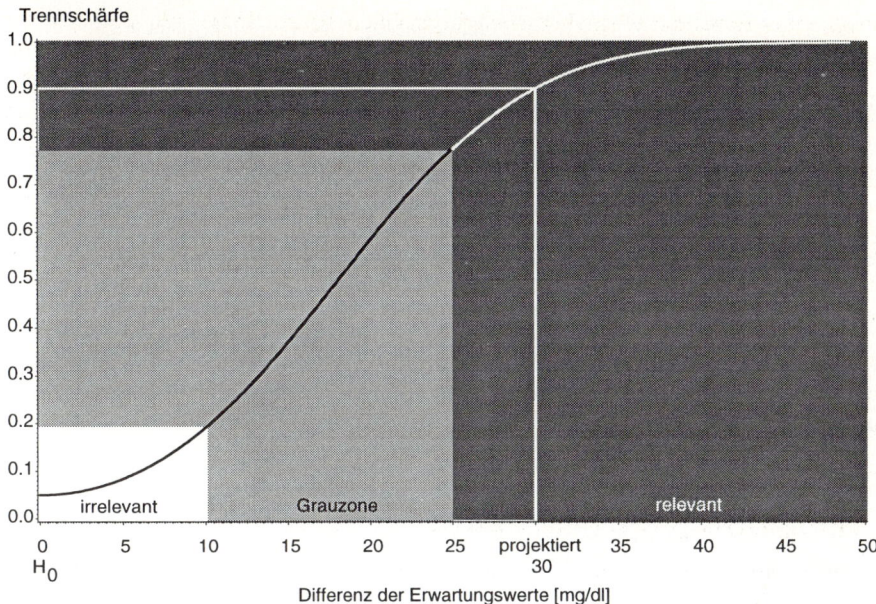

Abb. 12.2. Operationscharakteristik des unverbundenen *t*-Tests für die Lipidsenker-Studie; 2 x 60 Probanden, Standardabweichung 50 mg/dl.

Sollte statt der Nullhypothese eine nur unerheblich von ihr entfernte Alternative gelten, so ist auch hier keine Ablehnung der Nullhypothese erwünscht, da die Wirkung von V zu wenig von P abweicht, um Patienten einen Nutzen zu bringen. Bei stärkeren, aber noch nicht wirklich relevanten Abweichungen von der Nullhypothese spielt es unter Umständen keine Rolle, ob man die Nullhypothese ablehnt oder nicht, da eine Abwägung der Kosten und Nutzen hier zu keinem eindeutigen Ergebnis führt. Schließlich besteht die Möglichkeit, daß das Medikament einen überzeugenden therapeutischen Nutzen bringt. Für diese Fälle ist eine Ablehnung der Nullhypothese mit möglichst hoher Wahrscheinlichkeit erwünscht. Unter den letztgenannten Alternativen befinden sich solche, die vom Hersteller aufgrund von Voruntersuchungen für plausibel gehalten werden, diese bilden die Grundlage für die Planung des Experiments.

Abbildung 12.2 zeigt die Wahrscheinlichkeit für eine Ablehnung der Nullhypothese gleicher Effekte von Verum und Plazebo für die Lipidsenkerstudie im dargestellten Beispiel.

Die Wahrscheinlichkeit, mit der ein Test eine Abweichung von der Nullhypothese erkennt, nennt man seine Trennschärfe (englisch: Power). Die Darstellung der funktionalen Abhängigkeit der Trennschärfe von der jeweiligen Alternative heißt Operationscharakteristik des Tests (*OC*-Kurve). Die komplementäre Wahrscheinlichkeit, mit der eine bestehende Abweichung von der Nullhypothese übersehen wird, bezeichnet man mit dem griechischen Buchstaben β (beta) und nennt sie Wahrscheinlichkeit für einen Fehler 2. Art. Die vier möglichen Kombinationen aus Testergebnis und Gültigkeit der Nullhypothese sind in Abbildung 12.3 zusammengestellt.

	Nullhypothese gilt *nicht*	Nullhypothese gilt
Nullhypothese wird abgelehnt	korrekte Entscheidung	**Fehler 1. Art**
mit Wahrscheinlichkeit	$1 - \beta$	α
Nullhypothese wird *nicht* abgelehnt	Fehler 2. Art	**korrekte Entscheidung**
mit Wahrscheinlichkeit	β	$1 - \alpha$

Abb. 12.3. Mögliche Ausgänge statistischer Tests und ihre Wahrscheinlichkeiten.

Wovon hängt nun die Wahrscheinlichkeit, mit der eine Abweichung von der Nullhypothese erkannt wird, ab? Dazu schauen wir uns die Prüfgröße eines Tests an. Der Einfachheit halber wählen wir den Einstichproben-*t*-Test für den Stichprobenumfang *n*. Seine Prüfgröße ist

$$T = \frac{\overline{X} - \mu_0}{SEM}.$$

Falls die Nullhypothese $\mu = \mu_0$ gilt, ist der Erwartungswert des Zählers $E(\overline{X} - \mu_0) = 0$ und T ist *t*-verteilt mit $n-1$ Freiheitsgraden. Falls die Nullhypothese nicht gilt, sondern eine spezielle Alternative $\mu = \mu_1 \neq \mu_0$, ändert sich die Verteilung von T.
$\overline{X}$ ist ein Schätzer für den wahren Erwartungswert μ_1 und es gilt $E(\overline{X} - \mu_1) = 0$. Durch Abziehen und wieder Aufaddieren von μ_1 können wir die Prüfgröße auch folgendermaßen formulieren:

$$T = \frac{\overline{X} - \mu_1}{SEM} + \frac{\mu_1 - \mu_0}{SEM}.$$

Da der Erwartungswert von $\overline{X} - \mu_1$ gleich 0 ist, ist der erste Summand

$$\frac{\overline{X} - \mu_1}{SEM}$$

wiederum *t*-verteilt. Im zweiten Summanden ist SEM die einzige zufällige Komponente. SEM ist ein Schätzer für die Standardabweichung des Mittelwerts $\overline{X}$. Diese beträgt $\sigma/\sqrt{n}$. Für sehr große Stichprobenumfänge n streut SEM nur noch wenig um diesen Wert, so daß wir ihn für SEM einsetzen können. Der zweite Summand wird dann zu

$$\frac{\mu_1 - \mu_0}{\dfrac{\sigma}{\sqrt{n}}} = \frac{\mu_1 - \mu_0}{\sigma}\sqrt{n}.$$

Die Prüfgröße lautet damit

$$T = \frac{\overline{X} - \mu_1}{SEM} + \frac{\mu_1 - \mu_0}{\sigma}\sqrt{n}.$$

Falls also eine Alternative $\mu \neq \mu_0$ gilt, drückt sich dieses in einer Verschiebung der t-Verteilung um den Betrag

$$\frac{\mu_1 - \mu_0}{\sigma}\sqrt{n}$$

aus. Berücksichtigt man nun wieder, daß bei kleineren Stichprobenumfängen auch der Schätzfehler von *SEM* eine Rolle spielt, kommt zu dieser Verschiebung noch eine gewisse Deformation der t-Verteilung hinzu. Die resultierende Verteilung nennt man nichtzentrale t-Verteilung mit Nichtzentralitätsparameter

$$\frac{\mu_1 - \mu_0}{\sigma}\sqrt{n}.$$

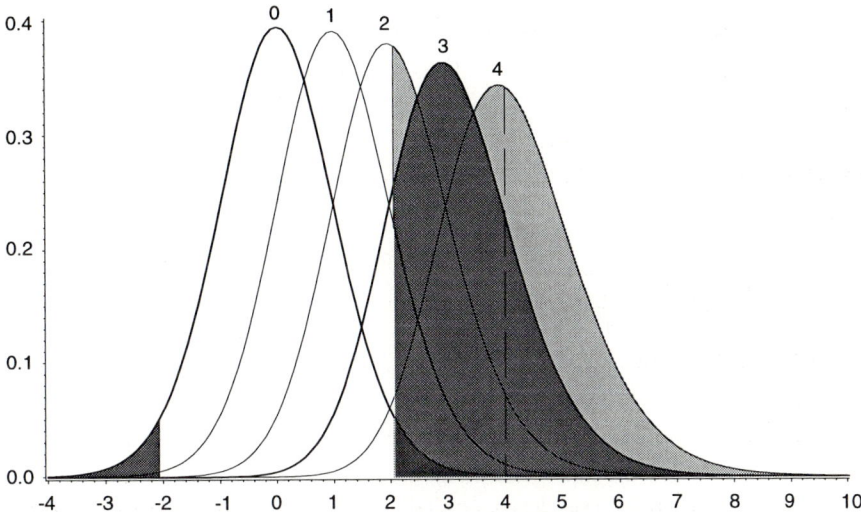

Abb. 12.4. Verteilung der Prüfgröße eines Einstichproben-t-Tests zum Stichprobenumfang 25 unter der Nullhypothese (0) und verschiedenen Alternativen mit Nichtzentralitätsparametern (*ncp*) 1-4. Die Ablehnungswahrscheinlichkeiten des Tests sind grau unterlegt. Die Trennschärfe des Tests beträgt 0.16 für *ncp*=1, 0.48 für *ncp*=2, 0.82 für *ncp*=3 und 0.97 für *ncp*=4.

Abbildung 12.4 zeigt, wie sich eine (zentrale) t-Verteilung mit 24 Freiheitsgraden ändert, falls statt der Nullhypothese eine Alternative gilt. Mit wachsendem Nichtzentralitätsparameter wird die Verteilung in Richtung des Ablehnungsbereichs verschoben, so daß die Wahrscheinlichkeit für ein Verwerfen der Nullhypothese steigt. Für den Nichtzentralitätsparameter 3 beträgt diese Wahrscheinlichkeit bereits 0.82. Ebenfalls ist der Abbildung zu entnehmen, daß die Verschiebung der Verteilungen gegenüber der 0 etwas geringer ausfällt als der Nichtzentralitätsparameter und daß die Streuung der Verteilungen ansteigt, was an den sinkenden Maxima der Wahrscheinlichkeitsdichten abzulesen ist.

Wie läßt sich nun durch die Versuchsplanung die Trennschärfe eines Tests steuern? Zunächst einmal muß man sich über diejenigen Alternativen, deren Entdeckung wünschenswert erscheint, im Klaren sein. Die Festlegung dieser Alternativen hat aus medizinischer Sicht zu erfolgen. In unserem Lipidsenker-Beispiel wurde eine Erwartungswertdiffenz zwischen Plazebo- und Verumgruppe von 25 mg/dl zugrunde gelegt. Diese Größe nennt man den relevanten Unterschied $\delta = \mu_1 - \mu_0$. Des weiteren sollte man recht genaue Anhaltspunkte für die Größe der Standardabweichung σ der Meßwerte haben. Der Nichtzentralitätsparameter ncp berechnet sich dann zu

$$ncp = \frac{\delta}{\sigma} \sqrt{n}$$

für den Einstichproben-t-Test bzw. den t-Test für verbundene Stichproben. Für den t-Test für unverbundene Stichproben lautet er

$$ncp = \frac{\delta}{\sigma} \sqrt{\frac{n_1 \, n_2}{n_1 + n_2}}$$

was sich im Falle gleicher Stichprobenumfänge ($n_1 = n_2 = n$) zu

$$ncp = \frac{\delta}{\sigma} \sqrt{\frac{n}{2}}$$

vereinfacht.

Falls die Grundgesamtheiten tatsächlich nach diesen Annahmen verteilt sind, ist die Teststatistik T nichtzentral t-verteilt mit Nichtzentralitätsparameter ncp und $df = n - 1$ Freiheitsgraden bzw. $df = n_1 + n_2 - 2$ Freiheitsgraden im Falle des t-Tests für unverbundene Stichproben. Der Stichprobenumfang n ist dann so zu bestimmen, daß die Überschreitungswahrscheinlichkeit dieser Verteilung für die kritische Grenze des t-Tests $t_{df;\, 1-\alpha/2}$ der gewünschten Trennschärfe $1-\beta$ entspricht. Das ist nicht ganz einfach, da die nichtzentrale t-Verteilung sowohl über den Nichtzentralitätsparameter als auch über die Freiheitsgrade vom Stichprobenumfang abhängt. Für größere Stichprobenumfänge kann man näherungsweise die nichtzentrale t-Verteilung durch eine Normalverteilung mit Erwartungswert ncp und Standardabweichung 1 ersetzen, außerdem die kritische Grenze $t_{df;\, 1-\alpha/2}$ des t-Tests durch das entsprechende Quantil $u_{1-\alpha/2}$ der Normalverteilung.

Die Forderung, daß die Überschreitungswahrscheinlichkeit dieser Normalverteilung für das Quantil $u_{1-\alpha/2}$ $1-\beta$ beträgt, führt zu der Ungleichung

$$\frac{\delta}{\sigma} \sqrt{n} \quad > \quad u_{1-\alpha/2} + u_{1-\beta}, \qquad \text{bzw.}$$

$$\frac{\delta}{\sigma} \sqrt{\frac{n}{2}} \quad > \quad u_{1-\alpha/2} + u_{1-\beta}$$

im Zwei-Stichproben-Fall. Aufgelöst nach n erhält man

$$n \quad > \quad (u_{1-\alpha/2} + u_{1-\beta})^2 \left(\frac{\sigma}{\delta}\right)^2 \qquad \text{bzw.}$$

$$n \quad > \quad 2\,(u_{1-\alpha/2} + u_{1-\beta})^2 \left(\frac{\sigma}{\delta}\right)^2.$$

Als Stichprobenumfang kann dann das kleinste ganzzahlige n, welches diese Ungleichung erfüllt, gewählt werden. Den Fehler, den man durch das Ersetzen der t-Verteilung durch die Normalverteilung macht, kann man Abbildung 12.7 entnehmen.
Für die Trennschärfewerte 0.5, 0.55 bis 0.95 und 0.999 ist (abhängig von den Freiheitsgraden) die mit einem t-Test tatsächlich erreichte Trennschärfe angegeben. Ab etwa 100 Freiheitsgraden, das entspricht einem Stichprobenumfang von mehr als 100 beim Einstichproben-t-Test und einem Stichprobenumfang von mehr als zwei Mal 50 beim t-Test für unverbundene Stichproben, sind die Trennschärfeeinbußen zu vernachlässigen. Für Tests, bei denen kleinere Stichprobenumfänge benötigt werden, läßt sich die genaue Anzahl aus den Nomogrammen der Abbildungen 12.5 und 12.6 entnehmen.
Auf den x-Achsen dieser Nomogramme sind die standardisierten relevanten Differenzen δ/σ angetragen. (Achtung! Die Achsen sind logarithmisch verzerrt). Zur benötigten Trennschärfe sucht man denjenigen Stichprobenumfang, dessen Kurve dem Kreuzungspunkt der durch relevante Differenz und Trennschärfe bestimmten Parallelen am nächsten kommt. Zwischenwerte können linear interpoliert werden.
Zur Übung wollen wir die Fallzahlplanung des Lipidsenkerbeispiels nachvollziehen. Die Planung beruht auf der projektierten Differenz der Erwartungswerte zwischen Plazebo- und Verumgruppe von 30 mg/dl. Als Standardabweichung werden 50 mg/dl angenommen. Für diese Parameterkonstellation soll eine Trennschärfe von 90 % erreicht werden. Das Testniveau beträgt 5 %. Zur Anwendung der Näherungsformel benötigen wir das 97.5 %- und das 90 %-Quantil der Normalverteilung. Diese können wir näherungsweise Tabelle 10.3 (siehe Kapitel 10) entnehmen. Das eine Quantil lautet 1.96, das andere 1.28. Die Stichprobenumfänge beider Gruppen müssen dann größer sein als

$$2 \cdot (1.96 + 1.28)^2 \left(\frac{50}{30}\right)^2 = 2 \cdot 3.24^2 \cdot 1.67^2 = 2 \cdot 10.5 \cdot 2.79 = 58.6.$$

Benötigt werden nach dieser Näherungsformel also $2 \cdot 59$ Probanden. Nach Abbildung 12.7 erreicht man für 116 Freiheitsgrade tatsächlich nur eine Trennschärfe von etwa 0.895. Diese Abweichung ist unerheblich und wird durch eine Erhöhung des Stichprobenumfangs auf $2 \cdot 60$ sicher ausgeglichen.

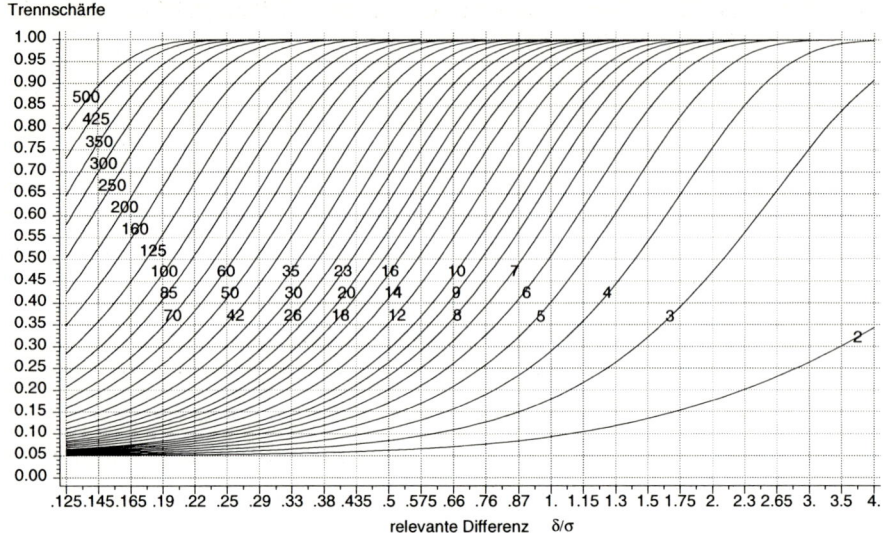

Abb. 12.5. Nomogramm zur Bestimmung des benötigten Stichprobenumfangs für den Einstichproben *t*-Test und den *t*-Test für verbundene Stichproben. Auf der *x*-Achse ist die standardisierte relevante Differenz δ/σ angetragen, auf der *y*-Achse die Trennschärfe, der Stichprobenumfang an der jeweiligen Kurve.

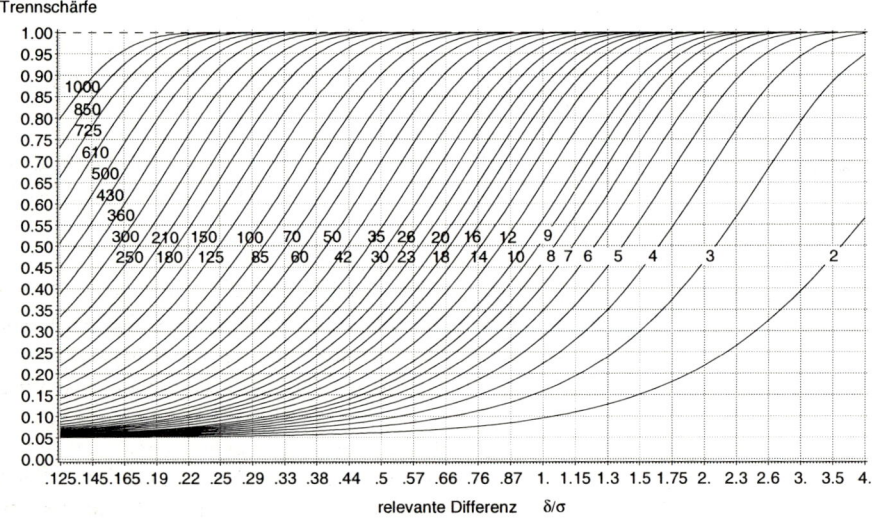

Abb. 12.6. Nomogramm zur Bestimmung des benötigten Stichprobenumfangs *je Gruppe* für den *t*-Test für unverbundene Stichproben. Auf der *x*-Achse ist die standardisierte relevante Differenz δ/σ angetragen, auf der *y*-Achse die Trennschärfe, der Stichprobenumfang an der jeweiligen Kurve.

Ebenso kann man den benötigten Stichprobenumfang der Abbildung 12.6 entnehmen. Die standardisierte Differenz beträgt

$$\frac{\delta}{\sigma} = \frac{30}{50} = 0.6.$$

Auf der x-Achse findet man diesen Wert zwischen 0.57 und 0.66 ca. eine $\frac{1}{3}$ Teilung von 0.57 entfernt. Von hier zieht man eine Parallele zur y-Achse und sucht den Schnittpunkt zur Linie, die die Trennschärfe 0.9 markiert. In unmittelbarer Nähe dieses Schnittpunkts befindet sich die Kurve für $n=60$.

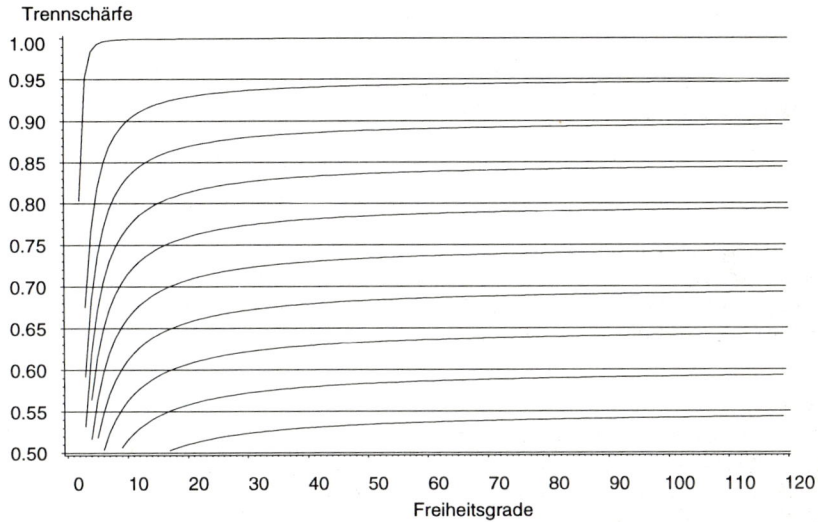

Abb. 12.7. Abweichung der mit dem t-Test tatsächlich erreichbaren Trennschärfe von der durch Normalapproximation errechneten Trennschärfe für die Werte 0.5, 0.55,..., 0.90, 0.95 und 0.999.

Neben dem Stichprobenumfang gibt es auch weitere Möglichkeiten, die Trennschärfe zu beeinflussen. Diese hängt ja wesentlich vom Nichtzentralitätsparameter $\delta/\sigma \sqrt{n}$ ab. Da δ unter medizinischen Gesichtspunkten festzulegen ist und daher nicht zur Disposition steht, bleibt noch die Standardabweichung σ. Diese ist unter gewissen Umständen durch die Versuchsplanung zu beeinflussen. So wird man z. B. bei der Lipidsenker-Studie eine erhebliche Reduzierung der Standardabweichung erwarten können, wenn man statt der Cholesterinspiegel nach erfolgter Behandlung die Senkung der Cholesterinspiegel durch die Behandlung vergleicht. Da durch die Randomisierung die Ausgangssituation für beide Gruppen strukturell identisch ist, wird die relevante Differenz δ durch diese Änderung der Zielgröße nicht betroffen. Die u. U. erheblich variierenden Ausgangslagen der Probanden gehen aber nicht mehr in die Standardabweichung der neuen Zielgröße ein.

Unbefriedigend bleibt, daß zur exakten Planung des benötigten Stichprobenumfangs eine genaue Kenntnis der in der Regel nur vage bekannten Standardabweichung notwendig ist. Gegen ungewollte Trennschärfeeinbußen kann man sich durch eine konservative Abschätzung der Standardabweichung nach oben absichern. Damit verbunden ist aber unter Umständen ein unnötig großer Stichprobenumfang, was möglicherweise außerordentlich teuer ist und darüber hinaus die Trennschärfe derartig erhöhen kann, daß auch irrelevante Abweichungen mit hoher Wahrscheinlichkeit zur Ablehnung der Nullhypothese führen. Ein Patentrezept für dieses Dilemma gibt es nicht. In einigen Fällen kann man aber ganz darauf verzichten, den relevanten Unterschied absolut zu formulieren.

Zur Demonstration dieses Vorgehens planen wir die Lipidsenkerstudie neu. Zielgröße sei die Differenz D der Cholesterinspiegel zwischen dem Ende der Behandlungsperiode und dem Ausgangswert. Über die Standardabweichung σ von D unter einer Plazebobehandlung wissen wir nicht viel, allenfalls, daß sie geringer sein muß als die Standardabweichung von ca. 50 zwischen den Probanden. Außerdem wird sie in etwa der natürlichen Schwankung des Cholesterinspiegels über die Dauer der Behandlungsperiode entsprechen. Der Erwartungswert μ_0 von D wird ein relativ kleiner, vermutlich positiver Wert sein, da in der Regel auch Plazebo eine Wirkung zeigt. Die spontane Änderung des Cholesterinspiegels bei einem einzelnen Probanden wird daher in fast allen Fällen (ca. 99.7 %) ein Wert zwischen $\mu_0 - 3\sigma$ und $\mu_0 + 3\sigma$ sein, wobei ein positiver Wert eine Senkung, ein negativer Wert eine Steigerung des Cholesterinspiegels bedeutet. Sollte daher Verum den Erwartungswert von μ_0 auf $\mu_1 = \mu_0 + 3\sigma$ erhöhen, so wird sich der Cholesterinspiegel der meisten Verumpatienten um einen Betrag zwischen $\mu_1 - 3\sigma = \mu_0$ und $\mu_1 + 3\sigma = \mu_0 + 6\sigma$ ändern, was einer realen Senkung entspricht. Eine medikamentös bedingte durchschnittliche Cholesterinspiegeländerung auf μ_1, die drei Mal so groß ist, wie die in der Behandlungszeit spontan zu erwartende Änderung und die darüber hinaus mit hoher Sicherheit bei einem einzelnen Patienten zu einer realen Senkung führt, mag, ohne daß man sie numerisch genau beziffern kann, als klinisch relevant angesehen werden. Damit erhalten wir

$$\delta = \mu_1 - \mu_0 = \mu_0 + 3\sigma - \mu_0 = 3\sigma \quad \text{und}$$

$$\frac{\delta}{\sigma} = 3.$$

Abbildung 12.6 können wir entnehmen, daß eine standardisierte Differenz von 3 bereits bei einem Stichprobenumfang von 4 Probanden je Gruppe mit nahezu 95 % Wahrscheinlichkeit aufgedeckt wird.

Die Näherungsformel ist bei derartig niedrigen Stichprobenumfängen nicht mehr gut anwendbar: Man erhält

$$n \geq 2\,(u_{0.975} + u_{0.9})^2 \left(\frac{\sigma}{\delta}\right)^2 = 2\,(1.28 + 196)^2 \left(\frac{1}{3}\right)^2 = \frac{2 \cdot 10.5}{9} = 2.33.$$

Demnach wären Stichproben jeweils vom Umfang 3 ausreichend. Tatsächlich ist so aber nur eine Trennschärfe von 80 % erreichbar.

Während das Testniveau α der t-Tests wenig von der speziellen Verteilung der Grundgesamtheit abhängt oder zumindest kaum nennenswert überschritten wird, solange die Grundvoraussetzung einigermaßen symmetrischer Verteilungen der Teststatistik T erfüllt ist, gelten die Formeln und Nomogramme zur Bestimmung der Trennschärfe exakt nur für annähernd normalverteilte Grundgesamtheiten. Bei besonders schiefen Verteilungen (z. B. Triglyceride) muß man mit spürbaren Trennschärfeeinbußen (etwa 0.05-0.15) rechnen. Abhilfe können hier normalisierende Transformationen (z. B. Logarithmus oder Wurzel) schaffen.

12.7   Tests ohne spezielle Verteilungsvoraussetzungen

Die Herleitung der bisher behandelten t-Tests erfolgte unter der Annahme normalverteilter Grundgesamtheiten. Es wurde bereits darauf hingewiesen, daß ihre Anwendbarkeit nicht auf diese spezielle Verteilungsklasse beschränkt ist.

Dennoch ist bei vielen Anwendern die Meinung verbreitet, vor der Durchführung eines t-Tests müsse nachgewiesen werden, daß die vorliegende Stichprobe auch tatsächlich einer normalverteilten Grundgesamtheit entstammt. Ein solcher Nachweis ist aber weder möglich noch sinnvoll. Es existieren zwar Tests, die auf Abweichungen von der Normalverteilung reagieren, etwa der Kolmogorow-Smirnow-Test oder der χ^2-Anpassungstest. Beide Tests können aber nur nachweisen, daß eben keine Normalverteilung vorliegt. Gelingt dieser Nachweis nicht, kann daraus nicht auf eine tatsächlich vorliegende Normalverteilung geschlossen werden. Echte Normalverteilungen kommen in der Natur ohnehin nicht vor. Der Wertebereich realer Daten ist stets beschränkt und besteht aus nur endlich vielen diskreten Werten, was der Normalverteilungsannahme widerspricht.

Das entscheidende Kriterium für die Zulässigkeit eines statistischen Tests ist die Einhaltung des vorgegebenen α-Niveaus, d. h. der maximalen Wahrscheinlichkeit, mit der die Nullhypothese zu Unrecht verworfen wird. Tests, die das Niveau eher überschreiten, nennt man antikonservativ, diejenigen, die es eher unterschreiten, konservativ.

Die wesentliche Voraussetzung dafür, daß t-Tests in guter Näherung ihr Niveau halten, ist die Symmetrie der Verteilung der Teststatistik T unter der Nullhypothese. Kritisch ist diese Voraussetzung nur beim Ein-Stichproben-t-Test, da hier auch die Verteilung der Grundgesamtheit symmetrisch sein muß. Bei den Zwei-Stichproben-t-Tests beinhaltet die Nullhypothese identische Verteilungen der zu vergleichenden Grundgesamtheiten. Bei gleichen Stichprobenumfängen sind dann auch die Mittelwerte identisch verteilt, so daß ihre Differenzen (unter der Nullhypothese) automatisch symmetrische Verteilungen besitzen. Moderat unterschiedliche Stichprobenumfänge führen dabei zu keinen nennenswerten Verzerrungen. Höhere Ablehnungswahrscheinlichkeiten können dann auftreten, wenn Verteilungen verglichen werden, die zwar gleiche Erwartungswerte aber ansonsten unterschiedliche Verteilungen (ungleiche Varianzen, unterschiedliche Schiefe) besitzen. In der Regel wünscht man auch dann kein signifikantes Testergebnis. Man sollte allerdings überlegen, ob in solchen Fällen überhaupt ein statistischer Test angebracht ist. Welche Nullhypothesen sollen gegen welche Alternativen abgegrenzt werden? Diese Problematik taucht meist bei Beobachtungsstudien oder ungeplanten Datensammlungen auf. Experimentelle Studien, die randomisiert und doppelblind durchgeführt werden, lassen eine strukturelle Gleichheit unter der Nullhypothese erwarten. Sollte man den Verdacht hegen, daß eine Behandlung nur die Form der Verteilung, nicht aber ihren Erwartungswert ändert, so ist dieser Verdacht in einer Pilotstudie auszuräumen. Das vorgenannte Phänomen kann etwa auftreten, wenn die zur Behandlung vorgesehene Population aus Respondern, die von der Prüfmedikation profitieren, und Non-Respondern, denen die Behandlung sogar schadet, besteht. In einem solchen Fall wäre die Frage nach der Gleichheit des Erwartungswertes der Behandlungsgruppe mit demjenigen einer Kontrollgruppe nicht adäquat.

> - Grundsätzlich sind die Voraussetzungen für die Durchführung von Tests zu Beginn einer Studie, d. h. vor der Datenerhebung zu klären. Dazu gehören u. a.:
>   - Die Art der anzuwendenden normalisierenden Transformationen (keine Transformation, Logarithmus, Wurzel usw.)
>   - Die Auswahl des geeigneten Testverfahrens
>   - Die Festlegung des Stichprobenumfangs
> - Abweichungen von dieser Strategie nach Sicht der Daten sind nicht zulässig, da sie in der Regel zu einer unkontrollierbaren Erhöhung des Testniveaus führen.

Das zweite Kriterium, an dem ein Test gemessen wird, ist seine Trennschärfe. Man möchte vorhandene relevante Unterschiede bei möglichst geringem Aufwand (Stichprobenumfang) mit hoher Sicherheit erkennen. Für normalverteilte Grundgesamtheiten mit unbekannten Varianzen ist der t-Test der trennschärfste, also der beste, Test. Seine hervorragenden Eigenschaften behält er auch bei leichten bis mittleren Abweichungen von der Normalverteilungsannahme. Bei besonders schiefen oder ausreißerbehafteten Verteilungen ist er allerdings nicht mehr empfehlenswert. Oft läßt sich die Schiefe von Verteilungen durch normalisierende Transformationen beheben oder mildern. So weisen beispielsweise Konzentrationsmessungen häufig eine Log-Normalverteilung auf, d. h. durch eine logarithmische Transformation lassen sie sich auf eine Normalverteilung zurückführen. Logarithmische Transformationen besitzen den Vorteil, daß die mit ihnen erzielten Ergebnisse gut interpretierbar bleiben (siehe Kapitel 10.5).

Nach dem bisher Ausgeführten besitzen t-Tests ein breites Anwendungsspektrum, das in keiner Weise auf normalverteilte Grundgesamtheiten beschränkt ist. Es gibt jedoch Situationen, in denen der t-Test ein schlechter, d. h. trennschwacher Test ist. Wir werden dies an einem Beispiel in Kapitel 12.8 demonstrieren. In derartigen Situationen können Tests, deren Herleitung unter sehr allgemeinen Verteilungsannahmen erfolgt, sog. nichtparametrische Tests, wesentlich trennschärfer sein. Dies ist der entscheidende Grund für die Verwendung nichtparametrischer Test; durch die Verwendung eines für das Problem geeigneten nichtparametrischen Tests kann der Stichprobenumfang gegenüber dem dazu ungeeigneten t-Test reduziert werden.

12.8   Vorzeichentest

In Kapitel 12.4 hatten wir das Change-over-Design eingeführt, bei dem individuelle Differenzen zwischen Verum- und Placebobehandlung gebildet werden. Kann für die Differenzen Normalverteilung angenommen werden, dann führt dies zur Anwendung des t-Tests. Die rigoroseste Methode, sich von speziellen Verteilungsannahmen zu lösen, ist, nur die Vorzeichen der Differenzen zu verwenden. Dies führt zu einem Vorzeichentest, der als exakte (unter Verwendung der Binomialverteilung) oder auch als approximative Version (unter Verwendung de t-Verteilung benutzt werden kann.
Sei M der Median einer symmetrisch, sonst aber beliebig verteilten Grundgesamtheit. Dann gilt für jedes Stichprobenelement X_i einer Stichprobe, die aus dieser Grundgesamtheit gezogen wurde: Die Wahrscheinlichkeit für $X_i > M$ ist gleich der Wahrscheinlichkeit für $X_i < M$. Bedingen wir auf alle Ereignisse $X_i \neq M$, so gilt sogar

$$P(X_i > M \mid X_i \neq M) \; = \; P(X_i < M \mid X_i \neq M) \; = \; 0.5.$$

Diese Gleichung gilt generell, wenn die Verteilung der Grundgesamtheit stetig ist, insbesondere also die Wahrscheinlichkeit, daß der Median selbst angenommen wird

$$P(X_i = M) \; = \; 0$$

ist. In diesen Fällen kann die Forderung einer symmetrischen Verteilung fallengelassen werden. Um zu überprüfen, ob M_0 der Median der Grundgesamtheit ist,

$$H_0: M = M_0,$$

ziehen wir eine Stichprobe vom Umfang n. Alle Stichprobenelemente, die mit M_0 übereinstimmen, werden aus der Stichprobe eliminiert; der Stichprobenumfang n reduziert sich entsprechend. Von den übriggebliebenen Stichprobenelementen stellen wir fest, ob sie den Median überschreiten (+) oder unterschreiten (–). Falls M_0 der wahre Median ist, werden sich (+) und (–) in etwa die Waage halten, da die Wahrscheinlichkeit für das jeweilige Auftreten 0.5 beträgt. Die Anzahl der positiven Abweichungen (+) ist demnach binomialverteilt mit Parametern n und $p = 0.5$. Die Nullhypothese läßt sich daher mit dem Binomialtest (siehe Kapitel 13) prüfen.
Wenn die Verteilung der Grundgesamtheit symmetrisch ist, fallen ihr Erwartungswert und ihr Median zusammen, so daß zur Überprüfung derselben Hypothese auch der Einstichproben-t-Test verwandt werden kann. In der Regel ist dieser ungleich trennschärfer als der Vorzeichentest, da er nicht nur die Richtung der Abweichungen vom Erwartungswert, sondern auch deren Größe berücksichtigt. Der Vorzeichen-t-Test sollte daher nur dann verwandt werden, wenn dieses durch die Natur der Fragestellung bzw. die Struktur der Daten nahegelegt wird.
Häufiger als für die Einstichproben-Problematik wird der Vorzeichentest für den Fall verbundener Stichproben angewendet, da hier die Symmetrie der Differenzverteilung gesichert ist. In Kapitel 12.4 hatten wir ein Modell für das Change-over-Design gebildet, bei dem die Periodeneffekte berücksichtigt wurden. Wir nehmen nun ein einfacheres Modell an, bei dem wir alle Effekte außer dem Behandlungseffekt vernachlässigen. Dieses

Modell führt dann zu einem Einstichproben-Test für die Differenzen. Wir demonstrieren dies am Beispiel einer Arzneimittelprüfung im Change-over-Design.

Zur Prüfung, ob Pronethalol die Häufigkeit von Angina-pectoris-Anfällen senkt, wurden zwölf Patienten über vier Perioden von jeweils zwei Wochen je zwei Mal mit Pronethalol bzw. Plazebo behandelt. Die Reihenfolge dieser Behandlungen erfolgte zufällig. (Vier-Perioden-Change-over-Design). Die Patienten wurden aufgefordert, über die Häufigkeit ihrer Anfälle Buch zu führen. Tabelle 12.5 gibt die Ergebnisse wieder.

Bei 11 von 12 Patienten wurde unter Verum eine Verbesserung (+) gefunden, bei einem Patienten eine Verschlechterung (–). Unter der Nullhypothese gleicher Wirksamkeit von Verum und Plazebo ist die Anzahl der Verbesserungen binomialverteilt mit Parametern $n = 12$ und $p = 0.5$.

Da die Binomialverteilung durch die Normalverteilung (insbesondere für $p = 0.5$) gut approximiert wird (siehe Kapitel 10.6), können wir den Binomialtest durch den Einstich-proben-t-Test, jedoch für eine binäre Zufallsgröße, ersetzen. Als numerische Werte verwenden wir ,,1`` bei Erfolg unter Verum (Vorzeichen ,,+``) und ,,0`` bei Mißerfolg (Vorzeichen ,,-``). Damit ist der Mittelwert der Behandlungserfolge

$$\bar{x} = \frac{11}{12}$$

und die Standardabweichung

$$s = \sqrt{\sum \frac{(x_i - \bar{x})^2}{n-1}} = \sqrt{\frac{11 \cdot \left(1 - \frac{11}{12}\right)^2 + \left(-\frac{11}{12}\right)^2}{11}} = \sqrt{\frac{1}{12}},$$

der Standardfehler

$$SEM = \frac{s}{\sqrt{12}} = \frac{1}{\sqrt{12}\sqrt{12}} = \frac{1}{12},$$

die Teststatistik

$$t = \frac{\bar{x} - 0.5}{SEM} = \frac{\frac{11}{12} - \frac{1}{2}}{\frac{1}{12}} = 5.$$

Da t das 0.975-Quantil der t-Verteilung mit 11 Freiheitsgraden, 2.201, übersteigt, ist die Nullhypothese abzulehnen zugunsten der Alternative einer geringeren Anfallhäufigkeit unter Verum als unter Plazebo.

Die Anwendung des Vorzeichentests anstelle des t-Tests für verbundene Stichproben erscheint hier (allerdings im Nachhinein) sinnvoll, da die Verteilung der Anfallhäufig-keitsdifferenzen wegen der Heterogenität des Patientenkollektivs sehr weit von der Normalverteilung entfernt ist. Die einzige, aber zahlenmäßig hohe beobachtete Ver-schlechterung (-25) reicht aus, den Verumeffekt unter die Nachweisgrenze des t-Tests zu

Anfälle unter Plazebo	unter Pronethalol	Differenz	Vorzeichen
71	29	42	+
323	348	-25	−
8	1	7	+
14	7	7	+
23	16	7	+
34	25	9	+
79	65	14	+
60	41	19	+
2	0	2	+
3	0	3	+
17	15	2	+
7	2	5	+

Tabelle 12.5. Ergebnisse der Angina-pectoris-Studie.

drücken. Für den t-Test für verbundene Stichproben bedeutet die Nullhypothese, daß die zu erwartende Senkung der Anfallhäufigkeit unter Verum gleich derjenigen unter Plazebo ist. Die beobachteten Differenzen besitzen den Mittelwert 7.7 und den Standardfehler 4.36, die Teststatistik T beträgt damit 1.76, was nicht ausreicht, die Nullhypothese abzulehnen. Durch eine Verminderung des Skalenniveaus von einer metrischen auf eine binäre Zufallsgröße wird die Trennschärfe des Tests erhöht.

Es sei bei dieser Gelegenheit warnend darauf hingewiesen, daß es nicht zulässig ist, nach Erhebung der Daten einen anderen als den ursprünglich vorgesehenen Test zu verwenden, wenn nämlich dieser nicht zu einem signifikanten Ergebnis geführt hat. Zum einen führt ein solches Vorgehen zu einer Erhöhung des Testniveaus, zum anderen ändern sich auch die nachweisbaren Alternativhypothesen und damit die klinische Relevanz des Testergebnisses. Es ist nicht dasselbe, ob man zeigt, daß ein Medikament bei einer Mehrzahl der Patienten zu einer Verringerung von Angina-pectoris-Anfällen führt, oder daß es, bezogen auf die Grundgesamtheit, die durchschnittliche Anzahl der Anfälle verringert.

12.9 Rangtests

Eine weitere Klasse nichtparametrischer Tests reduziert die in den Daten enthaltene Information nicht so radikal wie der Vorzeichentest. Zwar wird von dem numerischen Wert der einzelnen Beobachtung abgesehen, aber die Rangordnung der Beobachtungen wird weiterhin berücksichtigt. Dazu ordnet man die Beobachtungen der Größe nach und benutzt zur Auswertung nur noch ihre Ordnungsnummer (Rang). Beobachtungen mit gleicher Ausprägung (Bindungen) werden zunächst in beliebiger Reihenfolge durchnumeriert. Um diese Willkür wieder zu beseitigen, erhalten anschließend alle Beobachtungen gleicher Ausprägung als Rang den Mittelwert der zunächst für sie vergebenen Ränge.

Tabelle 12.6 zeigt dieses Vorgehen für die Absolutbeträge der Differenzen der Anfallhäufigkeiten aus dem Pronethalol-Beispiel. Die Summe aller Ränge für eine Stichprobe vom Umfang n beträgt

$$\sum_{i=1}^{n} i = \frac{n(n+1)}{2}.$$

Tests, deren Prüfgröße nicht auf den Originaldaten, sondern deren Rängen basieren, nennt man Rangtests.

12.10 Wilcoxon-Test

Mit dieser auf Rängen basierenden Methode ist man in der Lage, zu überprüfen, ob die Symmetrieachse einer symmetrisch, ansonsten beliebig verteilten Grundgesamtheit durch 0 geht. Dazu ordnet man zunächst den Absolutwerten der Beobachtungen Ränge zu (siehe Tabelle 12.6).

Differenz	Absolutbetrag	Rang	Mittelrang
2	2	1	1.5
2	2	2	1.5
3	3	3	3
5	5	4	4
7	7	5	6
7	7	6	6
7	7	7	6
9	9	8	8
14	14	9	9
19	19	10	10
-25	25	11	11
42	42	12	12

Tabelle 12.6. Ränge der Differenzen des Absolutbetrages der Anfallhäufigkeiten.

Beobachtungen mit dem Wert 0 werden wie beim Vorzeichentest aus der Stichprobe eliminiert; der Stichprobenumfang n wird dementsprechend verringert. Falls die Grundgesamtheit, aus der die Stichprobe stammt, symmetrisch zur 0 verteilt ist (Nullhypothese), muß die Summe S_- der Ränge derjenigen Beobachtungen, die ein negatives Vorzeichen besitzen, bis auf zufällige Schwankungen mit der Rangsumme S_+ der Beobachtungen mit positivem Vorzeichen übereinstimmen. Ihr Erwartungswert ist daher die Hälfte der Gesamtsumme:

$$E(S_-) = \frac{n(n+1)}{4}.$$

Es kann gezeigt werden, daß die Verteilung der Rangstatistik gut durch eine Normalverteilung approximiert werden kann. Die Standardabweichung von S_- unter der Nullhypothese ist gegeben durch

$$Std(S_-) = \sqrt{\frac{n(n+1)(2n+1)}{24}}.$$

Die standardisierte Teststatistik

$$T = \frac{S_- - \frac{n(n+1)}{4}}{\sqrt{\frac{n(n+1)(2n+1)}{24}}}$$

besitzt eine symmetrische Verteilung mit Erwartungswert 0 und Standardabweichung 1, die mit wachsendem Stichprobenumfang n gut gegen die Standardnormalverteilung strebt. Zur Überprüfung der Nullhypothese H_0, daß die Symmetrieachse der Verteilung der Grundgesamtheit durch 0 geht, kann man daher den Betrag von T mit dem $1-\alpha/2$-Quantil $u_{1-\alpha/2}$ der Standardnormalverteilung vergleichen. Falls

$$|T| > u_{1-\alpha/2},$$

wird H_0 zugunsten der Alternative, daß die Symmetrieachse sich von 0 unterscheidet, verworfen.

Dieser Test heißt Wilcoxon-Test. Für kleine Stichprobenumfänge sind seine exakten kritischen Grenzen vertafelt und zwar direkt für die Rangsummen S_- bzw. S_+ (da die Summe von S_- und S_+ konstant ist, spielt es bei zweiseitigen Tests keine Rolle, welche von beiden man verwendet). Diese Werte sind allerdings nur dann wirklich exakt, wenn keine Bindungen vorkommen.

Kommen wir zum Pronethalol-Beispiel zurück. Falls kein Unterschied in der Wirkung von Verum und Plazebo besteht, sollte die Verteilung der Anfallhäufigkeiten unter beiden Behandlungen gleich sein. Die Differenz dieser Häufigkeiten ist dann symmetrisch zur 0 verteilt. Der Wilcoxon-Test kann daher zur Überprüfung dieser Hypothese herangezogen werden. Nach Tabelle 12.6 ist S_- gleich dem Rang der einzigen Beobachtung mit negativem Vorzeichen, nämlich 11. Die Teststatistik berechnet sich daher zu

$$T = \frac{11 - \frac{12 \cdot 13}{4}}{\sqrt{\frac{12 \cdot 13 \cdot 25}{24}}} = \frac{11-39}{\sqrt{\frac{325}{2}}} = -2.20.$$

Dieser Wert ist dem Betrage nach größer als das 0.975-Quantil der Standardnormalverteilung 1.96. Daher kann die Nullhypothese einer zu 0 symmetrischen Verteilung abgelehnt werden. Die vertafelten kritischen Werte für S_- sind 13 und 65, d. h., falls $S_- \leq 13$ oder $S_- \geq 65$, ist H_0 abzulehnen. Auf diese Weise gelangen wir zum selben Ergebnis wie schon zuvor mit dem Vorzeichentest.

Das Beispiel zeigte die Anwendung des Wilcoxon-Tests für den Vergleich verbundener Stichproben. Daher wird dieser Test auch häufig Wilcoxon-matched-pairs-signed-rank-Test genannt.Das ist sein wesentliches Einsatzgebiet, da die paarweisen Differenzen unter der Nullhypothese eine symmetrische Verteilung besitzen.

Man kann den Wilcoxon-Test auch für den Einstichproben-Fall benutzen. Besteht etwa die Nullhypothese, eine Grundgesamtheit sei symmetrisch zum Wert M verteilt, so subtrahiert man von den beobachteten Stichprobenelementen (x_i) diesen Wert. Falls die Nullhypothese gilt, sind die Beobachtungen $X_i - M$ symmetrisch zur Null verteilt. Das weitere Vorgehen erfolgt dann wie bereits beschrieben. Der Einstichproben-Wilcoxon-Test ist allerdings mit Vorsicht zu genießen. Perfekt symmetrische Verteilungen kommen in der Natur praktisch nicht vor. Und bei asymmetrischen Verteilungen wird die Formulierung der Nullhypothese sinnlos.

12.11 Mann-Whitney-U-Test

Das auf Rängen basierende Pendant zum t-Test für unverbundene Stichproben ist der Mann-Whitney-U-Test. Er testet, ob die Verteilungen zweier unterschiedlicher Grundgesamtheiten übereinstimmen. Über den speziellen Typ der Verteilung wird keine Annahme gemacht.

Da Ränge nur die Reihenfolge der Daten berücksichtigen, nicht aber ihren numerischen Wert, werden sie von Datenmanipulationen, die die Reihenfolge unverändert lassen, nicht berührt. So führt etwa eine logarithmische Transformation von Daten (mit positivem Vorzeichen) nicht zu einer Veränderung der Ränge. Im Gegensatz zum t-Test braucht man sich beim Mann-Whitney-U-Test keine Gedanken über normalisierende Transformationen zu machen. Dieses gilt übrigens nicht im gleichen Maße für den Wilcoxon-Test. Hier werden ja zunächst Differenzen gebildet und diese dann rangiert. Die Reihenfolge der Differenzen wird jedoch von Transformationen beeinflußt.

Zur Illustration der Durchführung des U-Tests verwenden wir eine Studie zur antiemetischen Begleittherapie bei Patienten mit ambulanter Chemotherapie [William et al.; zitiert nach Altman].

40 ambulante Patienten, die sich einer Chemotherapie unterzogen, erhielten randomisiert eine Begleittherapie mit einem aktiven Antiemetikum bzw. einem Plazebo. Anschließend markierten sie den Grad ihrer Beschwerden (Übelkeit, Erbrechen) auf einer 100 mm langen analogen Skala. Tabelle 12.7 zeigt die Ergebnisse (in mm).

Wir haben $n_1 = 20$ mit Verum behandelte Patienten und $n_2 = 20$ Plazebopatienten. Zu jedem Verumpatienten zählen wir, wie vielen Plazebopatienten es besser geht. Falls ein Plazebopatient denselben Skalenwert angegeben hat (Bindung) zählen wir dieses als 0.5. Die Teststatistik U ist die Summe dieser Ergebnisse für alle Verumpatienten. Falls es jedem Verumpatienten besser gehen sollte als allen Plazebopatienten, ist U gleich 0. Für den hypothetischen Fall, daß es allen Verumpatienten schlechter geht als jedem Plazebopatienten, ist U gleich $n_1n_2 = 400$. Sollte sich die Wirkung von Verum nicht von der Plazebowirkung unterscheiden (Nullhypothese), ist ein U in der Mitte dieser Extrema zu erwarten, d. h.

$$E(U) = \frac{n_1n_2}{2} = 200.$$

		Verum					Plazebo		
0	0	10	20	25	0	15	42	60	74
0	2	13	20	30	10	30	45	64	82
0	7	15	21	52	12	35	50	68	86
0	8	18	22	76	15	38	50	71	95

Tabelle 12.7. Beschwerdegrad von 40 Patienten mit Chemotherapie und einer zusätzlich zufällig zugeteilten antiemetischen Begleittherapie.

Unter der Nullhypothese beträgt die Standardabweichung von U:

$$Std(U) = \sqrt{\frac{n_1n_2(n_1+n_2+1)}{12}}.$$

Durch die Verteilung der Rangstatistik kann U gut durch eine Normalverteilung approximiert werden. Daher ist die standardisierte Teststatistik

$$T = \frac{U - \frac{n_1n_2}{2}}{\sqrt{\frac{n_1n_2(n_1+n_2+1)}{12}}}$$

angenähert normalverteilt mit Erwartungswert 0 und Standardabweichung 1. Die Nullhypothese wird abgelehnt, falls der Betrag von T das $1-\alpha/2$-Quantil der Standardnormalverteilung überschreitet.

Zur Prüfung der Hypothese ($\alpha = 0.05$), daß das aktive Antiemetikum Übelkeit und Erbrechen stärker lindert als Plazebo, berechnen wir zunächst U. Für die 5 Verumpatienten, die keinerlei Beschwerden hatten, existiert ein Plazebopatient, dem es genauso gut ging, sie erhalten daher die Bewertung 0.5. Zu den Patienten mit Beschwerde-Score 2, 7 und 8 existiert eben derselbe Plazebopatient, dem es besser geht, daher erhalten sie die Bewertung 1. Alles weitere ist Tabelle 12.8 zu entnehmen. Mit $U = 78.5$ berechnen wir die standardisierte Teststatistik T:

$$T = \frac{78.5 - \dfrac{20 \cdot 20}{2}}{\sqrt{\dfrac{20 \cdot 21 \cdot 41}{12}}} = \frac{78.5 - 200}{\sqrt{5 \cdot 7 \cdot 41}} = \frac{-121.5}{\sqrt{1435}} = -3.21 .$$

Da $|T| > u_{0.975} = 1.96$, wird die Nullhypothese identischer Verteilungen der Beschwerde-Scores unter Verum und Plazebo abgelehnt.

Verum	Rang	Plazebo
0	0.5	0
0	0.5	10
0	0.5	12
0	0.5	15
0	0.5	15
2	1	30
7	1	35
8	1	38
10	1.5	42
13	3	45
15	4	50
18	5	50
20	5	60
20	5	64
21	5	68
22	5	71
25	5	74
30	5.5	82
52	12	86
76	17	95
	$U = 78.5$	

Tabelle 12.8. Berechnung der U-Statistik für die Antiemetikum-Studie.

Auch die kritischen Werte der U-Statistik sind für kleinere Stichprobenumfänge direkt vertafelt. Für das Testniveau $\alpha=5\,\%$ und die Stichprobenumfänge $n_1=20$, $n_2=20$ finden wir (z. B. in [Bland, Table 12.2.]) den Wert 127. Ein kleineres U als dieser Tafelwert bedeutet ein signifikantes Testergebnis. Da unter der Nullhypothese U symmetrisch zu

$$\frac{n_1 n_2}{2}$$

verteilt ist und zwischen 0 und $n_1 n_2$ liegt, besitzt U dieselbe Verteilung wie $n_1 n_2 - U$. Diesen Wert hätten wir erhalten, wenn wir die Ränge für die Plazebopatienten im Hinblick darauf, ob es ihnen schlechter als den Verumpatienten geht, ermittelt hätten. Für zweiseitige Fragestellungen, bei denen die Richtung der Abweichung von der Nullhypothese keine Rolle spielt, kommt das auf dasselbe heraus. Vertafelt ist stets der kleinere Wert von U und $n_1 n_2 - U$.

In den meisten Lehrbüchern ist folgende Vorgehensweise zur Berechnung von U beschrieben: Zunächst ermittelt man die Ränge für alle Elemente der Gesamtstichprobe (x_1, x_2, ..., x_{n_1}, y_1, y_2, ..., y_{n_2}). Seien dabei (r_1, r_2, ..., r_{n_1}) die Ränge der Stichprobe (x_1, x_2, ..., x_{n_1}). Dann gilt:

$$U = \sum_{i=1}^{n_1} r_i \; - \; \frac{n_1(n_1+1)}{2}$$

U ist also die Rangsumme der einen Stichprobe, vermindert um die Summe der Ränge 1 bis n_1, die diese Stichprobe auf jeden Fall erreichte, selbst wenn ihre Elemente sämtlich kleiner sein sollten als die Elemente der zweiten Stichprobe.

Die letzte Formel ist leichter anwendbar, wenn die Daten noch nicht in sortierter Reihenfolge vorliegen oder wenn Bindungen existieren. Bei sortierten Daten ohne Bindungen ist der Aufwand für die erste Formel meist geringer.

Für mathematisch geübte Leser wollen wir abschließend die U-Statistik elegant mit Hilfe der Indikatorfunktion darstellen. Mit

$$I_A(x) = \begin{cases} 1 & \text{falls } x \in A \\ 0 & \text{falls } x \notin A \end{cases}$$

läßt sich die Berechnung der U-Statistik für zwei Stichproben (x_1, x_2, ..., x_{n_1}) und (y_1, y_2, ..., y_{n_2}) folgendermaßen formal zeigen:

$$U = \sum_{i=1}^{n_1} \sum_{j=1}^{n_2} \left(I_{(y_j, \infty)}(x_i) + \frac{1}{2} I_{\{y_j\}}(x_i) \right) ,$$

dabei ist

$$I_{\{y_j\}}(x_i) = \begin{cases} 1 & \text{falls } x_i = y_j \\ 0 & \text{falls } x_i \neq y_j \end{cases}$$

und

$$I_{(y_j, \infty)}(x_i) = \begin{cases} 1 & \text{falls } x_i > y_j \\ 0 & \text{falls } x_i \leq y_j \end{cases} .$$

Diese Formulierung läßt sich auch leicht in ein Computerprogramm umsetzen.

12.12 t-Test oder nichtparametrischer Test?

Bei vielen Anwendern statistischer Verfahren besteht eine große Unsicherheit, ob sie für ihre statistische Fragestellung die in ihrer Handhabung ja sehr einfachen t-Tests verwenden dürfen, oder zur Sicherheit lieber einen entsprechenden nichtparametrischen Test anwenden sollten. Eine allgemeingültige Antwort auf dieses Problem gibt es natürlich nicht, aber doch einige Richtlinien, die im folgenden tabellarisch zusammengestellt sind. Die wichtigste Frage lautet:
Wird das Testniveau eingehalten?

Situation	Test	Auswirkung	Lösung
	Einstichproben -Tests		
Daten mit binären bzw. sehr wenigen Ausprägungen, kleiner Stichprobenumfang	t-Test Wilcoxon-Test	=, +	u. U. Vorzeichentest, falls Verteilung symmetrisch
	Vorzeichentest	=, +	keine Normalapproximation der Teststatistik, exakten Binomialtest verwenden (Kapitel 13) nicht anwenden bei asymmetrischer Verteilung
		n.a.	
asymmetrische Verteilung unter der Nullhypothese	t-Test Wilcoxon-Test	+, ++ n.a.	normalisierende Transformation oder Vorzeichentest, falls Verteilung nicht diskret
	Tests für verbundene Stichproben		
asymmetrische Verteilung der paarweisen Differenzen unter der Nullhypothese	t-Test Wilcoxon-Test Vorzeichentest	+, ++ n.a. n.a. falls Verteilung diskret	bei stetigen Verteilungen Vorzeichentest verwenden bzw. keinen Test durchführen, da Fragestellung unklar
	Tests für unverbundene Stichproben		
ungleiche Verteilung der beiden Grundgesamtheiten unter der Nullhypothese	t-Test U-Test	+, ++ n.a.	gleiche Verteilungen durch Vergröberung (z. B. Dichotomisierung) der Zielgröße erzwingen oder keinen Test durchführen, da Fragestellung unklar

Tabelle 12.9. Niveauüberschreitungen von Tests.

In Tabelle 12.9 sind die Situationen zusammengestellt, bei denen eine Überschreitung des Testniveaus erwartet werden kann.
Wie man sieht, treten ernsthafte Probleme auf, wenn die Symmetrievoraussetzung nicht erfüllt ist. Im Einstichprobenfall ist dieses eher die Regel als die Ausnahme. Der Vorzeichentest ist bei asymmetrischen Verteilungen nicht anwendbar, wenn die Verteilungen diskret sind, d. h. die Wahrscheinlichkeit, daß der Median selbst angenommen wird,

nicht 0 ist. Der Wilcoxon-Test ist in solchen Fällen grundsätzlich nicht anwendbar, da keine sinnvolle Formulierung der Nullhypothese möglich ist. Bei der Verwendung eines t-Tests sollte man stets über die Anwendung normalisierender (symmetrieerzeugender) Transformationen nachdenken. In vielen Fällen wird man mit dem Logarithmus (Log-Normalverteilung) und der Wurzel (Poissonverteilung) Erfolg haben.

Eine weitere nützliche Transformation ist die folgende:

$$y = \frac{1}{a} \log(\sqrt{a^2 x} + \sqrt{a^2 x + 1}).$$

Die Eigenschaften dieser Transformation lassen sich durch die Größe $a > 0$ einstellen. Für sehr kleine a ($a < 0.001$), entspricht die Transformation einer Wurzeltransformation, für größere a nähert sie sich einer logarithmischen Transformation.

Ein Problem normalisierender Transformationen ist, daß sich der Erwartungswert nicht gleichartig mittransformiert. Will man etwa die Nullhypothese

$$\mu = \frac{50 \text{ pg}}{\text{mg Fett}}$$

für die (log-normalverteilte) Dioxinkonzentration an den Probanden der Feuerwehrstudie testen, so entspricht dieses nicht dem Test auf

$$\mu = \log\left(\frac{50 \text{ pg}}{\text{mg Fett}}\right)$$

für die logarithmierten Daten. Allerdings fallen Median und Erwartungswert bei symmetrischen Verteilungen zusammen, und der Median wird, wie alle Quantile, mittransformiert. Daher entspricht ein Test auf

$$\mu = \log\left(\frac{50 \text{ pg}}{\text{mg Fett}}\right)$$

mit den transformierten Daten einem Test auf den Median

$$\tilde{x} = \frac{50 \text{ pg}}{\text{mg Fett}}$$

der Grundgesamtheit, aus der die untransformierten Daten stammen.

Bei den Zweistichprobentests beinhaltet die Nullhypothese selbst bereits die notwendige Symmetrie. Probleme ergeben sich, wenn man von vornherein weiß, daß die Verteilungen der Beobachtungspaare (Tests für verbundene Stichproben) bzw. der zu vergleichenden Grundgesamtheiten (Tests für unverbundene Stichproben) ungleich sein werden, man aber dennoch kein signifikantes Testergebnis für den Fall gleicher Lageparameter (Erwartungswert oder Median) wünscht. Man sollte sich in solchen Fällen stets fragen, ob solch ein Test wirklich das adäquate Instrument zur Beantwortung der Fragestellung ist.

Wie man der Tabelle entnehmen kann, besteht kein Grund, Rangtests zu benutzen, um sich gegen Niveauüberschreitungen zu schützen. Tatsächlich sind sie sogar empfindlicher gegen Verletzungen der Modellvoraussetzungen. Die Rechtfertigung für ihren Einsatz entspringt daher, wenn überhaupt, dem zweiten Kriterium, an dem ein Test gemessen wird, nämlich seiner Trennschärfe.

Bei Verteilungen, die einigermaßen nahe an der Normalverteilung liegen, und das gilt für die meisten in der Praxis vorkommenden halbwegs symmetrischen Verteilungen, ist der *t*-Test der trennschärfste Test. Ungünstig wird der *t*-Test bei Differenzverteilung zweier stark asymmetrischer Verteilungen (siehe Abbildung 11.7), bei ausreißerbehafteten Verteilungen und bei ungeschickter Quotientenbildung aus zwei zufälligen Größen, wenn nämlich der Nenner sehr nahe an 0 herankommen kann. In diesen Fällen besitzen nichtparametrische Tests eine höhere Trennschärfe. Bessere Ergebnisse lassen sich allerdings erzielen, wenn man asymmetrische Verteilungen durch Transformationen symmetrisch macht und dann einen *t*-Test anwendet. Der *U*-Test entbindet davon, über normalisierende Transformationen nachzudenken, und scheint daher, abgesehen vom etwas höheren Rechenaufwand, die bequemere Lösung. In abgeschwächter Form gilt das auch für den Wilcoxon-Test. Doch bleibt dieser, wie bereits bemerkt, nicht unberührt von Transformationen. Schwieriger wird die Bestimmung des notwendigen Stichprobenumfangs für Rangtests. Eine Behandlung dieser Problematik würde den Rahmen des Buches sprengen. Eine u. U. unangenehme Eigenschaft von Rangtests ist die folgende: Da sie nur die Reihenfolge, nicht aber die Größenordnung der Daten berücksichtigten, werden durch sie kleine, also irrelevante Unterschiede mit einer höheren Wahrscheinlichkeit aufgedeckt als durch einen entsprechenden *t*-Test. Das gilt selbst dann, wenn die Trennschärfe des *t*-Tests für größere relevante Unterschiede höher ist.

12.13 Signifikanz, Relevanz, Äquivalenz

Die bisher behandelten Tests sind so konstruiert, daß sie eine Nullhypothese, deren Inhalt Übereinstimmung (mit einem vorgegebenen Parameter, zwischen wiederholten Messungen, zwischen zwei Grundgesamtheiten) ist, nur mit einer vorgegebenen Irrtumswahrscheinlichkeit α fälschlich ablehnen. Ihre Bestimmung ist es, Abweichungen von der Übereinstimmung mit möglichst hoher Wahrscheinlichkeit zu erkennen. Über die Größe der Abweichung sagt das Testergebnis nichts aus. Durch vernünftige Planung des Stichprobenumfangs sollte allerdings sichergestellt sein, daß erst relevante Abweichungen mit hoher Wahrscheinlichkeit aufgedeckt werden.

Falls man sicherstellen will, daß nur Abweichungen entdeckt werden, die eine gewisse relevante Größe δ übertreffen, muß man die Nullhypothese anders formulieren, nämlich:

H_0: $|\mu - \mu_0| \leq \delta$ gegen Alternativen

H_1: $|\mu - \mu_0| > \delta$

für den Einstichproben-Fall. Falls sich der Erwartungswert μ der Grundgesamtheit von dem Vergleichswert μ_0 nicht wenigstens um den Betrag δ unterscheidet, erhält man ein signifikantes Testergebnis höchstens mit Wahrscheinlichkeit α. Mit diesem Typ Test hätten die Spieler unseres Eingangsbeispiels sicherstellen können, nur für den Verlauf des Spieles relevante Unregelmäßigkeiten ihres Würfels zu entdecken.

Im Zweistichproben-Fall formuliert man die Hypothesen folgendermaßen:

H_0: $|\mu_2 - \mu_1| \leq \delta$,

H_1: $|\mu_2 - \mu_1| > \delta$.

Der Unterschied zwischen den Erwartungswerten zweier Grundgesamtheiten muß den Betrag δ übertreffen, damit der entsprechende Test reagiert.

Die Konstruktion solcher Tests auf Relevanz (kurz: Relevanztests) ist in der Regel erheblich aufwendiger als die der bisher behandelten Signifikanztests auf Unterschied Null und kann im Rahmen dieses Buches nicht näher behandelt werden.

Sehr viel einfacher stellt sich das Problem bei einseitiger Fragestellung dar. Will man etwa sicherstellen, daß der Erwartungswert μ_2 einer Zielgröße unter einer neuen Behandlung denjenigen unter einer Standardbehandlung μ_1 um mindestens δ übertrifft

$$H_1: \mu_2 - \mu_1 > \delta,$$

so lautet die Nullhypothese

$$H_0: \mu_2 - \mu_1 \leq \delta \quad \text{bzw.} \quad H_0: \mu_2 - \mu_1 - \delta \leq 0.$$

Die Prüfgröße des entsprechenden t-Tests für unverbundene Stichproben ist dann

$$T = \frac{\overline{X} - \overline{Y} - \delta}{SE},$$

wobei $X_1, X_2, ..., X_{n_1}$ die Ergebnisse der Behandlung mit dem Novum und $Y_1, Y_2, ..., Y_{n_2}$ die Ergebnisse der Standardbehandlung repräsentieren. H_0 wird abgelehnt, falls

$$T \geq t_{n_1+n_2-2, 1-\alpha/2}.$$

Ein solcher Nachweis therapeutisch relevanter Überlegenheit kann notwendig sein, wenn die Prüfmedikation schwere unerwünschte Nebenwirkungen hervorrufen kann, die nur bei einem hohen therapeutischen Nutzen in Kauf genommen werden können.

Bisher ist es nicht üblich, einen Test auf relevanten Unterschied gegen eine Plazebogruppe durchzuführen, obwohl dies sinnvoll wäre. Nur dann ist sichergestellt (mit Irrtumswahrscheinlichkeit α), daß der Behandlungseffekt außerhalb des Irrelevanzbereiches liegt (siehe Abbildung 12.3).

Auch der umgekehrte Fall ist vorstellbar. Falls nämlich die bisherige Standardbehandlung viele unerwünschte Nebenwirkungen aufweist oder sehr aufwendig und teuer ist, wird man einer neuen Behandlung, die diese Nachteile nicht hat, auch eine gewisse Unterlegenheit zugestehen, solange der therapeutische Nutzen höchstens irrelevant (nicht mehr als der Betrag δ) niedriger ist. In diesem Fall muß nur die Alternative

$$H_1: \mu_2 - \mu_1 > -\delta$$

gezeigt werden. Die Nullhypothese lautet daher

$$H_0: \mu_2 - \mu_1 \leq -\delta \quad \text{bzw.} \quad H_0: \mu_2 - \mu_1 + \delta \leq 0$$

und die Prüfgröße

$$T = \frac{\overline{X} - \overline{Y} + \delta}{SE},$$

wobei H_0 abgelehnt wird, falls $T \geq t_{n_1 + n_2 - 2, 1 - \alpha/2}$.

Einen solchen Test nennt man Test auf höchstens irrelevanten Unterlegenheit (kurz: „Äquivalenztest"). Bei der Prüfung einer neuen Behandlung (Novum) gegen eine aktive Kontrolle (Standard) spielen Äquivalenztests zunehmend eine Rolle.

Allerdings birgt diese Vorgehensweise eine Reihe schwerwiegender Probleme. So ist nicht unbedingt sichergestellt, daß die Standardbehandlung in der Prüfsituation relevant besser ist als eine Plazebobehandlung. Aus dem Nachweis der Äquivalenz des Novums mit der Standardbehandlung folgt dann nicht zwingend, daß das Novum wirksam (einer Plazebobehandlung überlegen) ist. Weiterhin ist problematisch, daß selbst eine doppelblinde Versuchsanordnung nicht gegen Manipulationen schützt. Während bei Tests auf therapeutische Überlegenheit der nivellierende Effekt unsachgemäß durchgeführter Behandlungen den Überlegenheitsnachweis erschwert ($\mu_2 - \mu_1$ verringert sich), wird der Äquivalenznachweis erleichtert. Zwei gleich schlechte Behandlungen sind eben auch äquivalent. Eine befriedigende Lösung dieser Probleme ist die Mitführung einer mit Plazebo behandelten Gruppe, wobei gleichzeitig die Überlegenheit des Novums gegenüber Plazebo und die Äquivalenz zur Standardbehandlung gezeigt werden kann. Eine solche Vorgehensweise ist allerdings aus ethischen Gründen nicht immer möglich.

Neben dem Begriff der therapeutischen Äquivalenz existiert auch der Begriff der Bioäquivalenz. Dabei geht es darum zu zeigen, daß die Bioverfügbarkeit (Serenspiegel über die Zeit) zweier systemisch wirkender Präparate mit gleichen Inhaltsstoffen höchstens irrelevant voneinander abweicht. Ein solcher Nachweis wird z. B. für Generika gegenüber den Originalpräparaten gefordert. Die Fragestellung ist hier wieder zweiseitig – es wird weder eine relevant niedrigere noch eine relevant höhere Bioverfügbarkeit der Prüfmedikation gewünscht –, so daß Alternativen

$$H_1: \mid \mu_2 - \mu_1 \mid < \delta$$

gezeigt werden sollen. Die Nullhypothese lautet daher

$$H_0: \mid \mu_2 - \mu_1 \mid \geq \delta.$$

Eine simple, aber nicht optimale Lösung dieses Problems ist die Durchführung zweier einseitiger t-Tests zum Niveau α, nämlich für

$$H_0: \mu_2 - \mu_1 \geq \delta \quad \text{gegen Alternativen} \quad H_1: \mu_2 - \mu_1 < \delta, \quad \text{sowie}$$

$$H_0: \mu_1 - \mu_2 \geq \delta \quad \text{gegen} \quad H_1: \mu_1 - \mu_2 < \delta.$$

Falls beide Tests signifikant werden, ist der Äquivalenznachweis geführt. Eine tiefere Behandlung der Problematik ist an dieser Stelle nicht möglich.

12.14 Vergleich mehrerer Gruppen, multiples Testen

Denken wir zurück an die Feuerwehrstudie, deren Datenmaterial wir bisher zur Generierung simulierter Stichproben benutzt haben. Ziel der Studie war es, festzustellen, ob bei Personen, die berufsbedingt einer höheren Dioxinbelastung ausgesetzt sind, sich diese in einer erhöhten Dioxinkonzentration im Blut manifestiert und ob gegebenenfalls spezifische gesundheitliche Beeinträchtigungen nachweisbar sind. Dazu wurde einer Gruppe von Feuerwehrleuten mit Brandeinsätzen eine direkte Vergleichsgruppe von Flughafenfeuerwehrleuten ohne entsprechende Belastung gegenübergestellt sowie eine weitere Kontrollgruppe von Bediensteten der städtischen Verwaltung. Zur Prüfung, ob sich die belastete Gruppe hinsichtlich des Zielkriteriums von den Kontrollgruppen unterscheidet, könnte man die beiden Kontrollgruppen zu einer einzigen Gruppe zusammenfassen und einen Zwei-Gruppen-Vergleich zur ersten Gruppe durchführen. Dazu stehen uns der *t*-Test für unverbundene Stichproben sowie der Mann-Whitney-U-Test zur Verfügung. Eine solche Vorgehensweise setzt aber voraus, daß wir sicher wissen, daß sich die Kontrollgruppen in ihrer Dioxinbelastung nicht systematisch unterscheiden. Das ist aber nicht der Fall: Wir wissen nur, daß beide Gruppen keiner Belastung durch Brandeinsätze ausgesetzt waren. Sollten sich die beiden Kontrollgruppen bezüglich ihrer Dioxinkonzentrationen nennenswert unterscheiden, erhöht sich die Streuung zwischen den Probanden der beiden Gruppen. In diese gehen dann nicht nur die individuellen Unterschiede zwischen den Probanden innerhalb der beiden Gruppen, sondern auch die Unterschiede zwischen den Gruppen ein. Abbildung 12.8 zeigt dieses Phänomen. Eine solche Vergrößerung der Streuung führt zu einer Verringerung der Fähigkeit des entsprechenden Tests, Unterschiede zwischen den Kontrollgruppen und der belasteten Gruppe zu erkennen.

Ein Ansatz zur Lösung dieses Problems ist es, die Streuung zunächst für jede der drei Gruppen separat zu bestimmen. Aus den Einzelschätzungen kann dann eine kombinierte (gepoolte) Schätzung gewonnen werden. Wir haben dieses Verfahren schon beim Standardfehler *SE* für die Differenz zweier Mittelwerte (Kapitel 11) kennengelernt. Erweitert auf eine beliebige Anzahl k von Gruppen mit Stichprobenumfängen n_1, ..., n_k und Beobachtungen $(X_{11}, ..., X_{1n_1}), ...,(X_{k1}, ..., X_{kn_k})$ wobei der erste Index i von x_{ij} die Gruppenzugehörigkeit, der zweite Index j die Beobachtung innerhalb der jeweiligen Gruppe angibt, lautet die Formel für die gepoolte Standardabweichung:

$$S_p = \sqrt{\frac{1}{df} \sum_{i=1}^{k} \sum_{j=1}^{n_i} (X_{ij} - \bar{X}_{i.})^2}.$$

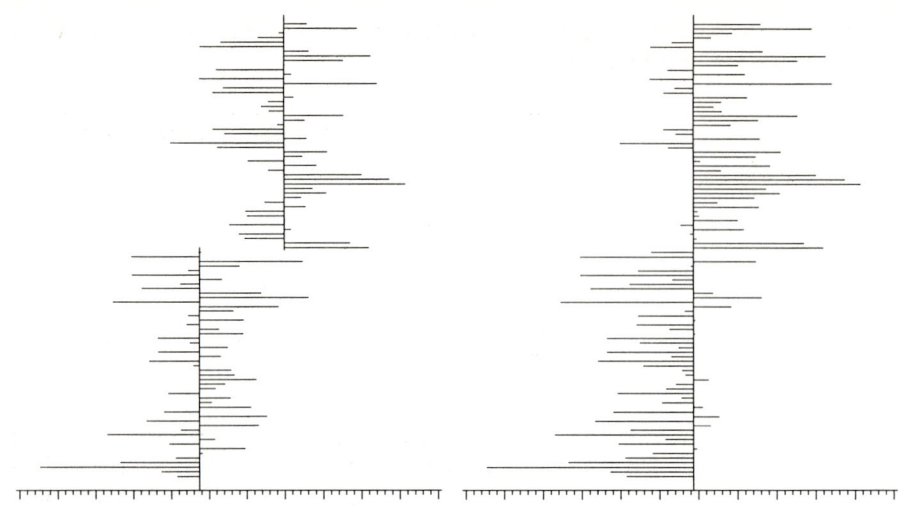

1.1 1.2 1.3 1.4 1.5 1.6 1.7 1.8 1.9 2.0 2.1 2.2 1.1 1.2 1.3 1.4 1.5 1.6 1.7 1.8 1.9 2.0 2.1 2.2

Log Dioxin Toxizitätsäquivalent [lg pg/mg Fett]   Log Dioxin Toxizitätsäquivalent [lg pg/mg Fett]

Abb. 12.8. Links: Streuung zweier Gruppen um ihren jeweiligen Mittelwert. Die gepoolte Standardabweichung beträgt 1.4. Rechts: Streuung um den gemeinsamen Mittelwert. Die Standardabweichung beträgt 1.8.

Dabei bezeichnet $\overline{X}_{i\cdot}$ den Mittelwert der i-ten Gruppe.

df sind die für die Schätzung zur Verfügung stehenden Freiheitsgrade, nämlich der Gesamtstichprobenumfang N verringert um die Anzahl k der zu schätzenden Gruppenmittel $\overline{X}_{i\cdot}$:

$$df = \sum_{i=1}^{k} n_i - k = N - k$$

Falls die Standardabweichungen S_i der einzelnen Gruppen schon bekannt sind, kann man S_p auch folgendermaßen berechnen:

$$S_p = \sqrt{\frac{1}{df} \sum_{i=1}^{k} (n_i - 1) S_i^2}$$

Mit dieser verbesserten Schätzung der Standardabweichung könnten wir nun die belastete Gruppe mit den zusammengefaßten beiden Kontrollgruppen vergleichen. Doch auch dieses Vorgehen ist nicht unproblematisch: Ist nämlich eine der beiden Kontrollgruppen, aus welchen Gründen auch immer, ähnlich stark oder sogar stärker belastet als die Gruppe der Feuerwehrleute im aktiven Brandeinsatz, während die mittlere Dioxinkonzentration der anderen Gruppe relevant geringer ausfällt, so wird dieser Befund u. U. durch die Mittelung der Kontrollgruppen verdeckt.

Gruppe	Anzahl	Mittelwert	Standardabweichung
Feuerwehrleute im aktiven Brandeinsatz	80	1.63	0.14
Flughafenfeuerwehr	78	1.61	0.14
städtische Bedienstete	86	1.61	0.14

Tabelle 12.10. Ergebnisse der logarithmierten Dioxin-Toxizitätsäquivalente nach Gruppen getrennt.

Abhilfe verspricht hier, jede der Kontrollgruppen separat gegen die belastete Gruppe zu testen. Die Mittelwerte und Standardabweichungen der einzelnen Gruppen sind Tabelle 12.10 zu entnehmen. Wie man sieht, sind unsere bisher diskutierten Bedenken hier unnötig, da die Kontrollgruppen bemerkenswert gut übereinstimmen. Zur Demonstration wollen wir dennoch die beiden Tests zum Niveau 5 % durchführen.
Die gepoolte Standardabweichung berechnet sich zu

$$s_p = \sqrt{\frac{79 \cdot 0.14^2 + 77 \cdot 0.14^2 + 85 \cdot 0.14^2}{80 + 78 + 86 - 3}} = \sqrt{\frac{(79 + 77 + 85) \cdot 0.14^2}{241}}$$

$$= 0.14 \cdot \sqrt{\frac{241}{241}} = 0.14 \ .$$

Man sieht, daß die gepoolte Standardabweichung aus gleichen Komponenten wiederum mit diesen übereinstimmt.
Der Standardfehler für die Mittelwertdifferenz zwischen den beiden Feuerwehrgruppen lautet dann

$$SE = \frac{0.14}{\sqrt{\dfrac{80 \cdot 78}{80 + 78}}} = \frac{0.14}{\sqrt{\dfrac{6240}{158}}} = \frac{0.14}{\sqrt{39.5}} = \frac{0.14}{6.28} = 0.022 \ .$$

Für die Feuerwehrgruppe im aktiven Brandeinsatz und die Bediensteten der Stadt erhalten wir

$$SE = \frac{0.14}{\sqrt{\dfrac{80 \cdot 86}{80 + 86}}} = \frac{0.14}{\sqrt{\dfrac{6880}{166}}} = \frac{0.14}{\sqrt{41.4}} = \frac{0.14}{6.44} = 0.022 \ .$$

Da die Standardfehler (gerundet) übereinstimmen, erhalten wir für beide Vergleiche die Teststatistik

$$T = \frac{1.63 - 1.61}{0.022} = 0.90..$$

Dieser Wert ist kleiner als das entsprechende 0.975-Quantil, 1.97, der t-Verteilung mit 241 Freiheitsgraden, so daß die beobachtete Differenz von 0.02 zwischen den Gruppen nicht für einen Nachweis unterschiedlicher Erwartungswerte ausreicht. Eine logarithmische Differenz von 0.02 bedeutet nur eine Abweichung um den Faktor $10^{0.02} = 1.047$, also eine Steigerung um knapp 5 %. Ein Unterschied dieser Größenordnung ist irrelevant und sollte laut Planung der Studie auch nicht erkannt werden. Dort war festgelegt, daß Unterschiede ab 30 % erkannt werden sollten.

Um zu sehen, wie weit die Erwartungswerte der (logarithmierten) Dioxinkonzentrationen auseinander liegen können, berechnen wir noch das 95%-Konfidenzintervall für diese Differenz

$$\begin{aligned} I_{95\%} &= [\bar{x}_1 - \bar{x}_2 - 1.97 \ SE, \ \bar{x}_1 - \bar{x}_2 + 1.97 \ SE] \\ &= [0.02 - 1.97 \cdot 0.022, \ 0.02 + 1.97 \cdot 0.022] = [0.02 - 0.043, \ 0.02 + 0.043] \\ &= [-0.023, 0.063] \end{aligned}$$

Daher unterscheiden sich die zugrundeliegenden Erwartungswerte nicht relevant (zur Veranschaulichung: $10^{-0.23} = 0.95$ und $10^{0.063} = 1.16$). Die Steigerung um 16 % (rechte Grenze des Konfidenzintervalls) ist etwa halb so groß wie der relevante Unterschied von 30 %.

Das wesentliche Ergebnis der Feuerwehrstudie ist also, daß Unterschiede der Dioxinkonzentrationen zwischen den beruflich unterschiedlich belasteten Gruppen nicht nachweisbar sind. Durch Konfidenzintervalle kann sogar gezeigt werden, daß keine relevanten Unterschiede zwischen den Erwartungswerten bestehen.

Da in unserem Beispiel die Nullhypothesen gleicher Erwartungswerte nicht abgelehnt wurden, konnte auch kein Fehler 1. Art begangen werden, allenfalls ein Fehler 2. Art, falls nämlich doch relevante Unterschiede zwischen den Erwartungswerten bestehen sollten.

Zur Überprüfung der Nullhypothese, daß keine Unterschiede zwischen den Erwartungswerten der Dioxinkonzentrationen der unterschiedlichen Berufsgruppen bestehen, haben wir in unserem Beispiel zwei Tests durchgeführt. Einmal zwischen der belasteten Gruppe und der Flughafenfeuerwehr, zum anderen zwischen der belasteten Gruppe und den Bediensteten der Stadt Düsseldorf. Gehen wir davon aus, daß zwischen den Grundgesamtheiten, aus denen diese Gruppen stammen, tatsächlich keine nennenswerten Unterschiede bezüglich der Dioxinkonzentration bestehen, dann gehören unsere Stichproben zu den 95 %, die nicht zu einer fälschlichen Ablehnung der Nullhypothese führen. Doch Halt!

Beträgt die Wahrscheinlichkeit für ein richtiges Testergebnis unter der Nullhypothese wirklich 95 %?

Schließlich haben wir ja zwei Tests durchgeführt. Jeder Test führt mit 95 % Wahrscheinlichkeit zum richtigen Ergebnis. Die Wahrscheinlichkeit, daß auch beide Tests richtig ausgehen, ist dann aber geringer als 95 %. Nehmen wir an, was hier allerdings nicht ganz richtig ist, die Tests seien stochastisch unabhängig. Dann beträgt die Wahrscheinlichkeit, daß beide Tests die Nullhypothese nicht ablehnen $0.95 \cdot 0.95 = 0.9025$. Unser Testniveau für die Nullhypothese H_0: $\mu_1 = \mu_2 = \mu_3$ ist mit $1 - 0.9025 = 0.0975$ nahezu doppelt so hoch wie die vorgesehenen 5 %. Um sicherzugehen, daß H_0 nur mit 5 % Wahrscheinlichkeit fälschlich verworfen wird, hätten wir die Tests z. B. zum 2.5 %-Niveau durchführen müssen.

Die Nullhypothese H_0: $\mu_1 = \mu_2 = \mu_3$ nennt man globale Nullhypothese; die Wahrscheinlichkeit, diese aufgrund mehrerer paarweiser Vergleiche fälschlich abzulehnen, ist stets größer als das Testniveau, zu dem die einzelnen Tests durchgeführt werden.

Will man k unabhängige Gruppen mit Erwartungswerten μ_1, μ_2, ..., μ_k miteinander vergleichen, so besteht ein einfaches Verfahren, das globale Testniveau α für die Nullhypothese

$$H_0: \; \mu_1 = \mu_2 = ... = \mu_k$$

einzuhalten, darin, die einzelnen Tests zum Niveau

$$\alpha' = \frac{\alpha}{m}$$

durchzuführen, wenn m die Gesamtzahl der beabsichtigten paarweisen Vergleiche ist. Dieses Vorgehen heißt Bonferroni-Adjustierung. Die Bonferroni-Adjustierung ist ein konservatives Verfahren, d. h. das globale Testniveau ist stets kleiner als α.
Das liegt zum einen daran, daß

$$1 - (1 - \alpha')^m < \alpha \qquad (\alpha' = \frac{\alpha}{m}, \; m > 1).$$

Diese Ungenauigkeit macht sich allerdings nur bei vielen Tests und einem hohen globalen Testniveau α bemerkbar. Außerdem ist sie leicht dadurch korrigierbar, daß man α' so bestimmt, daß statt der obigen Ungleichung Gleichheit gilt

$$1 - (1 - \alpha')^m = \alpha \qquad \text{bzw.}$$
$$\alpha' = 1 - \sqrt[m]{1 - \alpha}.$$

Wesentlicher ist, daß die einzelnen paarweisen Vergleiche nicht grundsätzlich unabhängig, sondern zumeist positiv korreliert sind. Die Wahrscheinlichkeit, daß zwei positiv korrelierte Tests ihre Nullhypothese zu Recht nicht ablehnen, ist größer als das Produkt der Einzelwahrscheinlichkeiten. Die Überschätzung des globalen Testniveaus durch diese Ungenauigkeit ist nicht mehr leicht zu beheben. Es existieren eine Vielzahl von Verfahren für multiple Vergleiche, die etwas weniger konservativ als die schlichte Bonferroni-Adjustierung sind. Der substantielle Gewinn ist aber nicht so groß, daß wir hier näher auf sie eingehen wollen.
Vielversprechender erscheint es, zunächst die globale Nullhypothese direkt zu prüfen und nur dann mit den paarweisen Vergleichen fortzufahren, wenn die globale Nullhypothese

abgelehnt werden konnte. Bei diesem Vorgehen können wir nämlich auf eine α-Adjustierung verzichten. Allerdings fehlt uns bisher ein Verfahren für den simultanen Vergleich mehrerer Gruppen.

12.15 Einfaktorielle Varianzanalyse

Für den Vergleich von mehr als zwei Erwartungswerten ist eine vorzeichenbehaftete Prüfgröße nicht mehr sinnvoll. Bei zwei Erwartungswerten μ_1, μ_2 ist entweder $\mu_1 > \mu_2$ oder $\mu_1 \leq \mu_2$, wobei sich die beiden unterschiedlichen Richtungen in verschiedenen Vorzeichen der Prüfgröße ausdrücken. Bei drei Erwartungswerten sind stets zwei Angaben notwendig, um die Reihenfolge der Erwartungswerte festzulegen, z. B. $\mu_2 \leq \mu_1$, $\mu_1 \leq \mu_3$. Ein solcher Zusammenhang läßt sich nicht mehr durch das Vorzeichen einer eindimensionalen Maßzahl ausdrücken. Beim simultanen Vergleich mehrerer Erwartungswerte kann eine eindimensionale Prüfgröße also nur noch signalisieren, daß Unterschiede zwischen den Erwartungswerten bestehen; durch welche Anordnung der Erwartungswerte diese Unterschiede zustande kommen, vermag sie nicht mehr auszudrücken.

Die einfachste Möglichkeit, eine t-Statistik von ihrem Vorzeichen zu befreien, ist, sie zu quadrieren.

$$
\begin{aligned}
T^2 &= \frac{(\overline{X} - \overline{Y})^2}{SE^2} \\[2ex]
&= \frac{(\overline{X} - \overline{Y})^2 \dfrac{n_1 n_2}{n_1 + n_2}}{S_p^2} \\[3ex]
&= \frac{n_1 \left(\overline{X} - \dfrac{n_1 \overline{X} + n_2 \overline{Y}}{n_1 + n_2} \right)^2 + n_2 \left(\overline{Y} - \dfrac{n_1 \overline{X} + n_2 \overline{Y}}{n_1 + n_2} \right)^2}{\dfrac{1}{S_p^2}}
\end{aligned}
$$

Der letzte Schritt bedarf einiger, wenn auch elementarer Umformungen, die hier nicht aufgeführt werden sollen. Dem interessierten Leser wird es keine Probleme bereiten, den letzten auf den vorangehenden Term zurückzuführen. Wesentlich ist, daß die letzte Formulierung auch auf mehr als zwei Gruppen erweitert werden kann. Wie der Nenner dieses Ausdrucks, die gepoolte Varianz S_p^2, für mehr als zwei Gruppen berechnet wird, haben wir bereits im vorangegangenen Abschnitt gesehen. Betrachten wir nun den Zähler. Der Ausdruck

$$
\frac{n_1 \overline{X} + n_2 \overline{Y}}{n_1 + n_2} = \frac{1}{n_1 + n_2} \left(\sum_{i=1}^{n_1} X_i + \sum_{i=1}^{n_2} Y_i \right)
$$

ist der Mittelwert über sämtliche Beobachtungen. Man nennt ihn auch das große (totale) Mittel.

Der Zähler der quadrierten t-Statistik besteht demnach aus der Summe der quadratischen Abweichungen der Gruppenmittel $\overline{X}$ und $\overline{Y}$ vom großen Mittel, multipliziert mit der Gruppenstärke. Diese Rechenvorschrift läßt sich auch für mehr als zwei Gruppen durchführen. Die zunächst etwas willkürlich erscheinende 1 im Nenner des Zählers erklärt sich als die Anzahl der Freiheitsgrade df, die für die Quadratsumme zur Verfügung stehen. Das sind die quadratischen Abweichungen der beiden Gruppenmittel verringert um einen Freiheitsgrad für das große Mittel.

Um weiter fortzufahren, sollten wir zu der bereits im vorhergehenden Abschnitt eingeführten Notation übergehen, die dem hier behandelten Problem angemessener ist.

Für k Stichproben (Gruppen) bezeichnen wir die einzelne Beobachtung mit X_{ij}. Der Index $1 \leq i \leq k$ gibt dabei die Gruppenzugehörigkeit an, der Index $1 \leq j \leq n_i$ bezeichnet die j-te Beobachtung in der i-ten Gruppe, n_i den Umfang der i-ten Gruppe. Der Gesamtstichprobenumfang wird mit

$$N = \sum_{i=1}^{k} n_i$$

bezeichnet,

das Gruppenmittel der i-ten Gruppe mit

$$\overline{X}_{i.} = \frac{1}{n_i} \sum_{j=1}^{n_i} X_{ij} \; ,$$

das große Mittel mit

$$\overline{X}_{..} = \frac{1}{N} \sum_{i=1}^{k} \sum_{j=1}^{n_i} X_{ij}$$

$$= \frac{1}{N} \sum_{i=1}^{k} n_i \cdot \overline{X}_{i.}$$

Die hier verwendete Index-Punkt-Notation wurde in ähnlicher Weise bereits in Kapitel 6.5 eingeführt. Der Punkt an einer Indexposition zeigt an, daß über den entsprechenden Index summiert und durch die Anzahl Summanden dividiert wird.

Die gepoolte Varianz für alle Gruppen beträgt

$$S_p^2 = \frac{\displaystyle\sum_{i=1}^{k} \sum_{j=1}^{n_i} (X_{ij} - \overline{X}_{i.})^2}{df_2}$$

$$= \frac{\displaystyle\sum_{i=1}^{k} (n_i - 1) S_i^2}{df_2} \; .$$

Dabei sind df_2 die Freiheitsgrade für die Schätzung der gepoolten Varianz

$$df_2 = N - k$$

$$= \sum_{i=1}^{k} (n_i - 1).$$

Mit

$$df_1 = k - 1$$

lautet der Zähler der quadrierten T-Statistik, verallgemeinert für k Gruppen

$$\frac{\displaystyle\sum_{i=1}^{k} n_i (\overline{X}_{i.} - \overline{X}_{..})^2}{df_1} \; .$$

Den letzten Ausdruck nennt man die Varianz zwischen den Gruppen (Var_{zG}). Im Gegensatz dazu heißt die gepoolte Varianz, S_p^2, Varianz innerhalb der Gruppen (Var_{iG}). df_1 gibt an, wieviele Freiheitsgrade für die Schätzung der Varianz zwischen den Gruppen zur Verfügung stehen, nämlich ein Freiheitsgrad für jede der k Gruppen, vermindert um einen Freiheitsgrad für die Schätzung des großen Mittels.

Die für k Gruppen verallgemeinerte quadrierte T-Statistik wird meist mit F bezeichnet. Sie ist der Quotient der Varianz zwischen den Gruppen und der Varianz innerhalb der Gruppen:

$$F = \frac{Var_{zG}}{Var_{iG}} = \frac{\dfrac{\displaystyle\sum_{i=1}^{k} n_i (\overline{X}_{i.} - \overline{X}_{..})^2}{df_1}}{\dfrac{\displaystyle\sum_{i=1}^{k} \sum_{j=1}^{n_i} (X_{ij} - \overline{X}_{i.})^2}{df_2}} \ .$$

Falls alle Gruppen aus mit gleicher Varianz σ^2 (normal-) verteilten Grundgesamtheiten mit demselben Erwartungswert stammen, also die Nullhypothese

$$H_0: \ \mu_1 = \mu_2 = \dots = \mu_k$$

gilt, schätzen sowohl Var_{zG} als auch Var_{iG} die Stichprobenvarianz σ^2. Wenn nämlich

$$E(\overline{X}_{i.}) = \mu_i = E(\overline{X}_{..}) = \frac{1}{k} \sum_{i=1}^{k} \mu_i$$

gilt, dann ist jeder Summand $(\overline{X}_{i.} - \overline{X}_{..})^2$ ein Schätzer für die Varianz des Mittelwerts $\overline{X}_{i.}$. Diese beträgt $\sigma^2/_{n_i}$. $n_i (\overline{X}_{i.} - \overline{X}_{..})^2$ ist so ein Schätzer für σ^2. Die Summe dieser Schätzer für alle i, geteilt durch die für die Schätzung zu Verfügung stehenden Freiheitsgrade, nämlich

,,Anzahl der Summanden (k) – 1 Freiheitsgrad für das große Mittel",

schätzt daher wiederum σ^2.
Der Nenner, die gepoolte Varianz, ist unabhängig davon, ob die Nullhypothese gilt oder nicht, der eigentliche Schätzer für σ^2. Hier schätzen die Summanden $(X_{ij} - \overline{X}_{i.})^2$ die Varianz σ^2. Die Summe wird geteilt durch

,,Anzahl der Summanden (N) – k Freiheitsgrade, die durch die Schätzung der Gruppenmittel verloren gehen"

und schätzt so wiederum σ^2.
Das Verhältnis

$$F = \frac{Var_{zG}}{Var_{iG}}$$

folgt einer sogenannten F-Verteilung mit df_1 und df_2 Freiheitsgraden (siehe Kapitel 10.7). Die wichtigsten Quantile dieser Verteilungen sind in Tabellen 12.11 und 12.12 angegeben.

df_2	df_1									
	1	2	3	4	5	6	7	8	9	10
1	161.5	199.5	215.7	224.6	230.2	234.0	236.8	238.9	240.5	241.9
2	18.51	19.00	19.16	19.25	19.30	19.33	19.35	19.37	19.39	19.40
3	10.13	9.552	9.277	9.117	9.013	8.941	8.887	8.845	8.812	8.786
4	7.709	6.944	6.591	6.388	6.256	6.163	6.094	6.041	5.999	5.964
5	6.608	5.786	5.409	5.192	5.050	4.950	4.876	4.818	4.772	4.735
6	5.987	5.143	4.757	4.534	4.387	4.284	4.207	4.147	4.099	4.060
7	5.591	4.737	4.347	4.120	3.972	3.866	3.787	3.726	3.677	3.637
8	5.318	4.459	4.066	3.838	3.687	3.581	3.500	3.438	3.388	3.347
9	5.117	4.256	3.863	3.633	3.482	3.374	3.293	3.230	3.179	3.137
10	4.965	4.103	3.708	3.478	3.326	3.217	3.135	3.072	3.020	2.978
11	4.844	3.982	3.587	3.357	3.204	3.095	3.012	2.948	2.896	2.854
12	4.747	3.885	3.490	3.259	3.106	2.996	2.913	2.849	2.796	2.753
13	4.667	3.806	3.411	3.179	3.025	2.915	2.832	2.767	2.714	2.671
14	4.600	3.739	3.344	3.112	2.958	2.848	2.764	2.699	2.646	2.602
15	4.543	3.682	3.287	3.056	2.901	2.790	2.707	2.641	2.588	2.544
16	4.494	3.634	3.239	3.007	2.852	2.741	2.657	2.591	2.538	2.494
17	4.451	3.592	3.197	2.965	2.810	2.699	2.614	2.548	2.494	2.450
18	4.414	3.555	3.160	2.928	2.773	2.661	2.577	2.510	2.456	2.412
19	4.381	3.522	3.127	2.895	2.740	2.628	2.544	2.477	2.423	2.378
20	4.351	3.493	3.098	2.866	2.711	2.599	2.514	2.447	2.393	2.348
21	4.325	3.467	3.072	2.840	2.685	2.573	2.488	2.420	2.366	2.321
22	4.301	3.443	3.049	2.817	2.661	2.549	2.464	2.397	2.342	2.297
23	4.279	3.422	3.028	2.796	2.640	2.528	2.442	2.375	2.320	2.275
24	4.260	3.403	3.009	2.776	2.621	2.508	2.423	2.355	2.300	2.255
25	4.242	3.385	2.991	2.759	2.603	2.490	2.405	2.337	2.282	2.236
26	4.225	3.369	2.975	2.743	2.587	2.474	2.388	2.321	2.265	2.220
27	4.210	3.354	2.960	2.728	2.572	2.459	2.373	2.305	2.250	2.204
28	4.196	3.340	2.947	2.714	2.558	2.445	2.359	2.291	2.236	2.190
29	4.183	3.328	2.934	2.701	2.545	2.432	2.346	2.278	2.223	2.177
30	4.171	3.316	2.922	2.690	2.534	2.421	2.334	2.266	2.211	2.165
31	4.160	3.305	2.911	2.679	2.523	2.409	2.323	2.255	2.199	2.153
32	4.149	3.295	2.901	2.668	2.512	2.399	2.313	2.244	2.189	2.142
33	4.139	3.285	2.892	2.659	2.503	2.389	2.303	2.235	2.179	2.133
34	4.130	3.276	2.883	2.650	2.494	2.380	2.294	2.225	2.170	2.123
35	4.121	3.267	2.874	2.641	2.485	2.372	2.285	2.217	2.161	2.114
36	4.113	3.259	2.866	2.634	2.477	2.364	2.277	2.209	2.153	2.106
37	4.105	3.252	2.859	2.626	2.470	2.356	2.270	2.201	2.145	2.098
38	4.098	3.245	2.852	2.619	2.463	2.349	2.262	2.194	2.138	2.091
39	4.091	3.238	2.845	2.612	2.456	2.342	2.255	2.187	2.131	2.084
40	4.085	3.232	2.839	2.606	2.449	2.336	2.249	2.180	2.124	2.077
41	4.079	3.226	2.833	2.600	2.443	2.330	2.243	2.174	2.118	2.071
42	4.073	3.220	2.827	2.594	2.438	2.324	2.237	2.168	2.112	2.065
43	4.067	3.214	2.822	2.589	2.432	2.318	2.232	2.163	2.106	2.059
44	4.062	3.209	2.816	2.584	2.427	2.313	2.226	2.157	2.101	2.054
45	4.057	3.204	2.812	2.579	2.422	2.308	2.221	2.152	2.096	2.049
46	4.052	3.200	2.807	2.574	2.417	2.304	2.216	2.147	2.091	2.044
47	4.047	3.195	2.802	2.570	2.413	2.299	2.212	2.143	2.086	2.039
48	4.043	3.191	2.798	2.565	2.409	2.295	2.207	2.138	2.082	2.035
49	4.038	3.187	2.794	2.561	2.404	2.290	2.203	2.134	2.077	2.030

Tabelle 12.11. 95 %-Quantile der F-Verteilung mit df_1, df_2 Freiheitsgraden.

df_2	1	2	3	4	5	df_1 6	7	8	9	10
51	4.030	3.179	2.786	2.553	2.397	2.283	2.195	2.126	2.069	2.022
53	4.023	3.172	2.779	2.546	2.389	2.275	2.188	2.119	2.062	2.015
55	4.016	3.165	2.773	2.540	2.383	2.269	2.181	2.112	2.055	2.008
57	4.010	3.159	2.766	2.534	2.377	2.263	2.175	2.106	2.049	2.001
59	4.004	3.153	2.761	2.528	2.371	2.257	2.169	2.100	2.043	1.995
61	3.998	3.148	2.755	2.523	2.366	2.251	2.164	2.094	2.037	1.990
63	3.993	3.143	2.751	2.518	2.361	2.246	2.159	2.089	2.032	1.985
65	3.989	3.138	2.746	2.513	2.356	2.242	2.154	2.084	2.027	1.980
67	3.984	3.134	2.742	2.509	2.352	2.237	2.150	2.080	2.023	1.975
69	3.980	3.130	2.737	2.505	2.348	2.233	2.145	2.076	2.019	1.971
71	3.976	3.126	2.734	2.501	2.344	2.229	2.142	2.072	2.015	1.967
74	3.970	3.120	2.728	2.495	2.338	2.224	2.136	2.066	2.009	1.961
77	3.965	3.115	2.723	2.490	2.333	2.219	2.131	2.061	2.004	1.956
80	3.960	3.111	2.719	2.486	2.329	2.214	2.126	2.056	1.999	1.951
83	3.956	3.107	2.715	2.482	2.324	2.210	2.122	2.052	1.995	1.947
86	3.952	3.103	2.711	2.478	2.321	2.206	2.118	2.048	1.991	1.943
89	3.948	3.099	2.707	2.474	2.317	2.202	2.114	2.044	1.987	1.939
93	3.943	3.094	2.703	2.470	2.312	2.198	2.110	2.040	1.982	1.934
97	3.939	3.090	2.698	2.465	2.308	2.194	2.105	2.035	1.978	1.930
101	3.935	3.086	2.695	2.462	2.304	2.190	2.102	2.031	1.974	1.926
106	3.931	3.082	2.690	2.457	2.300	2.185	2.097	2.027	1.969	1.921
111	3.927	3.078	2.686	2.453	2.296	2.181	2.093	2.023	1.965	1.917
116	3.923	3.074	2.683	2.450	2.293	2.178	2.089	2.019	1.962	1.913
122	3.919	3.071	2.679	2.446	2.289	2.174	2.085	2.015	1.957	1.909
128	3.915	3.067	2.675	2.442	2.285	2.170	2.082	2.011	1.954	1.905
135	3.911	3.063	2.672	2.439	2.281	2.166	2.078	2.008	1.950	1.901
143	3.907	3.059	2.668	2.435	2.277	2.163	2.074	2.004	1.946	1.897
151	3.904	3.056	2.665	2.432	2.274	2.159	2.071	2.000	1.942	1.894
160	3.900	3.053	2.661	2.428	2.271	2.156	2.067	1.997	1.939	1.890
171	3.896	3.049	2.657	2.425	2.267	2.152	2.063	1.993	1.935	1.886
183	3.893	3.045	2.654	2.421	2.263	2.148	2.060	1.989	1.931	1.883
197	3.889	3.042	2.650	2.417	2.260	2.145	2.056	1.986	1.928	1.879
213	3.885	3.038	2.647	2.414	2.256	2.141	2.053	1.982	1.924	1.875
231	3.882	3.035	2.644	2.411	2.253	2.138	2.049	1.979	1.921	1.872
252	3.879	3.032	2.640	2.407	2.250	2.135	2.046	1.975	1.917	1.868
277	3.875	3.028	2.637	2.404	2.247	2.131	2.043	1.972	1.914	1.865
308	3.872	3.025	2.634	2.401	2.243	2.128	2.039	1.969	1.910	1.862
346	3.868	3.022	2.631	2.398	2.240	2.125	2.036	1.965	1.907	1.858
395	3.865	3.019	2.627	2.395	2.237	2.122	2.033	1.962	1.904	1.855
459	3.862	3.015	2.624	2.391	2.234	2.118	2.030	1.959	1.900	1.851
547	3.859	3.012	2.621	2.388	2.230	2.115	2.026	1.955	1.897	1.848
676	3.855	3.009	2.618	2.385	2.227	2.112	2.023	1.952	1.894	1.845
883	3.852	3.006	2.615	2.382	2.224	2.109	2.020	1.949	1.890	1.841
1271	3.849	3.003	2.612	2.379	2.221	2.106	2.017	1.946	1.887	1.838
∞	3.841	2.996	2.605	2.372	2.214	2.099	2.010	1.938	1.880	1.831

Tabelle 12.12. 95 %-Quantile der F-Verteilung mit df_1, df_2 Freiheitsgraden (Fortsetzung). Die Werte der Freiheitsgrade df_2 sind so abgestuft, daß durch die Ersetzung eines fehlenden Wertes durch einen Nachbarn Abweichungen von der Überschreitungswahrscheinlichkeit 95 % um höchstens 0.05 % auftreten können.

Die Nullhypothese H_0 sämtlich gleicher Gruppenerwartungswerte wird zum Niveau α abgelehnt, falls F größer ist als das $1-\alpha$-Quantil der entsprechenden F-Verteilung

$$F > F_{df_1;\, df_2;\, 1-\alpha}\,.$$

Allgemein nennt man Verfahren, bei denen mehrere Gruppen dadurch verglichen werden, daß Varianzen zwischen den Gruppen zu Varianzen innerhalb der Gruppen ins Verhältnis gesetzt werden ,,Varianzanalyse" (englisch ANalysis Of VAriance, ANOVA).
Werden die Gruppen, wie z. B. bei der Feuerwehrstudie, nach einem einzigen Klassifikationsmerkmal (hier Berufszugehörigkeit) unterschieden, spricht man von einer Varianzanalyse mit Einfachklassifikation oder einfaktoriellen Varianzanalyse (englisch One-Way-ANOVA). Grundsätzlich ist auch eine Untersuchung mehrerer Klassifikationsmerkmale, etwa Berufszugehörigkeit und Altersgruppe, möglich. Mehrfaktorielle Varianzanalysen werden im Rahmen dieses Buches nicht behandelt.
Mit dem gerade gewonnenen Rüstzeug können wir prüfen, ob die drei Gruppen der Feuerwehrstudie aus Grundgesamtheiten mit unterschiedlichen Erwartungswerten der (logarithmierten) Dioxinkonzentrationen (bezogen auf das Blutfett) stammen.
Die notwendigen Daten entnehmen wir Tabelle 12.10.
Die gepoolte Varianz haben wir bereits berechnet, sie beträgt

$$Var_{iG} = s_p^2 = 0.14^2 = 0.0196\,.$$

Das große Mittel berechnet sich zu

$$\overline{x}_{..} = \frac{80 \cdot 1.63 + 78 \cdot 1.61 + 86 \cdot 1.61}{80 + 78 + 86} = \frac{130.4 + 125.6 + 138.5}{244}$$

$$= \frac{394.5}{244} = 1.62\,.$$

Die quadrierten Abweichungen der Gruppenmittel vom großen Mittel betragen daher jeweils $0.01^2 = 0.0001$.
Die Varianz zwischen den Gruppen lautet also

$$Var_{zG} = \frac{80 \cdot 0.0001 + 78 \cdot 0.0001 + 86 \cdot 0.0001}{3 - 1}$$

$$= \frac{244 \cdot 0.0001}{2} = 122 \cdot 0.0001 = 0.0122\,.$$

Damit berechnet sich die Teststatistik zu

$$F = \frac{0.0122}{0.0196} = 0.62\,.$$

Das 95 %-Quantil der F-Verteilung mit 2 und 241 Freiheitsgraden können wir Tabelle 12.11 nicht entnehmen. Wir wählen statt dessen das Quantil der F-Verteilung mit 2 und 231 Freiheitsgraden. Dieses beträgt 3.04. Da

$$F = 0.62 < F_{2;\,231;\,0.95} = 3.04,$$

geben unsere Daten keinen Anhaltspunkt, die Nullhypothese gleicher Erwartungswerte aller drei Gruppen zu verwerfen.

Als weiteres Beispiel wollen wir noch den Body-Mass-Index der Probanden der Feuerwehrstudie untersuchen. Im vorangegangenen Kapitel hatten wir bereits ein Konfidenzintervall für die Differenz der Erwartungswerte der kombinierten Gruppe aller Feuerwehrleute und der städtischen Bediensteten berechnet und dabei gesehen, daß diese unterschiedlich von 0 sein muß. Die Daten von Tabelle 12.13 zeigen, daß die beiden Feuerwehr-Gruppen nicht zweifelsfrei homogen sind, so daß eine Kombination der Gruppen nicht unbedingt gerechtfertigt erscheint. Mit einer Varianzanalyse haben wir nun die Möglichkeit, ohne Kombination von Gruppen auf Gleichheit der drei Erwartungswerte zu testen.

Gruppe	Anzahl	Mittelwert	Standardabweichung
Feuerwehrleute im aktiven Brandeinsatz	80	25.6	2.2
Flughafenfeuerwehr	72	26.8	2.5
städtische Bedienstete	85	25.2	3.1

Tabelle 12.13. Mittelwerte und Standardabweichungen des BMI der Probanden der Feuerwehrstudie nach Gruppen aufgeschlüsselt.

Das große Mittel beträgt

$$\overline{X}_{..} = \frac{80 \cdot 25.6 + 72 \cdot 26.8 + 85 \cdot 25.3}{80 + 72 + 85} = \frac{2048 + 1930 + 2150}{237} = \frac{6128}{237} = 25.9.$$

Die Varianz zwischen den Gruppen ist dann

$$Var_{zG} = \frac{80 \cdot (25.6 - 25.9)^2 + 72 \cdot (26.8 - 25.9)^2 + 85 \cdot (25.3 - 25.9)^2}{3 - 1\,1}$$

$$= \frac{80 \cdot 0.3^2 + 72 \cdot 0.9^2 + 85 \cdot 0.6^2}{2} = \frac{80 \cdot 0.09 + 72 \cdot 0.81 + 85 \cdot 0.36}{2}$$

$$= \frac{7.2 + 58.3 + 30.6}{2} = \frac{96}{2} = 48.$$

Die Varianz innerhalb der Gruppen berechnet sich zu

$$Var_{iG} = \frac{(80 - 1) \cdot 2.2^2 + (72 - 1) \cdot 2.5^2 + (85 - 1) \cdot 3.1^2}{80 + 72 + 85 - 3}$$

$$= \frac{79 \cdot 4.84 + 71 \cdot 6.25 + 84 \cdot 9.61}{234} = \frac{382.36 + 443.75 + 807.24}{234}$$

$$= \frac{1633}{234} = 7.$$

Die F-Statistik lautet damit

$$F = \frac{Var_{zG}}{Var_{iG}} = \frac{48}{7} = 6.9.$$

Das 95 %-Quantil der F-Verteilung mit 2 und 234 Freiheitsgraden ist in Tabelle 12.11 nicht vorhanden, wir wählen statt dessen wiederum das F-Quantil mit 2 und 231 Freiheitsgraden $F_{2;\ 231;\ 0.95} = 3.04$. Wegen

$$F = 6.9 > F_{2;\ 231;\ 0.95} = 3.04$$

ist von unterschiedlichen Erwartungswerten der drei Gruppen auszugehen. Die Varianzanalyse beantwortet nicht die Frage, zwischen welchen Gruppen Unterschiede bestehen. Dies führt zu dem Problem des multiplen Testens (siehe Kapitel 12.14), das wir im Rahmen dieses Buches nicht weiter behandeln. Für den Drei-Gruppenfall kann gezeigt werden, daß im Fall eines signifikanten Ergebnisses des Globaltests (wie im Beispiel) die anschließenden Zwei-Gruppen-Vergleiche zum Niveau α durchgeführt werden können.

Diese sogenannten Kontraste können wir auch mit Hilfe von Varianzanalysen testen, indem wir in die Varianz zwischen den Gruppen jeweils nur die beiden interessierenden Gruppen aufnehmen.

Dabei können wir die einfachere Variante der Formel für zwei Gruppen benutzen

$$Var_{zG} = (\overline{X}_{1.} - \overline{X}_{2.})^2 \frac{n_1\, n_2}{n_1 + n_2}.$$

Für den Vergleich der beiden Feuerwehrgruppen erhalten wir

$$Var_{zG} = (25.6 - 26.8)^2 \frac{80 \cdot 72}{80 + 72} = \frac{1.44 \cdot 5760}{152} = 54.6.$$

Die Varianz innerhalb der Gruppen brauchen wir nicht neu zu bestimmen, da wir den bereits berechneten Wert für alle drei Gruppen benutzen können. Damit berechnet sich die Teststatistik zu

$$F = \frac{Var_{zG}}{Var_{iG}} = \frac{54.6}{7} = 7.9.$$

Das 95 %-Quantil der F-Verteilung mit einem und 234 Freiheitsgraden ersetzen wir durch dasjenige mit einem und 231 Freiheitsgraden $F_{1;\ 231;\ 0.95} = 3.88$. Da

$$F = 7.9 > F_{1;\ 231;\ 0.95} = 3.88,$$

ist von unterschiedlichen Erwartungswerten des BMI der beiden Feuerwehrgruppen auszugehen.

Die Ausführung des Tests für den Vergleich von Flughafenfeuerwehr und städtischen Bediensteten können wir uns sparen, da die Prüfgröße wegen der größeren Mittelwertdifferenzen und des höheren Stichprobenumfangs sogar größer ausfallen muß als beim gerade durchgeführten Vergleich. Es bleibt so noch zu untersuchen, ob auch ein Unterschied zwischen den beiden nahe beieinander liegenden Gruppen (Feuerwehrleute im aktiven Brandeinsatz und städtische Bedienstete) nachweisbar ist.

$$Var_{zG} = (25.6 - 25.3)^2 \frac{80 \cdot 85}{80 + 85} = \frac{0.09 \cdot 6800}{165} = 3.7.$$

$$F = \frac{Var_{zG}}{Var_{iG}} = \frac{3.7}{7} = 0.53.$$

$$F = 0.53 < F_{1;\,231;\,0.95} = 3.88.$$

Die im letzten Kapitel gefundene Erwartungswertdifferenz des BMI zwischen Feuerwehrleuten und Verwaltungsangestellten beruht demnach wesentlich auf Inhomogenitäten der beiden Feuerwehrgruppen und ist so schwer interpretierbar. Dieser Befund unterstreicht noch einmal die im letzten Abschnitt ausgesprochenen Warnung vor unkritischer Zusammenfassung mehrerer Gruppen.

- Verteilungsvoraussetzungen für die Anwendbarkeit einer Varianzanalyse sind identische, möglichst symmetrische Verteilungen der Gruppen, sofern die Nullhypothese gilt.
- Trennscharf ist die Varianzanalyse für (annähernd) normalverteilte Grundgesamtheiten mit gleicher Varianz σ^2.

12.16 Kruskal-Wallis-Test

Es existiert auch ein auf Rängen basierendes nichtparametrisches Pendant zur klassischen einfaktoriellen Varianzanalyse. Die Nullhypothese beinhaltet hierbei identische Verteilungen aller Gruppen.
Zur Durchführung des Test werden zunächst sämtliche N Beobachtungen X_{ij} rangiert. Weitergerechnet wird mit den entsprechenden Rängen R_{ij}.

$$\overline{R}_{i.} = \frac{1}{n_i} \sum_{j=1}^{n_i} R_{ij}$$

bezeichnet den mittleren Rang der i-ten Gruppe.

$$\overline{R}_{..} = \frac{N+1}{2}$$

ist der Mittelrang sämtlicher Beobachtungen. Falls die Nullhypothese gilt, ist die Teststatistik

$$H = \frac{\displaystyle\sum_{i=1}^{k} n_i (\overline{R}_{i.} - \overline{R}_{..})^2}{\dfrac{N(N+1)}{12}} = \frac{12 \displaystyle\sum_{i=1}^{k} n_i \overline{R}_i^2}{N(N+1)} - 3(N+1)$$

angenähert χ^2-verteilt mit $k-1$ Freiheitsgraden. Die χ^2-Verteilung mit n Freiheitsgraden ist die Verteilung einer Summe von n unabhängigen quadrierten standardnormalverteilten Zufallsvariablen (siehe Kapitel 10.7). Sie wird uns im folgenden Kapitel noch mehrmals begegnen. Ihre wichtigsten Quantile $\chi^2_{df;\,1-\alpha}$ sind vertafelt (Tabelle 13.9).

Die Nullhypothese identischer Verteilungen aller Gruppen wird abgelehnt, falls

$$H > \chi^2_{k-1;\,1-\alpha}\,.$$

Diese nichtparametrische einfaktorielle Varianzanalyse heißt Kruskal-Wallis-Test. Bei stärkeren Abweichungen der Gruppenverteilungen von der Normalverteilung ist sie einer klassischen parametrischen Varianzanalyse vorzuziehen.

Eine größere Sicherheit gegen Verletzungen der Verteilungsvoraussetzungen unter der Nullhypothese bietet sie, wie schon der Mann-Whitney-U-Test, nicht. Falls eine geeignete normalisierende Transformation existiert, wird man mit einer parametrischen Analyse der transformierten Daten in der Regel bessere Ergebnisse erzielen als mit dem nichtparametrischen Test.

13 Vergleich von Gruppen – Kategoriale Zielgröße

13.1 Häufigkeiten und Anteile

Kategoriale Merkmale findet man sehr häufig in der medizinischen Forschung. Sie entstehen, wenn Individuen in zwei oder mehr sich ausschließende Gruppen (Kategorien) eingeteilt werden. Die Anzahl Individuen, die bei einer Stichprobe in eine bestimmte Gruppe fallen, wird als Häufigkeit bezeichnet. Daher ist die Analyse von kategorialen Daten die Analyse von Häufigkeiten. Die Daten werden gewöhnlich in einer Häufigkeitstabelle erfaßt (siehe Kapitel 6.5). Tabelle 13.1 stellt ein Beispiel für eine Häufigkeitstabelle dar.

683 Patienten mit schweren Kopfverletzungen wurden hier nach dem Merkmal ,,Augenindex bei Aufnahme'' sowie ,,Outcome nach 6 Monaten'' den sechs möglichen Kategorien zugeteilt. Diese Daten wurden von Neurochirurgen in den Jahren zwischen 1968 und 1976 erhoben [Jennett et al.]. Der Grad der Erholung wurde nach der ,,Glasgow Outcome Scale'' 6 Monate nach der Verletzung beurteilt. Mit dem Augenindex lassen sich spontane Augenbewegungen sowie Reflexe am Auge bewerten.

Outcome nach 6 Monaten	Augenindex bei Aufnahme			gesamt
	schlecht	mittelmäßig	gut	
schlecht	163	82	144	389
	(0.95)	(0.71)	(0.36)	(0.57)
gut	9	33	252	294
	(0.05)	(0.29)	(0.64)	(0.43)
gesamt	172	115	396	683

Tabelle 13.1. Augenindex bei Krankenhausaufnahme und Outcome nach 6 Monaten bei 683 Patienten mit schweren Kopfverletzungen [Jennett et al.].

Wenn eines der beiden Merkmale, wie in diesem Beispiel, nur zwei Kategorien besitzt, also ein binäres Merkmal ist, können die Daten als Anteil der Anzahl Individuen in *einer* der beiden Kategorien an der Gesamtzahl der Individuen in den beiden Kategorien dargestellt werden. In Tabelle 13.1 hat das Merkmal ,,Outcome nach 6 Monaten'' zwei Kategorien (,,schlecht'' und ,,gut''). Der Anteil Patienten bei gegebener Kategorie des Merkmals ,,Augenindex bei Aufnahme'' ist in der Tabelle in Klammern angegeben. So beträgt etwa in der Kategorie ,,Mittelmäßiger Augenindex bei Aufnahme'' der Anteil Patienten mit gutem Outcome nach 6 Monaten 29 %. Der Anteil Patienten mit schlechtem Outcome in dieser Kategorie ergibt sich zwangsläufig zu 0.71 = 1 - 0.29.

Für diesen Typ kategorialer Daten können sowohl die Häufigkeitstabelle als auch die Anteile analysiert werden. Beide Darstellungen enthalten dieselbe Information, beide

Auswertungsalternativen führen auch zum selben Ergebnis. Da beide Methoden gebräuchlich sind, werden wir sie im folgenden näher betrachten. Wenn beide Merkmale mehr als zwei Kategorien besitzen, ist eine einfache Auswertung mit Anteilen nicht mehr möglich, die Auswertung der Häufigkeitstabelle kann jedoch weiterhin vorgenommen werden.

13.2 Ein Anteil

Der einfachste Fall, den wir behandeln wollen, ist der mit einer einzigen Gruppe von Individuen, bei der der Anteil für eine Merkmalsausprägung festgestellt wird. Als Beispiel betrachten wir die Prävalenz der Hypertonie.

Ein internationales WHO-Projekt befaßte sich in den Jahren 1989/1990 in der Studienregion Augsburg mit einer Querschnittsuntersuchung der Bevölkerung. Hierzu wählte man aus dem Einwohnermelderegister Personen aus, die zu einer medizinischen Untersuchung eingeladen wurden. Eine standardisierte Blutdruckmessung gab Auskunft darüber, ob die untersuchte Person einen hypertonen Blutdruckwert hatte (systolisch ≥ 160 mmHg oder diastolisch ≥ 95 mmHg) oder nicht.

Als Ergebnis stellte man fest, daß bei $k = 106$ von $n = 539$ Männern im Alter zwischen 45 und 54 Jahren ein erhöhter Blutdruck vorlag. Dies entspricht einem Anteil

$$\hat{p} = \frac{k}{n} = 0.197 \,.$$

Bereits in den Kapiteln 11 und 12 haben wir Schätzer (Schätzfunktionen) für Parameter kennengelernt: So schätzt der Mittelwert $\bar{x}$ den Erwartungswert μ, die empirische Standardabweichung s die Standardabweichung σ. Bisher haben wir für Schätzer und Parameter unterschiedliche Bezeichnungen gewählt (z. B. μ und $\bar{x}$). Es ist jedoch üblich, Schätzer für Parameter durch das Aufsetzen des Zeichens „^" (sprich: Dach) kenntlich zu machen. So würde z. B. $\hat{\mu}$ einen Schätzer für μ bezeichnen (in diesem Beispiel ist $\bar{x} = \hat{\mu}$). Der Vorteil dieser Bezeichnung ist zum einen, daß für den Schätzer kein neuer Buchstabe benötigt wird, und zum anderen der klare Bezug des Schätzers zum Parameter, den er schätzt. Der Nachteil dieser Bezeichnung liegt darin, daß nicht zwischen Schätzfunktion und Schätzwert unterschieden wird. $\hat{p}$ ist also ein Schätzer, und zwar für den Parameter p der Binomialverteilung.

Für die Anzahl Männer X_n mit erhöhtem Blutdruck ist die Binomialverteilung $B(n, p)$ (siehe Kapitel 10.1) ein geeignetes Wahrscheinlichkeitsmodell. Für den (exakten) Binomialtest können die kritischen Grenzen c für x_n unmittelbar aus der Binomialverteilung bestimmt werden. Soll beispielsweise ein einseitiger Test

$$H_0\colon p = p_0, \quad H_1\colon p < p_0$$

zum Niveau α gegen einen spezifizierten Wert p_0 durchgeführt werden, so ist c durch die Forderung $p(x_n \leq c) \leq \alpha$ festgelegt. Die Binomialverteilung kann gut durch die Normalverteilung approximiert werden (siehe Kapitel 10.6). Diese Eigenschaft verwenden wir analog wie bei der Konstruktion der nichtparametrischen Tests (siehe Kapitel 12.8 und

Kapitel 12.11) zur Herleitung eines Tests und Konfidenzintervalls. Für den Standardfehler SE eines Anteils $\hat{p}$ (siehe Kapitel 11.4) erhalten wir:

$$SE(\hat{p}) = \sqrt{\frac{p\,(1-p)}{n}}$$

Ersetzen wir den Parameter p durch seinen Schätzwert $\hat{p}$, so erhalten wir approximativ den Standardfehler für den beobachteten Anteil

$$SE = \sqrt{\frac{0.197 \cdot 0.803}{539}} = 0.017$$

und damit ein 95 %-Konfidenzintervall (siehe Kapitel 11.6) für die Prävalenz der Hypertonie bei Männern im Alter zwischen 45 und 54 Jahren

$$\begin{aligned}
\text{von} \quad 0.163 &= 0.197 - 1.96 \cdot 0.017 \\
\text{bis} \quad 0.230 &= 0.197 + 1.96 \cdot 0.017.
\end{aligned}$$

Falls die 539 untersuchten Männer repräsentativ sind für Männer der Augsburger Region (der Bundesrepublik), so können wir mit ziemlicher Sicherheit davon ausgehen, daß die Prävalenz der Hypertonie von Männern dieses Alters in der Augsburger Region (der Bundesrepublik) zwischen 16.3 und 23.0 % liegt.

In äquivalenter Weise zur Bestimmung des Konfidenzintervalls können wir für diese Situation einen Test gegenüber einem vorher spezifiziertem Wert p_0 durchführen. Hierzu verwenden wir die allgemeine Teststatistik:

$$\frac{beobachteter\ Wert - erwarteter\ Wert}{Standardfehler\ des\ beobachteten\ Wertes}$$

welche approximativ normalverteilt ist und unter der Nullhypothese H_0: $p = p_0$ den Erwartungswert 0 und die Varianz 1 besitzt. Dies ergibt die Testgröße:

$$z = \frac{\hat{p} - p_0}{SE(\hat{p})}.$$

In diesem Fall ist es sinnvoll, den Standardfehler des Anteils unter der Nullhypothese, also mit $p = p_0$ zu verwenden:

$$SE(\hat{p}) = \sqrt{\frac{p_0(1-p_0)}{n}}.$$

Falls wir die vorher spezifizierte Hypothese testen wollen, daß die Prävalenz der Hypertonie bei Männern in dieser Altersgruppe nicht größer als $p_0 = 15$ % ist, berechnen wir

$$SE(\hat{p}) = \sqrt{\frac{0.15 \cdot 0.85}{539}} = 0.015$$

und erhalten

$$z = \frac{0.197 - 0.150}{0.015} = 3.03.$$

Dieser z-Wert entspricht einem (einseitigen) p-Wert < 0.05.

Sowohl zur Bestimmung des Konfidenzintervalls als auch zur Durchführung des Tests haben wir die Normalverteilung als Approximation für die Binomialverteilung benutzt. Es ist bekannt, daß diese Approximation zu einer leichten Erhöhung des α-Fehlers führt. Daher wurde früher eine sog. Stetigkeitskorrektur vorgeschlagen, womit in jedem Fall der α-Fehler eingehalten wird. Wie Untersuchungen aus den letzten Jahren zeigen, führt diese Stetigkeitskorrektur jedoch zu sehr konservativen Ergebnissen, so daß sie nicht mehr gerechtfertigt erscheint. Zudem ist es mit moderner Software möglich, anstelle des approximativen Tests den exakten Binomialtest zu verwenden. Für das angegebene Beispiel liefert der exakte Binomialtest ebenfalls einen p-Wert < 0.05. Auch bei der Bestimmung der Grenzen des Konfidenzintervalls, das als Ergebnisbeschreibung in jedem Fall gegenüber der Angabe von p-Werten zu bevorzugen ist, wird die Verwendung der exakten Binomialverteilung nur in Ausnahmefällen zu einer relevanten Veränderung der Grenzwerte führen.

13.3   Zwei unabhängige Anteile

Häufig werden in der medizinischen Forschung zwei Anteile in zwei unabhängigen Gruppen miteinander verglichen. Dieser Vergleich betrifft sowohl Beobachtungs- als auch experimentelle Studien.

Bei Studien, die eine Entscheidung zur Folge haben, z. B. bei Arzneimittelprüfungen die Zulassung einer neuen Substanz, sollte stets ein (exakter) statistischer Test benutzt werden, in diesem Fall Fishers exakter Test (siehe Kapitel 13.6). In den meisten Fällen werden statistische Methoden jedoch im Sinne einer Datenbeschreibung eingesetzt. Hierfür eignen sich die im folgenden beschriebenen Methoden.

1984/85			1989/90			Differenz	95 %-KI
n_1	k_1	$\hat{p}_1 = \frac{k_1}{n_1}$	n_2	k_2	$\hat{p}_2 = \frac{k_2}{n_2}$	$\hat{p}_1 - \hat{p}_2$	
485	82	0.169	462	62	0.134	0.035	-0.011 bis 0.080

Tabelle 13.2. Prävalenz der Hypertonie bei Männern im Alter zwischen 35 und 44 Jahren, erhoben in 1984/85 und 1989/90. n_i: Anzahl untersuchter Personen; k_i: Anzahl Personen mit erhöhtem Blutdruck; KI: Konfidenzintervall.

In Kapitel 13.2 wurde eine epidemiologische Studie beschrieben, in der die Prävalenz der Hypertonie geschätzt wurde. Die Datenerhebung für diese Studie wurde nicht nur in den Jahren 1989/90, sondern auch bereits 1984/85 durchgeführt. Beide Male wurde unabhängig eine Stichprobe aus dem Einwohnermelderegister gezogen. Die Ergebnisse für Männer zwischen 35 und 44 Jahren sind in der Tabelle 13.2 angegeben. Der Anteil Probanden mit Hypertonie ist in den Jahren 1984/85 gegenüber 1989/90 etwas erhöht. Ebenso wie in Kapitel 13.2 für *eine* Prävalenz kann auch für die *Differenz* von *zwei* Prävalenzen ein Konfidenzintervall angegeben werden.

Der Standardfehler *SE* für die Differenz $\hat{p}_1 - \hat{p}_2$ ist mit der Approximation durch die Normalverteilung (siehe Kapitel 11.5) gegeben durch:

$$SE(\hat{p}_1 - \hat{p}_2) = \sqrt{Var(\hat{p}_1) + Var(\hat{p}_2)}$$

$$= \sqrt{\frac{p_1(1-p_1)}{n_1} + \frac{p_2(1-p_2)}{n_2}}$$

Damit erhalten wir als Grenzen des Konfidenzintervalles

$$\hat{p}_1 - \hat{p}_2 - 1.96 \cdot SE \quad \text{und} \quad \hat{p}_1 - \hat{p}_2 + 1.96 \cdot SE.$$

Im Beispiel ist die Differenz der beobachteten Anteile

$$\hat{p}_1 - \hat{p}_2 = 0.169 - 0.134 = 0.035$$

und der Standardfehler *SE*, den wir durch Einsetzen der Schätzwerte für die Parameter p_1 und p_2 berechnen,

$$SE(\hat{p}_1 - \hat{p}_2) = \sqrt{\frac{0.169 \cdot 0.831}{485} + \frac{0.134 \cdot 0.866}{462}} = 0.023.$$

Das 95 %-Konfidenzintervall für die Differenz der beiden Anteile ergibt sich hiermit:

$$\text{von} \quad -0.011 = 0.035 - 1.96 \cdot 0.023$$
$$\text{bis} \quad 0.080 = 0.035 + 1.96 \cdot 0.023.$$

Zum Prüfen der Hypothese

$$H_0: p_1 = p_2 \quad \text{gegen} \quad H_1: p_1 \neq p_2$$

kann ebenfalls ein Test verwendet werden, der auf der Approximation der Binomialverteilung durch die Normalverteilung beruht. Wir geben diesen Test nur zur Demonstration des Vorgehens an, da er für einen praktischen Einsatz ohne Bedeutung ist: Soll der Test eine Entscheidung herbeiführen, so sollte ein derart approximativer Test ohnehin nicht eingesetzt werden (Beispiel Arzneimittelprüfung). In allen anderen Fällen ist dann die Angabe eines Konfidenzintervalles sinnvoller als die Bestimmung von p-Werten.

Unter der Nullhypothese $H_0: p_1 = p_2$ ist der beste Schätzer für $p = p_1 = p_2$:

$$\hat{p} = \frac{K_1 + K_2}{n_1 + n_2} \, .$$

Der Standardfehler von $\hat{p}_1 - \hat{p}_2$ unter H_0 wird daher unter der Voraussetzung berechnet, daß der Anteil in beiden Gruppen gleich ist:

$$SE = \sqrt{\frac{p\,(1-p)}{n_1} + \frac{p\,(1-p)}{n_2}}$$

$$= \sqrt{p\,(1-p)\left(\frac{1}{n_1} + \frac{1}{n_2}\right)} \, .$$

Zur Schätzung von SE ersetzen wir wieder den Parameter p durch seinen Schätzwert $\hat{p}$. Dieser Standardfehler unterscheidet sich demnach leicht von der Berechnung des Standardfehlers im Falle des Konfidenzintervalls. Bei Verwendung der Normalverteilungsapproximation erhält man als standardisierte Zufallsgröße:

$$Z = \frac{\hat{p}_1 - \hat{p}_2}{SE} \, .$$

Im Beispiel ist die Differenz $\hat{p}_1 - \hat{p}_2 = 0.035$ wie zuvor. Als Schätzwert für das gemeinsame p erhalten wir

$$\hat{p} = \frac{82 + 62}{485 + 462} = 0.152$$

und als Standardfehler für die Differenz der Anteile

$$SE = \sqrt{(0.152 \cdot 0.848)\left(\frac{1}{485} + \frac{1}{462}\right)} = 0.023 \, .$$

Der Wert der Teststatistik ist daher:

$$z = \frac{0.035}{0.023} = 1.494 \, ,$$

die einem zweiseitigen p-Wert von $p = 0.152$ entspricht.

13.4 Zwei gepaarte Anteile

In einigen Situationen ist es möglich, den Erfolg z. B. von zwei Behandlungen am selben Individuum zu beobachten (siehe auch Change-over-Design, Kapitel 12.4). So können zum Beispiel zwei Behandlungen A und B zu verschiedenen Zeitpunkten am selben

Individuum durchgeführt werden, mit dem Ziel, den Anteil Behandlungserfolge unter Behandlung A mit dem unter Behandlung B zu vergleichen. Auch bei der Überprüfung eines neuen diagnostischen Verfahrens mit einem bekannten Standardverfahren kann diese Situation eintreten, wenn z. B. jeweils derselbe Patient mit beiden Methoden untersucht wird. Derartige Designs (gepaarte Stichprobe) werden mit der Vorstellung verwendet, daß die Variabilität innerhalb eines Patienten geringer ist als zwischen mehreren Patienten.

Bei epidemiologischen Untersuchungen werden gelegentlich Paare durch Matching gebildet. Wir betrachten hierzu ein Beispiel, an dem wir auch das Vorgehen in diesem Fall erläutern werden.

Zwischen 1971 und 1975 wurde in Kommunen in der Nähe von Los Angeles eine Fall-Kontroll-Studie (siehe Kapitel 3.5) durchgeführt, in der der Effekt von exogenem Östrogen auf das Risiko eines Corpuskarzinoms untersucht wurde [Mack et al., zitiert nach Breslow & Day]. Die Untersucher identifizierten 63 Frauen mit einem Corpuskarzinom (Fälle). Zu jedem Fall wurde eine Frau ausgewählt („gematcht"), die zu derselben Zeit und in der Region lebte, wo der Fall diagnostiziert wurde, deren Geburtsjahr innerhalb eines Jahres mit dem des Falls übereinstimmte und die den gleichen Familienstand wie der Fall hatte. Alle Frauen wurden befragt, ob sie jemals Östrogene eingenommen hatten. In der Epidemiologie werden die beiden Stichproben als *Fälle* und *Kontrollen* und die Eigenschaft, im Beispiel „Einnahme von Östrogenen", als Exposition (E) beim Vorliegen und $\overline{E}$ beim Nichtvorliegen bezeichnet. Wir wollen die beiden Stichproben allgemeiner als Stichprobe 1 (Fälle) und Stichprobe 2 (Kontrollen) bezeichnen.

Typ	Stichprobe		Anzahl Paare
	1	2	
1	E	E	k
2	E	$\overline{E}$	r
3	$\overline{E}$	E	s
4	$\overline{E}$	$\overline{E}$	m

Tabelle 13.3. Typen bei gepaarter Stichprobe.

Bei dieser Art von Untersuchung sind nur vier verschiedene Paare möglich, die in Tabelle 13.3 aufgeführt sind. Eine andere Darstellung derselben Information ist in Tabelle 13.4 gegeben. Wir weichen in diesem Beispiel von der Bezeichnung der Zellhäufigkeit durch a, b, c, d (siehe Kapitel 6.5) ab, um deutlich den Charakter der verbundenen Stichprobe auszudrücken.

	Stichprobe 2		
Stichprobe 1	E	$\overline{E}$	Summe
E	k	r	$k + r$
$\overline{E}$	s	m	$s + m$
Summe	$k + s$	$r + m$	n

Tabelle 13.4. 2×2-Kontingenztafel bei gepaarter Stichprobe.

Das Ergebnis der Los Angeles-Studie zeigt Tabelle 13.5. Der Anteil exponierter Individuen ist $\hat{p}_1 = 0.89$ (56/63) bei den Fällen und $\hat{p}_2 = 0.48$ (30/63) bei den Kontrollen.

	Kontrollen		
Fälle	exponiert E	nicht exponiert $\overline{E}$	Summe
E	27	29	56
$\overline{E}$	3	4	7
Summe	30	33	63

Tabelle 13.5. Fälle und Kontrollen der Los-Angeles-Studie zum Risiko der Östrogeneinnahme für ein Corpuskarzinom [aus: Breslow & Day].

Wir sind interessiert an der Differenz der Anteile, die

$$\hat{p}_1 - \hat{p}_2 = \frac{k+r}{n} - \frac{k+s}{n} = \frac{r-s}{n} \quad (\text{im Beispiel } \frac{29-3}{63})$$

beträgt (k fällt weg). Wir betrachten zuerst einen Signifikanztest. Unter der Nullhypothese H_0: $p_1 = p_2$ ist der Erwartungswert von $R - S/n = 0$, oder in anderen Worten, der Erwartungswert von R ist gleich dem Erwartungswert von S. Dies kann getestet werden, indem wir nur die diskordanten Paare r und s betrachten, in denen die beiden Individuen einen unterschiedlichen Expositionsstatus haben. Wir setzen $n^* = r + s$. Unter der Nullhypothese ($p_1 = p_2$), gegeben n^*-diskordante Paare, ist S (Anzahl Paare vom Typ 2) oder äquivalent R (Paare vom Typ 3) binomialverteilt mit $p = \frac{1}{2}$. Mit der Normalverteilung als Approximation für die Binomialverteilung erhalten wir

$$SE(S) = \frac{1}{2} \cdot (1 - \frac{1}{2}) \, n^* = \frac{1}{4} \, n^*$$

und somit als standardnormalverteilte Zufallsgröße

$$Z = \frac{R - \frac{1}{2} n^*}{\frac{1}{2} \sqrt{n^*}} = \frac{R - S}{\sqrt{R + S}} \, .$$

Die Zufallsgröße

$$Z^2 = \frac{(R - S)^2}{R + S}$$

ist demnach χ^2-verteilt mit einem Freiheitsgrad. Dieser Test wird häufig als McNemar-Test bezeichnet. Bereits an dieser Stelle sei darauf hingewiesen, daß der Quotient

$$\frac{r}{s} = \frac{29}{3} = 9.67$$

ein Schätzwert für das „Odds Ratio" (siehe Kapitel 13.6) ist, ein Maß, das die Stärke des Zusammenhangs zwischen Exposition und Erkrankung angibt.

13.5 2x2-Kontingenztafel und Chi-Quadrat-Test

In Kapitel 13.3 hatten wir ein Konfidenzintervall und einen Test für zwei unabhängige Anteile angegeben. Das beschriebene Vorgehen kann auch auf die in diesem Abschnitt dargestellte Situation angewendet werden. Jetzt werden wir die Analyse der Häufigkeitstabelle vornehmen, die (im Gegensatz zu der Verwendung von Anteilen) auch bei nicht-binären Merkmalen durchgeführt werden kann.

| | Ergebnis | | |
Gruppe	Erfolg	Mißerfolg	
A	a	b	n_1
B	c	d	n_2
	m_1	m_2	n

Tabelle 13.6. Vier-Felder-Tafel (2×2-Kontingenztafel).

Bei Arzneimittelprüfungen wird ein Nachweis der Wirksamkeit eines Wirkstoffes sehr häufig auf diese Weise geführt. Dazu werden zwei Behandlungsgruppen (A und B) gebildet und der Behandlungserfolg anhand eines binären Merkmals, etwa des Status der Patienten (lebt oder tot), zu einem Zeitpunkt nach Beginn der Behandlung beurteilt. Das Ergebnis einer solchen Prüfung läßt sich in einer Vier-Felder-Tafel (Tabelle 13.6) zusammenfassen. Die im folgenden verwendeten Bezeichnungen wurden in Kapitel 6.5 eingeführt.

Eine der ersten Arzneimittelprüfungen mit einer zufälligen Zuteilung der Patienten zu einer Behandlungs- und Kontrollgruppe wurde durch das Medical Research Council (MRC) 1948 publiziert. Patienten mit Tuberkulose wurden zufällig einer von zwei Gruppen zugeteilt, wobei die eine Gruppe Streptomycin erhielt und die andere Gruppe nicht. Das Ergebnis dieser Prüfung ist in Tabelle 13.7 dargestellt.

Von $n_1 = 55$ Patienten, die Streptomycin erhielten, lebten 6 Monate nach Einschluß in die Studie noch a = 51 Patienten, von $n_2 = 52$ Patienten der Kontrollgruppe lebten zum gleichen Zeitpunkt noch $c = 38$ Patienten.

Gruppe	Status		Summe
	lebt	tot	
Streptomycim	51	4	55
Kontrolle	38	14	52
Summe	89	18	107

Tabelle 13.7. Patientenstatus 6 Monate nach Aufnahme in eine Tuberkulosestudie des MRC.

In diesem Beispiel soll ein möglicher Unterschied zwischen dem Anteil lebender Patienten unter den beiden Behandlungen untersucht werden. Diese beiden Anteile sind unbekannt, wir bezeichnen sie mit p_1 und p_2. Gegeben die marginalen Häufigkeiten (Randsummen) in Tabelle 13.7, können wir ausrechnen, welche Häufigkeiten in den Zellen der Kontingenztafel erwartet werden, wenn der Anteil lebender Patienten unter den beiden Behandlungen gleich ist (H_0: $p_1 = p_2$). In der linken oberen Ecke z. B. ist diese *erwartete* Anzahl

$$\frac{89}{107} \cdot 55 = 45.75,$$

da der gemeinsame Anteil überlebender Patienten $89/107$ beträgt und 55 Patienten mit Streptomycin behandelt wurden. In analoger Weise können wir erwartete Häufigkeiten für jede innere Zelle der Kontingenztafel bestimmen. Diese erwarteten Häufigkeiten zeigt die Tabelle 13.8. In dieser Tabelle sind die beobachteten und erwarteten Häufigkeiten mit den beiden Buchstaben O (engl.: observed) bzw. E (engl.: expected) bezeichnet. Die erwarteten Häufigkeiten sind keine natürlichen Zahlen und wurden auf zwei Dezimalstellen gerundet. Selbstverständlich kann man nicht 45.75 Individuen beobachten. Wir können uns diese erwarteten Häufigkeiten als Mittelwerte über eine große Anzahl möglicher Kontingenztafeln mit denselben marginalen Häufigkeiten vorstellen, wenn die Nullhypothese H_0: $p_1 = p_2$ tatsächlich wahr ist.

Die Summen der erwarteten Häufigkeiten, sowohl über Zeilen als auch über Spalten, sind exakt die beobachteten marginalen Häufigkeiten. Daraus folgt, daß die Unterschiede zwischen erwarteten und beobachteten Häufigkeiten, gemessen mit der Differenz $O - E$, sowohl in den Spalten als auch in den Zeilen, als Summe Null ergeben müssen. Dies bedeutet, daß die vier Unterschiede numerisch gleich sind (5.25 in diesem Beispiel), jeweils zwei mit positivem und negativem Vorzeichen.

Große Unterschiede sprechen gegen das Vorliegen der Nullhypothese. Es ist daher sinnvoll, einen Signifikanztest auf diesen Unterschieden aufzubauen, den Chi-Quadrat-(χ^2-)Test. Ein absoluter Unterschied von z. B. 5 erscheint für einen Erwartungswert $E = 9$ wichtiger als für $E = 50$.

Daher ist es angebracht, die folgende Testgröße zu verwenden:

$$X^2 = \sum \frac{(O - E)^2}{E},$$

Behandlung		Ergebnis		Gesamt
		lebt	tot	
Streptomycin	O	51.00	4.00	55.00
	E	45.75	9.25	55.00
	$O - E$	5.25	- 5.25	0.00
	$(O - E)^2$	27.59	27.59	
	$\dfrac{(O - E)^2}{E}$	0.60	2.98	
Kontroll	O	38.00	14.00	52.00
	E	43.25	8.75	52.00
	$O - E$	- 5.25	5.25	0.00
	$(O - E)^2$	27.59	27.59	
	$\dfrac{(O - E)^2}{E}$	0.64	3.15	

Tabelle 13.8. Erwartete Häufigkeiten und Beiträge zum x^2-Wert für das Streptomycin-Beispiel.

wobei die Summation über die vier inneren Zellen der Kontingenztafel durchzuführen ist. Der Beitrag der vier Zellen zum X^2-Wert ist ebenfalls in der Tabelle 13.8 dargestellt. Die Summe ist

$$x^2 = 0.60 + 2.98 + 0.64 + 3.15 = 7.38 .$$

Unter der Nullhypothese besitzt die X^2-Größe approximativ eine χ^2-Verteilung mit einem Freiheitsgrad. Einige Quantile der χ^2-Verteilung sind in Tabelle 13.9 angegeben. Die berechnete X^2-Größe von 7.38 ist größer als der 0.01-Punkt der χ^2-Verteilung.

Mit zwei Bemerkungen wollen wir den Abschnitt beenden.

(1) In Kapitel 10.7 hatten wir die χ^2-Verteilung als Quadrat einer standardisierten Abweichung vom Erwartungswert einer normalverteilten Größe eingeführt. Wendet man bei den Berechnungen für das Streptomycin-Beispiel die in Kapitel 13.3 für zwei unabhängige Anteile angegebenen Formeln an ($\hat{p}_1 = {}^{51}/_{55} = 0.93$; $\hat{p}_2 = {}^{38}/_{52} = 0.73$), so erhält man $z = 2.72$. Das Quadrat von 2.72 ist 7.38, welches exakt mit dem X^2-Wert übereinstimmt. Tatsächlich kann gezeigt werden, daß die X^2-Testgröße immer identisch mit dem Quadrat der standardisierten Abweichung ist. Die standardisierte Abweichung kann nur im Fall einer binären Zielgröße bestimmt werden. Der Vorteil der X^2-Testgröße liegt darin, daß diese auch bei Zielgrößen mit mehr als zwei Kategorien bestimmt werden kann. Hierauf werden wir in Kapitel 13.7 und 13.8 näher eingehen.

(2) Im Falle des χ^2-Tests wird die X^2-Testgröße häufig ebenfalls mit χ^2, identisch mit deren Verteilung, bezeichnet. Um Verwirrungen zu vermeiden, verwenden wir als Bezeichnung für die Testgröße X^2.

Anzahl Freiheits- grade	0.250	0.100	0.050	0.025	0.010	0.001
1	1.32	2.71	3.84	5.02	6.63	10.83
2	2.77	4.61	5.99	7.38	9.21	13.82
3	4.11	6.25	7.81	9.35	11.34	16.27
4	5.39	7.78	9.49	11.14	13.28	18.47
5	6.63	9.24	11.07	12.83	15.09	20.52
6	7.84	10.64	12.59	14.45	16.81	22.46
7	9.04	12.02	14.07	16.01	18.48	24.32
8	10.22	13.36	15.51	17.53	20.09	26.12
9	11.39	14.68	16.92	19.02	21.67	27.88
10	12.55	15.99	18.31	20.48	23.21	29.59
15	18.25	22.31	25.00	27.49	30.58	37.70
20	23.83	28.41	31.41	34.17	37.57	45.31
25	29.34	34.38	37.65	40.65	44.31	52.62
30	34.80	40.26	43.77	46.98	50.89	59.70
50	56.33	63.17	67.50	71.42	76.15	86.66

Tabelle 13.9. Einige Quantile der χ^2-Verteilung. Angegeben sind die kritischen Werte für verschiedene Freiheitsgrade und vorgegebene Irrtumswahrscheinlichkeiten α. Beispielsweise muß der berechnete Wert der X^2-Testgröße mit 5 Freiheitsgraden für ein signifikantes Ergebnis für $\alpha = 0.05$ größer als 11.07 sein.

13.6   Fishers exakter Test für 2x2-Tafeln

In diesem Abschnitt wird ein drittes Vorgehen für die Analyse einer 2×2-Kontingenztafel vorgestellt. Dieses ist ein exaktes Verfahren, beruht also nicht, wie die beiden anderen Verfahren, auf einer Approximation. Wir verwenden die Bezeichnungen aus Tabelle 13.6. Im Fall der Arzneimittelprüfung wird häufig eine neue Substanz gegen ein Plazebo geprüft. Zunehmend rücken jedoch auch Prüfungen in den Vordergrund, bei denen die höchstens irrelevante Unterlegenheit (siehe Kapitel 12.13) einer neuen Substanz gegen eine etablierte Standardmedikation (,,Äquivalenzprüfung") gezeigt werden soll. Sowohl im Hinblick auf diese klinische Prüfsituation als auch auf die Fragestellung bei epidemiologischen Studien werden wir den exakten Fisher-Test in einer allgemeinen Darstellung einführen. Dies führt dazu, daß einige Abschnitte des Kapitels sehr technisch sind und deshalb beim ersten Lesen übergangen werden können. Zur Demonstration der Vorgehensweise verwenden wir ein Beispiel aus der klinischen Epidemiologie:
In einer Studie [Kramer et al.] sollte die Frage geklärt werden, ob bei Kindern mit angeborenen Herzfehlern diejenigen mit einer Fallotschen Tetralogie (kurz: Fallot) häufiger schwere extrakardiale Mißbildungen aufweisen als die Kinder mit anderen kardialen Diagnosen. In Tabelle 13.10 ist eine Gruppe mit $n_1 = 88$ Kindern mit Fallotscher Tetralogie sowie eine Gruppe mit $n_2 = 50$ Kindern mit offenem persistierenden Ductus arteriosus

Botalli (PDA: Persistent Ductus Arteriosus - aus didaktischen Gründen wurde eine andere Mißbildung ausgewählt und nicht der gesamte Rest verwendet) dargestellt.

Zum Verständnis dieser Auswertung benötigen wir ein statistisches Modell, das zwei unbekannte Parameter enthält. In Kapitel 3.6 hatten wir die Kohorten-Studie kennengelernt, bei dem die Randhäufigkeiten exponierter n_1- und nicht exponierter n_2-Personen als feste Zahlen betrachtet werden, die den Stichprobenumfang der Studie bestimmen. In diesem Beispiel besteht die eine Kohorte aus Kindern mit Fallotscher Tetralogie, die andere Kohorte aus Kindern mit PDA. Dieses Modell enthält für die beiden Kohorten die Wahrscheinlichkeiten p_1 (für die Gruppe Fallot) und p_2 (für die Gruppe PDA), eine extrakardiale Mißbildung zu besitzen, als unbekannte Parameter. Im Beispiel wird die Anzahl Kinder mit einer extrakardialen Mißbildung annähernd binomialverteilt sein mit (p_1, n_1) und (p_2, n_2) in der Fallot- bzw. PDA-Gruppe. Dieses Kohortenmodell beschreibt die Studie in angemessener Weise. Die Stichprobenverteilung für die Vier-Felder-Tafel ist daher das Produkt dieser beiden Binomialverteilungen.

	extrakardiale Mißbildung		
Gruppe	ja	nein	Summe
Fallot	14	74	88
PDA	2	48	50
Summe	16	122	138

Tabelle 13.10. Spezielle angeborene Herzfehler und extrakardiale Mißbildungen bei 138 Kindern [Kramer et al.].

Das zweite Modell ist die Fall-Kontroll-Studie (siehe Kapitel 3.5). Dort werden die beiden anderen Randsummen m_1 und m_2 als feste Größen angesehen. Die Verteilung der Vierfeldertafel ist wiederum ein Produkt aus zwei Binomialverteilungen, dieses Mal jedoch mit Parametern (p_3, m_1) und (p_4, m_2), wobei p_3 und p_4 die Wahrscheinlichkeiten für die Zugehörigkeit zur Gruppe Fallot bzw. PDA bezeichnen. Wir werden sehen, daß beide Modelle zu demselben Test führen.

In Kapitel 13.3 hatten wir einen asymptotischen Test für die Nullhypothese

$$H_0: p_1 - p_2 = 0$$

hergeleitet. Dieser Test prüft die Differenz zweier Binomialwahrscheinlichkeiten auf Null. Es ist fraglich, inwieweit die absolute Differenz zweier Anteile ein sinnvolles Maß zur Beurteilung des Unterschiedes zweier Binomialverteilungen darstellt. Eine Differenz, etwa von 0.1, ist im Bereich von $p_1 = 0.4$ (d. h. $p_2 = 0.3$) anders zu bewerten als im Bereich von $p_1 = 0.11$ (d. h. $p_2 = 0.01$). Eine Differenz von 0.1 führt für $p_1 < 0.1$ sogar zu negativen Werten von p_2. In epidemiologischen Studien wird daher anstelle der Differenz üblicherweise das Odds Ratio zur Bewertung der Abhängigkeit zwischen den beiden Merkmalen verwendet. Das Odds Ratio ist definiert als

$$\psi = \frac{p_1 (1 - p_2)}{p_2 (1 - p_1)}.$$

Für $p_1 = p_2$ ist $\psi = 1$. Für die Beurteilung des Unterschiedes von p_1 und p_2 besitzt ψ entscheidende Vorteile:

- Zu jedem Odds Ratio ψ gibt es positive p_1- und p_2-Werte zwischen 0 und 1.
- Die Differenz von p_1 und p_2 wird bei konstantem ψ kleiner, wenn p_1 und p_2 sich 0 bzw. 1 nähern.
- Das Odds Ratio ist symmetrisch, d. h., ein Vertauschen von p_1 und p_2 führt zu $1/\psi$.
- ψ ist der „natürliche" Parameter des Produktes der beiden Binomialverteilungen.

Der letztgenannte Aspekt wird bei der Herleitung der gemeinsamen Verteilung klar werden. Zunächst müssen wir feststellen, daß durch die Festlegung eines speziellen Wertes für das Odds Ratio, etwa durch eine Hypothese H_0: $\psi = 1$, noch nicht die gesamte gemeinsame Verteilung beschrieben ist. Diese hängt von einem weiteren „Stör"- (Nuisance-) Parameter ab. Dieser Störparameter kann ausgeschaltet werden, wenn man sich von Beginn an nur auf Teile der Daten stützt, die ausschließlich von dem interessierenden Parameter, dem Odds Ratio, abhängen.

Eine Verteilung, die diese Voraussetzungen erfüllt, ist die bedingte Verteilung der Zellen, bei der vorausgesetzt wird, daß alle Randhäufigkeiten fix sind. Diese führt dann zu einem exakten bedingten Test bei gegebenen Randhäufigkeiten. In der Literatur findet sich eine reichhaltige Diskussion über das Prinzip bedingter Tests. Der interessierte Leser sei hier auf [Cox] verwiesen.

Für unsere weitere Betrachtung ist es wichtig zu wissen, daß unabhängig von dem statistischen Modell (Fall-Kontroll- oder Kohorten-Studie) die (bedingte) *Wahrscheinlichkeit für eine bestimmte Kontingenztafel* gleich ist, d. h., das Stichprobenmodell beeinflußt nicht die Aussagen über den Parameter ψ.

Die Wahrscheinlichkeit, eine bestimmte Kontingenztafel (mit Häufigkeiten a, b, c und d) unter der Voraussetzung zu beobachten, daß alle Randsummen n_1, n_2, m_1, m_2, als fest angesehen werden, ist

$$P(a \mid n_1, n_2, m_1, m_2; \psi) = \frac{\binom{n_1}{a} \cdot \binom{n_2}{m_1 - a} \cdot \psi^a}{\sum_u \binom{n_1}{u} \cdot \binom{n_2}{m_1 - u} \cdot \psi^u} \, .$$

Den Nenner der Formel bezeichnen wir mit

$$N(n_1, n_2, m_1, m_2; \psi) = \sum_u \binom{n_1}{u} \cdot \binom{n_2}{m_1 - u} \cdot \psi^u \, .$$

Die Summation im Nenner muß über all diejenigen Werte von u durchgeführt werden (alle Kontingenztafeln), die zu der gegebenen marginalen Konfiguration führen. Bevor wir dies am Beispiel der Kinder mit angeborenen Herzfehlern weiter demonstrieren, soll auf zwei Aspekte hingewiesen werden:

- In der Formel wird die Wahrscheinlichkeit für die gesamte Kontingenztafel mit Häufigkeiten a, b, c und d nur durch die eine Zellhäufigkeit a ausgedrückt. Dies ist angebracht, da die Kenntnis von *a* zusammen mit der Tatsache, daß die Randsummen festgehalten werden, die gesamte 2×2-Kontingenztafel festlegt. Wird die Verteilung durch irgendeine andere Zellhäufigkeit (*b, c* oder *d*) beschrieben, so erhält man die gleiche Formel entweder für

$$\psi \quad \text{oder} \quad \frac{1}{\psi}.$$

- Die Formel ändert sich nicht bei einer Vertauschung von *n* und *m*. Dies zeigt, daß dieses Vorgehen sowohl für Kohorten- als auch Fall-Kontroll-Studien angebracht ist.

Wir kehren nun zum Beispiel in Tabelle 13.10 zurück. Bei festgehaltenen Randhäufigkeiten ($n_1 = 88$, $n_2 = 50$, $m_1 = 16$, $m_2 = 122$) kann *a* die Werte 0 bis 16 annehmen. Wir müssen im Nenner demnach über 17 Kontingenztafeln summieren:

$$N(88, 50, 16, 122; \psi) = \sum_{u=0}^{16} \binom{88}{u} \cdot \binom{50}{16-u} \cdot \psi^u$$

$$= \binom{88}{0} \cdot \binom{50}{16} \cdot \psi^0 + \binom{88}{1} \cdot \binom{50}{15} \cdot \psi^1 + \dots +$$

$$\binom{88}{15} \cdot \binom{50}{1} \cdot \psi^{15} + \binom{88}{16} \cdot \binom{50}{0} \cdot \psi^{16}.$$

Es folgt, daß die Wahrscheinlichkeit für beispielsweise *a* = 14 gegeben ist durch

$$P(14 \mid 88, 50, 16, 122; \psi) = \frac{\binom{88}{14} \cdot \binom{50}{2} \cdot \psi^{14}}{N(88, 50, 16, 122; \psi)}.$$

Die hier aufgeführte Verteilung heißt hypergeometrische Verteilung, im allgemeinen Fall für $\psi \neq 1$ nicht-zentrale (oder allgemeine) hypergeometrische Verteilung. Bereits anhand des Beispiels ist zu sehen, daß die Berechnung der Wahrscheinlichkeiten einen hohen numerischen Aufwand erfordert. Dies dürfte der Grund sein, weshalb die hypergeometrische Verteilung in der Vergangenheit nicht in größerem Maße, sowohl zum Testen als auch zum Schätzen von ψ, verwendet wurde. Seit Jahren sind jedoch effiziente Algorithmen bekannt, die eine Berechnung der Wahrscheinlichkeiten auch für sehr große Stichprobenumfänge (weit über 1000) mit Hilfe moderner Hardware in Sekundenbruchteilen zulassen. Aus rechentechnischer Sicht gibt es damit kein Argument mehr gegen die Verwendung der exakten Verteilung. Über die Anwendung bedingter (im Gegensatz zu unbedingten) Verteilungen, sowohl zur Konstruktion statistischer Tests wie auch zur Bestimmung von Konfidenzintervallen, gibt es in der Literatur eine z. T. philosophische Diskussion. Der exakte Fisher-Test ist nur dann optimal, wenn die Entscheidung über Verwerfen und Nichtverwerfen der Nullhypothese nach Berechnen der Teststatistik durch ein weiteres Zufallsexperiment (z. B. das Werfen einer Münze) getroffen wird. Solche „randomisierten" Tests sind für praktische Anwendungen nicht zu gebrauchen. Man stelle sich vor, ein Ergebnis wird präsentiert: „Da wir eine 3 gewürfelt haben, ist unser Ergebnis signifikant".

Bekannt ist, daß der auf der exakten Verteilung basierende (nicht randomisierte) Test zu einem nicht unbeträchtlichen Verlust an Power führt. Insgesamt kann jedoch die Verwendung der exakten Verteilung in jedem Fall empfohlen werden.

Für den wichtigen Fall, $\psi = 1$ (d. h. $p_1 = p_2$), vereinfacht sich die hypergeometrische Verteilung wesentlich:

$$P(a \mid n_1, n_2, m_1, m_2; \psi = 1) = \frac{\binom{n_1}{a} \cdot \binom{n_2}{m_1 - a}}{\binom{n_1 + n_2}{m_1}} .$$

Für das Beispiel erhalten wir:

$$P(14 \mid 88, 50, 16, 122; \psi = 1) = \frac{\binom{88}{14} \cdot \binom{50}{2}}{\binom{138}{16}} = 0.0047 .$$

Für das Testen der Hypothese H_0: $\psi = 1$ gegenüber H_1: $\psi > 1$ betrachten wir zusätzlich alle Kontingenztafeln, die noch stärker als die beobachtete ($a = 14$) gegen die Nullhypothese ($\psi = 1$) sprechen. Es sind dies die beiden Kontingenztafeln mit $a = 15$ und $a = 16$:

16	72	88		15	73	88
0	50	50		1	49	50
16	122	138		16	122	138

Tabelle 13.11. Kontingenztafeln mit „extremeren" Ergebnissen als in Tabelle 13.10.

In Tabelle 13.12 sind für die 3 Kontingenztafeln die Wahrscheinlichkeiten aufgeführt. Das Aufsummieren dieser Wahrscheinlichkeiten führt insgesamt zu einem $p = 0.0052$, was für $\alpha = 0.05$ ein Ablehnen der Nullhypothese zur Folge hat. Neben der Durchführung eines Tests sind wir auch immer an der Angabe eines Konfidenzintervalls interessiert. Das in Kapitel 11.6 beschriebene Vorgehen kann hier nicht eingesetzt werden. Verwenden wir jedoch die bereits in Kapitel 11 beschriebene Beziehung zwischen Test und Konfidenzintervall: „Im Konfidenzintervall liegen diejenigen Parameterwerte, für die der Test nicht ablehnt (nicht signifikant ist)", so ist die Angabe eines test-based-Konfidenzintervalls für das Odds Ratio ψ möglich: Wir rechnen für jedes ψ einen (verallgemeinerten) Fisher-Test und nehmen das ψ ins Konfidenzintervall auf, falls der p-Wert des Tests zwischen 0.05 und 0.95 liegt.

a	$P(a \mid 16, 122, 88, 50; \psi = 1)$	$u \leq a\ P(u \mid 16, 122, 88, 50; \psi = 1)$
16	0.0000	0.0000
15	0.0004	0.0004
14	0.0047	0.0052

Tabelle 13.12. Exakter Fisher-Test für das Beispiel der Kinder mit angeborenen Herzfehlern. Die Summenwerte (rechte Spalte) wurden mit voller Rechengenauigkeit ermittelt.

In Tabelle 13.13 sind für verschiedene Werte des Odds Ratio ψ die p-Werte für das Testen der Hypothese mit diesem ψ aufgeführt. Mit H_0: $\psi = 1.0$ führt der Test zu dem bereits berechneten p-Wert von $p = 0.005$. Als untere Grenze des Konfidenzintervalls erhalten wir $OR = 1.76$, da der entsprechende Test H_0: $\psi \leq 1.76$ gegen H_1: $\psi > 1.76$ einen Wert $p = 0.05$ liefert. Entsprechend ergibt sich für die obere Grenze des Konfidenzintervalls $OR = 29.0$. Der Test H_0: $\psi \leq 29$ gegen H_1: $\psi > 29$ führt zu $p = 0.95$.

ψ	$\sum P(14 \mid 16, 122, 88, 50; \psi)$
1.00	0.005
1.50	0.029
1.76	0.050
4.50	0.380
10.00	0.738
20.00	0.907
29.00	0.950
30.00	0.953

Tabelle 13.13. p-Werte für verschiedene Odds Ratios ψ zu dem Beispiel der Kinder mit Herzfehlern.

13.7 2xc-Kontingenztafeln

Die allgemeine Auswertung einer $r \times c$-Kontingenztafel wird im Kapitel 13.8 mit Hilfe des χ^2-Tests vorgestellt. Dieser Test prüft die Hypothese, daß alle erwarteten Anteile in jeder Spalte und Zeile gleich sind. Derartige Tests werden auch „Omnibus-Tests" genannt, da sie keine weitere Spezifizierung der Alternativhypothese zulassen. Falls wir jedoch an einer speziellen Abweichung von der Nullhypothese interessiert sind, so ist es besser, einen Test zu verwenden, der auf die spezielle Situation sensitiv reagiert. Betrachten wir das Eingangsbeispiel aus Kapitel 13.1 (Tabelle 13.1), so sind wir nicht an dem Verwerfen einer globalen Hypothese interessiert, sondern an der Frage, ob mit besser werdendem Augenindex der Anteil schlecht erholter Patienten kleiner wird. Tests für diese Fragestellung heißen Trendtests. Einen solchen Trendtest [Armitage] wollen wir vorstellen.

Gruppe	1	2	...	i	...	c	alle Gruppen kombiniert
Score x	x_1	x_2	...	x_i	...	x_c	
Positiv	r_1	r_2		r_i		r_c	R
Negativ	$n_1 - r_1$	$n_2 - r_2$		$n_i - r_i$		$n_c - r_c$	$N - R$
Gesamt	n_1	n_2	...	n_i	...	n_c	N
Anteil positiv	p_1	p_2	...	p_i	...	p_c	$P = R/N$

Tabelle 13.14. Kontingenztafel mit ordinal skaliertem Merkmal „Gruppe".

Die allgemeine Situation für den Fall von c-Gruppen ist in der Tabelle 13.14 dargestellt. Das Merkmal Gruppe besitzt eine ordinale Skala (siehe Kapitel 5.1). Falls die Ausprägungen bereits in natürlicher Weise durch numerische Werte geordnet sind, etwa Schulnoten, so können diese Werte als Scores verwendet werden. Anderenfalls müssen zunächst Scores, etwa die Zahlen von 1 bis c, vergeben werden, die diese Ordnung dann ausdrücken. Zu berechnen ist die Teststatistik:

$$W = \frac{N \left(N \Sigma R_i x_i - R \Sigma n_i x_i \right)^2}{R (N - R) \left[N \Sigma n_i x_i^2 - (\Sigma n_i x_i)^2 \right]},$$

die χ^2 mit einem Freiheitsgrad verteilt ist.

In Tabelle 13.15 sind neben der bereits in Tabelle 13.1 angegebenen Kontingenztafel die zur Berechnung notwendigen Zwischenwerte aufgeführt. Als Scores für den Augenindex wurden die Zahlen -1, 0 und 1 verwendet. Gegenüber den Scores 1, 2 und 3 führt dies zu einer einfacheren Berechnung der Testgröße; auf den Wert der Testgröße hat diese Transformation keinen Einfluß.

Als Ergebnis erhalten wir:

$$w = \frac{683 \left(683 \cdot (-19) - 389 \cdot 224 \right)^2}{389 \cdot 294 \cdot (683 \cdot 568 - 224^2)}$$

$$= \frac{6.85 \cdot 10^{12}}{3.86 \cdot 10^{10}} = 177 .$$

Der Wert der Testgröße ist wesentlich größer als z. B. das 5 % Quantil der χ^2-Verteilung mit einem Freiheitsgrad (3.84), damit ist die Nullhypothese (kein Trend) abzulehnen.

| Outcome nach | Augenindex | | | |
6 Monaten	schlecht	mittel	gut	Summe
schlecht, r	163	82	144	389
gut	9	33	252	294
Summe, n	172	115	396	683
Anteil schlecht	0.95	0.71	0.36	0.57
Score, x	- 1	0	1	0
$r_i x_i$	- 163	0	144	- 19
$n_i x_i$	- 172	0	396	224

Tabelle 13.15. Trendtest für das Beispiel der Patienten mit schweren Kopfverletzungen.

13.8 rxc-Kontingenztafeln

In Kapitel 13.5 hatten wir den χ^2-Test für den Spezialfall der 2×2-Kontingenztafel behandelt. Das dort verwendete Prinzip, erwartete Häufigkeiten unter der Nullhypothese der Unabhängigkeit der beiden binären Merkmale zu berechnen, führte zu der χ^2-verteilten Testgröße. Dieses Vorgehen werden wir jetzt auf den allgemeinen Fall zweier kategorialer Merkmale erweitern. Beide Merkmale können nun „echte" kategoriale Merkmale sein, d. h., bei beiden besteht keine Ordnung in den Ausprägungen wie bei ordinalen Merkmalen. Falls diese Ordnung besteht, so wird meist ein Trendtest (siehe Kapitel 13.7) sinnvoller sein.

| | Blutgruppe | | | | |
Tumorätiologie	A	B	AB	0	Summe
Neuroepithelial	22	2	3	15	42
Nervenscheiden	20	5	4	23	52
Mesenchymal	31	7	2	23	63
Metastase	48	16	2	45	111
Sonstiges	21	4	5	26	56
Summe	142	34	16	132	324

Tabelle 13.16. Häufigkeit und Randsummen von Spinaltumoren nach Tumorätiologie und Blutgruppen bei 324 Patienten [Lange, persönliche Mitteilung].

In Tabelle 13.16 ist eine $r \times c$-Kontingenztafel dargestellt: „r" (engl.: row) bezeichnet die Anzahl Zeilen, in diesem Beispiel ist $r = 5$, und „c" (engl.: column) die Anzahl Spalten, im Beispiel ist $c = 4$. Völlig analog zur Darstellungsweise bei der 2×2-Kontingenztafel (siehe Tabelle 13.6) sind Zeilen- und Spaltensummen in einer zusätzlichen Zeile bzw. Spalte angefügt. Sowohl das Merkmal „Blutgruppe" als auch das Merkmal „Tumorätiologie" hat keine Ordinalstruktur. Eine Vertauschung der Reihenfolgen, z. B. der Blutgruppe, führt zu keiner anderen Interpretation der Ergebnisse. Gleiches gilt für die aus der Tumorätiologie gebildeten Gruppen.

Bei medizinischen Anwendungen sind Fragestellungen, die sich auf so gebildete Kontingenztafeln beziehen, eher die Ausnahme. In dem vorliegenden Beispiel sollte untersucht werden, ob eine erbliche Komponente bei dem Auftreten der Tumoren nachweisbar ist. Hierbei dienen die Blutgruppen – bei diesen ist der Erbgang geklärt – als „Marker". Falls die Anlage für einen Tumor „mitvererbt" würde, so könnte sich eine Abhängigkeit zwischen Blutgruppe und Tumorätiologie ergeben. Der Nachweis des genetischen Einflusses auf die Tumorätiologie mit Hilfe der Blutgruppe kann dann gelingen, wenn die Anlage für den Tumor auf ähnliche Weise (z. B. auf dem gleichen Chromosom) wie die Blutgruppe vererbt wird. Die zu prüfende Hypothese lautet also:

> Das Merkmal „Blutgruppe" ist unabhängig von dem Merkmal „Tumorätiologie".

Dies bedeutet, daß sich die einzelnen Zellwahrscheinlichkeiten der Kontingenztafel als Produkt aus den Randwahrscheinlichkeiten der beiden Merkmale ergeben müssen. Beispielsweise muß gelten:

> P(Blutgruppe = AB und Tumorätiologie = Nervenscheiden)
>
> = P(Blutgruppe = AB) · P(Tumorätiologie = Nervenscheiden).

Tumorätiologie	Blutgruppe				Summe
	A	B	AB	0	
Neuroepithelial	18.4	4.4	2.1	17.1	42
Nervenscheiden	22.8	5.5	2.6	21.2	52
Mesenchymal	27.6	6.6	3.1	25.7	63
Metastase	48.6	11.6	5.5	45.2	111
Sonstiges	24.5	5.9	2.8	22.8	56
Summe	142	34	16	132	324

Tabelle 13.17. Erwartungswerte der Zellhäufigkeiten bei Unabhängigkeit der Merkmale Blutgruppe und Tumorätiologie.

Unter dieser Nullhypothese können in Analogie zum χ^2-Test bei 2×2-Kontingenztafeln die Erwartungswerte der Zellhäufigkeiten geschätzt werden (siehe Tabelle 13.17). Schießlich sind in Tabelle 13.18 die Anteile $(O - E)^2 / E$ der Testgröße X^2 jeder einzelnen Zelle aufgeführt. Aus dieser Tabelle ist zu ersehen, daß die relativ größte Abweichung (2.21) von dem erwarteten Wert bei metastasierten Tumoren der Blutgruppe AB vorhanden ist. Der Erwartungswert von 5.5 ist gegenüber dem beobachteten Wert von 2 relativ groß. Die X^2-Testgröße ist die Summe über alle Zellanteile

$$X^2 = 0.70 + 1.31 + ... + 1.81 + 0.44 = 12.34.$$

Diese Größe ist χ^2-verteilt mit $(r-1) \cdot (c-1)$-Freiheitsgraden. Für das Beispiel mit $r = 5$ und $c = 4$ ist die Testgröße demnach χ^2-verteilt mit $4 \cdot 3 = 12$ Freiheitsgraden. Der X^2-Wert von 12.34 entspricht einem p-Wert von $p = 0.58$ (χ^2-Quantile in Tabelle 13.9).

| | Blutgruppe | | | |
	A	B	AB	0
Neuroepithelial	0.70	1.31	0.41	0.26
Nervenscheiden	0.34	0.04	0.80	0.16
Mesenchymal	0.42	0.02	0.40	0.28
Metastase	0.01	1.63	2.21	0.00
Sonstiges	0.51	0.60	1.81	0.44

Tabelle 13.18. Chi-Quadrat-Anteile der einzelnen Zellen (Summe aller Werte X^2 = 12.34; $p = 0.58$).

14 Vorhersage eines Merkmals aus einem anderen – Regression

14.1 Regressionsbegriff

Der Begriff Regression entstammt dem lateinischen *regredi* und bedeutet wörtlich übersetzt ,,Rückschritt'' bzw. ,,auf etwas oder jemanden zurückgehen''. In diesem Sinn wurde der Begriff auch zuerst von dem britischen Genetik-Forscher und Mathematiker *Sir Francis Galton* (1822 - 1911) in die Terminologie der Statistik eingeführt. Galton bezeichnete damit das Phänomen, daß die Merkmale von Menschen auf ihre Nachkommen vererbt werden, jedoch durchschnittlich in einem geringeren Ausmaß. Beispielsweise sind die Söhne von großen (im Sinne von Körpergröße) Vätern ebenfalls groß. Allerdings wird die mittlere Körpergröße aller Söhne von großen Vätern geringer ausfallen als bei den Vätern, sich also mehr der ,,normalen'' Bevölkerung anpassen. In analoger Weise gilt dies für Söhne von kleinen Vätern. Dieser Beobachtung verlieh Galton die Bezeichnung ,,Regression to the mean''.

Das von Galton beschriebene Phänomen stellt nur einen Teilaspekt dar, seine Untersuchungsmethodik jedoch behielt den Namen ,,Regression'' bei. Wir verstehen unter Regression Vorhersage, das heißt, den Wert eines Merkmals aus dem Wert eines anderen Merkmals (oder den Werten mehrerer Merkmale) vorherzusagen, also ,,von etwas auf etwas anderes zurückzuschließen'', womit *regredi* in freierer Form auch übersetzt werden könnte.

In den meisten Lehrbüchern der Statistik werden Regression und Korrelation gemeinsam beschrieben, weil die dabei notwendigen Berechnungen sehr ähnlich sind. Dennoch sind die Fragestellungen, für die beide Methoden jeweils angebracht sind, sehr unterschiedlich. Die Regressionsanalyse hat ausschließlich die Vorhersage des Wertes eines Merkmals aus einem anderen zum Ziel. Die Korrelationsanalyse hingegen quantifiziert die Stärke der Abhängigkeit zweier Merkmale in einer Maßzahl. Für medizinische Fragestellungen können nur in seltenen Ausnahmefällen beide Methoden gleichzeitig sinnvoll eingesetzt werden. Die Abhängigkeit zwischen zwei Merkmalen wird in Kapitel 15.2 behandelt.

14.2 Regressionsmodell

Wir wollen uns zunächst auf die Regression bei zwei stetigen Merkmalen beschränken und mit einem typischen Anwendungsbeispiel beginnen: Es ist bekannt, daß die Knochendichte mit dem Lebensalter abnimmt. Will man nun etwa einen Normbereich für die Knochendichte festlegen, so muß hierbei das Alter der Probanden berücksichtigt werden. Das heißt, es ist notwendig, für jedes Alter eine (zu erwartende) mittlere Knochendichte festzulegen, oder anders ausgedrückt, aus der Kenntnis des Merkmals Alter auf die (zu erwartende) Ausprägung des Merkmals Knochendichte zu schließen. Üblicherweise werden Normbereiche anhand der Daten von offensichtlich gesunden Personen ermittelt. In Abbildung 14.1 sind die Knochendichtewerte von 12 gesunden, männlichen Probanden im Alter von 19 bis 52 Jahren als Punktwolke (scatter diagramm) graphisch dargestellt. Prinzipiell benötigt jede statistische Analyse, so auch die Regression, die Festlegung eines mathematischen Modells. Auch hier wird ein solches Modell fast niemals ein perfektes Abbild der tatsächlichen Gegebenheiten darstellen können, da diese zumeist von so komplexer Natur sind, daß sie nicht mehr in praktikabler Weise zu handhaben und, weit bedeutsamer, zu interpretieren sind. Wichtig ist auch nur, daß dieses Modell so gut ist, daß es für die praktische Anwendung befriedigende Ergebnisse erzielt.

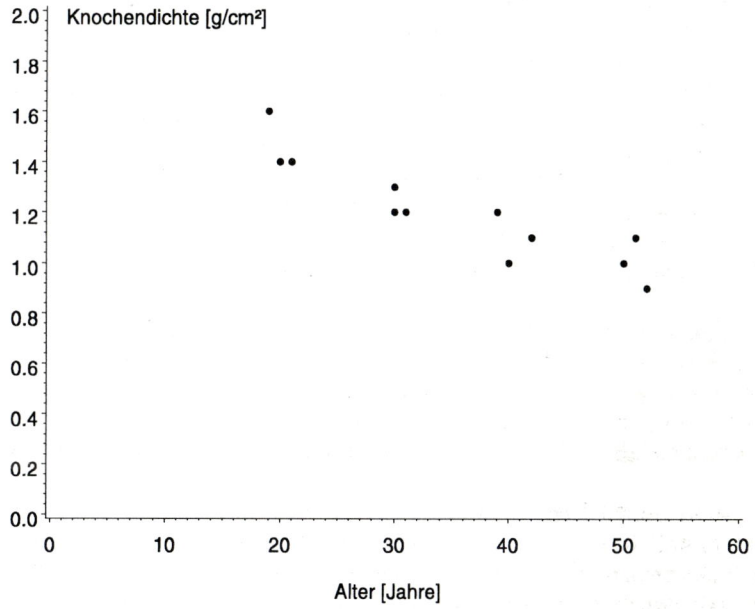

Abb. 14.1. Knochendichte und Alter von 12 männlichen Probanden.

Das einfachste, und für die meisten Anwendungen ausreichende Modell ist das „lineare" Modell:

$$y(x) = b_1 x + b_0 \,.$$

Dieses Modell wurde bereits in Kapitel 6.2 zur Beschreibung des Zusammenhangs zwischen zwei stetigen Merkmalen verwendet. Dort wurde erläutert, nach welchem Prinzip diejenige Gerade – also die Steigung b_1 und der Achsenabschnitt b_0 – gefunden wird, die „am besten" einen (vorausgesetzten) linearen Zusammenhang zwischen den beiden Merkmalen beschreibt. Es erscheint plausibel, daß diese Gerade auch die „beste" Vorhersage der abhängigen Variable y (Knochendichte) durch die unabhängige Variable x (Alter) erlaubt, wenn ein lineares Regressionsmodell angenommen werden soll. Hierbei verwenden wir den Begriff „unabhängig" nicht als „stochastisch unabhängig", sondern er stellt nur die Abgrenzung zu der vorherzusagenden „abhängigen" Variable dar. Das Prinzip der kleinsten quadratischen Abweichung („Least Square Method") führt zu einem Extremwertproblem: Die Summe der Abweichungsquadrate (in vertikaler Richtung) der beobachteten Knochendichtewerte (y_i) von den anhand der Geradengleichung „vorhergesagten" Knochendichtewerten ($b_1 x_i + b_0$), also

$$\Sigma (y_i - (b_1 x_i + b_0))^2,$$

soll minimal werden. Bereits in Kapitel 6.2 war die Lösung für b_1 angegeben. Mit Hilfe des Verschiebungssatzes kann diese in eine statistisch einfach handhabbare Form umgewandelt werden:

$$b_1 = \frac{\Sigma(x_i y_i) - (\Sigma x_i \Sigma y_i) / n}{\Sigma(x_i^2) - (\Sigma x_i)^2 / n}.$$

b_0 ist gegeben durch

$$b_0 = \overline{y} - b_1 \overline{x}.$$

Der ausführliche Lösungsweg wird in Kapitel 14.7 dargestellt.
Die mit diesen Werten gegebene Gerade heißt Regressionsgerade. Die Regressionsgerade für unser Beispiel lautet:

$$y(x) = -0.015\, x + 1.731.$$

Das heißt, mit zunehmendem Lebensalter nimmt die Knochendichte pro Jahr um durchschnittlich 0.015 g/cm^2 ab (Abbildung 14.2). Die notwendigen Rechenschritte sind in Tabelle 14.1 wiedergegeben.
Bisher ist in dem Regressionsmodell noch keine zufällige Komponente enthalten. Um diese aufzunehmen, betrachten wir die Knochendichte als Zufallsgröße Y und erweitern das Modell um einen Zufallsfehler ε (random error). Zufallsgrößen haben wir bisher mit großen Buchstaben bezeichnet. Obwohl ε eine Zufallsgröße ist, wird üblicherweise ein kleiner Buchstabe verwendet. Dieser Schreibweise schließen wir uns an.
Damit erhalten wir:

$$Y = \beta_1 x + \beta_0 + \varepsilon.$$

Die Werte b_1 und b_0 sind dann Schätzwerte für die unbekannten, „wahren" Modellparameter β_1 und β_0.

Alter (x_i)	Knochendichte (y_i)	x_iy_i	x_i^2
19	1.6	30.4	361
20	1.4	28.0	400
21	1.4	29.4	441
30	1.3	39.0	900
30	1.2	36.0	900
31	1.2	37.2	961
39	1.2	46.8	1521
40	1.0	40.0	1600
42	1.1	46.2	1764
50	1.0	50.0	2500
51	1.1	56.1	2601
52	0.9	46.8	2704
425	14.4	485.9	16653

$n = 12$, $\Sigma x_i = 425$, $\Sigma y_i = 14.4$, $\Sigma(x_iy_i) = 485.9$, $\Sigma x_i^2 = 16653$, $\bar{x} = {}^{425}/_{12} = 35.4$, $\bar{y} = {}^{14.4}/_{12} = 1.2$

$$b_1 = \frac{485.9 - (425 \cdot 14.4)/12}{16653 - 425^2/12} = -0.015; b_0 = 1.2 - (-0.015) \cdot 35.4 = 1.731$$

Tabelle 14.1. Rechenschritte zur Berechnung der Regressionsgerade.

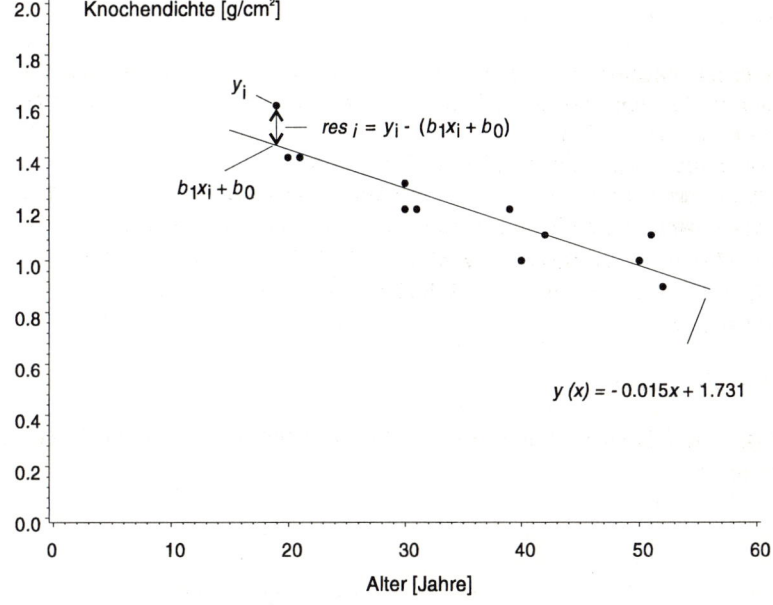

Abb. 14.2. Regressionsgerade für die Werte von 12 männlichen Probanden.

Dieses Modell heißt einfaches, lineares *Regressionsmodell*. „Einfach" deshalb, weil nur ein Merkmal (im Beispiel: Alter) zur Vorhersage verwendet wird. Sollen mehrere Merkmale Berücksichtigung finden (z. B. Alter und Gewicht), dann handelt es sich um eine *multiples* Regressionsmodell (siehe Kapitel 14.5).

Die Zufallsgröße ε beschreibt die ebenfalls schon in Kapitel 6.3 eingeführten Residuen (res_i)

$$res_i = y_i - (b_1 x_i + b_0),$$

also den vertikalen Abstand der beobachteten Wertepaare (x_i, y_i) von der Regressionsgeraden. Wir werden im nachfolgenden Abschnitt auf die Zufallsvariable ε zurückkommen.

14.3 Modellvoraussetzungen

Nach dem Prinzip der kleinsten quadratischen Abweichung läßt sich in jede beliebige Punktwolke eine Gerade „anpassen". Um die so resultierende Regressionsgerade jedoch zur Vorhersage eines Merkmals aus einem anderen zu verwenden, sollte folgendes beachtet werden:

• Angemessenheit des linearen Modells
  Auch wenn das lineare Modell, wie erwähnt, für die meisten Anwendungen ausreicht, so gibt es doch Situationen, in denen es offensichtlich nicht angebracht ist. Abbildung 14.3 zeigt eine solche Situation, in der ein nichtlinearer Zusammenhang zwischen zwei Merkmalen dargestellt ist.
  Andererseits ist es möglich, nur für einen Teil des gesamten Wertebereichs eine lineare Regressionsanalyse vorzunehmen, wenn eben in diesem Teilbereich ein solches Modell vernünftig erscheint. Würde man beispielsweise die Knochendichtewerte in einem Altersbereich zwischen 10 und 30 Jahren betrachten, wäre ein lineares Modell nicht sinnvoll, da die Knochendichte zunächst in der Kindheit ansteigt, um ab dem 20. bis 25. Lebensjahr nach Erreichen eines Maximums (sog. „peak bone mass") wieder abzusinken. Untersucht man allerdings, so wie in unserem Beispiel aus Abbildung 14.1, nur Probanden im Erwachsenenalter, ergibt die Annahme der Linearität wieder einen Sinn. Die Annahme der Linearität führt dazu, daß die Erwartungswerte von Y bei gegebenem x-Wert ($\mu_{y|x}$) alle auf einer Geraden – der Regressionsgeraden – liegen.

• Bereich der Vorhersage
  Eine Extrapolation von Werten über den Beobachtungsbereich hinaus ist im allgemeinen nicht möglich. Dies ist in Abbildung 14.4 demonstriert. Würde man z. B. die Regressionsgerade, die mittels der Werte aus dem schraffierten Bereich berechnet wird, auf den Altersbereich von Kindern (nicht schraffierter Bereich) extrapolieren, käme das Modell zu falschen Werten.

• Die Werte der unabhängigen Variable sind vorgegeben
  Bei der *klassischen* (d.h. experimentellen) Regressionsanalyse werden die Werte der unabhängigen Variable vom Untersucher vorgegeben. Es wird vorausgesetzt, daß diese mit einem vernachlässigbar kleinen Fehler gemessen werden.

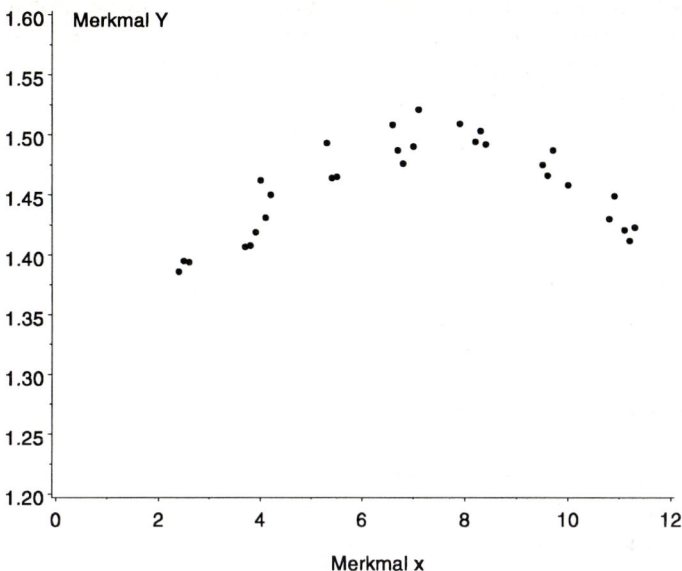

Abb. 14.3. Nicht-linearer Zusammenhang zwischen den Merkmalen *x* und *Y*.

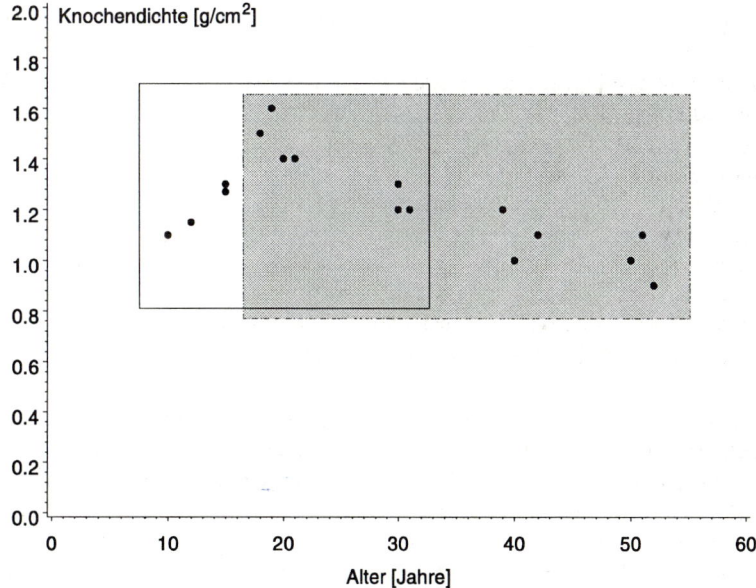

Abb. 14.4. Nicht-linearer Zusammenhang am Beispiel der Abhängigkeit der Knochendichte vom Alter.

Eine typische Anwendung ist eine Dosis-Wirkungsstudie. Zum Beispiel könnten 5 Dosierungen eines Medikaments (Fluoride) auf ihre Wirkung hinsichtlich der Knochendichte untersucht werden. Dabei stellen die verschiedenen Dosisstufen die unabhängige, der Parameter der Wirkung (Knochendichte) die abhängige Variable dar. Meist werden dann pro Dosisstufe mehrere Probanden beobachtet. Genauso wird man bei der Erstellung von Normbereichen die Altersstruktur der Probanden nicht dem Zufall überlassen, sondern für vorher festgelegte Altersbereiche gezielt Personen aussuchen.

Regressionsanalysen werden allerdings auch dann durchgeführt, wenn die unabhängige Variable eine Zufallsvariable ist. Dann muß angenommen werden, daß diese mit einem deutlich niedrigeren (vernachlässigbaren) Meßfehler behaftet ist als die abhängige Variable.

- Varianzhomogenität und Normalität

  Die Zufallsgröße ε hat für jeden Wert von x den Erwartungswert 0 und die gleiche Varianz σ^2. Für die schließende Statistik (das Testen von Hypothesen und Schätzen von Konfidenzintervallen) sollte die Verteilung der ε darüberhinaus gut mit einer Normalverteilung zu approximieren sein.

- Unabhängigkeit

  Die ε sind voneinander und von den einzelnen x-Werten unabhängig.

Abbildung 14.5 verdeutlicht das Regressionsmodell mit seinen Voraussetzungen noch einmal graphisch. Falls die genannten Bedingungen zutreffen, dann ist (aufgrund der einfachen Transformation) die Zufallsgröße bei gegebenem x-Wert normalverteilt mit Varianz σ^2.

Die ganz wesentliche – und bei praktischen Anwendungen häufig verletzte – Voraussetzung ist die der Varianzhomogenität. Der einfachste Weg, diese Voraussetzung zu überprüfen, ist die graphische Darstellung der Residuen gegenüber den Werten der unabhängigen Variable x. Abbildung 14.6 zeigt die entsprechende Darstellung für das Eingangsbeispiel mit einem größeren Stichprobenumfang. Die Voraussetzung der Varianzhomogenität ist hier gut erfüllt.

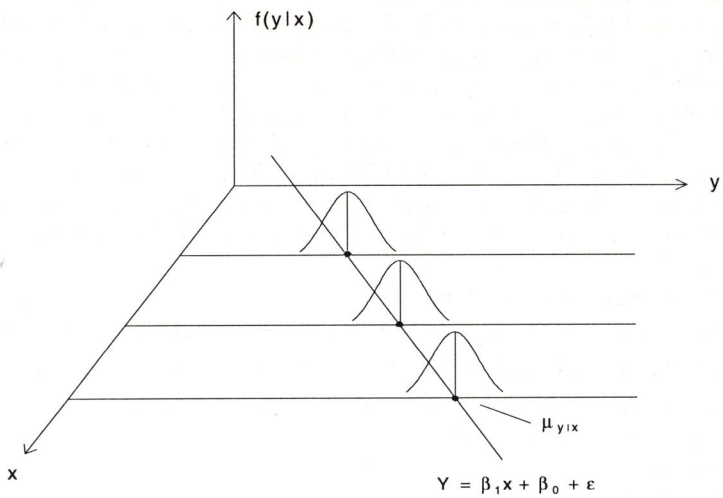

Abb. 14.5. Einfaches lineares Regressionsmodell.

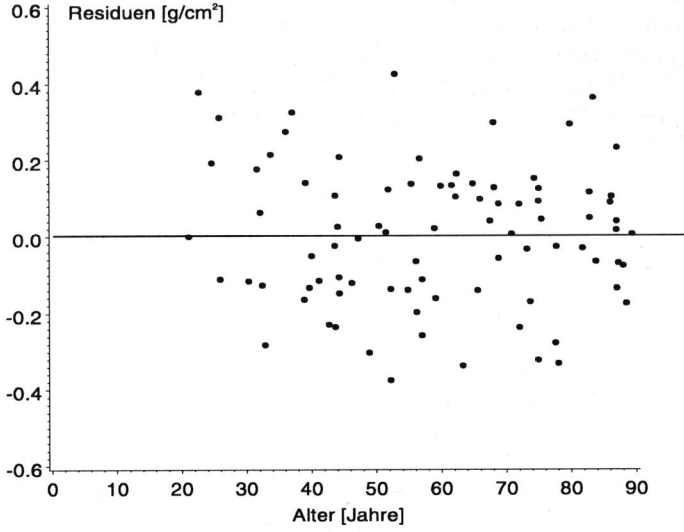

Abb. 14.6. Residuenplot für ein Regressionsmodell für die Knochendichte (*Y*) in Abhängigkeit vom Alter (*x*).

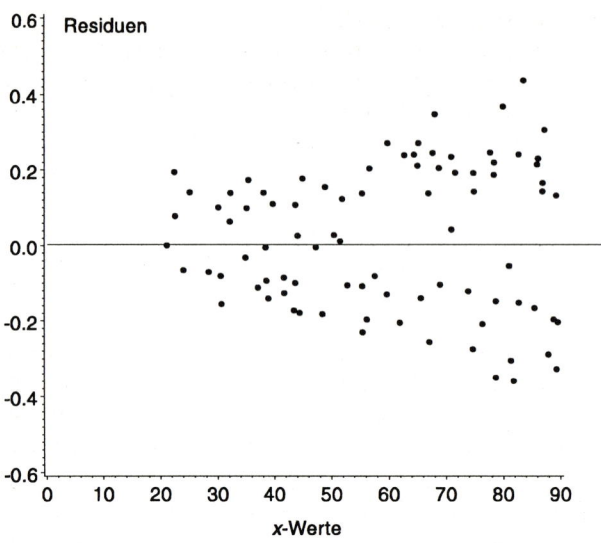

Abb. 14.7. Residuenplot für ein Regressionsmodell, bei dem die Varianzhomogenität verletzt ist.

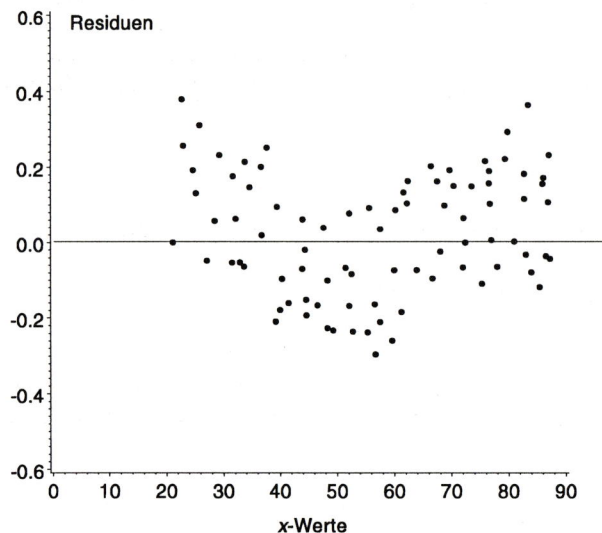

Abb. 14.8. Residuenplot für ein Regressionsmodell, bei dem die Linearität verletzt ist.

In den Abbildungen 14.7 und 14.8 werden zwei Situationen gezeigt, in denen die notwendigen Vorausetzungen nicht gegeben sind:

Bei 14.7 weisen die Residuen mit zunehmenden Werten der unabhängigen Variable eine größere Streuung auf. Hier könnte möglicherweise eine logarithmische Transformation für Y Abhilfe schaffen. In 14.8 zeigt sich ein nicht-linearer Verlauf der Residuen gegenüber den x-Werten. Damit ist die Annahme der Linearität verletzt.

Nachdem die Modellvoraussetzungen geprüft und als hinreichend gegeben angesehen worden sind und die Regressionsgerade bestimmt ist (wobei in der Praxis die Reihenfolge meist genau umgekehrt ist), erhebt sich als nächstes die Frage, wie gut bzw. effektiv diese Gerade für die Vorhersage des einen Merkmals aus dem anderen benutzt werden kann. Ein Maß hierfür ist das „Bestimmtheitsmaß", auf das schon in Kapitel 6.4 (als „Anteil erklärter Varianz") kurz eingegangen wurde.

Wir kommen wieder auf unser Beispiel Knochendichte und Lebensalter zurück. Analog zum Modell der Varianzanalyse (Kapitel 12.15) können wir Abweichungen des beobachteten Werts in verschiedene Komponenten zerlegen. Die Abweichung der beobachteten Knochendichtewerte von ihrem Mittelwert ist $y_i - \bar{y}$. Diese Abweichungen können in zwei Komponenten aufgespalten werden, und zwar erstens in die Residuen $(y_i - \hat{y})$ und zweitens in die Abweichungen der geschätzten Werte auf der Regressionsgerade vom Mittelwert $(\hat{y} - \bar{y})$. Die zweite Komponente wird auch als „erklärte" Abweichung bezeichnet. Wenn wir nämlich anstelle des Mittelwertes die Regressionsgerade für die Vorhersage der Knochendichte verwenden, wird die Variabilität der beobachteten Werte genau um diesen Anteil vermindert. Hätte das Alter keinerlei Einfluß auf die Knochendichte, entspräche die Regressionsgerade genau der durch den Mittelwert der Knochendichte und zur Abszisse parallel verlaufenden Horizontale $(\bar{y})$, und die „erklärten" Abweichungen wären gleich 0. In Abbildung 14.9 werden die genannten Zusammenhänge graphisch veranschaulicht. Wie üblich werden wir jedoch nicht die einfachen Abweichungen betrachten, sondern deren Quadrate, also die Abweichungsquadrate. Als Summe der totalen Abweichungsquadrate erhalten wir:

$$SS_{total} = \Sigma(y_i - \bar{y})^2 \,,$$

als Summe der durch die Regression verursachten Abweichungsquadrate

$$SS_{Regression} = \Sigma(\hat{y} - \bar{y})^2 \quad \text{und}$$
$$SS_{Residuen} = \Sigma(y_i - \hat{y})^2$$

als Summe der durch die Residuen verursachten Abweichungsquadrate.

Das (beobachtete) Bestimmtheitsmaß r^2 ist dann durch den Quotienten aus $SS_{Regression}$ und SS_{total} gegeben:

$$r^2 = \frac{SS_{Regression}}{SS_{total}} \,.$$

Für unser Beispiel erhalten wir:

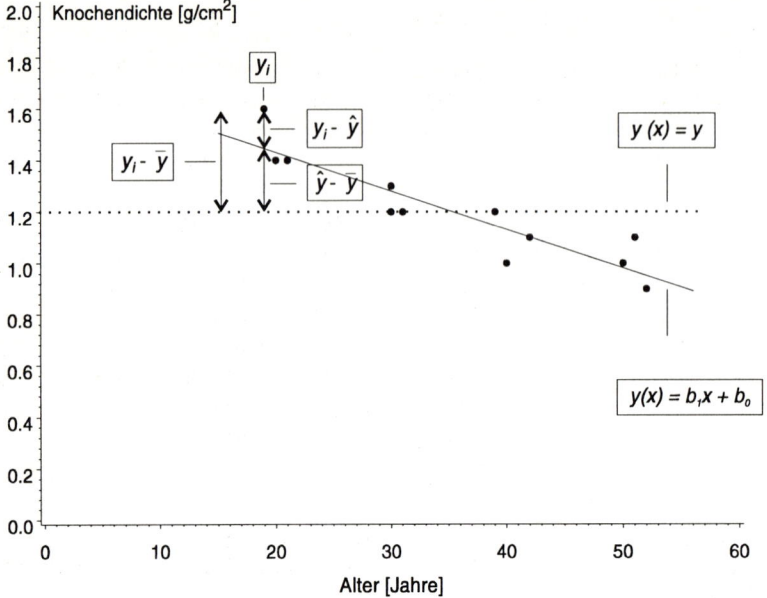

Abb. 14.9. Zerlegung der Abweichung $y_i - \bar{y}$ in Residuen ($y_i - \hat{y}$) und „erklärte" Abweichung $\hat{y} - \bar{y}$.

$$r^2 = \frac{0.36021}{0.44000} = 0.81866 \ .$$

Das bedeutet, daß 81.87 % der beobachteten Variabilität der Knochendichtewerte durch das Alter „erklärt" werden. Das beobachtete Bestimmtheitsmaß ist allerdings nur ein Schätzwert für das „wahre" Bestimmtheitsmaß und ist bei niedrigen Stichprobenumfängen (wie hier) positiv verzerrt. Eine bessere Schätzung (r_*^2) erhält man durch:

$$r_*^2 = 1 - \frac{SS_{Residuen}/(n-2)}{SS_{total}/(n-1)}$$

Damit errechnet sich ein Anteil von 80.70 % „erklärter Varianz" durch das Alter, was allerdings nur wenig von 81.87 % abweicht.
Das Ergebnis einer Regressionsanalyse kann unter Verwendung der Summen der Abweichungsquadrate (und den entsprechenden Freiheitsgraden) in Form einer Varianzanalysetabelle wiedergegeben werden (Tabelle 14.3). Diese Tabelle wird auch von den meisten Statistik-Software-Programmen ausgegeben:

$n = 12;\quad \bar{y} = 1.2;\quad \hat{y} = -0.015\, x_i + 1.731$

y_i	$\hat{y}$	$\hat{y} - \bar{y}$	$(\hat{y} - \bar{y})^2$	$y_i - \hat{y}$	$(y_i - \hat{y})^2$	$y_i - \bar{y}$	$(y_i - \bar{y})^2$
1.6	1.446	0.246	0.06052	0.154	0.023716	0.4	0.16
1.4	1.431	0.231	0.05336	- 0.031	0.000961	0.2	0.04
1.4	1.416	0.216	0.04666	- 0.016	0.000256	0.2	0.04
1.3	1.281	0.081	0.00656	0.019	0.000361	0.1	0.01
1.2	1.281	0.081	0.00656	- 0.081	0.006561	0.0	0.00
1.2	1.266	0.066	0.00436	- 0.066	0.004356	0.0	0.00
1.2	1.146	- 0.054	0.00292	0.054	0.002916	0.0	0.00
1.0	1.131	- 0.069	0.00476	- 0.131	0.017161	- 0.2	0.04
1.1	1.101	- 0.099	0.00980	- 0.001	0.000001	- 0.1	0.01
1.0	0.981	- 0.219	0.04796	0.019	0.000361	- 0.2	0.04
1.1	0.966	- 0.234	0.05476	0.134	0.017956	- 0.1	0.01
0.9	0.951	- 0.249	0.06200	- 0.051	0.002601	- 0.3	0.09
			0.36021		0.077207		0.44
			$SS_{Regression}$		$SS_{Residuen}$		SS_{total}

Tabelle 14.2. Schritte zur Berechnung der Abweichungsquadrate. In den beiden letzten Spalten entstehen keine Rundungsfehler. Sie sind daher auf eine bzw. zwei Dezimalstellen angegeben.

Ursache der Variabilität	Freiheitsgrade (df)	Summe der Abweichungsquadrate (SS)	Mittlere Summe der Abweichungsquadrate (MSS)	F-Wert	p
Durch Regression	1	0.36021	0.36021	46.659	< 0.01
Durch Residuen	10	0.07721	0.00772		
Total	11	0.44			

Tabelle 14.3. Varianzanalysetabelle für das Beispiel der Abhängigkeit der Knochendichte vom Alter (Daten der 12 Probanden aus Tabelle 14.1).

Die zu $SS_{Regression}$ gehörigen Freiheitsgrade (df) ergeben sich aus der Zahl der Regressionskoeffizienten minus 1, bei der einfachen Regression mit β_1 und β_0 also 2 - 1 = 1. Anhand der mittleren Summen der Abweichungsquadrate ($MSS = {}^{SS}\!/_{df}$) läßt sich wie bei der Varianzanalyse ein F-Test ableiten. Dieser Test prüft die Steigung der Regressionsgerade auf Null. Die Nullhypothese lautet: „Die Steigung ist gleich Null":

$$H_0: \beta_1 = 0, \qquad H_1: \beta_1: \neq 0$$

Bei mehreren unabhängigen Variablen (multiple Regression) prüft der Test, ob die Koeffizienten β_i gleich Null sind.

Bei der einfachen linearen Regression gibt es für diesen Test kaum eine sinnvolle Anwendung. Der Test kann allerdings bei der Betrachtung mehrerer unabhängiger Variablen hilfreich sein, um diejenigen Merkmale mit höchstem Bestimmtheitsmaß zu erkennen.

Da β_1 approximativ t-verteilt ist mit $n-2$ Freiheitsgraden, kann anstelle des F-Tests auch ein t-Test (H_0: $\beta_1 = 0$) verwendet werden.

Im folgenden wollen wir ein Konfidenzintervall für den Regressionskoeffizienten β_1 angeben. Hierzu benötigen wir den Standardfehler SE von b_1. Es ist

$$SE(b_1) = \sqrt{\frac{s_{res}^2}{s_x^2\,(n-1)}} \;\; .$$

Ein 95 %-Konfidenzintervall für β_1 ist dann gegeben durch:

$$[b_1 - t_{0.975;\,n-2} \cdot SE;\; b_1 + t_{0.975;\,n-2} \cdot SE] \; .$$

Das für unser Beispiel zur Bestimmung von SE benötigte s_{res}^2 erhalten wir aus der Varianzanalysetabelle (Tabelle 14.3). Der im Nenner benötigte Wert kann mit den in Tabelle 14.1 gegebenen Daten bestimmt werden:

$$s_x^2\,(n-1) = 16653 - 12\left(\frac{425}{12}\right)^2 = 1600.$$

Damit erhalten wir

$$SE = \sqrt{\frac{0.00772}{1600}} = 0.0022$$

und als 95 %-Konfidenzintervall für β_1:

$$[-\,0.015 - 2.228 \cdot 0.0022;\; -\,0.015 + 2.228 \cdot 0.0022\,]$$
$$= [-\,0.0248;\; -\,0.0101\,].$$

14.4 Benutzung der Regressionsgeraden zur Vorhersage

Ebenso wie der Test auf Regressionskoeffizient Null hat auch das Konfidenzintervall für den Regressionskoeffizienten β_1 allein kaum praktische Bedeutung. Ziel der Verwendung der Regressionsgeraden ist fast ausschließlich die Bestimmung eines „Normbereichs" in Abhängigkeit von dem unabhängigen Merkmal (Vorhersageintervall bei gegebenem x-Wert). Gesucht ist also ein Intervall I, in dem mit vorgegebener Wahrscheinlichkeit

(z. B. 95 %) der nächste Wert der Zufallsgröße liegt. Da die Regressionsgerade selbst mit einem Schätzfehler behaftet ist, muß die Unsicherheit über diese Schätzung mit in das Vorhersageintervall eingehen. Wir müssen daher zunächst in Abhängigkeit von x ein Konfidenzintervall für

$$E(\bar{y}(x)) = b_1 x + b_0$$

finden. In 14.8 sind die dazu notwendigen Schritte angegeben. Wir nennen hier nur die Lösung: Es ist

$$SE(\hat{y}(x)) = s_{res} \sqrt{\frac{1}{n} + \frac{(x - \bar{x})^2}{s_x^2 (n-1)}} \ .$$

Da $\bar{y}(x)$ approximativ t-verteilt ist mit n-2 Freiheitsgraden, erhalten wir z. B. ein 95 %-Konfidenzintervall durch:

$$[\hat{y}(x) - t_{0.975;\ n-2} \cdot SE(\hat{y}(x))\ ;\ \hat{y}(x) + t_{0.975;\ n-2} \cdot SE(\hat{y}(x))]\ .$$

Die Breite des Konfidenzintervalls hängt also, wie bisher immer, vom Stichprobenumfang ab (je größer der Stichprobenumfang, desto schmaler das Konfidenzintervall), andererseits zusätzlich von der „Entfernung" des Wertes x der unabhängigen Variable von deren Mittelwert. Das bedeutet, je weiter wir uns dem „Rand" des Beobachtungsbereichs (der unabhängigen Variable) nähern, desto breiter wird das zugehörige Konfidenzintervall. In unserem Beispiel erhalten wir bei einem Alter von $x = 45$ Jahren anhand der Regressionsgleichung eine mittlere zu erwartende Knochendichte von:

$$\hat{y}(45) = -0.015 \cdot 45 + 1.731 = 1.056.$$

Mit

$$s_{res} = \sqrt{0.007721} = 0.0879$$

ist der Standardfehler SE:

$$SE(\hat{y}(45)) = 0.0879 \cdot \sqrt{\frac{1}{12} + \frac{(45-35.4)^2}{1600}} = 0.0330.$$

Damit erhalten wir ein 95 %-Konfidenzintervall für $E(\hat{y}(45))$:

$$[1.056 - 2.228 \cdot 0.033;\ 1.056 + 2.228 \cdot 0.033]$$
$$= [0.983;\ 1.129].$$

Es sei noch einmal darauf hingewiesen, daß diese Berechnungen alle unter der Voraussetzung der Gültigkeit des linearen Modells durchgeführt werden. In unserem Beispiel bedeutet dies, daß die Abhängigkeit der Knochendichte vom Alter tatsächlich durch eine Gerade genügend gut beschrieben werden kann.

Wir können nun für jedes Alter x_0 einen Konfidenzbereich für den Erwartungswert der Knochendichte $E(\bar{y}(x_0))$ bestimmen. Wie erhalten damit ein „Konfidenzband" um die durch $\bar{y}(x)$ bestimmte Gerade. In Abbildung 14.10 ist dieses Konfidenzband eingezeichnet.

Für das eigentlich zu lösende Problem, die Bestimmung eines „Normbereichs" für die Knochendichte in Abhängigkeit vom Lebensalter, benötigen wir schließlich das Vorhersageintervall, in dem ein festgelegter Anteil (meistens wiederum 95 %) aller Knochendichtewerte gesunder Personen eines bestimmten Alters liegt.

Die Länge dieses Intervalls setzt sich zusammen aus der Unsicherheit bezüglich der Schätzung des Erwartungswertes $\hat{y}(x)$ mit Standardfehler $SE(\hat{y}(x))$ und der Variabilität der Knochendichte zwischen Probanden gleichen Alters. Diese Variabilität ist in dem verwendeten Modell durch die Zufallsgröße ε ausgedrückt. Für ε setzen wir Varianzhomogenität voraus ($Var(\varepsilon) = \sigma^2$ für jedes Alter x). Die Standardabweichung von ε wird geschätzt durch s_{res}. Mit

$$f = \sqrt{s_{res}^2 + (SE(\hat{y}(x))}$$

$$= \sqrt{s_{res}^2 + s_{res}^2 \cdot \left(\frac{1}{n} + \frac{(x - \bar{x})^2}{s_x^2 (n-1)} \right)}$$

$$= \sqrt{s_{res}^2 \cdot \left(1 + \frac{1}{n} + \frac{(x - \bar{x})^2}{s_x^2 (n-1)} \right)}$$

$$= s_{res} \sqrt{1 + \frac{1}{n} + \frac{(x - \bar{x})^2}{s_x^2 (n-1)}}$$

erhalten wir ein 95 %-Vorhersageintervall (Normbereich) für die Knochendichte eines Probanden mit Alter x:

$$[\hat{y}(x) - t_{0.975;\, n-2} \cdot f; \hat{y}(x) + t_{0.975;\, n-2} \cdot f] \cdot$$

Für ein 95 %-Vorhersageintervall der Knochendichte bei 45-jährigen Männern erhalten wir mit

$$f = 0.0879 \sqrt{1 + \frac{1}{12} + \frac{(45 - 35.4)^2}{1600}} = 0.0938$$

das gesuchte Intervall:

$$[1.056 - 2.228 \cdot 0.0879; \; 1.056 + 2.228 \cdot 0.0879]$$
$$= [0.847; 1.265].$$

In Abbildung 14.10 ist das Vorhersageband eingezeichnet, das sich dadurch ergibt, daß wir für jedes Alter x_0 den Vorhersagebereich berechnen.

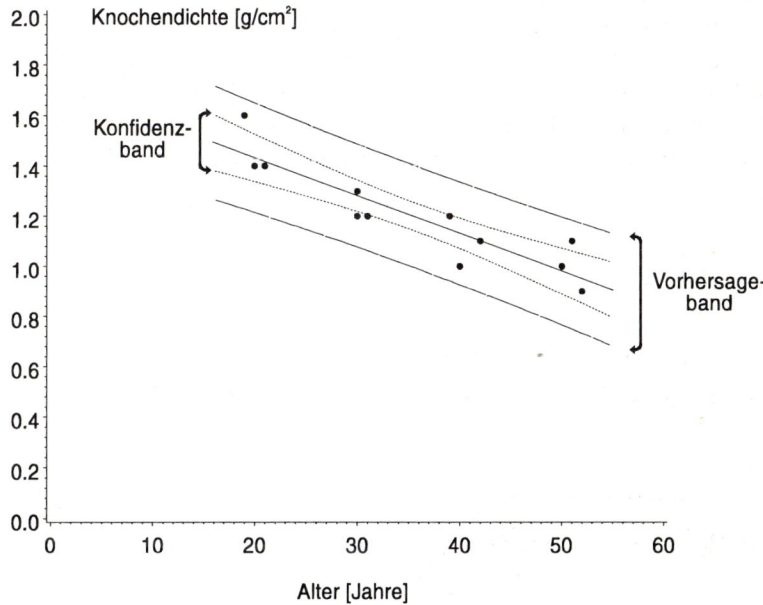

Abb. 14.10. 95 %-Konfidenz- und Vorhersageband für das Beispiel der Abhängigkeit der Knochendichte vom Alter (Daten aus Tabelle 14.1).

Für den beobachteten Wertebereich, in unserem Beispiel zwischen 19 und 52 Jahren, ist dadurch für jedes Lebensalter ein „Normbereich" festgelegt. Der Normbereich ist nur dadurch festgelegt, daß innerhalb diesem, wenn die Modellvoraussetzungen erfüllt sind, ein fester Anteil (95 %) der Knochendichtewerte bei Probanden dieses Alters liegen. Ob einem Meßwert außerhalb dieses Intervalls pathologische Bedeutung zukommt, läßt sich damit nicht entscheiden.

14.5 Multiple Regression

Das einfache (lineare) Regressionsmodell verwendet nur ein Merkmal zur Vorhersage eines anderen. Häufig jedoch ist es sinnvoll, noch weitere Merkmale, die möglicherweise auch untereinander in Beziehung stehen, im Modell zu berücksichtigen. Hätten wir zum Beispiel bei den Probanden aus dem Eingangsbeispiel neben dem Alter (Variable x_1) auch das Körpergewicht (Variable x_2) bestimmt, könnten wir beide Merkmale gemeinsam anhand des Modells

$$Y = \beta_1 x_1 + \beta_2 x_2 + \beta_0 + \varepsilon$$

zur Vorhersage des Merkmals Knochendichte verwenden. Ein solches Modell heißt dann multiples lineares Regressionsmodell, oft auch verkürzt als multiples Regressionsmodell bezeichnet.

Auch bei der multiplen Regressionsanalyse wird die Schätzung für die Regressionskoeffizienten $\beta_0, \beta_1, \beta_2, \dots \beta_k$ (bei einer Anzahl von k Merkmalen, die zur Vorhersage herangezogen werden sollen) so vorgenommen, daß die Summe der Abweichungsquadrate der vorhergesagten von den beobachteten Werten der abhängigen Variable ($\Sigma(y_i - \hat{y})^2$) minimal wird (Least Square Method). Die Regressionskoeffizienten lassen sich nicht mehr durch einfache Formeln berechnen. Für jede Anwendung muß ein lineares Gleichungssystem gelöst werden. Dies ist „per Hand" mühsam. Heutzutage übernehmen diese Aufgabe Computerprogramme.

Die Voraussetzungen für ein multiples Regressionsmodell sind die gleichen wie die der einfachen linearen Regressionsanalyse. In diesem Zusammenhang sei noch einmal die Varianzhomogenität hervorgehoben: Im oben genannten Modell sollten die Residuen für jedes Alter und bei jedem Gewicht die gleiche Varianz σ^2 aufweisen.

Die lineare Regression benötigt zur Bestimmung von Vorhersageintervallen die Normalverteilung der Residuen. Diese setzt zunächst notwendigerweise stetige Merkmale voraus. Da durch die Mittelwertbildung und Anwendung des Zentralen Grenzwertsatzes (siehe Kapitel 11.3) die Residuen sich jedoch für genügend großen Stichprobenumfang bei jeder Art von Verteilung einer Normalverteilung nähern werden, kann das Verfahren auch für andere Merkmale eingesetzt werden. Es sollte jedoch unbedingt darauf geachtet werden, daß der Mittelwert eine sinnvolle Größe zur Beschreibung des Merkmals darstellt. Unproblematisch ist dies bei dichotomen Merkmalen. Diese können ohne große Bedenken in das Modell aufgenommen werden. Wenn z. B. die Knochendichte anhand der beiden Variablen Alter (x_1) und Geschlecht (x_2, mit $x_2 = 0$ für „männlich" und $x_2 = 1$ für „weiblich") vorhergesagt werden soll, gibt der resultierende Regressionskoeffizient b_2 für die Variable „Geschlecht" die durchschnittliche Differenz der Knochendichte zwischen Männern und Frauen bei jedem Alter an. Dies ist leicht nachvollziehbar, wenn wir die entsprechenden Werte – 0 für Geschlecht = männlich und 1 für Geschlecht = weiblich – in die Regressionsgleichung einsetzen.

Ordinale Merkmale mit mehr als zwei, aber wenigen (etwa bis zu fünf) Ausprägungen sollten in dichotome Merkmale mit Hilfe sog. „Dummy Variablen" überführt werden. Nehmen wir an, wir wollen anstelle des Geschlechts die Variable „Sozialstatus" mit den drei möglichen Ausprägungen „niedrig" ($x_2 = 1$), „mittel" ($x_2 = 2$) oder „hoch" ($x_2 = 3$) im Modell berücksichtigen. Wenn hierbei die Variable Sozialstatus mit den für die einzelnen Ausprägungen jeweilig zugewiesenen Werten in das Modell einfließt, würde ein linearer Zusammenhang zwischen Knochendichte und Sozialstatus vorausgesetzt, was bedeutet, daß der Abstand zwischen „niedrig" und „mittel" genau gleich dem Abstand zwischen „mittel" und „hoch" wäre. Dies ist allerdings häufig nicht plausibel, schließlich ist vorstellbar, daß ungünstige Ernährungsgewohnheiten bei Menschen mit einem „niedrigen" Sozialstatus zu einer wesentlich geringeren Knochendichte führen, während sich diejenigen mit einem „mittleren" und „hohen" Sozialstatus nur in einem geringeren Umfang voneinander unterscheiden. Um die nicht plausible Annahme der Linearität zu umgehen, kann die Variable Sozialstatus folgendermaßen in zwei dichotome („Dummy") Variablen x_2 und x_3 überführt werden:

$$x_2 = 0 \text{ für „mittel"}, \quad x_2 = 1 \text{ für „niedrig" oder „hoch"}$$
$$x_3 = 0 \text{ für „hoch"}, \quad x_3 = 1 \text{ für „niedrig" oder „mittel".}$$

Die Knochendichte für den Sozialstatus „niedrig" wird durch diese Festlegung in dem Regressionsmodell (ohne Berücksichtigung der anderen Merkmale) durch b_2 und b_3 geschätzt, der Sozialstatus „mittel" durch b_3 und „hoch" durch b_2. Die Regressionskoeffizienten b_2 und b_3 können daher jeweils als durchschnittliche Differenz der Knochendichtewerte zwischen Menschen mit niedrigem gegenüber mittlerem ($\beta_2 = \beta_2 + \beta_3 - \beta_3$) beziehungsweise niedrigem gegenüber hohem ($\beta_3 = \beta_2 + \beta_3 - \beta_2$) Sozialstatus betrachtet werden. Es ist dabei zu beachten, daß die ursprüngliche Variable mit k möglichen Ausprägungen nur in k minus 1 (und nicht in k) Dummy Variablen überführt werden kann, da ansonsten das lineare Gleichungssystem nicht mehr gelöst werden kann. Es stellt sich außerdem die Frage, wie die Kodierung der Dummy Variablen vorgenommen werden soll. Das ist wiederum ein eher medizinisches Problem, da es davon abhängt, welcher Vergleich angestrebt wird.

Kategoriale Merkmale müssen zur Verwendung in einer multiplen Regressionsanalyse immer (beispielsweise unter Verwendung von Dummy Variablen) dichotomisiert werden. Es gibt verschiedene Situationen, in denen es sinnvoll ist, ein multiples Regressionsmodell dem einfachen vorzuziehen:

- Die Berücksichtigung mehrerer unabhängiger Variablen liefert häufig ein „besseres" Vorhersagemodell.
- Mit Hilfe einer multiplen Regression kann die Brauchbarkeit einzelner Variablen zur Vorhersage in Abhängigkeit von anderen Variablen analysiert werden. Hat man beispielsweise in einer anderen Untersuchung – anhand einer einfachen Regressionsanalyse – festgestellt, daß das Körpergewicht ebenfalls zur Vorhersage der Knochendichtewerte verwendet werden könnte (also ein niedriges Gewicht z. B. auf eine niedrige Knochendichte hinweist), so mag das möglicherweise nur daran liegen, daß das Körpergewicht ebenfalls mit dem Alter abnimmt. Berücksichtigt man im Modell nun beide Merkmale (Alter und Gewicht), dann ist zu erkennen, ob das Körpergewicht seine „Vorhersagekraft" für jedes Alter beibehält oder anders ausgedrückt, ob der durch das Alter vorgegebene „Anteil erklärter Varianz" durch das Merkmal „Gewicht" weiter deutlich vergrößert wird. Nur dann wird man für die Normbereichsfestlegung eventuell auch das Körpergewicht berücksichtigen wollen.
- Mehrere Modelle können angepaßt, und dann das nach vorab festgelegten Kriterien am brauchbarsten erscheinende Modell ausgewählt werden.

Die Ergebnisdarstellung und Interpretation der multiplen Regressionsanalyse erfolgt in ähnlicher Weise wie bei der einfachen linearen Regression. Weitere Details hierzu und zu einem sinnvollen Vorgehen, wenn – wie in vielen klinischen Studien üblich – eine Vielzahl von ,,unabhängigen" Variablen zur Verfügung und Auswahl steht, würden die Zielsetzung dieses Buches überschreiten. In solchen Situationen ist es immer sinnvoll, den Rat und die Unterstützung eines erfahrenen Biometrikers einzuholen.

14.6 Logistische Regression

In den vorausgegangenen Abschnitten dieses Kapitels hatten wir uns mit der Vorhersage für ein stetiges Merkmal beschäftigt. In vielen klinischen Studien jedoch stellt das Vorhandensein bzw. Nicht-Vorhandensein eines bestimmten Merkmals die interessierende (abhängige) Variable dar. Dies kann z. B. der Therapieerfolg (ja / nein) bei einer Arzneimittelprüfung oder das Auftreten einer Erkrankung im Verlauf einer Kohortenstudie sein. Für die Regressionsanalyse solcher dichotomen Zielgrößen ist das lineare Regressionsmodell nicht mehr geeignet. Stattdessen kann jedoch ein ähnlicher Ansatz verwendet werden, die lineare logistische Regression - oder kurz logistische Regression. Der Hauptunterschied ist, daß nicht der Wert eines Merkmals vorhergesagt werden soll, sondern der Anteil (p) von Individuen (Versuchseinheiten, Probanden, Patienten), die dieses Merkmal aufweisen. Das Prinzip der logistischen Regression besteht nun darin, nicht p selbst, sondern eine Transformation von p, die Logit-Transformation, geschrieben als $logit(p)$, zu modellieren. Wenn p den Anteil von Individuen mit dem entsprechenden Merkmal beschreibt, dann ist $1 - p$ der Anteil von Individuen, die dieses Merkmal nicht aufweisen. In Kapitel 7.1 hatten wir den Quotienten $p/1 - p$ eingeführt, das Odds (,,Chance"). Wenn z. B. 80 % aller Patienten mit Myokardinfarkt von einer bestimmten Behandlung profitieren – Therapieerfolg ,,ja" – dann ist die ,,Chance" für einen Therapieerfolg 0.8 : 0.2 oder 4 : 1. Der natürliche Logarithmus des Odds ist schließlich die Logit-Transformation:

$$y = logit(p) = \ln\left(\frac{p}{1 - p}\right).$$

Ein Grund für dieses zunächst umständlich und abstrakt anmutende Vorgehen besteht darin, daß bei einem linearen Regressionsmodell ohne die logit-Transformation Werte für p außerhalb des Definitionsbereichs von 0 bis 1 geschätzt werden könnten. Im logistischen Modell wird nicht p, sondern y geschätzt. Damit ist sichergestellt, daß nach Rücktransformation der Wert für

$$p = \frac{e^y}{1 + e^y} = \frac{e^{logit(p)}}{1 + e^{logit(p)}}$$

zwischen 0 und 1 liegt, da $e^y > 0$ für alle y-Werte.
Bisher ist in diesem Modell noch kein unabhängiges Merkmal (Regressionsvariable) vorhanden. Ebenso wie im einfachen linearen Regressionsmodell betrachten wir zunächst ein Beispiel mit einem einzigen unabhängigen Merkmal. Wir wählen dieses Vorgehen

ausschließlich aus didaktischen Gründen. Für praktische Anwendungen der logistischen Regression hat dieser einfache Fall keine Bedeutung.

In einer kardiologischen Angiographie-Studie wurden die Angiographie-Filme von 184 Patienten mit koronarer Herzkrankheit auf zwei verschiedenen Medien (*A* und *B*) gespeichert und anschließend der Stenosegrad der jeweils am stärksten betroffenen Herzkranzarterie von drei verschiedenen Untersuchern bestimmt. Deren Ergebnisse wurden mit einer automatisierten Auswertung der Filme verglichen. Falls für einen Patienten bzw. dessen Angiographie-Film bei mindestens einem Untersucher eine Abweichung im Stenosegrad von mehr als 20 Prozent im Vergleich zur automatischen Auswertung vorlag, wurde die Beurteilbarkeit des betroffenen Films als „schlecht", andernfalls als „gut" bewertet. Tabelle 14.4 zeigt das Ergebnis dieser Studie.

| | Beurteilbarkeit | | |
Speichermedium x	„schlecht"	„gut"	Σ
A: x = 1	23	69	92
B: x = 0	9	83	92
Σ	32	152	184

Tabelle 14.4. Beurteilbarkeit von Angiographiefilmen in Abhängigkeit von Speichermedien.

In diesem Beispiel ist das Speichermedium x das unabhängige Merkmal. Dieses kann zwei Werte annehmen:

$x = 1$ für Medium A und
$x = 0$ für Medium B.

Die abhängige Variable ist der logit-transformierte Anteil der Patienten mit „schlechter" Beurteilbarkeit. Die beiden Wahrscheinlichkeiten

$p_1 = P(\text{Beurteilung} = \text{„schlecht" } | x = 1)$ und
$p_0 = P(\text{Beurteilung} = \text{„schlecht" } | x = 0)$

ersetzen wir durch $y(x) = \text{logit}(p_x)$. Für $y(x)$ wählen wir das lineare *Regressionsmodell*

$$y(x) = \beta_1 x + \beta_0 + \varepsilon.$$

Dieses lineare Regressionsmodell besitzt ebenso viele Parameter (β_1, β_0) wie zur Beschreibung der Zellwahrscheinlichkeiten der Kontingenztafel notwendig sind (p_1 und p_0). Wir sprechen daher von einer (vollständigen) „Reparametrisierung" der Zellwahrscheinlichkeiten.

Die Koeffizienten des Modells werden nach einem ähnlichen Prinzip wie dem der kleinsten quadratischen Abweichung geschätzt, der „Maximum-Likelihood-Methode". Auf diese Methode gehen wir nicht ein, sondern wenden uns der aus unserem Beispiel resultierenden Regressionsgleichung und der Interpretation des entsprechenden Regressionskoeffizienten b_1 zu. Für unser Beispiel erhalten wir:

$$\hat{y}(x) = 1.123x - 2.2216.$$

Wir können nun die Wahrscheinlichkeiten p_1 und p_0, die Anteile der Angiographiefilme mit ungenügender Beurteilbarkeit für das Speichermedium A bzw. B schätzen:

$$\hat{p}_1 = \frac{e^{logit\,(\hat{y}(1))}}{1 + e^{logit\,(\hat{y}(1))}}$$

$$= \frac{e^{1.123 - 2.216}}{(1 + e^{1.123 - 2.216})}$$

$$= \frac{e^{-1.093}}{(1 + e^{-1.093})}$$

$$= \frac{0.335}{1.335} = 0.25.$$

$$\hat{p}_0 = \frac{e^{logit\,(\hat{y}(0))}}{(1 + e^{logit\,(\hat{y}(0))})}$$

$$= \frac{e^{1.123 \cdot 0 - 2.216}}{(1 + e^{1.123 \cdot 0 - 2.216})}$$

$$= \frac{e^{-2.216}}{(1 + e^{-2.216})}$$

$$= \frac{0.109}{1.109} = 0.098.$$

Das heißt, wir schätzen für Medium A einen Anteil von 25 % ,,schlecht" beurteilbarer Angiographie-Filme gegenüber 10 % für Medium B. Diese Schätzwerte entsprechen exakt den relativen Häufigkeiten aus Tabelle 14.4:

$$\hat{p}_1 = \frac{23}{92}$$

$$\hat{p}_2 = \frac{9}{92}.$$

Wir hatten bereits am Anfang des Beispiels darauf hingewiesen, daß die logistische Regression im Falle von einer Regressionsvariablen nur die übliche Auswertung in anderer Form beschreibt. Die Vorteile der logistischen Regression kommen erst bei mehr als einer Regressionsvariablen zum Tragen. Dieses Beispiel dient ausschließlich dem Verständnis der Methode.

In Kapitel 13.6 hatten wir festgestellt, daß für den Vergleich zweier Anteile meist nicht deren Differenz als vielmehr der Quotient der Odds, das Odds Ratio ψ, ein sinnvolles Maß (siehe auch Kapitel 15.3) darstellt. Das Odds Ratio ist definiert als

$$\psi = \frac{p_1 / (1 - p_1)}{p_0 / (1 - p_0)}.$$

Der Logarithmus des Odds Ratio ist die Differenz von

$y(1) = \text{logit}(p_1)$ und $y(0) = \text{logit}(p_0)$:

$$\ln \psi = \ln \left(\frac{p_1 / (1 - p_1)}{p_0 / (1 - p_0)} \right) = \ln(p_1 / (1 - p_1)) - \ln(p_0 / (1 - p_0)) = y(1) - y(0).$$

Aus

$$y(1) - y(0) = \beta_1 + \beta_0 + \varepsilon - (\beta_0 + \varepsilon) = \beta_1$$

erhalten wir nach Rücktransformation für das Odds Ratio:

$$\psi = e^{\beta_1}.$$

Das Odds Ratio ist demnach der zur Basis e exponierte Regressionskoeffizient der logistischen Regressionsgleichung. Hauptanwendungsgebiet der logistischen Regressionsanalyse, insbesondere bei Berücksichtigung mehrerer Variablen, ist auch nicht die ,,Vorhersage" von Anteilen als vielmehr die Schätzung der Odds Ratios für die verschiedenen Merkmale. Bevor wir auf diesen Aspekt zurückkommen, wollen wir uns zuvor mit der Berechnung eines Konfidenzintervalls für den Regressionskoeffizienten beschäftigen. Unter der üblichen Voraussetzung, daß die Verteilung von b_1 gut durch eine Normalverteilung approximiert werden kann, erhalten wir ein 95 %-Konfidenzintervall für β_1:

$$[b_1 - u_{0.975} \cdot SE(b_1); \, b_1 + u_{0.975} \cdot SE(b_1)].$$

Dabei ist $u_{0.975}$ das 97.5 %-Quantil der Standardnormalverteilung. Der Standardfehler des Regressionskoeffizienten $SE(b_1)$ kann im allgemeinen nicht durch einen geschlossenen Ausdruck angegeben werden. Die Statistikprogramme geben diesen Wert aus. Durch Rücktransformation der unteren und oberen Grenze des Konfidenzintervalls erhalten wir ein Konfidenzintervall für das Odds Ratio.
Wie eingangs erwähnt, sind die notwendigen Berechnungen zur Schätzung der Regressionskoeffizienten einer logistischen Regression aufwendig. Die üblichen Statistik-Programme liefern für unser Beispiel bei der Ausgabe die Ergebnisse etwa in der in Tabelle 14.5 gezeigten Form.
Die Teststatistik prüft die Nullhypothese H_0: $\beta_1 = 0$. Diese ist gleichbedeutend mit der Hypothese H_0: $\psi = 1$. Anhand der Ergebnisse aus Tabelle 14.5 können wir einen Schätzwert OR für das Odds Ratio ψ angeben:

$$OR = e^{1.123} = 3.074$$

und erhalten ein 95 %-Konfidenzintervall:

$$[e^{1.123 - 1.96 \cdot 0.4256}; \; e^{1.123 + 1.96 \cdot 0.4256}] = [1.335; 7.079] \; .$$

Koeffizient	Schätzwert	Standardfehler	Teststatistik	p-Wert
b_0	- 2.3450	0.3373		
b_1	1.1230	0.4256	2.6386	< 0.01

Tabelle 14.5. Ausgabe der Ergebnisse einer logistischen Regressionsanalyse für das Beispiel der Angiographie-Studie.

Das Verhältnis von Angiographiefilmen mit schlechter Beurteilbarkeit zu solchen mit guter (also die ,,Chance" für einen schlecht beurteilbaren Film) ist somit für Speichermedium A etwa 3-mal so hoch wie für Speichermedium B. Da der Wert 1 nicht im Konfidenzintervall liegt, wird die Nullhypothese H_0: $p_1 = p_0$ ($\psi = 1$) durch den Test abgelehnt.
Die bisherigen Berechnungen hätten auch ohne aufwendige logistische Regressionsanalyse vorgenommen werden können. Die logistische Regression gewinnt erst dann an Bedeutung, wenn der Einfluß mehrerer Variablen auf die abhängige Variable untersucht werden soll. Bei einer solchen multivariaten Betrachtungsweise ist die Darstellung der Ergebnisse in vielen Vier-Felder-Tafeln der einzelnen Untergruppen nicht mehr praktikabel und die übergreifende Schätzung der jeweiligen Parameter bzw. deren wechselseitige Beeinflußung anhand der einzelnen ,,Untergruppen-Vier-Felder-Tafeln" meist nicht mehr sinnvoll.
Wir demonstrieren das logistische Regressionsmodell für 2 Regressionsvariablen wieder an einem Beispiel der Angiographiefilme. Neben dem Speichermedium (x) soll nun noch das Merkmal Übergewicht (z) mit den Ausprägungen ,,ja" ($z = 1$) und ,,nein" ($z = 0$) mit berücksichtigt werden.
Ein Patient wurde dann als übergewichtig betrachtet, wenn der Broca-Index einen Wert größer als 120 % aufwies. Dieses Regressionsmodell ist angebracht, wenn die Merkmale ,,Speichermedium" und ,,Übergewicht" unabhängige Merkmale sind. In diesem Fall sind die 8 Zellwahrscheinlichkeiten der Kontingenztafel durch die Zellwahrscheinlichkeiten der beiden Randtafeln festgelegt (p_1 und p_0 für Speichermedien mit entsprechend zwei Wahrscheinlichkeiten für Übergewicht). Falls Unabhängigkeit zwischen den beiden Regressionsvariablen besteht, könnte dies im Regressionsmodell berücksichtigt werden.
Ein sinnvolles logistisches Regressionsmodell ist

$$y(x, z) = \ln\left(\frac{p_{xz}}{1 - p_{xz}}\right) = \beta_1 x + \beta_2 z + \beta_0 + \varepsilon \; .$$

Tabelle 14.6 zeigt das Ergebnis für das Regressionsmodell, in dem Unabhängigkeit der Merkmale ,,Speichermedium" und ,,Übergewicht" vorausgesetzt wird.

Koeffizient	Schätzwert	Standardfehler	Teststatistik	p-Wert
b_0	- 2.2216	0.3509		
b_1	1.1531	0.4285	2.6911	< 0.01
b_2	0.4886	0.4729	1.0332	0.30

Tabelle 14.6. Schätzwerte und Standardfehler für das Beispiel der Angiogrammfilme für ein logistisches Regressionsmodell mit Speichermedium (b_1) und Übergewicht (b_2) als Regressionsvariablen.

Es zeigt sich, daß der Zusammenhang zwischen Speichermedium und Beurteilbarkeit der Angiographie-Filme auch unter Berücksichtigung des Merkmals ,,Übergewicht" praktisch unverändert bestehen bleibt, während das Merkmal ,,Übergewicht" selbst nur einen kleinen (nicht signifikanten) Einfluß auf die Beurteilbarkeit ausübt:

$$
\begin{aligned}
OR_{\text{Übergewicht}} &= e^{b_2} \\
&= e^{0.4886} \\
&= 1.63.
\end{aligned}
$$

14.7 Lösung des linearen Gleichungssystems zur Bestimmung der Geradenparameter

Dieser Abschnitt und der folgende beschäftigen sich mit den Grundlagen für die in den vorangegangenen Abschnitten vorgenommenen Berechnungen. Beide sind für Leser mit mathematischem Interesse gedacht und können ohne Verlust der Kontinuität weggelassen werden. Üblicherweise werden Zufallsvariablen zur Abgrenzung von Konstanten mit Großbuchstaben (z. B. Y) bezeichnet. Wir werden aus Gründen der Vereinheitlichung zu den übrigen Kapiteln dieses Buches davon im folgenden bei der Bezeichnung der (im Regressionsmodell) abhängigen Variable Y (bzw. der mit einem Index versehenen Werte für Y) abweichen. Genauso behalten wir die übliche Bezeichnung für den Zufallsfehler mit dem griechischen Kleinbuchstaben ε bei, obgleich er ebenfalls eine Zufallsvariable ist.

Die Lösung des linearen Gleichungssystems zur Bestimmung der Regressionskoeffizienten b_1 und b_0 erfolgt unter der Nebenbedingung, daß die Summe der Abweichungsquadrate (in vertikaler Richtung) der beobachteten Werte der unabhängigen Variable (y_i) von den anhand der Geradengleichung ,,vorhergesagten" Werten ($b_1 x_i + b_0$) minimal werden soll.

$$\Sigma(y_i - (b_1 x_i + b_0))^2$$

ist minimal, wenn die partiellen Ableitungen hinsichtlich b_1 und b_0 beide gleich Null sind.

$$[\Sigma(y_i - (b_1 x_i + b_0))^2 = \Sigma(y_i - b_1 x_i - b_0)^2]$$

$$\frac{\partial}{\partial b_0} \Sigma(y_i - b_1 x_i - b_0)^2 \; = \; \Sigma 2(y_i - b_1 x_i - b_0) \, (-1)$$

$$= \; \Sigma \, (-2y_i + 2b_1 x_i + 2\,b_0)$$
$$= \; -2 \, \Sigma \, y_i + 2b_1 \Sigma \, x_i + 2\,b_0 \, \Sigma \, 1$$
$$= \; 2 \cdot (-\, \Sigma \, y_i + b_1 \Sigma \, x_i + b_0 n).$$

Dies soll gleich Null sein, also:

$$-\, \Sigma y_i + b_1 \Sigma x_i + b_0 n \; = \; 0.$$

Daraus ergibt sich:

$$\Sigma y_i \; = \; b_1 \, \Sigma \, x_i + n b_0 \qquad\qquad\qquad\qquad\qquad\qquad\text{(I)}$$

$$\frac{\partial}{\partial b_1} \Sigma(y_i - b_1 x_i - b_0)^2 \; = \; \Sigma 2(y_i - b_1 x_i - b_0) \, (-x_i)$$

$$= \; -2 \, \Sigma x_i y_i + 2b_1 \Sigma x_i^2 + 2\,b_0 \, \Sigma x_i \, .$$

Dies soll gleich Null sein, also:

$$-2 \, \Sigma x_i y_i + 2b_1 \Sigma x_i^2 + 2\,b_0 \, \Sigma x_i \; = \; 0.$$

Daraus ergibt sich:

$$\Sigma x_i y_i \; = \; b_1 \, \Sigma x_i^2 + b_0 \, \Sigma x_i \, . \qquad\qquad\qquad\qquad\qquad\text{(II)}$$

Wir multiplizieren (I) mit $\frac{1}{n} \Sigma x_i$ und erhalten:

$$\frac{1}{n} \Sigma y_i \, \Sigma x_i \; = \; \frac{b_1}{n} \, (\Sigma x_i)^2 + b_0 \, \Sigma x_i \, . \qquad\qquad\qquad\text{(III)}$$

Damit sind in (II) und (III) die beiden Terme, die den Koeffizienten b_0 enthalten, gleich, und es resultiert:

$$\Sigma x_i y_i \; = \; b_1 \, \Sigma x_i^2 + \frac{1}{n} \, \Sigma y_i \, \Sigma x_i - \frac{b_1}{n} \, (\Sigma x_i)^2 \quad \text{bzw.}$$

$$\Sigma x_i y_i - \frac{1}{n} \, \Sigma y_i \, \Sigma x_i \; = \; b_1 \, (\Sigma x_i^2 - \frac{1}{n}(\Sigma x_i)^2) \, .$$

Damit erhalten wir für den Regressionskoeffizienten b_1:

$$b_1 \; = \; \frac{\Sigma x_i y_i - \Sigma x_i \Sigma y_i / n}{\Sigma x_i^2 - (\Sigma x_i)^2 / n} \, .$$

Dies entspricht der in Kapitel 14.2 angegebenen Formel. Die in Kapitel 6.1 angegebene Formel für b_1 läßt sich unter Verwendung des Verschiebungssatzes in diese umrechnen:

$$\frac{\Sigma((x_i - \bar{x})(y_i - \bar{y}))}{\Sigma(x_i - \bar{x})^2} = \frac{\Sigma((x_i - \bar{x})\,y_i - (x_i - \bar{x})\,\bar{y})}{\Sigma(x_i^2 - 2x_i\bar{x} + \bar{x}^2)}$$

$$= \frac{\Sigma((x_i - \bar{x})\,y_i) - \Sigma((x_i - \bar{x})\,\bar{y})}{\Sigma x_i^2 - \Sigma 2x_i\bar{x} + \Sigma\bar{x}^2}$$

$$= \frac{\Sigma((x_i - \bar{x})\,y_i) - \bar{y}\,\Sigma(x_i - \bar{x})}{\Sigma x_i^2 - 2\bar{x}\,\Sigma x_i + n\bar{x}^2}$$

(da $\bar{y}$ und $\bar{x}$ für alle i konstant sind)

$$= \frac{\Sigma((x_i - \bar{x})\,y_i)}{\Sigma x_i^2 - 2\bar{x}\,\Sigma x_i + n\bar{x}^2} \quad (da\ \Sigma(x_i - \bar{x}) = 0)$$

$$= \frac{\Sigma x_i y_i - \bar{x}\,\Sigma y_i}{\Sigma x_i^2 - 2\bar{x}\,\Sigma x_i + n\bar{x}^2}$$

$$= \frac{\Sigma x_i y_i - \dfrac{\Sigma x_i}{n}\,\Sigma y_i}{\Sigma x_i^2 - \dfrac{2}{n}(\Sigma x_i)^2 + n\dfrac{(\Sigma x_i)^2}{n^2}} \quad (da\ \bar{x} = \dfrac{\Sigma x_i}{n})$$

$$= \frac{\Sigma x_i y_i - \Sigma x_i \Sigma y_i/n}{\Sigma x_i^2 - (\Sigma x_i)^2/n}.$$

Aus (I) ergibt sich nach Division durch n für den Regressionskoeffizienten b_0:

$$\frac{1}{n}\Sigma y_i = \frac{b_i}{n}\Sigma x_i + b_0$$

und damit:

$$b_0 = \bar{y} - b_1\bar{x}.$$

14.8 Varianz des Regressionskoeffizienten b₁ und Streuung um die Regressionsgerade

Zur Bestimmung der Varianz des Regressionskoeffizienten b_1 müssen wir

$$Var(b_1) \;=\; Var\left[\frac{\Sigma(x_i - \overline{x})\,(y_i - \overline{y})}{\Sigma(x_i - \overline{x})^2}\right]$$

berechnen.

Voraussetzung für das Regressionsmodell ist u. a., daß die Werte der unabhängigen Variable x vorgegeben sind. Somit ist x keine Zufallsvariable, und die einzelnen x_i (bzw. die ausschließlich x_i und $\overline{x}$ enthaltenen Terme) sind Konstanten. Der Zufallsfehler liegt allein bei der abhängigen Variable Y. Die Varianz von einer mit einer Konstanten multiplizierten Zufallsvariable ist gleich der Varianz der Zufallsvariablen multipliziert mit dem Quadrat der Konstanten. Wir verwenden

$$\frac{\Sigma(x_i - \overline{x})\,(y_i - \overline{y})}{\Sigma(x_i - \overline{x})^2} \;=\; \frac{\Sigma(x_i - \overline{x})\,y_i}{\Sigma(x_i - \overline{x})^2}$$

und erhalten:

$$Var(b_1) \;=\; \frac{1}{(\Sigma(x_i - \overline{x})^2)^2}\; Var[\Sigma(x_i - \overline{x})\,y_i].$$

Weitere Modellvoraussetzung ist, daß die einzelnen y_i voneinander unabhängig sind. Die Varianz der Summe voneinander unabhängiger Zufallsvariablen ist gleich der Summe der Einzelvarianzen. Das ergibt:

$$Var(b_1) \;=\; \frac{1}{(\Sigma(x_i - \overline{x})^2)^2}\; \Sigma\, Var\,[(x_i - \overline{x})\,y_i]$$

$$=\; \frac{1}{(\Sigma(x_i - \overline{x})^2)^2}\; \Sigma\,((x_i - \overline{x})^2\, Var\,(y_i))\,.$$

Da $Var(y_i)$ für alle y_i gleich und somit konstant ist (Voraussetzung der Varianzhomogenität), und $Var(y_i)$ gleich der Varianz von ε (σ^2) ist, gilt:

$$Var(b_1) \;=\; \frac{1}{(\Sigma(x_i - \overline{x})^2)^2}\; \Sigma\,(x_i - \overline{x})^2\, \sigma^2$$

$$=\; \frac{\sigma^2}{\Sigma(x_i - \overline{x})^2}\,.$$

Ersetzen wir schließlich σ^2 durch den Schätzwert s_{res}^2 (empirische Varianz der Residuen) und ziehen daraus die Quadratwurzel, erhalten wir den Standardfehler SE von b_1:

$$SE(b_1) = \sqrt{\dfrac{s_{res}^2}{s_x^2\,(n-1)}}\ .$$

Der nächste Schritt besteht nun darin, σ^2 (bzw. s_{res}^2) zu finden. Für die Varianz einer Zufallsvariable Z gilt :

$$Var(Z) = E(Z^2) - E(Z)^2.$$

Damit ergibt sich für σ^2:

$$\sigma^2 = E(\varepsilon^2) - E(\varepsilon)^2$$

Da der Erwartungswert von ε gleich 0 ist, bleibt:

$$\sigma^2 = E(\varepsilon^2)$$
$$= \Sigma(y_i - (b_1 x_i + b_0))^2$$

Ersetzen wir nun b_0 durch $\bar{y} - b_1\bar{x}$, erhalten wir :

$$\begin{aligned}
\Sigma(y_i - (b_1 x_i + b_0))^2 &= \Sigma(y_i - (b_1 x_i + \bar{y} - b_1\bar{x}))^2 \\
&= \Sigma(y_i - \bar{y} - (b_1 x_i - b_1\bar{x}))^2 \\
&= \Sigma((y_i - \bar{y}) - b_1(x_i - \bar{x}))^2 \\
&= \Sigma((y_i - \bar{y})^2 - 2(y_i - \bar{y})\,b_1(x_i - \bar{x}) + b_1^2\,(x_i - \bar{x})^2) \\
&= \Sigma(y_i - \bar{y})^2 - 2b_1\,\Sigma((y_i - \bar{y})\,(x_i - \bar{x})) + b_1^2\,\Sigma(x_i - \bar{x})^2 \\
&= \Sigma(y_i - \bar{y})^2 - 2b_1 \cdot b_1\,\Sigma(x_i - \bar{x})^2 + b_1^2\,\Sigma(x_i - \bar{x})^2
\end{aligned}$$

$$\left(da\ b_1 = \frac{\Sigma(x_i - \bar{x})\,(y_i - \bar{y})}{\Sigma(x_i - \bar{x})^2}\ gilt:\ \Sigma((x_i - \bar{x})\,(y_i - \bar{y})) = b_1\,\Sigma(x_i - \bar{x})^2\right)$$

$$= \Sigma(y_i - \bar{y})^2 - b_1^2\,\Sigma(x_i - \bar{x})^2.$$

Da hierbei zwei Parameter geschätzt werden ($\bar{y}$ und b_1^2), verbleiben $n-2$ Freiheitsgrade (siehe Kapitel 10.7), so daß

$$s_{res}^2 = \frac{\Sigma(y_i - \bar{y})^2 - b_1^2\,\Sigma(x_i - \bar{x})^2}{n-2}$$

als bester Schätzer für σ^2 resultiert.

14.9 Übungsaufgaben

• Aufgabe 1

Die folgende Tabelle zeigt Daten zum Grundumsatz [kcal/24h] in Ruhe und zum Körpergewicht [kg], die bei 44 Frauen erhoben wurden.

Pat.-Nr.	Körpergewicht	Grundumsatz	Pat.-Nr.	Körpergewicht	Grundumsatz
1	49.9	1079	23	66.0	1268
2	50.8	1146	24	66.4	1205
3	51.8	1115	25	72.8	1382
4	52.6	1161	26	74.8	1273
5	57.6	1325	27	77.1	1439
6	61.4	1351	28	82.0	1536
7	62.3	1402	29	83.4	1248
8	64.9	1365	30	86.2	1466
9	43.1	870	31	88.6	1323
10	48.1	1372	32	89.3	1300
11	52.2	1132	33	91.6	1519
12	53.5	1172	34	99.8	1639
13	55.0	1034	35	103.0	1382
14	55.0	1155	36	104.5	1414
15	56.0	1392	37	107.7	1473
16	57.8	1090	38	110.2	2074
17	59.0	982	39	112.1	1802
18	59.0	1178	40	120.0	1430
19	59.2	1342	41	122.0	1777
20	59.5	1027	42	123.1	1640
21	60.0	1316	43	125.2	1630
22	64.9	1526	44	143.3	1708

1. Führen Sie eine lineare Regressionsanalyse mit Grundumsatz als abhängiger und Körpergewicht als unabhängiger Variable durch. Geben Sie die Regressionsgleichung an!

2. Untersuchen Sie die Verteilung der Residuen in Abhängigkeit vom Gewicht. Sind die notwendigen Voraussetzungen für eine lineare Regression erfüllt?

3. Stellen Sie dabei die Ergebnisse als Varianzanalysetabelle dar, und schätzen Sie den Anteil „erklärter Varianz" mit Hilfe des linearen Bestimmtheitsmaßes!

4. Schätzen Sie ein 95 %-Konfidenzintervall für den Regressionskoeffizienten!

5. Ist es anhand der vorliegenden Daten möglich, für ein beliebiges Gewicht einen Bereich für den Grundumsatz (mit einem α-Niveau von 5 %) „vorherzusagen", der höchstens 250 kcal/24h umfaßt?

6. Schätzen Sie ein 95 %-Vorhersageintervall für den Grundumsatz bei einem Körpergewicht von 80 kg!

• Aufgabe 2

Von 348 Patienten mit einem Herzklappenfehler, die routinemäßig (vor Klappenersatz) mit einer Koronarangiographie untersucht worden waren, wurde bei einem Teil zusätzlich zu dem Vitium eine bedeutsame Koronare Herzkrankheit (KHK) festgestellt. In ein multiples logistisches Regressionsmodell, anhand dessen ein prognostischer Index für das Vorhandensein einer KHK erstellt werden sollte, wurden 7 anamnestische und klinische Variablen aufgenommen.

1. Der geschätzte Regressionskoeffizient b_1 für die Variable x_1: ,,Vorliegen einer KHK in der Familieanamnese" mit den beiden möglichen Ausprägungen $x_1 = 0$ für ,,Nein" und $x_1 = 1$ für ,,Ja" betrug 1.167. Welchen Wert hat das geschätzte Odds Ratio (OR) für das Vorhandensein einer KHK bei positiver Familienanamnese?

2. Eine andere Variable im logistischen Regressionsmodell war x_2: ,,Die Zahl aller jemals gerauchten Zigaretten" (berechnet aus der Zahl der pro Jahr durchschnittlich gerauchten Zigaretten multipliziert mit der Zahl Jahre, in denen geraucht wurde). Der geschätzte Regressionskoeffizient b_2 für die Variable x_2 betrug 0.0106 pro 1000 gerauchter Zigaretten. Bei wieviel jemals gerauchten Zigaretten nimmt das OR den gleichen Wert wie für die Variable x_1 an? Rechnen Sie diese Zahl um in Jahre, in denen durchschnittlich 20 Zigaretten pro Tag geraucht wurden!

3. Wie hoch ist das OR für eine Person mit positiver Familienanamnese, die 20 Zigaretten täglich über 30 Jahre geraucht hat, verglichen mit einem Nichtraucher ohne KHK in der Familienanmnese?

15 Abhängigkeit zwischen zwei Merkmalen

15.1 Assoziation, Vorhersage und Übereinstimmung

In den meisten vorausgegangenen Kapiteln haben wir uns mit der statistischen Analyse von Beobachtungen an einer einzigen Variablen beschäftigt. Häufig haben wir die Daten in zwei Gruppen eingeteilt, und diese Dichotomisierung könnte als zweite Variable betrachtet werden. Das Zwei-Stichproben-Problem ist jedoch ein ziemlich künstliches Beispiel für die Beziehung zwischen zwei Variablen. Die Untersuchung der Beziehung zwischen zwei Merkmalen kann drei unterschiedliche Ziele verfolgen:

- Festzustellen, ob zwischen den beiden Merkmalen eine Assoziation besteht, d. h., ob der Wert der einen Variablen tendenziell höher (oder niedriger) wird für höhere Werte der anderen Variablen.
- Die Vorhersage des Wertes der einen Variablen aus dem bekannten Wert der anderen Variablen.
- Das Maß an Übereinstimmung zwischen den beiden Variablen zu bestimmen; am häufigsten tritt diese Situation ein, wenn zwei Meßmethoden zur Bestimmung desselben Merkmals verglichen werden sollen.

Ein Assoziationsmaß für binäre Merkmale, das Odds Ratio, haben wir bereits in Kapitel 13.6 bei der Beschreibung des exakten Fisher-Tests eingeführt. In Kapitel 15.3 werden wir zusätzlich das relative Risiko beschreiben.

Die Assoziation zwischen stetigen Merkmalen wird unter dem Begriff Korrelation zusammengefaßt. Wir gehen hierauf in 15.2 ein. Die Vorhersage (Prädiktion) eines stetigen Merkmals aus einem anderen wurde in Kapitel 14 behandelt. Als Technik ist dort die lineare Regression beschrieben.

Korrelation und Regression werden häufig wegen der sehr engen mathematischen Beziehung zwischen den beiden Methoden zusammen verwendet, so daß der Eindruck entstehen könnte, daß mit den Methoden gleiche Ziele verfolgt werden. Tatsächlich ist die Zielsetzung jedoch unterschiedlich und nur in Ausnahmefällen ist die Verwendung beider Methoden für denselben Datensatz sinnvoll. Da in den meisten Lehrbüchern zwischen Korrelation und Regression schlecht differenziert wird, ist die Verwirrung perfekt.

Korrelation und Regression werden nicht nur fälschlicherweise als gleichartige Methoden angesehen, sondern zudem häufig in einem Gebiet eingesetzt, das weder für die eine noch für die andere Methode geeignet ist: Die Bestimmung des Maßes an Übereinstimmung zwischen zwei Meßgrößen. Die meisten klinischen Meßgrößen sind nicht präzise. Meist ist es zudem unmöglich, die interessierenden Größen direkt zu bestimmen, etwa das Herzvolumen oder den Tumordurchmesser. Weiterhin kann das zu bestimmende Merkmal zeitlichen Variationen unterliegen, wie z. B. der Blutdruck. Die Frage nach der „Güte" eines Meßverfahrens ist daher äußerst vielschichtig.

Die Güte (Präzision) eines Meßverfahrens hängt von den Untersuchungsbedingungen ab. So hat jedes Meßverfahren selbst eine Ungenauigkeit, die etwa bei Laborwerten bereits durch die Nachweisgrenze und die Ablesegenauigkeit entsteht. Bei bildgebenden Verfahren stellt entsprechend der Nachweisgrenze bei biochemischen Verfahren das Auflösungsvermögen eine derartige Grenze dar. Aber nicht nur technische Größen bestimmen die Präzision eines Verfahrens. Das Ergebnis einer Messung mit einem Verfahren kann etwa vom Untersucher (Inter-observer-Variabilität) abhängen.

Die Präzision eines Verfahrens wird im wesentlichen unter den drei folgenden Bedingungen bestimmt:

• Wiederholbarkeit

• Vergleichbarkeit

• Reproduzierbarkeit

Unter der Bedingung der Wiederholbarkeit sollen intraindividuelle Veränderungen der Meßgröße ausgeschlossen werden (kurze Zeitabstände). Die Beurteilung der Meßgröße wird durch denselben Untersucher vorgenommen. Auf die Wiederholbarkeit eines Meßverfahrens werden wir in Abschnitt 15.4 am Beispiel eines Rheuma-Scores eingehen. Unter der weniger engen Bedingung der ,,Vergleichbarkeit" werden diese Einflußgrößen mit in die Angabe der Präzision aufgenommen. Mit Vergleichbarkeit wird das Ausmaß der Übereinstimmung zwischen Ergebnissen aufeinanderfolgender Messungen bezeichnet, die mit demselben Meßverfahren ausgeführt werden. Anwendungsbedingungen, Beobachter, Meßort und Meßeinrichtung werden im Gegensatz zu der Bedingung der Wiederholbarkeit nicht mehr konstant gehalten. Auch wird die Bedingung der Durchführung der Messungen in kurzen Zeitabständen fallengelassen. Damit soll die Tag-zu-Tag-Variabilität mit einbezogen werden.

Reproduzierbarkeit beschreibt das Ausmaß der Annäherung zwischen Ergebnissen von Messungen derselben Meßgröße, bei denen zusätzlich zu der Vergleichbarkeit auch noch unterschiedliche (kompatible) Meßverfahren benutzt werden können.

Meist gibt es mehrere Methoden zur Bestimmung desselben Merkmals. Ziel vieler Studien ist es, zu überprüfen, ob zwei Methoden, die beide dieselbe Größe bestimmen, gut genug ,,übereinstimmen", um die eine (z. B. teurere oder invasive) Methode durch eine billigere (z. B. weniger invasive) zu ersetzen. Jetzt sind die beiden zu vergleichenden Meßverfahren die beiden Meßgrößen. Dies ist die Bedingung der Reproduzierbarkeit. Die gleichen Überlegungen können unmittelbar auf die Beurteilung der Übereinstimmung von zwei Beobachtern, die dann die beiden Meßgrößen bilden, übertragen werden.

In dem folgenden Abschnitt werden wir zuerst näher auf Korrelation eingehen, im darauf folgenden Abschnitt werden wir die Bestimmung des Maßes an Übereinstimmung behandeln.

15.2 Assoziation zwischen stetigen Merkmalen

In Kapitel 8.9 hatten wir zur Demonstration der Transformation von Zufallsgrößen auch den ,,Kameltest" verwendet. Bei diesem Test müssen Kinder eine 2 Millimeter breite Nachfahrlinie, welche die Umrisse eines Kamels beschreibt, so schnell wie möglich entlangfahren, ohne sie zu verlassen. Jede Abweichung von der Nachfahrlinie wird als Fehler gezählt. In Abbildung 15.1 ist für 32 Kinder im Alter zwischen 6 und 7 Jahren deren benötigte Zeit zum Umfahren des Kamels gegen die Anzahl Fehler, d. h. Verlassen der 2 Millimeter breiten Nachfahrlinie, aufgetragen.

In Kapitel 8.9 hatten wir bereits festgestellt, daß es nicht sinnvoll ist, eine der beiden Größen allein zur Beurteilung der Leistungsfähigkeit eines Kindes bei diesem Test zu verwenden. Wir hatten uns in diesem Kapitel dazu entschlossen, einen Score, d. h. die Summe aus benötigter Zeit und Anzahl Fehler für die Beurteilung zu bilden. Je größer der Score, desto schlechter ist die Leistung des Kindes bei diesem Test. Die Wahl des Scores ist willkürlich. Ist die Summe, der Quotient oder eine standardisierte Summe aus den beiden Merkmalen besser geeignet? Beliebig viele Kombinationen sind möglich. Bietet die bivariate Beurteilung der beiden Größen einen Ausweg aus dieser Willkür? In diesem Kapitel wollen wir eine Antwort auf diese Frage geben.

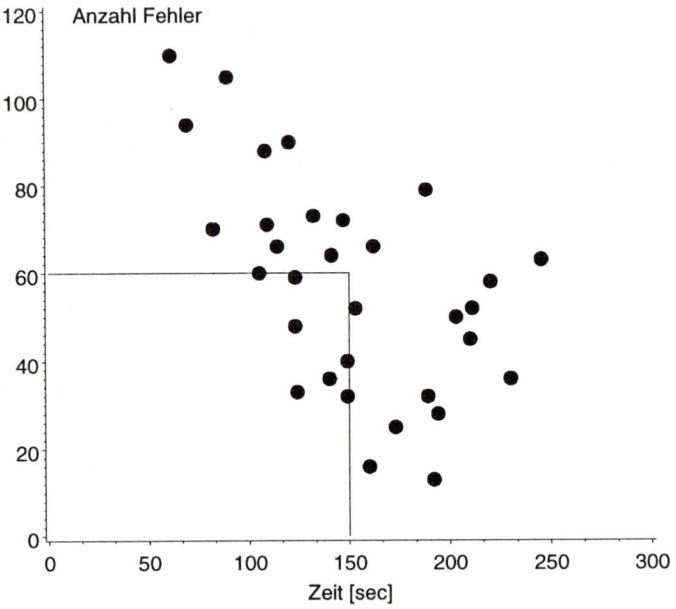

Abb. 15.1. Zeit und Anzahl Fehler beim Kameltest bei 32 Kindern im Alter von 6 bis 7 Jahren.

In Analogie zu der Wahl von Wahrscheinlichkeitsverteilungen für eindimensionale Zufallsgrößen müssen wir jetzt ein Wahrscheinlichkeitsmodell für zweidimensionale (bivariate) stetige Zufallsgrößen wählen. In Kapitel 10.4 hatten wir die Normalverteilung für eine stetige Zufallsgröße eingeführt. Dort hatten wir darauf hingewiesen, daß das Wort „normal" nicht in der Bedeutung wie „gewöhnlich" oder „nicht krank" verwendet wird. Auch in dem bivariaten Fall gibt es keine Begründung, daß die „gewöhnliche" Verteilung biologischer Merkmale einer (bivariaten) Normalverteilung folgen müßte. Die bivariate Normalverteilung enthält den Korrelationskoeffizienten als natürlichen Parameter. Die Dichtefunktion der bivariaten Normalverteilung für zwei Zufallsvariablen X_1 und X_2 ist durch folgende Funktion festgelegt:

$$f(x_1, x_2) = \frac{1}{2\,\pi\,\sigma_1\sigma_2\sqrt{1-\rho^2}} \cdot$$

$$\exp\left\{-\frac{1}{2(1-\rho^2)}\left[\frac{(x_1-\mu_1)^2}{\sigma_1^2} - 2\rho\,\frac{(x_1-\mu_1)(x_2-\mu_2)}{\sigma_1\,\sigma_2} + \frac{(x_2-\mu_2)^2}{\sigma_2^2}\right]\right\}.$$

die Parameter $\mu_1, \mu_2, \sigma_1, \sigma_2$ beschreiben völlig analog zum eindimensionalen Fall die Erwartungswerte und Standardabweichungen der beiden Zufallsvariablen X_1 und X_2. Als zusätzlicher Parameter zur Beschreibung der Assoziation zwischen X_1 und X_2 tritt der Korrelationskoeffizient ρ in der Dichte auf. Die Berechnung des empirischen Korrelationskoeffizienten wurde bereits in Kapitel 6.4 durchgeführt. Dort wurde auch festgestellt, daß der Korrelationskoeffizient Werte zwischen -1 und +1 annehmen kann.
Für $\rho = 0$ erhalten wir

$$f(x_1, x_2) = \frac{1}{2\,\pi\,\sigma_1\sigma_2}\;\exp\left\{-\frac{1}{2}\left[\frac{(x_1-\mu_1)^2}{\sigma_1^2} + \frac{(x_2-\mu_2)^2}{\sigma_2^2}\right]\right\}$$

$$= f(x_1)\cdot f(x_2).$$

Dies bedeutet, daß die beiden Merkmale X_1 und X_2 unabhängig sind: Die gemeinsame Dichte ist dann das Produkt der beiden (eindimensionalen) Dichten. Die Dichte der bivariaten Normalverteilung mit unabhängigen ($\rho = 0$) und jeweils standardnormalverteilten Zufallsgrößen X_1 und X_2 ist in der Abbildung 15.2 dargestellt. Die Dichte ist symmetrisch zu dem „Schwerpunkt" (0,0).
Abbildung 15.3 zeigt die Dichte der bivariaten Normalverteilung, wie sie sich aufgrund der aus dem Beispiel des Kameltests geschätzten Parameter ergibt. Die Dichte ist nun nicht mehr symmetrisch zum Schwerpunkt (150, 60). Punktepaare mit kleinen Zeiten und großer Anzahl Fehler bzw. umgekehrt mit großen Zeiten und kleiner Anzahl Fehler haben große Dichtewerte. Die Asymmetrie wird durch den Korrelationskoeffizienten bestimmt. Die Formel für die bivariate Normalverteilung legt Punkte mit gleicher Wahrscheinlichkeitsdichte fest. Im Gegensatz zu den univariaten Verteilungen lassen sich jedoch für feste Merkmalskombinationen keine p-Werte mehr berechnen. Hierzu müßte feststehen, welche Werte „schlechter" als die gegebene Merkmalskombination sind. Die Dichte müßte dann über diese Werte integriert werden. Allerdings lassen sich Ellipsoide konstruieren, innerhalb derer ein vorgegebener Anteil der Wahrscheinlichkeitsdichte liegt.

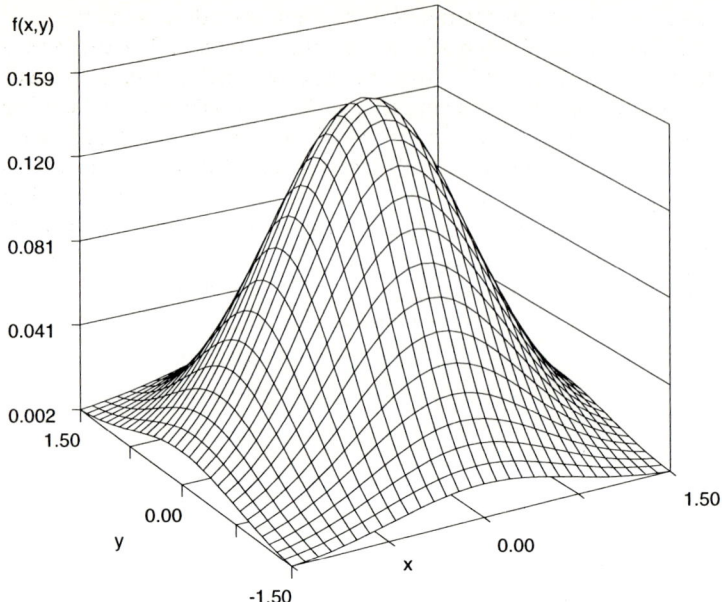

Abb. 15.2. Dichte *f(x, y)* der bivariaten Normalverteilung mit $(\mu_1, \mu_2) = (0,0)$, $(\sigma_1, \sigma_2) = (1,1)$ und $\rho = 0$.

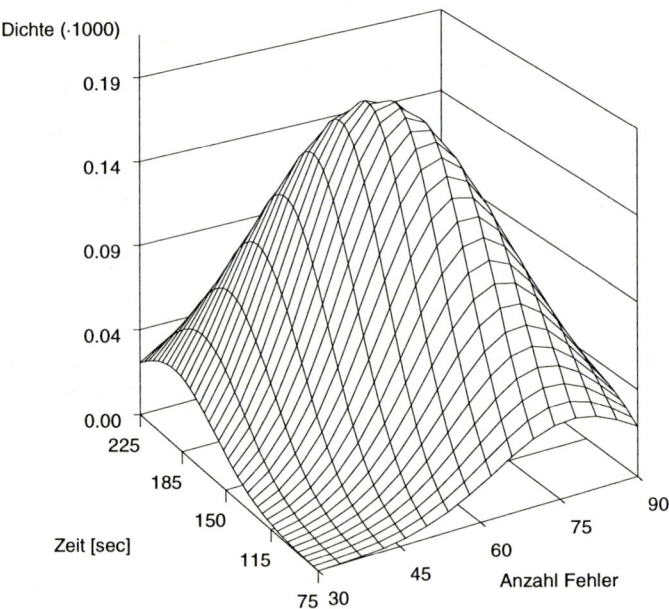

Abb. 15.3. Dichte der bivariaten Normalverteilung mit $(\mu_1, \mu_2) = (150, 60)$, $(\sigma_1, \sigma_2) = (59, 20)$ und $\rho = -0.57$.

In Abbildung 15.4 ist dies für das Beispiel des Kameltests durchgeführt.

Eingezeichnet sind zwei Ellipsen, die innere Ellipse umfaßt 50 % der Wahrscheinlichkeitsdichte, d. h. ein Anteil von 50 % der bivariaten Normalverteilung, die äußere Ellipse einen Anteil von 90 %. Die Hauptachsen aller Ellipsen laufen durch den Schwerpunkt (150, 60). Der Korrelationskoeffizient legt das Verhältnis von Haupt- zu Nebenachsen der Ellipsen fest. Die Anwendung des Wahrscheinlichkeitsmodells läßt allerdings keine Bestimmung von praktisch verwertbaren Normbereichen zu. Besonders deutlich wird dies an Wertepaaren, die auf der langen (Neben-) Achse liegen: Diese würden im Sinne der Leistung eines Kindes bei diesem Test vermutlich als gleichwertig betrachtet werden (etwa bei einer Summenbildung aus beiden Merkmalen). Die Wertekombinationen durchlaufen jedoch sämtliche Wahrscheinlichkeitsellipsen.

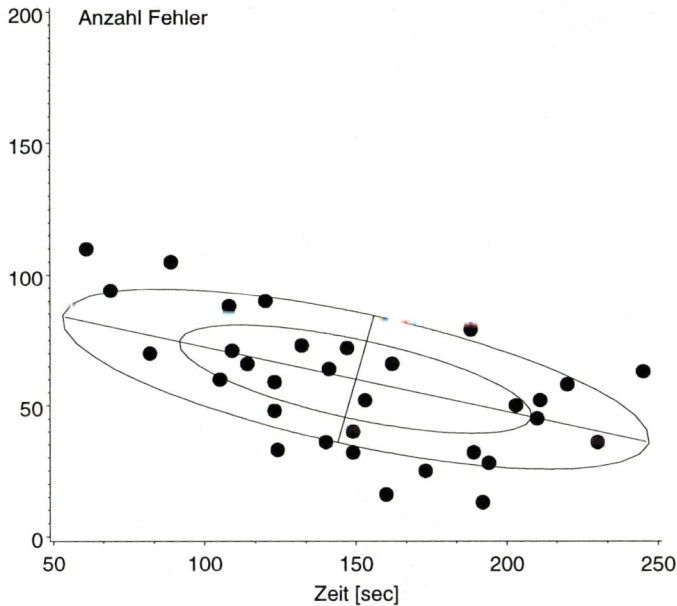

Abb. 15.4. Kurven gleicher Wahrscheinlichkeitsdichten der bivariaten Normalverteilung mit $(\mu_1, \mu_2) = (150, 60)$, $(\sigma_1, \sigma_2) = (59, 20)$ und $\rho = -0,57$. Innerhalb der beiden Ellipsen liegen 50 % bzw. 90 % der Wahrscheinlichkeitsdichte.

Wir fassen zusammen:

- Der Korrelationskoeffizient ist als Parameter im Modell der bivariaten Normalverteilung festgelegt.
- Für praktische medizinische Anwendungen ist dieses Modell jedoch im allgemeinen nicht zu verwenden, da eine Festlegung der Wertekombinationen im Sinne von „besser" oder „schlechter" durch das Modell nicht erfolgt. Hierzu sind inhaltliche Überlegungen erforderlich, die dann jedoch zu Scores und somit univariaten Betrachtungen führen.
- Der Korrelationskoeffizient ist ein Assoziationsmaß. Für die Beurteilung von Übereinstimmung, etwa zwischen 2 Meßverfahren, ist er ungeeignet.
- Sinnvolle Anwendungen des Korrelationskoeffizienten liegen im Bereich der Merkmalsreduktion großer Merkmalsvektoren. Hierzu dienen z. B. Methoden der „Hauptkomponentenanalyse". Diese Verfahren gehen über das im Rahmen des vorliegen den Buches behandelte Methodenspektrum hinaus. Aber auch hier gilt, daß die Anwendung statistischer Verfahren nicht die kritische inhaltliche Auseinandersetzung mit den Daten ersetzen kann.

15.3   Assoziation zwischen zwei binären Merkmalen

Als Assoziationsmaß zwischen zwei stetigen Merkmalen haben wir im letzten Abschnitt den Korrelationskoeffizienten beschrieben. Dieser ist ein natürlicher Parameter des Modells der bivariaten Normalverteilung. Der Wert des Korrelationskoeffizienten hängt jedoch stark von der Variabilität der untersuchten Merkmale ab. Daher ist der Wert des Korrelationskoeffizienten für praktische Anwendungen nur in Ausnahmefällen sinnvoll zu interpretieren. Bei binären Merkmalen ist diese Variabilität von vornherein durch die Tatsache beschränkt, daß diese Merkmale nur zwei Ausprägungen annehmen können. Daher können Assoziationsmaße zwischen zwei binären Merkmalen besser interpretiert werden. Wir wollen dies zunächst an einem Beispiel demonstrieren.

Knochenbruch	Knochendichte		Summe
	niedrig	hoch	
ja	10	19	29
nein	18	59	77
Summe	28	78	106

Tabelle 15.1. Knochendichte sowie Anzahl Knochenbrüche im Verlauf einer 5-jährigen Beobachtungszeit bei 106 Personen [Khairi et al.].

Ein Hauptziel epidemiologischer Studien ist die Erforschung der Ätiologie von Krankheiten. Hierzu werden Kohorten- und Fall-Kontroll-Studien (siehe Kapitel 3.5 und 3.6) durchgeführt. Üblicherweise werden Gruppen mit verschiedenen Charakteristika verglichen. In Kohortenstudien sind die Individuen der einen Gruppe gegenüber einem Faktor exponiert. Die üblicherweise verwendeten Maßzahlen für Krankheitshäufigkeiten wurden in Kapitel 7 eingeführt.

In Tabelle 15.1 ist das Ergebnis einer Kohortenstudie zur Knochendichte [Khairi et al.] dargestellt. Es wird vermutet, daß Individuen mit einer niedrigen Knochendichte (etwa kleiner als $0.6 \ g/cm^2$) häufiger Frakturen erleiden als Individuen mit hoher Knochendichte. Tabelle 15.1 zeigt das Ergebnis der Kohortenstudie, bei der die Knochendichte von 106 Probanden gemessen und diese Probanden dann über 5 Jahre weiter beobachtet wurden. Insgesamt erlitten 29 Probanden eine Fraktur. Die geschätzte kumulative 5-Jahres-Inzidenz für eine Fraktur in der Gruppe mit niedriger Knochendichte (exponierte Gruppe) beträgt $^{10}/_{28} = 0.36$. Die geschätzte kumulative 5-Jahres-Inzidenz in der Gruppe mit hoher Knochendichte (nicht exponiert) ist $^{19}/_{78} = 0.24$. Als Maßzahl zum Vergleich der beiden Gruppen wird der Quotient der beiden Inzidenzen benutzt (Risikoquotient). Sein Schätzwert wird üblicherweise als relatives Risiko (RR) bezeichnet. In unserem Beispiel erhalten wir:

$$RR = {^{0.36}}/_{0.24} = 1.47 \, .$$

Dies bedeutet, daß die geschätzte kumulative 5-Jahres-Inzidenz einer Fraktur in der Gruppe mit niedriger Knochendichte etwa 1.5-mal höher ist als in der Gruppe mit hoher Knochendichte. Das relative Risiko ist ein Quotient (siehe hierzu Kapitel 7.1) und damit dimensionslos. Als Quotient kann es Werte zwischen 0 und $+ \infty$ annehmen. In unserem Beispiel haben wir den Quotienten der kumulativen 5-Jahres-Inzidenz (siehe Kapitel 7.3) geschätzt. Für andere Beobachtungszeiträume (etwa 1 Jahr) kann der Risikoquotient verschieden sein. Sind die Inzidenzraten jedoch zu allen Zeitpunkten gleich (siehe hierzu das Beispiel aus Kapitel 7.3), dann ist auch das relative Risiko konstant. Für viele Anwendungen wird diese Annahme sinnvoll sein. Die Annahme einer konstanten Inzidenzrate führt zu dem in 10.2 eingeführten Modell der Poissonverteilung.

In einer Kohortenstudie kann das relative Risiko direkt berechnet werden, da Schätzwerte für beide kumulativen Inzidenzen vorhanden sind, in einer Fall-Kontroll-Studie dagegen nicht. Wir zeigen nun eine hilfreiche Lösung für dieses Problem.

Nehmen wir an, daß jedes Individuum einer großen Population als positiv oder negativ im Hinblick auf einen potentiellen ätiologischen Faktor und als positiv oder negativ im Hinblick auf einen Krankheitsstatus klassifiziert wurde. Der Faktor kann auf einer augenblicklichen Klassifikation oder (etwa in retrospektiven Studien) auf der Vergangenheit des Individuums basieren. Der Krankheitsstatus kann das Vorhandensein einer bestimmten Kategorie einer Erkrankung betreffen oder das Auftreten (z. B. Tod) innerhalb einer bestimmten Periode erfassen, d. h., sich auf Prävalenz oder Inzidenz beziehen.

Für jede derartige Kategorisierung kann die Population in einer 2×2-Kontingenztafel wie folgt dargestellt werden:

Krankheit	Faktor		
	ja	nein	
ja	p_1	p_2	$p_1 + p_2$
nein	p_3	p_4	$p_3 + p_4$
	$p_1 + p_3$	$p_2 + p_4$	1

Tabelle 15.2. Wahrscheinlichkeitsverteilung der Kombination eines Faktors mit einer Krankheit in einer Population.

Die Einträge in Tabelle 15.2 sind Anteile an der gesamten Population (Wahrscheinlichkeiten). Falls die Anteile bekannt sind, kann die Assoziation zwischen Faktor und Krankheit durch den Risikoquotienten gemessen werden.

$$\text{Risikoquotient} \; = \; \frac{p_1}{p_1 + p_3} \; : \; \frac{p_2}{p_2 + p_4} = \frac{p_1(p_2 + p_4)}{p_2(p_1 + p_3)}$$

In vielen (wenn auch nicht allen) Situationen, bei denen Fall-Kontroll-Studien für ätiologische Studien eingesetzt werden, ist der Anteil der Individuen mit der Zielkrankheit klein. Dies bedeutet, $p_2 + p_4 \approx p_4$ und $p_1 + p_3 \approx p_3$. In einem solchen Fall ist der Risikoquotient sehr nahe an

$$\psi \; = \; \frac{p_1 \cdot p_4}{p_2 \cdot p_3} .$$

Diesen Quotienten hatten wir bereits in Kapitel 13.6 als Odds Ratio eingeführt.
Das Odds Ratio ist nicht nur der natürliche Parameter der bivariaten Verteilung, sondern es kann auch aus allen drei möglichen Stichprobenarten geschätzt werden:
• Einer zufällig gezogenen Stichprobe aus der Population.
• Einer Stichprobe, die nach den beiden Ausprägungen des Faktors (exponiert und nicht exponiert) stratifiziert wurde: Das ist typischerweise bei Kohortenstudien der Fall.
• Einer Stichprobe, bei der nach der Ausprägung des Krankheitsstatus geschichtet wurde: Das ist typischerweise bei einer Fall-Kontroll-Studie der Fall.
Theoretisch ist daher die Schätzung des Odds Ratios aus allen drei Stichprobentypen unproblematisch möglich. Bei praktischen Anwendungen bietet jedoch die Voraussetzung der repräsentativen Stichprobe aus der Population ein großes Hindernis.
Zur Bestimmung der Standardabweichung des Odds Ratios führen wir eine logarithmische Transformation durch. Approximativ gilt:

$$Var(ln \; \hat{\psi}) \; = \; \frac{1}{a} + \frac{1}{b} + \frac{1}{c} + \frac{1}{d}$$

Hierbei bezeichnet *ln* den natürlichen Logarithmus und *a*, *b*, *c* und *d* die Zellhäufigkeiten der Kontingenztafel (siehe Tabelle 13.6). Zur Bestimmung eines approximativen Konfidenzintervalls verwenden wir die Wurzel des Varianzschätzers als Standardfehler von ln $\hat{\psi}$, benutzen die Normalverteilung als Approximation und transformieren das Ergebnis zurück auf die originale ψ-Skala. Für unser Beispiel erhalten wir:

$$Var(\ln \hat{\psi}) = \frac{1}{10} + \frac{1}{19} + \frac{1}{18} + \frac{1}{59} = 0.225$$

und damit für den Standardfehler SE für ln $\hat{\psi}$

$$SE = \sqrt{0.225} = 0.474.$$

Als Schätzer für das Odds Ratio $\hat{\psi}$ ergibt sich 1.73. Da

$$\ln (\hat{\psi}) = \ln 1.73 = 0.545,$$

ergeben sich die beiden Grenzen für das Konfidenzintervall für ln ψ:

untere Grenze = 0.545 - 1.96 · 0.474 = - 0.385

obere Grenze = 0.545 + 1.96 · 0.474 = 1.475

und nach Rücktransformation

0.68 = exp (- 0.385) sowie 4.37 = exp (1.475).

In Kapitel 13.6 hatten wir den exakten Fisher-Test zum Prüfen der Hypothese H_0: $\psi \geq \psi_0$ kennengelernt. Mit diesem Test ist die Bestimmung eines exakten Konfidenzintervalls (test-based-Konfidenzintervall) möglich. Als exaktes 95 %-Konfidenzintervall erhält man für das Beispiel der Knochendichte als untere und obere Grenze 0.76 bzw. 4.76. Diese Werte unterscheiden sich nur unwesentlich von denen mit Hilfe der logarithmischen Transformation und Normalapproximation bestimmten Werte.
Häufig wird ein Odds Ratio in unterschiedlichen Schichten bestimmt. Ein Grund kann z. B. sein, daß zwischen diesen Schichten die Verteilung der Exposition und der Erkrankung unterschiedlich ist, ein anderer, daß Studien an verschiedenen Orten durchgeführt werden. In der Regel besteht dann ein Interesse daran, die Daten der einzelnen Studien zusammenzuführen (Metaanalyse). Bei den meisten vorgeschlagenen Methoden wird zunächst in jeder Schicht ein separater Schätzer für ln ψ bestimmt und ein gewichteter Mittelwert aus diesen Einzelwerten berechnet. Die vorgeschlagenen Methoden unterscheiden sich im wesentlichen in der Wahl der Gewichte. Die bekannteste und am meisten verwendete Methode behandeln wir im folgenden [Mantel und Haenszel]. Wir bezeichnen die Häufigkeiten in der 2×2-Kontingenztafel der i-ten Schicht wie in Tabelle 15.3 angegeben. Der gepoolte Schätzwert für ψ ist dann

$$OR_{MH} = \frac{\sum \dfrac{a_i \cdot d_i}{n_i}}{\sum \dfrac{b_i \cdot c_i}{n_i}} \cdot$$

Krankheit	Faktor		
	ja	nein	
ja	a_i	b_i	$a_i + b_i$
nein	c_i	d_i	$c_i + d_i$
	$a_i + c_i$	$b_i + d_i$	n_i

Tabelle 15.3. Häufigkeiten von Krankheit und Faktor in der Schicht i eines klassierenden Merkmals.

Für die Hypothese H_0: $\psi = 1$, d. h. keine Assoziation zwischen Krankheit und Faktor, erhält man für den Erwartungswert von a_i :

$$E(a_i) = \frac{(a_i + b_i)\,(a_i + c_i)}{n_i}.$$

Die Varianz, deren Formel wir hier nicht herleiten, ergibt sich zu:

$$Var(a_i) = \frac{(a_i + b_i)\,(c_i + d_i)\,(a_i + c_i)\,(b_i + d_i)}{n_i^2\,(n_i - 1)}.$$

Da die Schichten unabhängig voneinander sind, ist die Varianz der Summe von Differenzen gleich der Summe der einzelnen Varianzen. Hiermit erhält man die Teststatistik (Mantel-Haenszel-Schätzer):

$$X_{MH}^2 = \frac{(\Sigma a_i - \Sigma\,E(a_i))^2}{\Sigma\,Var(a_i)},$$

die approximativ χ^2 mit einem Freiheitsgrad verteilt ist. In ihrer Originalarbeit haben Mantel und Haenszel keinen Schätzwert für die Varianz von OR_{MH} angegeben. Ein Vorschlag ist [Mietinnen], ein test-based-Konfidenzintervall aufgrund der nachfolgend beschriebenen Überlegungen zu bestimmen:
Wäre der Standardfehler $SE(\ln OR_{MH})$ bekannt, so erhielte man unter Anwendung der Approximation durch die Normalverteilung eine Teststatistik für die Hypothese $\psi = 1$ ($\ln\psi = 0$) durch die Z-Transformation:

$$Z = \frac{\ln OR_{MH}}{SE\,(\ln OR_{MH})}.$$

Z ist approximativ standardnormalverteilt. Die Statistik X_{MH}^2 ist approximativ χ^2 mit einem Freiheitsgrad verteilt, daher ist die Wurzel aus diesem Wert approximativ standardnormalverteilt. Die testbezogene Methode besteht nun darin, diese beiden Gleichungen gleich zu setzen und nach $SE(\ln OR_{MH})$ aufzulösen. Dies ergibt:

$$SE(\ln OR_{MH}) = \frac{\ln OR_{MH}}{\sqrt{X^2_{MH}}} \cdot$$

Diese Beziehung gilt zunächst nur im Falle $\psi = 1$. In praktischen Anwendungen hat sich jedoch gezeigt, daß die Ergebnisse auch im allgemeinen Fall brauchbar sind. Wir demonstrieren die Mantel-Haenszel-Methode nun an einem Beispiel:

Stu-dien-Nr.	Lungenkrebs-Patienten		Kontroll-Patienten		n_i	$\hat{\psi}_i$	$\ln(\hat{\psi}_i)$	$\frac{a_i d_i}{n_i}$	$\frac{b_i c_i}{n_i}$	$E(a_i)$	$Var(a_i)$
	Raucher a_i	Nicht-raucher b_i	Raucher c_i	Nicht-raucher d_i							
1	83	3	72	14	172	5.4	1.7	6.8	1.3	77.5	3.9
2	90	3	227	43	363	5.7	1.7	10.7	1.9	81.2	7.7
3	129	7	81	19	236	4.3	1.5	10.4	2.4	121.0	5.7
4	412	32	299	131	874	5.6	1.7	61.8	10.9	361.2	33.2
5	1350	7	1296	61	2714	9.1	2.2	30.3	3.3	1323.0	16.6
6	60	3	106	27	196	5.1	1.6	8.3	1.6	53.4	5.6
7	459	18	534	81	1092	3.9	1.4	34.0	8.8	433.8	22.2
8	499	19	462	56	1036	3.2	1.2	27.0	8.5	480.5	17.4
9	451	39	1729	636	2855	4.3	1.4	100.5	23.6	374.2	73.3
10	260	5	259	28	552	5.6	1.7	13.2	2.3	249.2	7.8
Total	3793	136	5065	1096	10090			302.8	64.7	3554.8	193.2

Tabelle 15.4. Kombination von Odds Ratios aus 10 retrospektiven Studien über die Assoziation zwischen Rauchen und Lungenkrebs [Cornfield], [Gart].

In Tabelle 15.4 sind die Ergebnisse von 10 retrospektiven Studien dargestellt, bei denen Patienten mit Lungenkrebs und Kontrollpatienten als Raucher und Nichtraucher klassifiziert wurden. In der Tabelle sind die einzelnen Zellhäufigkeiten (a_i, b_i, c_i, d_i) sowie der Gesamtstichprobenumfang (n_i) für jede einzelne Studie angegeben. Die nächste Spalte gibt den Schätzwert für das Odds Ratio und die darauf folgende dessen Logarithmus wieder. Die beiden folgenden Spalten werden für die Bestimmung des gepoolten Schätzwertes OR_{MH} benötigt. Schließlich sind in den Spalten $E(a_i)$ und $Var(a_i)$ der Erwartungswert für a_i unter der Nullhypothese $\psi = 1$ sowie dessen Varianz angegeben. Aus der Zeile „Total" erhalten wir

$$OR_{MH} = \frac{302.8}{64.7} = 4.7$$

als Schätzwert für das gemeinsame Odds Ratio ψ. Die Teststatistik für den Test auf $\psi = 1$ ist

$$X^2_{MH} = \frac{(3793 - 3554.8)^2}{193.2} = 293.6 \ .$$

Mit Hilfe der test-basierten Methode erhalten wir

$$SE\,(lnOR_{MH}) = \frac{\ln 4.7}{\sqrt{293.6}} = \frac{1.54}{17.1} = 0.09$$

und hiermit die untere und obere Grenze eines approximativen 95 %-Konfidenzintervalls für ln ψ:

$$[1.54 - 1.96 \cdot 0.09,\ 1.54 + 1.96 \cdot 0.09] = [1.36, 1.72].$$

Die entsprechenden Werte für ψ ergeben sich durch Transformation mit der e-Funktion zu [3.92, 5.58].

15.4 Übereinstimmung zweier Meßgrößen

Wir kommen nun zu dem dritten Ziel, das bei der Untersuchung der Beziehung zwischen zwei Merkmalen verfolgt wird: Das Maß an Übereinstimmung zwischen zwei Meßgrößen zu bestimmen. Dieses Problem tritt immer auf, wenn zwei klinische Meßverfahren miteinander verglichen werden sollen, z. B. zwei Labormethoden für dasselbe klinisch-chemische Merkmal. Hierbei geht es immer um das Maß an Übereinstimmung zwischen den beiden Meßmethoden. An mehreren Stellen dieses Buches haben wir darauf hingewiesen, daß der Korrelationskoeffizient kein Maß für die Übereinstimmung ist. Dieser beschreibt Assoziation und nicht Übereinstimmung. Wir wollen das an dieser Stelle noch einmal mit einem Beispiel demonstrieren und anschließend eine korrekte Vorgehensweise skizzieren.

Als Beispiel verwenden wir einen Score zur Bewertung von Röntgenaufnahmen. Scores werden in der Medizin häufig zur Beschreibung des Zustandes von Patienten eingesetzt. Sie finden vor allem dort Verwendung, wo der Zustand des Patienten nicht durch wenige Merkmale charakterisiert werden kann. In Kapitel 8.9 hatten wir die Bildung eines Scores aus zwei Zufallsgrößen betrachtet. Häufig werden jedoch sehr viel mehr Einzelwerte (Items) zur Beurteilung verwendet.

Mit Hilfe von Scores soll eine besser reproduzierbare und objektivere Feststellung des Gesamtzustands erreicht werden. In unserem Beispiel geht es um die Beschreibung der Gelenke bei Patienten mit Rheuma. Es ist üblich, Röntgenaufnahmen der Hände und Füße heranzuziehen, um den Gelenkstatus festzustellen. Wird jedes einzelne Gelenk beurteilt, so ist hiermit jedoch ein Vergleich unterschiedlicher Patienten oder die Beurteilung des Krankheitsverlaufs eines Patienten in standardisierter Weise kaum möglich. Daher wurden „Rheuma-Scores" entwickelt, die den Gelenkstatus aller Gelenke in einem einzigen Score (einer Zahl) zusammenfassen. In unserem folgenden Beispiel verwenden wir den „Larsen Score". Dieser Score ist die Summe von 32 Beurteilungen einzelner Gelenke. Sein Minimalwert ist 0, sein Maximalwert 160.

Wir verwenden die Bedingung der Wiederholbarkeit (siehe Kapitel 15.1). 24 Röntgenbilder verschiedener Patienten mit Rheuma wurden von einem Bewerter zweimal beurteilt.

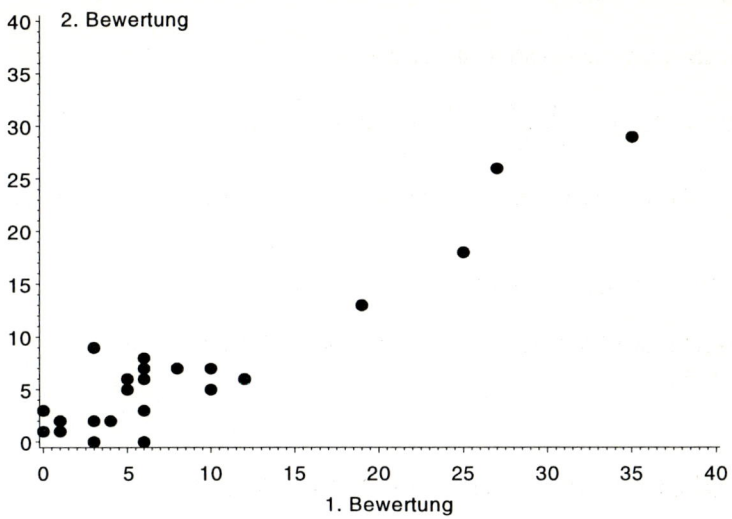

Abb. 15.5. Assoziation zwischen 1. und 2. Bewertung bei 24 Patienten mit Rheuma ($r = 0.95$) (2 Patienten haben gleiche Bewertungen).

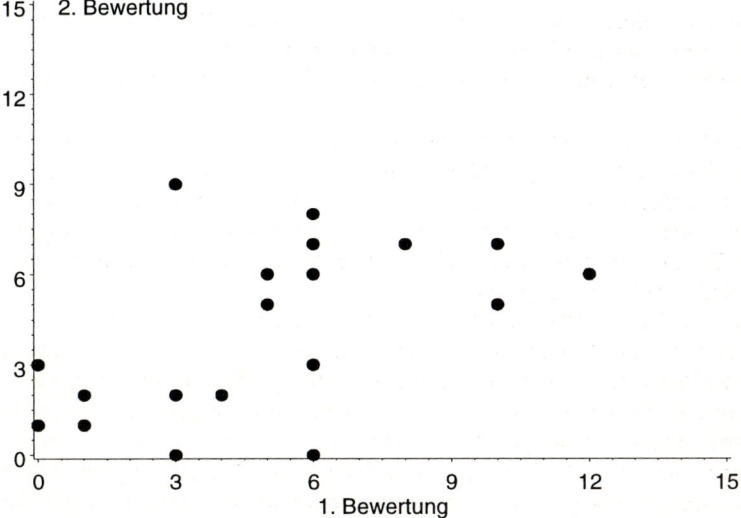

Abb. 15.6. Assoziation zwischen 1. und 2. Bewertung bei 20 Patienten mit Rheuma ($r = 0.47$).

Dem Bewerter war hierbei seine jeweils andere Bewertung nicht bekannt. Abbildung 15.5 zeigt ein Scatter-Diagramm zwischen der ersten und zweiten Bewertung dieser 24 Röntgenbilder. Der Korrelationskoeffzient zwischen den beiden Bewertungen ist $r = 0.95$. Da die Variabilität in den Larsen Scores groß ist (Werte zwischen 0 und 35), wird durch eine Bewertung jeweils ein großer Anteil Varianz der anderen Bewertung erklärt. Daher ist der Wert des Korrelationskoeffizienten hoch. Vier Meßwertpaare mit Larsen Scores > 15 (in der ersten Bewertung) verursachen einen sehr hohen Anteil an der Varianz. In Abbildung 15.6 sind diese vier Punkte weggelassen. Die Meßwerte liegen nun alle in einem Bereich unterhalb von 15 Skalenpunkten. Der Korrelationskoeffizient beträgt nun $r = 0.47$. Dies zeigt die starke Abhängigkeit des Korrelationskoeffizienten von der Spannweite der Meßwerte: Je größer die Spannweite der Meßwerte, desto größer wird der Korrelationskoeffizient sein.

Es muß an dieser Stelle noch einmal sehr deutlich darauf hingewiesen werden, daß die Verwendung des Korrelationskoeffizienten für die Beschreibung der Übereinstimmung zweier Meßverfahren eine mißbräuchliche Anwendung ist. Signifikanztests, die zeigen mögen, daß zwei Meßverfahren assoziiert sind, besagen nichts im Hinblick auf die Übereinstimmung dieser zwei Meßverfahren. Vielmehr wäre es sehr erstaunlich, daß zwei Meßverfahren, die dasselbe messen sollen, nicht assoziiert wären.

Wir wollen nun auf die für die Frage, wie stark sich die beiden Bewertungen unterscheiden, adäquate Darstellung der Auswertungen eingehen.

Die Abbildung 15.8 zeigt eine geeignete Darstellung. Auf der Abszisse ist der Mittelwert aus erstem und zweitem Larsen Score aufgetragen, auf der Ordinate die Differenz dieser beiden Werte. Die mittlere Differenz der beiden Scores beträgt $\bar{x} = -1.5$ (mittlere durchgezogene Linie). Der Bewerter hatte im ersten Durchgang etwas höhere Werte als im zweiten Durchgang vergeben. Falls diese mittlere Differenz stark von 0 abweicht, wäre eine weitere Beurteilung des Scores im Hinblick auf deren Übereinstimmung nicht sinnvoll. Dies würde bedeuten, daß systematische Änderungen, etwa durch Lernprozesse, die Bewertung beeinflussen. Auf dieses Problem wollen wir nicht weiter eingehen. Aus der Abbildung ist zu erkennen, daß die Werte des Scores nicht mit den Differenzen assoziiert sind. Falls sie es wären, müßten wir zunächst durch eine geeignete Transformation diesen Zusammenhang beseitigen. Meist ist der Logarithmus eine hierfür geeignete Transformation. Die Standardabweichung der Differenzen beträgt $s = 3.3$. Dies bedeutet, daß unter Verwendung der Normalverteilung etwa 65 % der Differenzen innerhalb des Bereiches der beiden äußeren durchgezogenen Linien liegen. Ebenso könnten wir einen Bereich festlegen, in dem etwa 95 % der Differenzen liegen würden. Für den Fall, daß wir mehr als zwei Meßwiederholungen hätten, wären die Rechnungen zwar etwas aufwendiger, die prinzipielle Darstellung würde sich jedoch nicht verändern. Wir tragen dann die Standardabweichung der Meßwiederholungen gegenüber dem Mittelwert aus den Messungen auf. Die Berechnungen können mit einer einfaktoriellen Varianzanalyse (siehe Kapitel 12.15) durchgeführt werden.

Die Darstellung der Übereinstimmung zwischen zwei Bewertern kann exakt auf die gleiche Weise erfolgen. Anstelle der Meßwiederholung eines Bewerters tritt die gemeinsame Bewertung eines Röntgenbildes durch die beiden Bewerter. Der Mittelwert der beiden Werte wird dann gegenüber deren Differenz aufgetragen. Als Standardabweichung erhalten wir in diesem Fall die „Inter-Bewerter"- Variabilität, im Gegensatz zu der vorher für einen Bewerter bestimmten „Intra-Bewerter"-Variabilität.

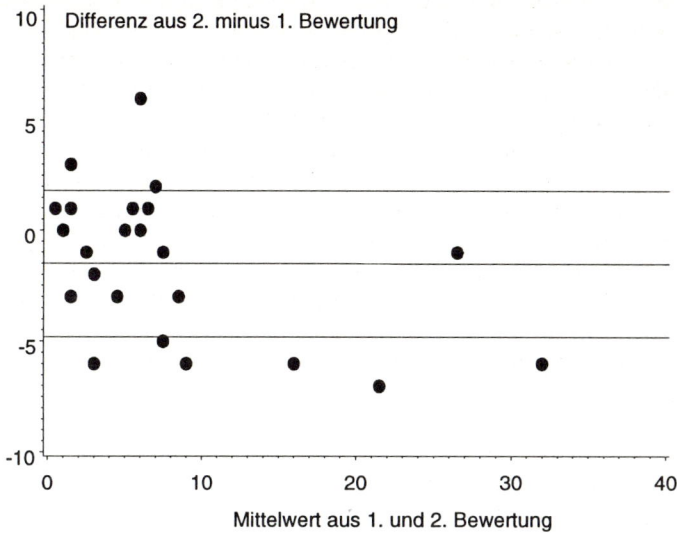

Abb. 15.7. Differenz aus 2. und 1. Bewertung (Larsen Scores) von 24 Röntgenbildern von Patienten mit Rheuma gegenüber deren Mittelwert. Parallel zu der x-Achse sind der Mittelwert der Differenzen ($\bar{x} = -1.5$) sowie die sich hierzu durch Addition bzw. Substraktion der Standardabweichung ($s = 3.3$) ergebenden Geraden eingezeichnet.

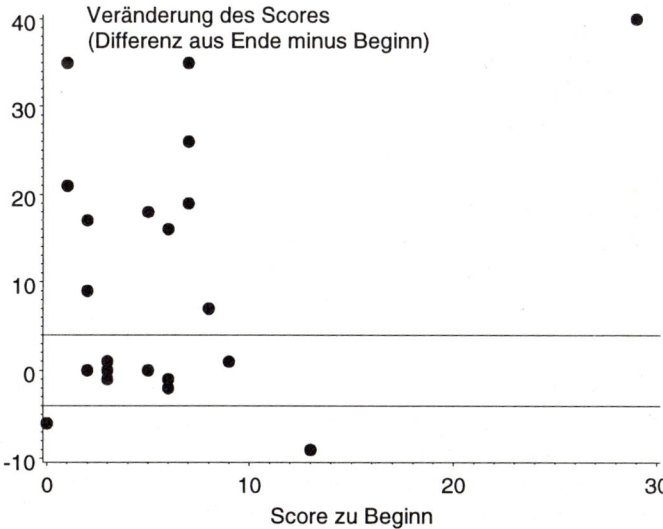

Abb. 15.8. Larsen Scores bei 20 Patienten zu Beginn und am Ende einer 5jährigen Nachbeobachtungszeit. Die beiden horizontalen Linien begrenzen den Bereich der Intra-Beobachter-Variabilität.

Wir haben nun zwar eine geeignete Vorgehensweise zur Darstellung der Übereinstimmung zweier Meßgrößen kennengelernt, aber noch keine Bewertung hinsichtlich der Eignung für praktische Anwendungen gegeben. Mit statistischen Verfahren allein ist dies auch nicht möglich, sondern hängt vor allem von den Konsequenzen ab, die sich aus einer „Fehlmessung" für den Patienten ergeben: Wird z. B. eine Operation oder die Infusion eines Medikamentes ab einer bestimmten Höhe eines Meßwertes durchgeführt, können unterschiedliche Meßverfahren zu einer unterschiedlichen Behandlung des Patienten führen. In diesem Fall sollte die Übereinstimmung zwischen zwei Meßverfahren so groß sein, daß dies nicht unterschiedliche Behandlungen des Patienten zur Folge haben kann.

Am Beispiel der Patienten mit Rheuma sollen die entwickelten Rheuma-Scores vor allem im Rahmen von Arzneimittelprüfungen zur Beurteilung des Medikamenteneffektes eingesetzt werden. In einem solchen Fall wird ein immer gleicher Beobachter den Verlauf des Patienten anhand der Röntgenaufnahmen beurteilen. Um einen möglichen Medikamenteneffekt feststellen zu können, müssen die Veränderungen im Verlauf groß gegenüber der Beurteilungsvariabilität sein.

In Abbildung 15.7 ist die Veränderung des Larsen Scores von 21 Patienten von Beginn zum Ende einer 5-jährigen Beobachtungszeit dargestellt. Die Röntgenaufnahmen wurden von einem Beobachter bewertet. Die beiden horizontalen Linien begrenzen den Bereich, in dem etwa 65 % der „Meßfehler" liegen (Intra-Beobachter-Variabilität). Die Standardabweichung für einen Meßfehler beträgt etwa 5 Scorepunkte. Aus Abbildung 15.7 ist zu erkennen, daß etwa die Hälfte der Patienten Differenzen von mehr als 4 Score-Punkte aufweisen, d. h., daß sich ihr Gelenkstatus tatsächlich verschlechtert hat. Mit Ausnahme von 2 Patienten sind bei den übrigen die Veränderungen so gering, daß es sich hierbei auch um einen Meßfehler bei einer Meßwiederholung handeln könnte.

16 Analyse von Überlebenszeiten

16.1 Einleitung

Unter Überlebenszeiten wollen wir sämtliche Wartezeiten auf zufallsbedingte Ereignisse verstehen, sofern die Beobachtung der entsprechenden Versuchseinheit mit dem Eintreten des Ereignisses endet. Solche Ereignisse müssen nicht notwendig der Tod eines Individuums oder der Ausfall eines technischen Bauteils sein. Auch die Zeit bis zur Genesung eines Patienten nach eingeleiteter Therapie, die Zeit bis zum Auftreten eines Symptoms unter einer bestimmten Behandlung u. ä. kann mit derselben Methodik analysiert werden. Die typische Problematik der Analyse von Überlebenszeiten ist die, daß meist nicht alle Versuchseinheiten bis zum Auftreten des Zielereignisses beobachtet worden sind. Von derartigen Versuchseinheiten ist dann nur die Zeitdauer zwischen Beginn und Ende ihrer Beobachtung bekannt, also eine Mindestüberlebensdauer. Eine solche Beobachtung heißt zensiert (siehe Kapitel 5.1).

Bereits in Kapitel 7.3 hatten wir die Personenzeit-Methode zur Schätzung der Inzidenzrate kennengelernt. Wir werden in Kapitel 16.2 zusätzlich eine Methode zur Schätzung der kumulativen Inzidenz im Fall von zensierten Beobachtungen vorstellen. Vorher werden wir das Wahrscheinlichkeitsmodell näher beschreiben.

Neben dem Aspekt der Überlebensdauer, also etwa der Frage nach der Wahrscheinlichkeit, den Zeitpunkt t_0 noch zu erleben, ist auch die Betrachtung der bedingten Sterbewahrscheinlichkeit, d. h. der Wahrscheinlichkeit, zwischen den Zeitpunkten t_0 und t_1 zu sterben, wenn der Zeitpunkt t_0 noch erlebt wurde, von Interesse. Mit Hilfe dieses Begriffs werden wir in der Lage sein, zensierte Daten in vernünftiger Weise in die Analyse einzubeziehen. Die Überlebenszeit ist ein stetiges Merkmal, selbst wenn die Angabe des Meßwertes in einer dem Problem angemessenen diskreten Einheit (Sekunden, Tage, Monate, Jahre) erfolgt. Daher sind auch die wichtigsten parametrischen Wahrscheinlichkeitsmodelle für Überlebenszeiten stetig. Wir werden uns in diesem Kapitel auf nichtparametrische Methoden zur Analyse von Überlebenszeiten beschränken und daher nur eine besonders elementare Verteilung, die Exponentialverteilung, vorstellen. Diese Verteilung beschreibt die Überlebensdauer eines nicht alternden Individuums, dessen Tod aufgrund eines konstanten äußeren Gefahrenmoments eintritt. Das typische Beispiel für eine solche Konstellation ist die Lebensdauer eines radioaktiven Teilchens. Auch das Versterben an einer sehr schweren Erkrankung, bei der die Überlebenszeiten kurz (z. B. < 5 Jahre) gegenüber der normalen biologischen Alterung eines Individuums sind, läßt sich häufig recht gut durch die Exponentialverteilung beschreiben.

Unter der Annahme einer konstanten Sterberate (Mortalitätsrate) versterben in gleichen Zeiträumen gleiche Anteile der jeweils noch lebenden Individuen. Beträgt z. B. die durchschnittliche Rate der Sterbefälle $q_1 = 60\ \%$ pro Jahr, so werden von 100 Individuen im ersten Jahr ca. 60 versterben und 40 überleben. Im zweiten Jahr sterben wiederum durchschnittlich 60 % der verbliebenen 40 Individuen, ca. 24, so daß noch ungefähr 16 überleben. Insgesamt sind also in 2 Jahren 84 von 100 verstorben. Die durchschnittliche Rate der Sterbefälle q_2, bezogen auf *zwei* Jahre, beträgt daher

$$q_2 = \frac{84}{100} \cdot \frac{1}{2 \text{ Jahre}} = 0.42 \frac{1}{\text{Jahre}} = 42 \text{ \% pro Jahr.}$$

Wir sehen, daß die durchschnittliche Sterberate abhängig vom Bezugszeitraum Δt ist, obwohl diese nach Voraussetzung nicht von der Zeit abhängt. Die in Kapitel 7.3 dargestellte Personenzeit-Methode führt also in Abhängigkeit des gewählten Zeitraums (1, 2 oder mehr Jahre) zu unterschiedlichen Werten.

Das ist keine schöne Eigenschaft einer Maßzahl. Eine Lösung dieses Problems ist, den Bezugszeitraum Δt kontinuierlich zu verkleinern, und als Maßzahl den Grenzwert der Sterberate für $\Delta t \to 0$ zu wählen.

Bezeichnen wir mit λ_n die Sterberate bezogen auf $\Delta t = \frac{1}{n}$ Jahre, dann beträgt die Wahrscheinlichkeit q, im Zeitraum Δt zu sterben,

$$q = \lambda_n \Delta t = \frac{\lambda_n t}{n}.$$

Die Wahrscheinlichkeit p, Δt zu überleben, ist daher

$$p = 1 - q = 1 - \frac{\lambda_n t}{n}.$$

Die Wahrscheinlichkeit $S(t)$, t Jahre zu überleben, also n Zeiträume Δt, ist die Wahrscheinlichkeit dafür, zunächst den ersten Zeitraum Δt zu überleben (p), dann den zweiten (p^2) usw., so daß wir für alle t Jahre

$$S(t) = p^n = \left(1 - \frac{\lambda_n t}{n}\right)^n$$

erhalten. Der Grenzwert λ von λ_n für $n \to \infty$, also $\Delta t \to 0$ ist definiert durch:

$$S(t) = \lim_{n \to \infty} \left(1 - \frac{\lambda t}{n}\right)^n = e^{-\lambda t}.$$

$S(t)$ ist die Überlebensfunktion (Survival Function) der Exponentialverteilung. Sie gibt die Wahrscheinlichkeit, den Zeitraum t zu überleben, an.

Die Verteilungsfunktion der Exponentialverteilung, also die Wahrscheinlichkeit, innerhalb des Zeitraums t zu sterben, ist gegeben durch:

$$F(t) = 1 - S(t) = 1 - e^{-\lambda t}, \quad t \in [0, \infty), \quad \lambda \in (0, \infty).$$

Ihre Wahrscheinlichkeitsdichte, die erste Ableitung der Verteilungsfunktion nach der Zeit, lautet:

$$f(t) = \lambda e^{-\lambda t}.$$

Den Parameter λ nennt man die momentane Sterberate oder Hazard-Rate. Die Exponentialverteilung ist charakterisiert durch eine zeitlich konstante Hazard-Rate λ.

Im Falle einer konstanten Hazard-Rate λ kann man sagen, in gleichen Zeiträumen versterben im Schnitt gleiche Anteile der noch lebenden Beobachtungseinheiten. Stirbt im ersten Jahr die Hälfte der Population, so stirbt im zweiten Jahr die Hälfte der verbliebenen Hälfte, also ein Viertel der ursprünglichen Population, im darauffolgenden Jahr die Hälfte des Viertels usw. (Abbildung 16.1). Wenn der durchschnittliche Anteil der im ersten Jahr verstorbenen Individuen $0.5 = F(1) = 1 - e^{-\lambda}$ beträgt, berechnet sich die momentane Sterberate zu $\lambda = -\log(1 - 0.5) = 0.69$ und ist so deutlich größer als die auf ein Jahr bezogene Sterberate. Für kleine Mortalitätsraten ($\leq 1\%$) gilt ungefähr $\lambda = 1 - e^{-\lambda}$ $= F(1)$, da sich hier die Verringerung der Population durch Sterbeereignisse kaum bemerkbar macht, so daß die Hazard-Rate λ in solchen Situationen gleich der Mortalitätsrate (bezogen auf einen Zeitraum) ist und damit die in Kapitel 7 dargestellte Bedeutung besitzt. Der Erwartungswert einer exponentialverteilten Zufallsvariable X ist

$$E(X) = \frac{1}{\lambda}.$$

Die durchschnittliche Lebensdauer ist plausiblerweise um so kürzer, je höher die Hazard-Rate ist.

Aus der konstanten Hazard-Rate der Exponentialverteilung ergibt sich eine überraschende Eigenschaft, die sogenannte Gedächtnislosigkeit: Falls eine Versuchseinheit den Zeitpunkt t_0 erlebt, so ist die Wahrscheinlichkeit, doppelt so alt zu werden, also auch den Zeitpunkt $2t_0$ zu erleben, genau so groß wie die Wahrscheinlichkeit, zunächst das Alter t_0 zu erreichen. Das bedeutet: Zu jedem Zeitpunkt t, der überlebt wird, wird die Uhr wieder auf 0 gestellt.

Es liegt auf der Hand, daß die Exponentialverteilung nicht gut geeignet sein kann, die globale Überlebenszeit komplexer System zu beschreiben. Hier finden wir häufig eine höhere Hazard-Rate zu Beginn der Lebenszeit, die dann absinkt und von einem bestimmten Zeitpunkt an monoton ansteigt.

Flexiblere Modelle zur Beschreibung von Überlebenszeiten sind die Weibull-Verteilungen mit zeitabhängiger Hazard-Rate $h(t) = cmt^{m-1}$. Für $m > 1$ wächst die Hazard-Rate monoton, für $m = 1$ ist sie konstant (die Verteilung ist dann eine Exponentialverteilung) und für $m < 1$ ist die Hazard-Rate monoton fallend. Die Weibull-Verteilung ist geeignet, die altersabhängige Inzidenzrate von Krebserkrankungen zu modellieren [Cook et al.].

Eine weitere Verteilung ist die Gompertz-Verteilung mit exponentiell steigender Hazard-Rate: $h(t) = a\,e^{bt}$. Diese Verteilung beschreibt recht gut die Sterblichkeit Erwachsener aufgrund sämtlicher Ursachen.

Häufig genug bestehen keine Vorinformationen über ein angemessenes Modell, so daß der gesamte Verteilungsverlauf allein aus den Daten geschätzt werden muß. Hierzu existieren eine Reihe von Verfahren. Bei der sogenannten Life-Table-Analyse wird der beobachtete Zeitraum in (meist gleichgroße) Intervalle eingeteilt. Für diese Intervalle wird dann eine konstante Überlebensfunktion angenommen. Die geschätzte Überlebensfunktion verläuft dann treppenförmig. Unbefriedigend, vor allen Dingen bei geringen Fallzahlen, bleibt die Abhängigkeit der Schätzung von der gewählten Intervalleinteilung. Auf die technischen Details werden wir hier nicht näher eingehen. Sie ähneln jedoch in wesentlichen Punkten der im folgenden vorgestellten Methode.

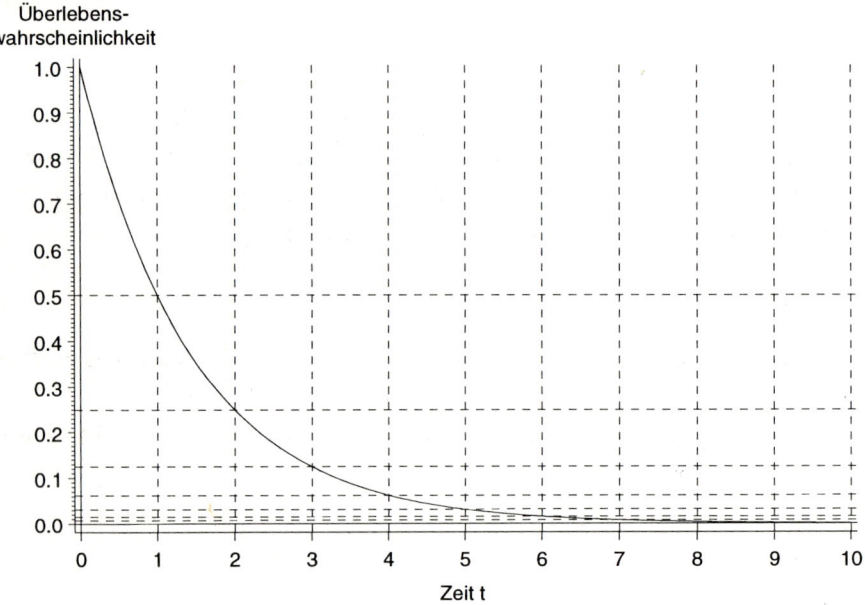

Abb. 16.1. Graph der Überlebensfunktion einer Exponentialverteilung mit Hazard-Rate $\lambda = -\log(0.5) = 0.69$.

16.2   Kaplan-Meier-Schätzer

Von der Willkür einer Einteilung des Beobachtungszeitraums in Intervalle kann man sich befreien, wenn man die Verteilung der Überlebenszeiten unter der Annahme, daß nur die beobachteten Todeszeitpunkte mit positiver Wahrscheinlichkeit belegt sind, schätzt. Die stetige Verteilung wird so durch eine diskrete Verteilung geschätzt.

Nehmen wir an, Zielereignisse seien zu den k Zeitpunkten $t_0, t_1, ..., t_k$ beobachtet worden. Die Anzahl der zu diesen Zeitpunkten verstorbenen Individuen werde mit $d_1, d_2, ..., d_k$ bezeichnet. Die Anzahl der unmittelbar vor einem Zeitpunkt t_i noch lebenden Individuen, die also unter dem Risiko stehen, zum Zeitpunkt t_i zu sterben, wollen wir r_i nennen. Zu diesen r_i zählen auch zensierte Beobachtungen, sofern ihr Zensierungszeitpunkt nicht vor t_i liegt. Die bedingte Wahrscheinlichkeit q_i, zum Zeitpunkt t_i zu sterben, wenn man bis zu diesem Zeitpunkt überlebt hat, läßt sich durch

$$q_i = \frac{d_i}{r_i}$$

schätzen. Die bedingte Wahrscheinlichkeit, auch den Zeitpunkt t_i zu überleben, bezeichnen wir mit

$$p_i = 1 - q_i = \frac{r_i - d_i}{r_i}.$$

Die Wahrscheinlichkeit, den Zeitpunkt t_i zu erleben, berechnet sich dann als die Wahrscheinlichkeit p_1, zunächst den Zeitpunkt t_1 zu erleben, multipliziert mit der Wahrscheinlichkeit p_2, dann auch noch den Zeitpunkt t_2 zu erleben usw. Allgemein beträgt die geschätzte Überlebensfunktion $\hat{S}(t)$ für einen der Zeitpunkte t_i

$$\hat{S}(t_i) = p_1 \cdot p_2 \cdot \ldots \cdot p_i.$$

Die Überlebensfunktion $\hat{S}(t)$ fällt zu jedem Zeitpunkt t_i, zu dem ein Zielereignis stattfindet, um den Faktor p_i ab; zwischen diesen Zeitpunkten bleibt sie konstant.
Mit $t_0 = 0$, $\hat{S}(t_0) = \hat{S}(0) = 1$ läßt sich die Rechenvorschrift auch folgendermaßen formulieren:

$$\hat{S}(t_i) = p_i \hat{S}(t_{i-1}) = \frac{r_i - d_i}{r_i} \hat{S}(t_{i-1}).$$

Dieser Schätzer der Überlebensfunktion heißt Kaplan-Meier-Schätzer [Kaplan, Meier]. Eine verbreitete englische Bezeichnung ist Product-Limit-Estimator. Der Name rührt daher, daß man diesen Schätzer als Grenzwert (limit) von Life-Table-Schätzungen mit gegen 0 gehenden Intervallängen interpretieren kann. Teilt man nämlich den Beobachtungszeitraum in so viele Intervalle ein, daß jedes Intervall höchstens einen Sterbezeitpunkt und auch keine davon differierenden Zensierungszeitpunkte enthält, so kann man die bedingte Sterbewahrscheinlichkeit q_i für jedes Intervall I_i in gleicher Weise berechnen, wie wir es für die einzelnen Sterbezeitpunkte getan haben. Für Intervalle, die kein Zielereignis enthalten, ist die bedingte Sterbewahrscheinlichkeit $q_i = 0$, und damit $p_i = 1$. Das Produkt $\hat{S}(t_i) = p_1 \cdot p_2 \cdot \ldots \cdot p_i$ bleibt von der Berücksichtigung dieser Intervalle unberührt, so daß eine weitere Verfeinerung der Intervalleinteilung keine Änderung des Produkts mehr mit sich bringt. Im Grenzfall bestehen die Intervalle, zu denen ein $p_i \neq 1$ gehört, aus genau den Zeitpunkten, zu denen ein Zielereignis stattgefunden hat. Zur Illustration der Berechnung des Kaplan-Meier-Schätzers verwenden wir als Beispiel die Überlebenszeiten von Patienten mit kleinzelligem Bronchialkarzinom. Die zur Bestimmung des Schätzers notwendigen Berechnungen sind in Tabelle 16.1 zusammengefaßt. Zum Zeitpunkt $t_1 = 1$ Monat verstarb der erste von 36 Patienten.

Zeit [Monate]		Anzahl			Schätzung für		
		Todesfälle	Zensierungen	unter Risiko	bedingte Sterbewahrscheinlichkeit	bedingte Überlebenswahrscheinlichkeit	Überlebenswahrscheinlichkeit (Kaplan-Meier)
i	t_i	d_i	c_i	r_i	q_i	p_i	$S(t_i)$
1	1	1	0	36	0.028	0.972	0.972
2	2	2	0	35	0.057	0.943	0.917
3	3	3	0	33	0.091	0.909	0.833
4	4	3	0	30	0.100	0.900	0.750
5	5	4	0	27	0.148	0.852	0.639
6	6	1	0	23	0.044	0.957	0.611
7	8	2	0	22	0.091	0.909	0.556
8	9	1	0	20	0.050	0.950	0.528
9	12	4	0	19	0.211	0.790	0.417
10	13	1	0	15	0.067	0.933	0.389
11	16	1	0	14	0.071	0.929	0.361
12	27	1	0	13	0.077	0.923	0.333
13	28	2	0	12	0.167	0.833	0.278
14	31	1	0	10	0.100	0.900	0.250
15	32	0	1	9	0.000	1.000	0.250
16	33	1	0	8	0.125	0.875	0.219
17	34	1	0	7	0.143	0.857	0.188
18	35	0	1	6	0.000	1.000	0.188
19	36	0	1	5	0.000	1.000	0.188
20	44	0	1	4	0.000	1.000	0.188
21	54	0	1	3	0.000	1.000	0.188
22	55	1	0	2	0.500	0.500	0.094
23	56	0	1	1	0.000	1.000	0.094

Tabelle 16.1. Berechnung des Kaplan-Meier-Schätzers für Überlebenszeiten von Patienten mit Bronchialkarzinom (nach [Kalbfleisch und Prentice]).

Die bedingte Sterbewahrscheinlichkeit beträgt

$$q_1 = \frac{d_1}{r_1} = \frac{1}{36} = 0.028.$$

Die bedingte Überlebenswahrscheinlichkeit ist damit

$$p_1 = 1 - q_1 = 1 - 0.028 = 0.972.$$

Dieses ist gleichzeitig auch die Schätzung für die Überlebensfunktion S an der Stelle $t_1 = 1$:

$$\hat{S}(1) \ = \ p_1 \ = \ 0.972 \, .$$

Zum Zeitpunkt $t_2 = 2$ starben 2 Patienten:

$$q_2 \ = \ \frac{d_2}{r_2} \ = \ \frac{2}{35} \ = \ 0.057 \, .$$

$$p_2 \ = \ 1 - 0.057 \ = \ 0.943 \, .$$

$$\hat{S}(2) \ = \ \hat{S}(t_2) \ = \ \hat{S}(t_1) \cdot p_2 \ = \ 0.972 \cdot 0.943 \ = \ 0.917$$

Für $t_3 = 3$ erhalten wir

$$q_3 \ = \ \frac{3}{33} \ = \ 0.909 \, .$$

$$p_3 \ = \ 1 - 0.909 \ = \ 0.091 \, .$$

$$\hat{S}(3) \ = \ \hat{S}(t_3) \ = \ \hat{S}(t_2) \cdot 0.091 \ = \ 0.833 \, .$$

Durch Fortsetzen dieser Rechenvorschrift in analoger Weise erhalten wir die weiteren in Tabelle 16.1 aufgeführten Schätzungen. Zum Zeitpunkt $t_{15} = 32$ erfolgt die erste Zensierung einer Beobachtung. Eine neue Berechnung für $\hat{S}(32)$ ist nicht notwendig, da die bedingte Überlebenswahrscheinlichkeit hier 1 ist. Erst zum nächsten Sterbezeitpunkt $t_{16} = 33$ macht sich die Zensierung bemerkbar, und zwar in der verringerten Anzahl der Patienten unter Risiko $r_{16} = 8$.

Abbildung 16.2 zeigt die zugehörige Überlebenskurve. Die gepunkteten senkrechten Linien sind nicht Bestandteil des Graphs der Überlebensfunktion und dienen nur zur Orientierung. An den Sprungstellen gehört jeweils der mit einer Pfeilspitze markierte Punkt zum Graphen. Zensierungszeitpunkte sind als senkrechte Pfeile auf der Zeitachse angetragen.

Zu einer Schätzung gehört stets auch die Angabe ihrer Genauigkeit. Für die Standardfehler der Schätzungen von Überlebenswahrscheinlichkeiten existieren eine Reihe mehr oder weniger komplizierter Näherungsformeln.

Ein einfacher Ausdruck für den Standardfehler SE von $\hat{S}(t_i)$ [Peto et al.] lautet:

$$SE \ = \ \hat{S}(t_i) \sqrt{\frac{1 - \hat{S}(t_i)}{r_i}} \, .$$

Abb. 16.2. Geschätzte Überlebenskurve $\hat{S}(t_i)$ nach Kaplan-Meier für die Bronchialkarzinom-Daten. Zensierungszeitpunkte sind durch Pfeile auf der Abszisse gekennzeichnet.

Mit Hilfe dieses Standardfehlers lassen sich approximative Konfidenzinteralle $I_{1-\alpha}$ für $S(t_i)$ berechnen:

$$I_{1-\alpha} = [\hat{S}(t_i) - u_{1-\alpha/2}\, SE, \ \hat{S}(t_i) + u_{1-\alpha/2}\, SE].$$

Für den Zeitpunkt $t_9 = 12$ mit einer Schätzung der Überlebenswahrscheinlichkeit von

$$\hat{S}(t_9 = 12) = 0.417$$

erhalten wir mit einem Standardfehler von

$$SE = 0.417 \cdot \sqrt{\frac{1 - 0.417}{19}} = 0.417 \cdot \sqrt{0.0307} = 0.417 \cdot 0.1752 = 0.073$$

das folgende 95 %-Konfidenzintervall:

$$\begin{aligned}
I_{95\%} &= [\, 0.417 - 1.96 \cdot 0.073, \ 0.417 + 1.96 \cdot 0.073 \,] \\
&= [\, 0.417 - 0.143, \ 0.417 + 0.143] = [\, 0.374, 0.560].
\end{aligned}$$

Neben der Schätzung der Überlebenswahrscheinlichkeit ist man auch an Schätzungen von Lageparametern der Verteilung der Überlebenszeiten interessiert. Eine Schätzung des Erwartungswertes, etwa durch den Mittelwert, ist allerdings nichtparametrisch wenig sinnvoll. Durch die Begrenzung des Beobachtungszeitraums fehlen systematisch Beobachtungen höherer Lebenszeiten und ohne ein parametrisches Modell ist man nicht in der Lage, diese fehlenden Beobachtungen zu extrapolieren. Sinnvoll hingegen ist eine Schätzung der Quantile. Um z. B. den Median zu schätzen, benötigt man nur einen Beobachtungszeitraum, innerhalb dessen mindestens die Hälfte der Population verstirbt. Von einer Verlängerung dieses Zeitraums bleibt die Medianschätzung unberührt.

Quantile kann man leicht vom Graphen der Verteilungsfunktion F ablesen. Da $S = 1 - F$, gilt das ebenfalls für die Überlebensfunktion $S(t_i)$, wenn man hier statt des p-Quantils das $1 - p$-Quantil heraussucht. Und zwar braucht man nur vom entsprechenden Wert der Ordinate so weit nach rechts zu gehen, bis man auf eine Sprungstelle trifft. Das Quantil ist dann der Zeitpunkt des Sprungs. Falls die Überlebensfunktion gerade zum Wert des Quantils konstant verläuft – wie in Abbildung 16.2 beim 25 %- und 75 %-Quantil – wird häufig als Schätzung die Mitte des konstanten Abschnitts gewählt. Man kann aber auch, wie in Kapitel 5.4, den am weitesten links liegenden Punkt nehmen. In dieser Form lautet der Quantilschätzer allgemein:

$$x_p = \min \left\{ t \mid \hat{S}(t) \leq 1-p \right\}$$

Wir geben noch ein approximatives Konfidenzintervall für den Median an. Hierfür werden alle Zeitpunkte t in das Konfidenzintervall aufgenommen, für die die Ungleichung

$$\frac{4(r_i - d_i - c_i)(\hat{S}(t)-0.5)^2}{\hat{S}(t)} \leq \chi^2_{1;\,1-\alpha}, \quad t_i \leq t < t_{i+1}$$

gilt. Für unser Beispiel erhält man als 95 %-Konfidenzintervall für den Median den Zeitraum von 5 bis 27 Monaten, da z. B.:

$$\frac{4(r_5 - d_5 - c_5)(\hat{S}(5) - 0.5)^2}{\hat{S}(5)} = \frac{4 \cdot (27 - 4) \cdot (0.639 - 0.5)^2}{0.639} \; .$$

$$= 2.782 \; \leq \; \chi^2_{1;\,0.95} = 3.84$$

16.3 Logrank-Test

Neben der Schätzung von Überlebenszeiten für einzelne Grundgesamtheiten ist gerade in klinischen Studien häufig der Vergleich mehrerer Grundgesamtheiten von Interesse. Solche Grundgesamtheiten können z. B. aus Patienten bestehen, die sich durch die angewandte Therapie oder das Stadium ihrer Erkrankung unterscheiden. Es gibt eine Vielzahl von Tests für Überlebenszeiten. Wir werden nur einen der wichtigsten, den Logrank-Test, behandeln.

Die typische Nullhypothese eines derartigen Vergleichs ist die Übereinstimmung der Verteilungen, die sich in der Übereinstimmung der Verteilungsfunktionen bzw. der Überlebensfunktionen ausdrückt. Für zwei Gruppen A und B mit Überlebensfunktionen S_A und S_B lautete die Nullhypothese dann

$$H_0: \ S_A(t) = S_B(t) \quad \text{für alle } t.$$

Interesse besteht insbesondere an Alternativen der Form

$$H_1: \ S_A(t) < S_B(t) \quad \text{für alle } t \quad \text{oder} \quad S_A(t) > S_B(t) \quad \text{für alle } t \, ,$$

also gleichmäßig besserer oder gleichmäßig schlechterer Überlebenschancen einer der beiden Grundgesamtheiten. Tatsächlich bedeutet natürlich jede Alternative der Art

$$H_1: \ S_A(t) \neq S_B(t) \quad \text{für einige } t$$

eine Abweichung von der Nullhypothese. An einem Nachweis solcher Zusammenhänge ist man in der Regel weniger interessiert, da sie nur schwer interpretierbar sind. Ein Test sollte daher besonders trennscharf für Alternativen der ersten Art sein.

Falls die Nullhypothese gilt, kann man die gemeinsame Überlebensfunktion aus den kombinierten Daten beider Gruppen schätzen. Dazu ordnet man zunächst sämtliche Ziel-ereignisse ohne Berücksichtigung der Gruppenzugehörigkeit. Aus diesen Daten $(t_i, r_{.i}, d_{.i})$ lassen sich die bedingten Sterbewahrscheinlichkeiten

$$q_i = \frac{d_{.i}}{r_{.i}}$$

berechnen.

Zu jeder der Gruppen A und B bestimmt man zu den Zeitpunkten t_i die gruppenspezifischen

$$(t_i, r_{Ai}, d_{Ai}) \text{ und } (t_i, r_{Bi}, d_{Bi})$$

und vergleicht die tatsächlich in den Gruppen erfolgte Anzahl von Zielereignissen, d_{Ai} und d_{Bi}, mit der unter der Annahme gleicher Sterbewahrscheinlichkeiten zu erwartenden Anzahl. Bei einer bedingten Sterbewahrscheinlichkeit von q_i sind in den einzelnen Gruppen gemäß der zu diesem Zeitpunkt unter Risiko stehenden Anzahl r_{Ai} bzw. r_{Bi} von Versuchseinheiten

$$e_{Ai} = E(d_{Ai} \mid d_{.i}, r_{Ai}) = q_i \, r_{Ai} \quad \text{bzw.}$$
$$e_{Bi} = E(d_{Bi} \mid d_{.i}, r_{Bi}) = q_i \, r_{Bi}$$

Todesfälle zu erwarten. Die Zielereignisse sollten sich bis auf zufällige Abweichungen gemäß der in den Gruppen jeweils unter Risiko stehenden Versuchseinheiten auf beide Gruppen verteilen.

Die Gesamtanzahl von Zielereignissen $d_{A.}$, $d_{B.}$ beträgt in den Gruppen A und B

$$d_{A.} = \sum_i d_{Ai}$$

$$d_{B.} = \sum_i d_{Bi} \cdot$$

Dem stehen die unter der Nullhypothese zu erwartenden Anzahlen von Zielereignissen gegenüber

$$e_{A.} = \sum_i e_{Ai} = \sum_i q_i\, r_{Ai}$$

$$e_{B.} = \sum_i e_{Bi} = \sum_i q_i\, r_{Bi} \cdot$$

Die Differenz zwischen beobachteter und erwarteter Häufigkeit ist – wie immer – ein Maß für die Abweichung von der Nullhypothese, das vor allen Dingen auf gleichmäßig höhere Sterbewahrscheinlichkeiten in einer der beiden Gruppen reagiert. Zu ihrer Beurteilung führen wir folgende Standardisierung durch:

$$X^2 = \frac{(d_{A.} - e_{A.})^2}{e_{A.}} + \frac{(d_{B.} - e_{B.})^2}{e_{B.}} \cdot$$

Unter der Nullhypothese ist X^2 näherungsweise χ^2-verteilt mit einem Freiheitsgrad. Die Nullhypothese wird daher zum Niveau α abgelehnt, falls

$$X^2 \geq \chi^2_{1;\,1-\alpha} \cdot$$

Zur Illustration der Durchführung des Logrank-Tests verwenden wir ein Beispiel zur Dauer der Remission bei Kindern mit akuter Leukämie.

Zur Untersuchung, ob das Medikament 6-MP die Remissionsdauer von Kindern mit akuter Leukämie verlängert, wurden 42 Patienten nach vollständiger oder teilweiser Remission zufällig einer Verum- bzw. Plazebogruppe zugeteilt. Tabelle 16.2 gibt die Dauer der Remission in Wochen für beide Behandlungsgruppen an. Die Rechenschritte zur Bestimmung der Testgröße sind in Tabelle 16.3 zusammengestellt.

Zunächst werden die 17 beobachteten Remissionsdauern beider Gruppen geordnet. Zu jedem Zeitpunkt werden die Anzahlen der Patienten unter Risiko $r_{.i}$ im Gesamtkollektiv und r_{Ai}, r_{Bi} in den einzelnen Gruppen bestimmt. Patienten, die zu einem Zeitpunkt t_i zensiert wurden, werden für diesen Zeitpunkt noch zu den unter Risiko stehenden Patienten gerechnet. Weiterhin werden die im Gesamtkollektiv und in den Gruppen zum Zeitpunkt t_i beobachteten Zielereignisse notiert. Damit lassen sich zunächst die bedingten Sterbewahrscheinlichkeiten q_i des Gesamtkollektivs bestimmen. Mit deren Hilfe berechnet man die erwarteten Sterbehäufigkeiten e_{Ai} und e_{Bi}. Schließlich werden die beobachteten und erwarteten Sterbehäufigkeiten addiert.

Verum	6*	6	6	6	7	9*	10*
	10	11*	13	16	17*	19*	20*
	22	23	25*	32*	32*	34*	35*
Plazebo	1	1	2	2	3	4	4
	5	5	8	8	8	8	11
	11	12	12	15	17	22	23

* kennzeichnet zensierte Daten

Tabelle 16.2. Dauer der Remission bei Kindern mit akuter Leukämie, getrennt nach zwei Behandlungen (nach [Andrews, Herzberg]).

	Gesamtstichprobe				Verum			Plazebo		
i	t_i	$r_{.i}$	$d_{.i}$	q_i	r_{Ai}	d_{Ai}	e_{Ai}	r_{Bi}	d_{Bi}	e_{Bi}
1	1	42	2	0.048	21	0	1.00	21	2	1.00
2	2	40	2	0.050	21	0	1.05	19	2	0.95
3	3	38	1	0.026	21	0	0.55	17	1	0.40
4	4	37	2	0.054	21	0	1.13	16	2	0.87
5	5	35	2	0.057	21	0	1.20	14	2	0.80
6	6	33	3	0.091	21	3	1.91	12	0	1.09
7	7	29	1	0.035	17	1	0.59	12	0	0.41
8	8	28	4	0.143	16	0	2.28	12	4	1.72
9	10	23	1	0.044	15	1	0.65	8	0	0.35
10	11	21	2	0.095	13	0	1.24	8	2	0.76
11	12	18	2	0.111	12	0	1.33	6	2	0.67
12	13	16	1	0.063	12	1	0.75	4	0	0.25
13	15	15	1	0.067	11	0	0.74	4	1	0.26
14	16	14	1	0.071	11	1	0.78	3	0	0.22
15	17	13	1	0.077	10	0	0.77	3	1	0.23
16	22	9	2	0.222	7	1	1.56	2	1	0.44
17	23	7	2	0.286	6	1	1.71	1	1	0.29
Σ			30			9	19.3		21	10.7

Tabelle 16.3. Beobachtete und erwartete Remissionszeiten der MP-6 Studie.

Mit

$$d_{A.} = 9, \, e_{A.} = 19.3, \, d_{B.} = 21, \, e_{B.} = 10.7$$

erhält man die Teststatistik

$$X^2 = \frac{(9 - 19.3)^2}{19.3} + \frac{(21 - 10.7)^2}{10.7} = \frac{104.04}{19.3} + \frac{106.09}{10.7} = 5.39 + 9.92 = 15.31.$$

Die Hypothese gleicher Verteilungen der Remissionsdauern in beiden Gruppen kann somit zum 5 %-Niveau verworfen werden, da

$$X^2 = 15.31 \; > \; \chi^2_{1;\, 0.95} = 3.84.$$

Prinzipiell ist der Logrank-Test auch für mehr als zwei Gruppen anwendbar. Dazu berechnet man in analoger Weise für jede Gruppe G die standardisierte Größe

$$X^2_G = \frac{(d_{G.} - e_{G.})^2}{e_{G.}}$$

und summiert diese für alle Gruppen auf

$$X^2 = \sum_G X^2_G \, .$$

Unter der Nullhypothese H_0 gleicher zugrunde liegender Verteilungen der Überlebenszeiten in allen Gruppen ist die Teststatistik X^2 bei insgesamt k Gruppen χ^2-verteilt mit $k-1$ Freiheitsgraden.
H_0 wird zum Niveau α abgelehnt, falls

$$X^2 \geq \chi^2_{k-1;\, 1-\alpha} \, .$$

Regularitätsvoraussetzungen für die Anwendbarkeit des Kaplan-Meier-Schätzers und des Logrank-Tests sind stochastische Unabhängigkeit der Überlebens- und Zensierungszeiten. Insbesondere dürfen die Zensierungszeiten weder von den Überlebenszeiten noch gegebenenfalls von der Gruppenzugehörigkeit abhängig sein. Diese Annahme ist unkritisch, wenn die Zensierungen aufgrund des regulären Endes des Beobachtungszeitraums vorgenommen wurden. Bei allen anderen Zensierungsursachen, wie z. B. Nichterscheinen eines Patienten zu Kontrolluntersuchungen, wird man eine Abhängigkeit zur Überlebenszeit (bzw. Wartezeit auf das Zielereignis) unterstellen müssen. Besonders unangenehm sind behandlungsabhängige Zensierungen, wenn etwa Patienten wegen Unzufriedenheit mit ihrer Therapie das Interesse an einer Zusammenarbeit verlieren. Auch der umgekehrte Effekt ist denkbar, daß nämlich Patienten aufgrund eines hervorragenden Therapieerfolges keinen Anlaß mehr sehen, zu Nachuntersuchungen zu erscheinen. Statistische Lösungen für diese Problematik existieren prinzipiell nicht. Es sollten also alle organisatorischen Anstrengungen unternommen werden, das unkontrollierte Ausscheiden von Patienten aus einer Studie zu vermeiden. Auch in Fällen, bei denen das Studienprotokoll verletzt wurde, darf die reguläre Beobachtungszeit nicht unterschritten werden. Die Auswertung vergleichender klinischer Studien sollte dem ,,Intention-to-Treat"-Ansatz (Kapitel 4) folgen. Höchst problematisch ist auch der Zensierungsgrund ,,Tod aus anderen Ursachen", da hier ein Zusammenhang mit dem Zielereignis bzw. der Behandlungsart niemals sicher ausgeschlossen werden kann. In vergleichenden Studien sollte ein solcher Fall in der Regel als Zielereignis gewertet werden.

16.4 Übungsaufgabe

Die folgenden Daten entstammen einer Studie zur Untersuchung der Seekrankheit. Die Versuchspersonen wurden in einer kubischen Kabine periodischen vertikalen Bewegungen ausgesetzt. Variiert wurden Frequenz und Beschleunigung dieser Bewegung. Gemessen wurde innerhalb einer zweistündigen Versuchsperiode die Zeit, bis die Versuchsperson erbrechen mußte. Personen, die den Versuch abbrachen sowie diejenigen, die nicht erbrechen mußten, wurden als zensiert gewertet [Burns, zitiert nach Altman].
Frequenz 0.167 Hz, Beschleunigung 0.111 G, n=21

Versuchsperson	Zeit bis zum Erbrechen [min]
1	30
2	50
3	50*
4	51
5	66*
6	82
7	92
8	120*
9	120*
.	.
.	.
21	120*

Frequenz 0.333 Hz, Beschleunigung 0.222 G, n=28

Versuchsperson	Zeit bis zum Erbrechen [min]
1	5
2	6*
3	11
4	11
5	13
6	24
7	63
8	65
9	69
10	69
11	79
12	82

* zensierte Beobachtungen

1. Berechnen Sie die kumulativen Überlebensraten nach Kaplan-Meier für beide Gruppen!

2. Vergleichen Sie die Überlebensfunktionen beider Gruppen mit dem Logrank-Test zum Niveau 5 %, und interpretieren Sie das Ergebnis!

17 Anhang – Lösungen zu den Übungsaufgaben

Lösungen zu Aufgabe 6.1

1. Mittelwert der Dauer des Krankenhausaufenthaltes $\bar{x} = 8.6$; Median $\tilde{x} = 8$
   Mittelwert des Alters $\bar{y} = 41.2$; Median $\tilde{y} = 41$.
2. Standardabweichung der Dauer des Krankenhausaufenthaltes $s_x = 5.72$, Range 3-30,
   Standardabweichung des Alters $s_y = 20.10$, Range 4-82
3. Siehe folgende Abbildung:

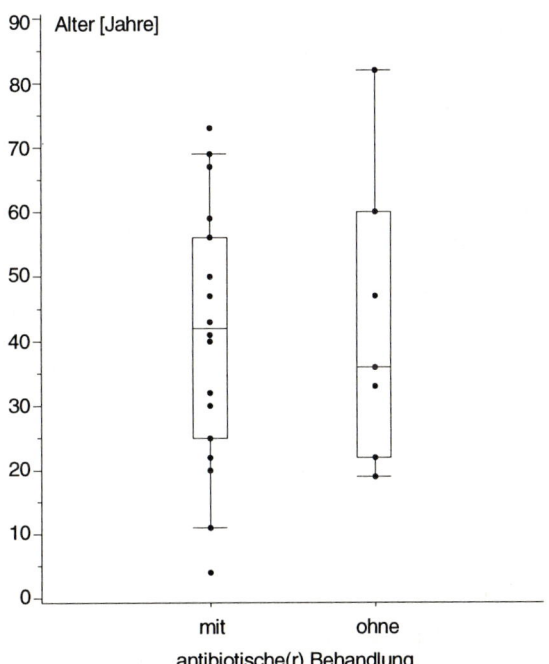

Abb. 17.1. Box-and-whiserks-Plot. Die Whiskers sind bis zum 10 %- bzw. 90 %-Quantil gezeichnet.

4. Unterteilt man das Kollektiv nach Patienten ohne und mit antibiotischer Behandlung, so ergeben sich bezüglich der Dauer des Krankenhausaufenthaltes folgende Ergebnisse:
   Ohne antibiotische Behandlung: $\bar{x} = 7.44$, $s = 3.70$
   Mit antibiotischer Behandlung: $\bar{x} = 11.57$, $s = 8.81$

Diejenigen Patienten, die Antibiotika erhalten mußten, wiesen demnach im Mittel einen längeren Krankenhausaufenthalt auf als die Patienten ohne antibiotische Therapie. Über den Mechanismus bzw. den Hintergrund dieses Ergebnisses ist damit natürlich nichts ausgesagt!

5. Für die Darstellung des Zusammenhangs zwischen Alter und Dauer des Krankenhausaufenthaltes sollte ein Scatter-Diagramm gezeichnet werden. Der Korrelationskoeffizient beträgt $r = 0.36$.

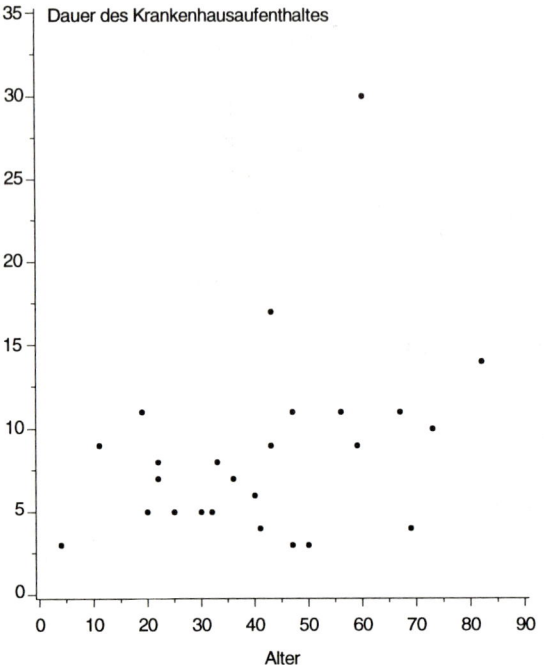

Abb. 17.2. Scatter-Diagramm.

6. Der Sachverhalt kann anhand einer Kontingenztafel (Vier-Felder-Tafel) in geeigneter Weise dargestellt werden.

		Geschlecht	
		m	w
Antibiotika	j	5	2
	n	6	12
		11	14

Abb. 17.3. Vier-Felder-Tafel.

Von den 11 Männern hatten also 5 (45 %), von den 14 Frauen 2 (15 %) Antibiotika erhalten.

Lösungen zu Aufgabe 6.2

1. Mittelwert der Differenz (vorher - nachher) $\bar{x}$ = 19.75; Median $\tilde{x}$ = 20
2. Standardabweichung der Differenz s = 17.47
3. Siehe nachfolgende Tabelle:

Zehner	Einer
4	89
3	1256
2	1378
1	36999
0	28
-0	8
-1	30

Tabelle 17.1. Stem-and-leaf-Diagramm.

4. Siehe Abbildung 17.4.

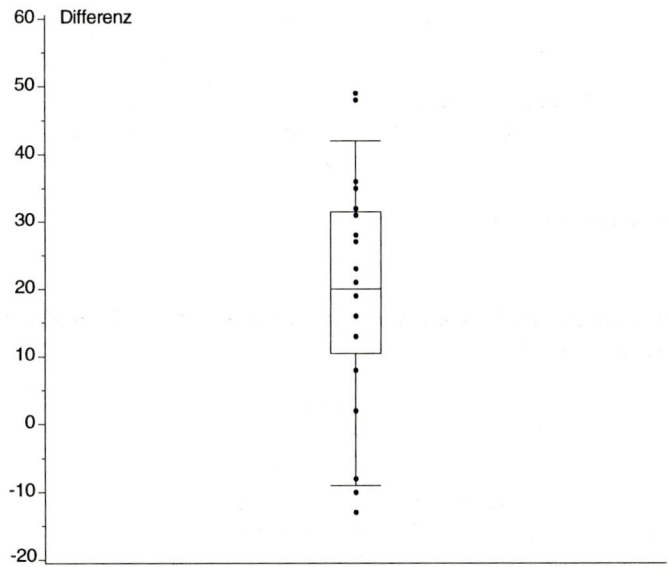

Abb. 17.4. Box-and-whiskers-Plot.

5. Unterteilt man die Probanden in solche mit Cholesterinwerten oberhalb und unterhalb des Medians ($\tilde{x} = 193{,}5$), so ergibt sich:

Differenz (Anfangswert unterhalb des Medians): $\bar{x} = 8.4$; $s = 15.19$

Differenz (Anfangswert oberhalb des Medians): $\bar{x} = 31.1$; $s = 11.30$.

Es bestätigt sich also, daß Personen mit hohen Anfangswerten im Mittel deutlichere Veränderungen zeigen als solche mit niedrigeren Anfangswerten.

Lösungen zu Aufgabe 7

1. Wir erhalten die Todesraten für die 13-jährige Periode durch Division der Todesfälle pro Altersklasse durch die Anzahl Bevölkerung. Das ergibt in der Klasse der 10- bis 14-jährigen $^{44}/_{4271} = 0.01030$ Todesfälle pro 1000 Personen. Für die 13-jährige Periode errechnet sich eine Rate pro Jahr von $^{0.01030}/_{13} = 0.00079$ pro 1000 Personen pro Jahr oder 0.79 pro Million pro Jahr. Tabelle 17.2 zeigt die Raten für jede Altersklasse. Die Raten sind ungewöhnlich, weil sie in der Gruppe der Heranwachsenden am höchsten sind, obwohl hier die Todesrate für die meisten Ursachen am niedrigsten ist. Anderson et al. (1985) bemerken dazu: ,,Unsere Ergebnisse zeigen, daß anscheinend unter den Krankheitsfällen mit Todesfolge bei Heranwachsenden ca. 2 % auf ,,Schnüffelsucht" zurückzuführen sind." Außerdem sind die Raten nicht - wie sonst üblich - für jedes Geschlecht getrennt berechnet. Dies geschah zum einen der Einfachheit halber, zum anderen wegen der geringen Fallzahlen in den meisten Altersklassen.

2. Die erwartete Anzahl Todesfälle erhält man durch Multiplikation der Anzahl in der Altersklasse in Schottland mit der Todesrate z. B. der 13-jährigen Periode in England. Diese addieren wir und erhalten 27.19 erwartete Todefälle. Wir beobachten 48, so daß die $SMR = ^{48}/_{27.19} = 1.76$ beträgt.

Altersgruppe	Großbritannien		Schottland	
	pro Million / pro Jahr	pro Tausend / pro 13 Jahre	Bevölkerung [in Tausend]	erwartete Todesfälle
0 - 9	0.00	0.00000	653	0.00000
10 - 14	0.79	0.01030	425	4.37750
15 - 19	2.58	0.03358	447	15.01026
20 - 24	0.87	0.01137	394	4.47978
25 - 29	0.32	0.00415	342	1.41930
30 - 39	0.08	0.00108	659	0.71172
40 - 49	0.03	0.00033	574	0.18942
50 - 59	0.09	0.00112	579	0.64848
60 +	0.03	0.00037	962	0.35594
Total				27.192490

Tabelle 17.2. Altersspezifische Todesraten bei VSA in Großbritannien und Berechnung des standardisierten Mortalitätsquotienten (engl: *SMR*) für Schottland.

Lösungen zu Aufgabe 8.1

Wir bezeichnen mit Z die Lebenszeit eines Individuums. z_i bezeichnet das Alter zu Beginn der i-ten Altersklasse, z. B. $z_5 = 20$ (Jahre). $P(Z < z_i)$ ist damit die Wahrscheinlichkeit für eine Lebenszeit kürzer als z_i. In der Tabelle 17.3 sind alle zur Lösung der Aufgabe notwendigen Wahrscheinlichkeiten eingetragen.

Altersklasse z_i	Nummer i der Klasse	$P(Z \geq z_i)$	$P(Z < z_i)$	$P(Z \geq z_{i+1} \mid Z \geq z_i)$	$P(z_i \leq Z < z_i + 1)$
[0, 1)	1	1.000	0.000	0.991	0.009
[1, 4)	2	0.991	0.009	0.998	0.002
[5, 9)	3	0.989	0.011	0.999	0.001
[10, 19)	4	0.988	0.012	0.995	0.005
[20, 29)	5	0.983	0.017	0.990	0.010
[30, 39)	6	0.973	0.027	0.985	0.015
[40, 49)	7	0.958	0.042	0.966	0.033
[50, 54)	8	0.925	0.075	0.962	0.035
[55, 59)	9	0.890	0.110	0.942	0.052
[60, 64)	10	0.838	0.162	0.908	0.077
[65, 69)	11	0.761	0.239	0.861	0.106
[70, 74)	12	0.655	0.345	0.783	0.142
[75, 79)	13	0.513	0.487	0.665	0.172
[80, 84)	14	0.341	0.659	0.519	0.164
[85, 89)	15	0.177	0.823	0.362	0.113
[90, 94)	16	0.064	0.936	0.000	0.064
[95, 99)	17	0.000	1.000	0.000	0.000

Tabelle 17.3. Wahrscheinlichkeiten zur Sterbetafel.

1. Dies demonstriert die frequentistische Interpretation der Wahrscheinlichkeit: Von 1000 überleben 988, die Wahrscheinlichkeit beträgt $^{988}/_{1000} = 0.988$, $P(Z \geq 10) = 0.988$.
2. Die Ereignisse E: „Überleben bis Alter z_i" und $\bar{E}$: „Versterben vor z_i" sind komplementäre Ereignisse, d. h. $P(Z < z_i) + P(Z \geq z_i) = 1$, also $P(Z < 10) = 1 - 0.988 = 0.012$.
3. Berechnung wie in 1), Lösung in Spalte $P(Z \geq z_i)$. Die Ereignisse schließen sich nicht gegenseitig aus: Zum Beispiel kann ein Individuum das Alter 20 Jahre nicht erreichen, wenn es nicht auch das Alter 10 Jahre erreicht. Die Wahrscheinlichkeiten in der Spalte bilden also keine Wahrscheinlichkeitsverteilung.
4. $P(Z \geq 65 \mid Z \geq 60)$ = Anzahl Individuen, die 65 Jahre erleben / Anzahl Individuen, die 60 Jahre erleben $= {}^{761}/_{838} = 0.908$.
5. Dies sind unabhängige Ereignisse. $P(Z \geq 75 \mid Z \geq 70) = 0.783$, Wahrscheinlichkeit für beide: $0.783 \cdot 0.783 = 0.613$.

6. $P(z_i \leq Z < z_i + 1) = P(Z > z_i) - P(Z \geq z_i + 1)$

$P(80 \leq Z < 85) = P(Z > 80) - P(Z \geq 85) = 0.341 - 0.177 = 0.164$

7. Berechnung wie in 6), Lösung in Spalte $P(z_i \leq Z < z_{i+1})$. Diese Ereignisse schließen sich gegenseitig aus, und sie sind erschöpfend: Es gibt keine andere Altersklasse, in der ein Individuum sterben kann.

8. $E(Z) = 0.009 \cdot 0.5 + 0.002 \cdot 2.5 + 0.001 \cdot 7.5 + ..., + 0.113 \cdot 87.5 + 0.064 \cdot 92.5 = 72.3$ (Jahre). Die Lebenserwartung bei Geburt beträgt 72.3 Jahre.

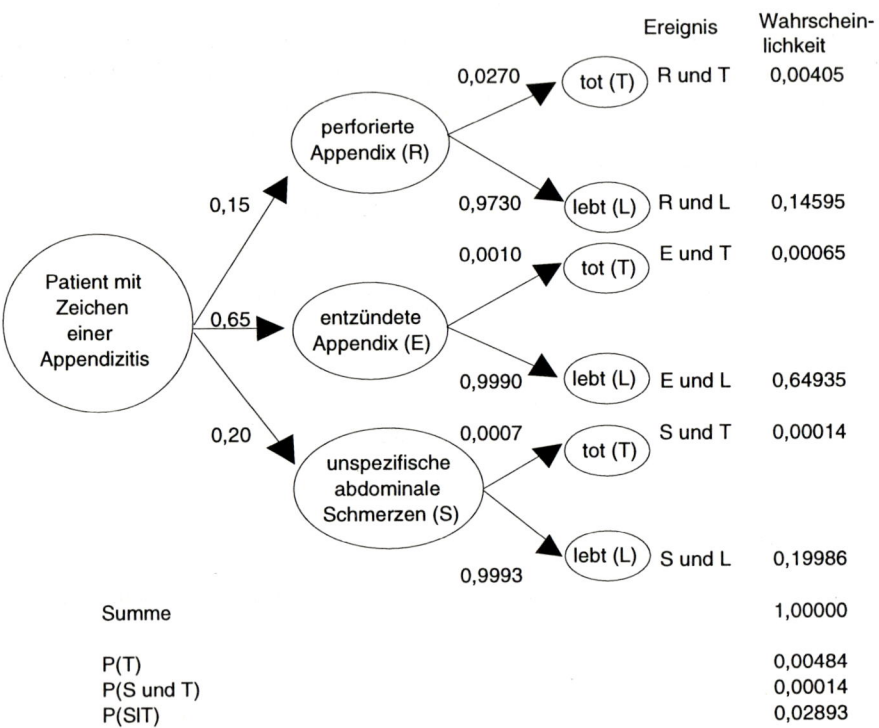

Abb. 17.5. Wahrscheinlichkeitsbaum zusammen mit den Wahrscheinlichkeiten.

Lösungen zu Aufgabe 8.2

1. Die Wahrscheinlichkeit für jedes Kind, nicht betroffen zu sein, ist 0.75. Die Wahrscheinlichkeit für zwei Kinder, nicht betroffen zu sein, ist $0.75^2 = 0.56$, da dies unabhängige Ereignisse sind.

2. Die Wahrscheinlichkeit ist 0.75. Jedes Kind hat die gleiche Wahrscheinlichkeit, ohne Rücksicht auf / unabhängig vom Auftreten bei den früher geborenen Kindern.

3. Die Wahrscheinlichkeit für beide Eltern, heterozygot für das anormale Gen zu sein, ist $\frac{1}{22} \cdot \frac{1}{22} = 0.0021$. Die erwartete Anzahl Babies mit zystischer Fibrose pro Jahr ist daher $0.25 \cdot 3500 \cdot 0.0021 = $ etwa 2.

Lösungen zu Aufgabe 9.1

1. und 2.: Siehe Abbildung 17.5.
3. $P(T) = P(R,T) + P(E,T) + P(S,T) = 0.00405 + 0.00065 + 0.00014 = 0.00484$. Von 1000 operierten Patienten werden perioperativ im Mittel etwa 5 versterben.
4. $P(S|T) = \frac{P(S,T)}{P(T)} = \frac{0.00014}{0.00484} = 0.02893$.

   Der Anteil Patienten mit unspezifischen abdominalen Schmerzen unter den perioperativ verstorbenen Patienten wird etwa 3 % betragen, d. h. unter 1000 verstorbenen Patienten werden im Mittel etwa 29 ohne eine akute Appendizitis sein.

Lösungen zu Aufgabe 10.1

Bei zufälligem Raten ist die Trefferwahrscheinlichkeit $\frac{1}{3}$ je Drehung.

$$P(X \geq 6) = \sum_{x=6}^{10} \binom{10}{x} \left(\frac{1}{3}\right)^x \left(\frac{2}{3}\right)^{10-x} = \frac{4521}{59049} = 0.076563532$$

$$P(X \geq 7) = \sum_{x=7}^{10} \binom{10}{x} \left(\frac{1}{3}\right)^x \left(\frac{2}{3}\right)^{10-x} = \frac{1161}{59049} = 0.019661637$$

Lösungen zu Aufgabe 10.2

1. $L(p) = \binom{10}{8} p^8 (1-p)^2 + \binom{10}{9} p^9 (1-p) + \binom{10}{10} p^{10} = (45 - 80p + 36p^2)\, p^8$

2. $L(\frac{1}{2}) = \frac{7}{128} = 0.0546875$

   $L(0.85) \quad = 0.8202$.

Lösungen zu Aufgabe 10.3

Wir verwenden die Poissonverteilung mit $\lambda = np = 2$ ($n = 730$, $p = \frac{1}{365}$). Ist X die Anzahl der Kinder, die am Jubeltag geboren werden, so ist die gesuchte Wahrscheinlichkeit:

$$P(X \geq 6) = 1 - P(X \leq 5)$$

$$= 1 - \left[e^{-2} + e^{-2} \cdot \frac{2}{1} + e^{-2} \frac{2^2}{2!} + e^{-2} \frac{2^3}{3!} + e^{-2} \frac{2^4}{4!} + e^{-2} \cdot \frac{2^5}{5!} \right]$$

$$P(X \geq 6) = 1 - e^{-2} \cdot \frac{109}{15} = 0.0168.$$

Die Wahrscheinlichkeit einer unangenehmen Überraschung ist also sehr klein. Man braucht nicht damit zu rechnen.

Lösungen zu Aufgabe 10.4

Exakte Lösung:
Es sei X die Anzahl der nicht erscheinenden Fluggäste.

$$P(X \geq 2) = 1 - P(X \leq 1) = 1 - 0.96^{75} - 75 \cdot 0.96^{74} \cdot 0.04$$
$$= 1 - 3.96 \cdot 0.96^{74} = 0.8069.$$

Nach Poisson: $n = 75$, $p = 0.04$, $\lambda = np = 3$
$$P(X \geq 2) = 1 - P(X \leq 1) = 1 - e^{-3} - 3e^{-3} = 1 - 4e^{-3} = 0.80085.$$

Lösungen zu Aufgabe 10.5

Zu Beginn wich die Minimalgröße $(172-175.8)/5.84 = -0.65$ Standardabweichung vom Mittelwert ab. Nach Tabelle 10.3 beträgt der Anteil Männer, die größer sind, etwa 0.742 (linear interpoliert). Am Ende der 25-Jahres-Periode lag die Minimalgröße $(172-179.1)/5.84 = -1.22$ Standardabweichung vom Mittelwert entfernt. Laut Tabelle 10.3 ist nun der Anteil Männer, die über der Minimalgröße liegen, 0.89 (wieder linear interpoliert) oder etwa 89 %. Der Anteil an untauglichen Männern ist also um mehr als die Hälfte zurückgegangen.

Lösung zu Aufgabe 10.6

1. und 2.:
Wenn keine Veränderungen beim tatsächlichen Blutdruck auftreten, dann kann jeder Wert der drei Meßsequenzen zwischen den anderen beiden liegen. Die Wahrscheinlichkeit, daß der dritte Meßwert nicht zwischen den beiden ersten liegt, ist daher $2/3$ (0.67). Es gibt keinen Grund für die Annahme, daß die dritte Messung zwischen den beiden ersten liegen soll und keinen Grund dafür, Messungen als unzuverlässig auszuschließen, wenn sie diese Annahme nicht erfüllen. Wenn es die Absicht ist, den Mittelwert aus drei Messungen für eine Analyse zu nutzen, dann sind Mittelwerte aus nur zwei Messungen schlechtere Schätzer.

Lösungen zu Aufgabe 11.1

1. $SEM = s/\sqrt{n}$
   Insulin: $s/\sqrt{n} = 0.068/\sqrt{227} = 0.0045$
   Orale Antidiabetika: $s/\sqrt{n} = 0.07/\sqrt{225} = 0.0047$
   Diät: $s/\sqrt{n} = 0.070/\sqrt{127} = 0.0062$
   Alle nicht-Insulin-Therapien: $s/\sqrt{n} = 0.07/\sqrt{352} = 0.0037$
2. Differenz: $0.744 - 0.756 = -0.012$

$$SE = \sqrt{\frac{(n_1 - 1)s_1^2 + (n_2 - 1)s_2^2}{n_1 + n_2 - 2}} \sqrt{\frac{n_1 + n_2}{n_1 n_2}}$$

$$= \sqrt{\frac{(225 - 1)\, 0.070^2 + (127 - 1)\, 0.070^2}{225 + 127 - 2}} \sqrt{\frac{225 + 127}{225 \cdot 127}}$$

$$= \sqrt{\frac{(0.070^2\,(224 + 126)}{350}} \sqrt{\frac{325}{28575}} = \sqrt{0.070^2} \cdot 0.111 = 0.0078$$

Da der Stichprobenumfang hoch ist, ersetzen wir das 97.5 %-Quantil der t-Verteilung durch das der Normalverteilung: $u_{0.975} = 196$.

$$I_{0.95} = [\, \bar{x} - \bar{y} - u_{1-\alpha/2}\, SE\,,\, \bar{x} - \bar{y} + u_{1-\alpha/2}\, SE\,]$$

$$= [\, -0.012 - 1.96 \cdot 0.0078,\, -0.012 + 196 \cdot 0.0078\,]$$

$$= [\, -0.012 - 0.015,\, -0.012 + 0.015\,] = [\, -0.027,\, 0.003\,]$$

3. Differenz: $0.719 - 0.748 = -0.029$

$$SE = \sqrt{\frac{(227 - 1)\, 0.068^2 + (225 - 1)\, 0.070^2}{227 + 225 - 2}} \sqrt{\frac{227 + 225}{227 \cdot 225}}$$

$$= \sqrt{\frac{226 \cdot 0.004624 + 224 \cdot 0.004900}{450}} \sqrt{\frac{452}{51075}}$$

$$= \sqrt{\frac{2.1426}{450}} \sqrt{0.008850}$$

$$= 0.069 \cdot 0.094 = 0.00649$$

$$I_{0.95} = [\, -0.029 - 1.96 \cdot 0.0065,\, -0.029 + 1.96 \cdot 0.0065\,]$$

$$= [\, -0.029 - 0.013,\, -0.029 + 0.013\,]$$

$$= [\, -0.042,\, -0.016\,]$$

4. Da das entsprechende Konfidenzintervall nur negative Werte enthält, kann man davon ausgehen, daß der Erwartungswert der Magnesium-Seren-Spiegel bei Insulin-behan-

delten Diabetikern niedriger ist als bei Diabetikern, die kein Insulin erhalten. Auf einen kausalen Zusammenhang zwischen Therapie und Magnesium-Spiegel kann bei der vorliegenden Studienform (Beobachtungsstudie) allerdings nicht geschlossen werden. Für die Erwartungswerte der Magnesium-Konzentrationen unter den beiden nicht-Insulin-Therapien können in dieser Studie keine Unterschiede nachgewiesen werden, da das Konfidenzintervall sowohl positive als auch negative Werte enthält.

Lösungen zu Aufgabe 14.1

1. $n = 44$, $\Sigma x_i = 3382.7$, $\Sigma y_i = 59460$, $\Sigma(x_i y_i) = 4780033.1$, $\Sigma x_i^2 = 289181.55$,
   $\bar{x} = 3382.7 / 44 = 76.8795$, $\bar{y} = 59460 / 44 = 1351.36$

$$b_1 = \frac{4780033.1 - (3382.7 \cdot 59460) / 44}{289181.55 - 3382.7^2 / 44} = 7.1692$$

$$b_0 = 1351.36 - 7.1692 \cdot 76.8795 = 800.196$$

$$y(x) = 7.1692 x + 800.196$$

2. Siehe Abbildung 17.6.

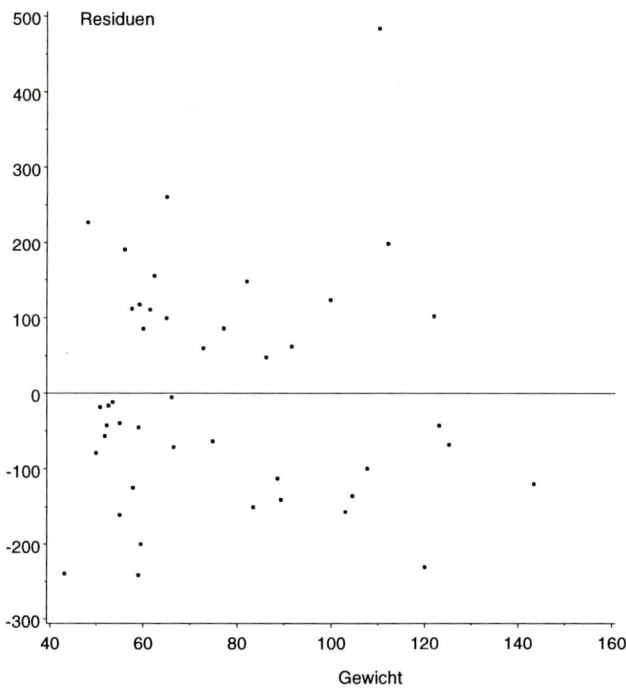

Abb. 17.6. Residuenplot.

Die Residuen zeigen keine bedeutende Abhängigkeit vom Erwartungswert des Gewichts, so daß die Voraussetzung der Varianzhomogenität als gegeben betrachtet werden kann.

3. Siehe Tabelle 17.4.

Ursache der Variabilität	Freiheits-grade (df)	Summe der Abweichungs-quadrate (SS)	Mittlere Summe der Abweichungs-quadrate (MSS)	F-Wert	p
Durch Regression	1	1496753.9	1496753.9	64.40	< 0.01
Durch Residuen	42	976104.3	23240.6		
Total	43	2472858.2			

Tabelle 17.4. Varianzanalysetabelle.

$$r^2 = \frac{1496753.9}{2472858.2} = 0.6053$$

4. $$SE(b_1) = \sqrt{\frac{23240.6}{289181.55 - 44\left(\frac{3382.7}{44}\right)^2}} = 0.8933.$$

95 %-Konfidenzintervall für β_1:

$$[7.1692 - t_{0.975;n-2} \cdot 0.8933; 7.1692 + t_{0.975;n-2} \cdot 0.8933]$$
$$= [7.1692 - 2.018 \cdot 0.8933; 7.1692 + 2.018 \cdot 0.8933]$$
$$= [5.3665; 8.9719]$$

5. Für diese Frage muß zunächst die Standardabweichung der Residuen (s_{res}) bekannt sein:

$$s_{res} = \sqrt{23240.6} = 152.45.$$

Die Breite des schmalsten Vorhersageintervalls (das um den Mittelwert für das Körpergewicht liegt) ist etwa 4-mal so groß wie s_{res} (4 · 152.45 = 609.8). Es ist somit nicht möglich, für ein beliebiges Gewicht den Wert für den Grundumsatz mit einem α-Niveau von 5 % innerhalb eines Bereichs von 250 kcal/24h „vorherzusagen".

6. $\hat{y}(80) = 7.1692 \cdot 80 + 800.196 = 1373.73$. Das gesuchte Intervall ist gegeben durch:

$$[\hat{y}(80) - t_{0.975;n-2} \cdot s_{res} \cdot f; \hat{y}(80) + t_{0.975;n-2} \cdot s_{res} \cdot f] \text{ mit}$$

$$f = \sqrt{1 + \frac{1}{n} + \frac{(x-\bar{x})^2}{s_x^2(n-1)}}$$

$$= \sqrt{1 + \frac{1}{44} + \frac{(80 - 76.8795)^2}{289181.55 - 44\left(\frac{3382.7}{44}\right)^2}} = 1.0115.$$

Das 95 %-Vertrauensintervall für $\hat{y}(80)$ ist demnach:

[1373.73 - 2.018 · 152.45 · 1.0115; 1373.73 + 2.018 · 152.45 · 1.0115]
= [1062.55; 1684.91].

Lösungen zu Aufgabe 14.2.

1. $OR = e^{b_1} = e^{1.167} = 3.21$
2. Das OR pro z gerauchter Zigaretten ist gegeben durch:

$$OR = e^{\left(\frac{z}{1000} \cdot 0.0106\right)}$$

Es muß also folgende Gleichung gelöst werden:

$$e^{1.167} = e^{\left(\frac{z}{1000} \cdot 0.0106\right)}$$

$$1.167 = \frac{z}{1000} 0.0106$$

$$z = \frac{1.167}{0.0106} 1000 = 110094.34.$$

Bei einer Gesamtzahl von etwa 110 000 gerauchten Zigaretten ergibt sich ein gleiches OR wie bei positiver Familienanamnese. Dies entspricht etwa 15 Jahren, in denen durchschnittlich 20 Zigaretten täglich geraucht worden sind.

3. Die Gesamtzahl gerauchter Zigaretten bei einer durchschnittlichen Rauchmenge von 20 Zigaretten täglich über 30 Jahre ist 20 · 365 · 30 = 219 000. Das OR für einen Raucher mit einem Konsum von 20 Zigaretten pro Tag über 30 Jahre und einer positiven Familienanamnese gegenüber einem Nichtraucher ohne KHK in der Familie ist dann gegeben durch:

$$OR = e^{(1.167 + 219 \cdot 0.0106)} = e^{3.4884} = 32.7.$$

Lösungen zu Aufgabe 16

1. Frequenz 0.167 Hz, Beschleunigung 0.111 G, n=21

				Schätzer für die	
Versuchs-person	Zeit bis zum Erbrechen [min]	unter Risiko	Anzahl Über-lebender	bedingte Überlebenswahr-scheinlichkeit	kumulative Über-lebenswahr-scheinlichkeit
1	30	21	20	$20/21 = 0.952$	0.952
2	50	20	19	$19/20 = 0.950$	$0.952 \cdot 0.95 = 0.905$
3	50*				
4	51	18	17	$18/17 = 0.944$	$0.905 \cdot 0.944 = 0.855$
5	66*				
6	82	16	15	$15/16 = 0.938$	$0.855 \cdot 0.938 = 0.801$
7	92	15	14	$14/15 = 0.933$	$0.801 \cdot 0.933 = 0.748$
.	.				
21	120*				

Frequenz 0.333 Hz, Beschleunigung 0.222 G, n=28

Versuchsperson	Zeit bis zum Erbrechen [min]	Schätzer für die kumulative Überlebenswahrscheinlichkeit
1	5	0.964
2	6*	
3	11	
4	11	0.890
5	13	0.853
6	24	0.816
7	63	0.779
8	65	0.742
9	69	
10	69	0.668
11	79	0.631
12	82	
13	82	0.556
14	102	0.519
15	115	0.482
.	.	
28	120*	

* zensierte Beobachtungen

Zeit t_i	$r_{.i}$	$d_{.i}$	r_{Ai}	d_{Ai}	$e_{Ai} = r_{Ai}\,d_{.i}/r_{.i}$
5	49	1	21	0	0.4286
6*	48		21		
11	47	2	21	0	0.8936
13	45	1	21	0	0.4667
24	44	1	21	0	0.4773
30	43	1	21	1	0.4884
50	42	1	20	1	0.4762
50*	41		19		
51	40	1	18	1	0.4500
63	39	1	17	0	0.4395
65	38	1	17	0	0.4474
66*	37		16		
69	36	2	16	0	0.8889
79	34	1	16	0	0.4706
82	33	3	16	1	1.4545
92	30	1	15	1	0.5
102	29	1	14	0	0.4828
115	28	1	14	0	0.5
$\sum$		$d_{..} = 19$		$d_{A.} = 5$	$e_{A.} = 8.8607$

* zensierte Beobachtungen

Es gilt:

$$d_{B.} = d_{..} - d_{A.} = 19 - 5 = 14; \quad e_{B.} = d_{..} - e_{A.} = 19 - 8.8607 = 10.1393;$$

$$d_{A.} - e_{A.} = 5 - 8.8607 = -3.8607; \quad d_{B.} - e_{B.} = 14 - 10.1393 = 3.8607.$$

Damit erhalten wir

$$X^2 = \frac{(-3.8607)^2}{8.8607} + \frac{3.8607^2}{10.1393} = 3.152$$

Da das 95 %-Quantil der χ^2-Verteilung 3.84 beträgt, läßt sich zum 5 %-Niveau kein Unterschied der Verteilungen der Überlebenszeiten zwischen den beiden Gruppen nachweisen. Dieses Unvermögen dürfte auf den für Überlebenszeitstudien recht geringen Stichprobenumfang zurückzuführen sein.

18 Literatur

Altman DG (1991) Practical Statistics for Medical Research. Chapman and Hall, London.

Anderson HR, MacNair RS, Ramsay JD (1985) Deaths from Abuse of Volatile Substances: A National Epidemiological Study. Brit Med J 290:304 - 307.

Andersson I, Aspegren K, Janzon L, Landberg T, Lindholm K, Linell F, Ljungberg O, Ranstam J, Sigfusson B (1988) Mammographic Screening and Mortality from Breast Cancer: The Malmö Mammographic Screening Trial. Brit Med J 297:943 - 948.

Andrews DF, Herzberg AM (1985) Data. A Collection of Problems from Many Fields for the Student and Research Worker. Springer Verlag, New York.

Armitage P (1955) Tests for Linear Trends in Proportion and Frequencies. Biometrics 11:375 - 386.

Berger P, Kristol I, Mills M, Wildarskiy A, Anderson D, Le Fann J, Skrabanek P, Browning R, Finch P, Johnstone R (1991) Health, Lifestyle and Environment. Countering the Panic. The Social Affairs Unit/Manhattan Institute.

Bland M (1991) An Introduction to Medical Statistics. Oxford University Press.

Breslow NE, Day NE (1980) Statistical Methods in Cancer Research. Volume 1: The Analysis of Case Control Studies. International Agency of Research on Cancer, Lyon.

Burns KC (1984) Motion Sickness Incidence: Distributiojn of Time to First Emesis and Comparison of Some Complex Motion Conditions. Aviat Space Envir Md 50:521 - 527.

Cook P, Doll R, Fellingham SA (1969) A Mathematical Model for the Age Distribution of Cancer in Man. Int J Cancer 4:93 - 112.

Cornfield J (1956) A Statistical Property Arising from Retrospective Studies. Proc. Third Berkeley Symp. Math Stat Prob 4:135 - 148.

Cox DR (1970) The Analysis of Binary Date. Methuen, London.

Doll R, Hill AB (1950) Smoking and Carcinoma of the Lung. Brit Med J II:739 - 748.

Doll R, Hill AB (1956) Lung Cancer and other Causes of Death in Relation to Smoking. A Second Report on the Mortality of British Doctors. Brit Med J II:1071 - 1081.

European Coronary Surgery Study Group (1982) Long-term Results of Prospective Randomized Study of Coronary Artery Bypass Surgery in Stable Angina Pectoris. Lancet II:1173 - 1180.

Feinstein AR (1985) Clinical Epidemiology. The Architecture of Clinical Research. W.B. Saunders Comp. Philadelphia, London, Toronto.

Feinstein AR (1985) Experimental Requirements and Scientific Principles in Case-Control-Studies. J Chron Dis 38:127 - 133.

Feinstein AR (1988) Scientific Standards in Epidemiologic Studies of the Menace of Daily Life. Science 242:1257 - 1263.

Frantz ID, Dawson EA, Ashman PL, Gatewood LC, Bartsch GE, Kuba K, Brewer ER (1989) Test of Effect of Lipid Lowering by Diet on Cardiovascular Risk. The Minnesota Coronary Survey. Arteriosclerosis 9:129 - 135.

Gart JJ (1962) On the Combination of Relative Risks. Biometrics 18:601 - 610.

Hemminki E, Malin M, Topo P (1993) Selection to Postmenopausal Therapy by Women's Characteristics. J Clin Epidemiol 46:211 - 220.

Hill AB (1962) Statistical Methods in Clinical and Preventive Medicine. Churchill Livingstone, Edinburgh.

Hoffmeister H, Hoeltz J, Schoen D, Schroeder E, Guether B (1988) Nationaler Untersuchungs-Survey und regionale Untersuchungs-Surveys der DHP (Nationale Examiniation-Survey and Regional Examination-Survey of the GCP-Study). DHP-Forum 3:1 - 59.

Hull RD, Raskob GE, Pineo GF, Green D, Towbridge AA, Elliott G, Lerner RG, Hall J, Sparling T, Brettell HR, Norton J, Carter CJ, George R, Merli G, Ward J, Mayo W, Rosenbloom D, Brant R (1992) Subcutaneous Low-Molecular-Weight. Heparin Compared with Continuous Intravenous Heparin in the Treatment of Proximal-Vein-Thrombosis. New Engl J Med 326:975 - 982.

Inoue K, Reichelt W, El-Banayosy A, Minami K, Dallmann G, Hartmann N, Windeler J (1990) Does Isoflurane lead to a Higher Incidence of Myocardial Infarction and Perioperative Death than Influrane in Coronary Artery Surgery? Anesth Analg 71:469 - 474.

ISIS-2 Collaborative Group (1988) Randomized Trial of Intravenous Streptocinase, Oral Aspirin, Both or Neither Among 17 817 Cases of Suspected Acute Myocardial Infarction. Lancet II:349 - 360.

Jennett B, Teasdale GM, Braakman R, Minderhoud J, Heiden J, Kurzel T (1979) Prognosis of Patients with Severe Head Injury. Neurosurgery 4:283 - 288.

Kalbfleisch JD, Prentice RL (1980) The Statistical Analysis of Failure Time Data. John Wiley and Sons, New York.

Kannel WB, Dawber TR, Kagan A, Revotskie N, Stokes J (1961) Factors of Risk in the Development of Coronary Heart Disease - 6-Year-Follow-Up Experience. The Framingham Study. Ann Int Med 55:33 - 50.

Kaplan EL, Meier P (1958) Nonparametric Estimation from Incomplete Observations. J Am Stat Assoc 53:457 - 481.

Khairi MRA, Cronin JH, Robb JA, Smith DM, Yu PL, Johnston CC (1976) Femoral Trabecular-Pattern Index and Bone Mineral Content Measurement by Photon Absorption in Senile Osteoporosis. J Bone Joint Surg 58-A:221 - 225.

Künzel U, Bertsch S (1990) Klinische Erfahrungen mit einem standardisierten Fischöl-Konzentrat. Fortschr Med 108:437 - 442.

Kramer HH, Majewski F, Trampisch HJ, Rammos S, Bourgeois M (1987) Malformation Patterns in Children with Congenital Heart Disease. Am J Dis Child 141:789 - 795.

Kramer MS (1988) Clinical Epidemiology in Biostatistics. Springer Verlag, Berlin-Heidelberg.

Mack TM, Pike MC, Henderson BE, Pfeffer RI, Gerkins VR, Arthur M, Brown SE (1976) Estrogens and Endometrial Cancer in a Retirement Community. New Engl J Med 294: 1262 - 1267.

Mandel JS, Bond H, Church TR, Snover DC, Bradley GM, Schuman LM, Ederer F (1993) Reducing Mortality from Colorectal Cancer by Screening for Fecal Occult Blood. New Engl J Med 328:1365 - 1371.

Mantel N and Haenszel W (1959) Statistical Aspects of the Analysis of Data from Reterospective Studies of Disease. J Natl Cancer I 22:719 - 748.

Mather HM, Nisbe JA, Burton GH, Poston GH, Bland JM, Baily PA, Pilkiton TRE (1979) Hypomagnesiaemia in Diabetes. Clin Chim Acta 95:235 - 242.

McCauley ME, Royal JW, Shaw JE, Schmitt LG (1979) Effect of Transdermally Administered Scopolamine in Preventing Motion Sickness. Aviat Space Envir Md:1108 - 1111.

Miettinen OS (1976) Estimability and Estimation in Case-Referent Studies. Am J Epidemiol 103:226 - 235.

MRC (1948) Streptomycin Treatment of pulmonary Tuberculosis. Brit Med J 2:769 - 782.

Mueller HS, Raw AK, Forman SA (1987) Thrombolysis in Myocardial Infarction (TIMI). Comparative Studies of Coronary Reperfusion and Systemic Fibrigenolysis with Two Forms of Recombinant Tissue-type Plasminogen Activator. J Am Coll Cardiol 10:479 - 490.

Multiple Risk Factor Intervention Trial Research Group (1982) Multiple Risk Factor Intervention Trial. Risk Factor Changes and Mortality Results. JAMA 248:1465 - 1477.

Nunnikhoven TS (1992) A Birthday Problem Solution for Nonuniform Birth Frequencies. Am Stat 46:270 - 274.

Oepen I, Prokop O (1983) Die abwartende Schulmedizin. In: Barz J (Hrsg) Fortschritte der Rechtsmedizin. Festschrift für Georg Schmidt. Springer, Berlin-Heidelberg-New York, S. 442 - 448.

Pell S, D'Alonzo C A (1970) Some Aspects of Hypertension in Diabetes mellitus. JAMA 202:104 - 110.

Peto R, Pike MC, Armitage P, Breslow NE, Cox DR, Howard SV, Mantel N, McPherson K, Peto J, Smith PG (1976, 1977) Design and Analysis of Randomized Clinical Trials Requiring Prolonged Observation of Each Patient. I. Introduction and Design. Brit J Cancer 34:585 - 612. II. Analysis and examples. Brit J Cancer 35:1 - 39.

Pinsky TM (1984) Experience with Historical Control Studies in Cancer Immunotherapy. Stat Med 3:325 - 329.

Popper KR (1968) Conjectures and Refutations. The Growth of Scientific Knowledge. Harper & Row, New York.

PRIMI Trial Study Group (1989) Randomised Double-Blind Trial of Recombinant Pro-Urokinase Against Streptokinase in Acute Myocardial Infarction. Lancet i:863 - 868.

Rosner B (1990) Fundamentals of Biostatistics. 3. Auflage. DuxburyPress, Belmond.

Sacks H, Chalmers TC, Smith H (1982) Randomized versus Historical Controls for Clinical Trials. Am J Med 72:233 - 240.

Saari-Kemppainen A, Karjalainen O, Ylüstalo P, Heinonen OP (1991) Ultrasound Screening and Perinatal Mortality. Controlled Trial of Systemic 1-Stage-Screening in Pregnancy. Lancet 336:387 - 391.

Tabar L, Fagerberg CJG, Gad A, Baldetorp L, Homberg LH, Gröntoft O, Ljungquist U, Lundström B, Manson JC, Eklund G, Day NE (1985) Reduction in Mortality from Breast Cancer after Mass Screening with Mammography. Lancet I:829-832.

Tröhler U (1992) Die therapeutische ,,Erfahrung" – Geschichte ihrer Bewertung zwischen subjektiv-sicherem Wissen und objektiv-wahrscheinlichen Kenntnissen. In: Köbberling J (Hrsg) Die Wissenschaft in der Medizin. Selbstverständnis und Stellenwert in der Gesellschaft. Schattauer, Stuttgart S. 65 ff.

Trust Study Group (1991) Randomised, Doubleblind Placebo-Controlled Trial of Nimodipine in Acute Stroke. Lancet 336:1205 - 1209.

von Randow G (1992) Das Ziegenproblem. Denken in Wahrscheinlichkeiten. Rowohlt Taschenbuch Verlag, Hamburg.

Wilcox RG, Roland JM, Banks DC, Hempten TR, Mitchel JR (1988) Randomised Trial Comparing Propranolol with Atenolol in Immediate Treatment of Suspected Myocardial Infarction. Brit Med J 265:885.

Withering W (1929) Bericht über den Fingerhut und seine medizinische Anwendung mit praktischen Bemerkungen über Wassersucht und andere Krankheiten. Boehringer Mannheim.

WHO European Collaborative Group (1974) An International Controlled Trial in the Multifactorial Prevention of Coronary Heart Disease. Int J Epidemiol 3:219 - 224.

WHO European Collaborative Group (1986) European Collaborative Trial of Multifactorial Prevention of Coronary Heart Disease. Final Report on the 6-Year-Results. Lancet I:869 - 872.

Index

Springer
und
Umwelt

ZENTRUM BIOMETRIE

Fort- und Weiterbildung in Medizin und Statistik

gemäß Zertifikatsanforderungen

in Kooperation mit

Deutsche Gesellschaft für Medizinische Informatik, Biometrie und Epidemiologie (GMDS)

Deutsche Region der Internationalen Biometrischen Gesellschaft (DR)

Deutscher Verband Medizinischer Dokumentare (DVMD)

Medizinische Fakultät der Ruhr-Universität Bochum

Klinische Studien der Phasen I-IV Anwendungsbeobachtungen

Planung und Projektmanagement

Datenmanagement

Data Monitoring

Qualitätssicherung

Statistik

Statistische Fachberatung

Anwendung moderner Verfahren

Statistische Analyse nach GCP

Integrierter Studienbericht

ZENTRUM BIOMETRIE

in der Akademie für öffentliche Gesundheit e.V.
Ruhr-Universität, 44780 Bochum

Telefon: 0234 700 5162
Telefax: 0234 709 4325

Internet: http://www.amib.ruhr-uni-bochum.de
e-mail: Walter.Dieckmann@rz.ruhr-uni-bochum.de